徐州市水文志

XUZHOUSHI SHUIWEN ZHI

1912—2018

《徐州市水文志》编纂委员会 编

中国矿业大学出版社

·徐州·

图书在版编目（CIP）数据

徐州市水文志：1912—2018 /《徐州市水文志》编
纂委员会编. — 徐州：中国矿业大学出版社，2020.11
ISBN 978-7-5646-4819-0

Ⅰ．①徐… Ⅱ．①徐… Ⅲ．①水文工作－概况－徐州
－1912－2018 Ⅳ．①P337.253.3

中国版本图书馆CIP数据核字(2020)第181102号

书　　名	徐州市水文志（1912—2018）
编　　者	《徐州市水文志》编纂委员会
责任编辑	齐　畅　孙　浩
出版发行	中国矿业大学出版社有限责任公司
	（江苏省徐州市解放南路　　邮编：221008）
营销热线	（0516）83884103　83885105
出版服务	（0516）83884895　83884920
网　　址	http://www.cumtp.com　　E-mail:cumtpvip@cumtp.com
印　　刷	徐州精典彩色印刷有限公司
开　　本	889mm×1194mm　1 / 16　印张 23.25　插页 42　字数 523 千字
版次印次	2020 年 11 月第 1 版　2020 年 11 月第 1 次印刷
定　　价	380.00 元

（图书出现印刷质量问题，本社负责调换）

《徐州市水文志（1912—2018）》
编纂委员会

主　　任　李　沛

副 主 任　吴成耕　　刘沂轩　　刘远征

委　　员　李　波　　王文海　　李玉前　　徐庆军　　吉文平

　　　　　郭伯祥　　唐文学　　李　涌　　郑长陵　　张　警　　董鑫隆

　　　　　宋银燕　　马　进　　查　茜　　陈　磊　　文　武　　孙　瑞

《徐州市水文志（1912—2018）》
编纂人员

主　　编　李　沛

常务副主编　吴成耕

副 主 编　刘沂轩　　刘远征　　尚化庄　　万正成　　盛建华

编　　辑　万正成　　盛建华　　万永智　　陆琳琳　　徐　委　　李　倩

　　　　　邢　亚　　杨　春　　李　超　　杨明非　　邓　科

▶ 机关办公楼变迁

徐州水文分站｜1986 年摄 局办公室供稿

江苏省水文水资源勘测局徐州分局 | 2016 年摄 局办公室供稿

江苏省水文水资源勘测局徐州分局 ｜ 2020 年摄 孙晋平供稿

4

▶ 水文站

丰县闸水文站 | 2020 年摄 办公室供稿

沛城闸水文站 | 2020 年摄 办公室供稿

新安水文站｜2020 年摄 办公室供稿

港上水文站｜2020 年摄 办公室供稿

林子水文站┃2020 年摄 办公室供稿

刘集水文站┃2020 年摄 办公室供稿

运河水文站｜2020 年摄 办公室供稿

二堡水文站｜2020 年摄 办公室供稿

燕桥水文站 ｜ 2020 年摄 办公室供稿

夹河闸水文站 ｜ 2020 年摄 办公室供稿

云龙湖水文站 | 2020 年摄 办公室供稿

解台闸水文站 | 2020 年摄 办公室供稿

刘集水文站人工观测水位 ┃ 20 世纪 90 年代摄 唐文学

新安水文站取沙作业 ┃ 2007 年摄 孔海波

抢测洪水 | 2008 年摄 周光明

雨中测流 | 2008 年摄 周光明

邳州监测中心缆道抢修 ┃ 2010年摄 徐　委

徐州市军地联合防汛抢险演练 ┃ 2018年摄 市防办供稿

水情应急监测演练 | 2018年摄 市防办供稿

ADCP 测流 | 2017年摄 万永智

手持电波流速仪测流 | 2017年摄 万永智

抗击利奇马暴雨洪水，港上水文站观测水位 | 2019 年摄 王文海

抗击超两百年一遇洪水，水质移动监测 | 2018 年摄 王文海

抗击利奇马暴雨洪水，ADCP 测流 | 2019 年摄 杜珍应

徐州市水文志
(1912—2018) XUZHOUSHI SHUIWEN ZHI

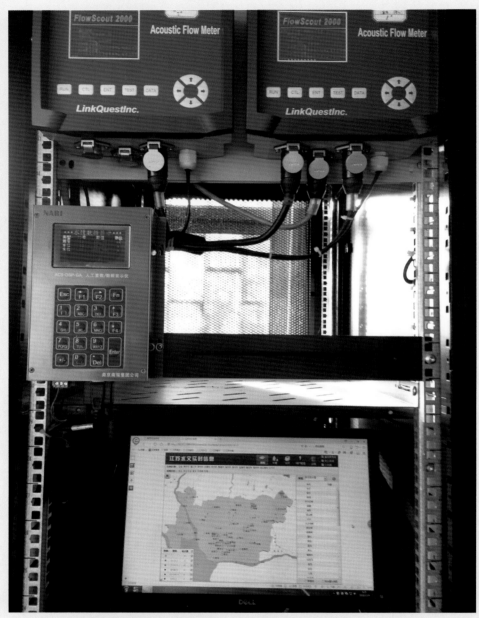

二线能坡法在线测量系统 | 2017年摄陈 磊

水质化验室 | 2014年摄徐 娄

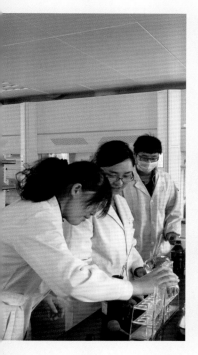

水情信息监控室 ┃ 2019 年摄 万永智

新安水文博物馆 ┃ 2018 年摄 万永智

地形测量│20世纪90年代摄 周光明

地籍调查│20世纪90年代摄 周光明

地形测量┃2014 年摄 徐　委

河道测量┃2018 年摄 万永智

女子应急测量 | 2018 年摄徐 委

河湖健康评估 | 2017 年摄 万永智

水质取样 | 2017 年摄 宋银燕

水情预报 | 2018 年摄 孙 瑞

水质应急监测 | 2018 年摄 李 超

徐州市水资源监测中心年会 | 1997年摄

以色列水资源利用管理学习班在徐州举办 | 2000 年摄

徐州水文局人事制度改革会议 | 2002 年摄

徐州水文局第三轮岗位聘用会议 | 2009 年摄

徐州水文局测绘技能大赛 | 2010 年摄

徐州水文局首届五一劳动竞
|2018 年摄

用会议合影留念 2009.12.24

世界水日宣传活动 | 2018 年摄

1962 年，陈金堂在测流中壮烈牺牲，1983 年被批准为革命烈士

1977 年沛城水文站被授予全国水文战线学大庆学大寨先进单位荣誉称号

1991 年获水利部水质监测全优分析室大奖

1995 年，江苏省水环境监测中心徐州分中心获水利部水文司表彰

2018 年，陈磊获得全国五一劳动奖章

2013 年，邳州监测中心张勇获见义勇为证书

2017 年，徐州水文局荣获"2017 为民办实事·市民口碑榜"优秀案例奖

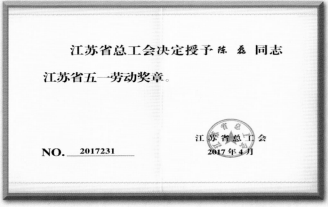

2017 年，新沂监测中心陈磊获江苏省五一劳动奖章

2018 年 6 月，徐州水文局党委作为全省水文系统唯一党组织代表，荣获省水利厅系统先进基层党组织称号

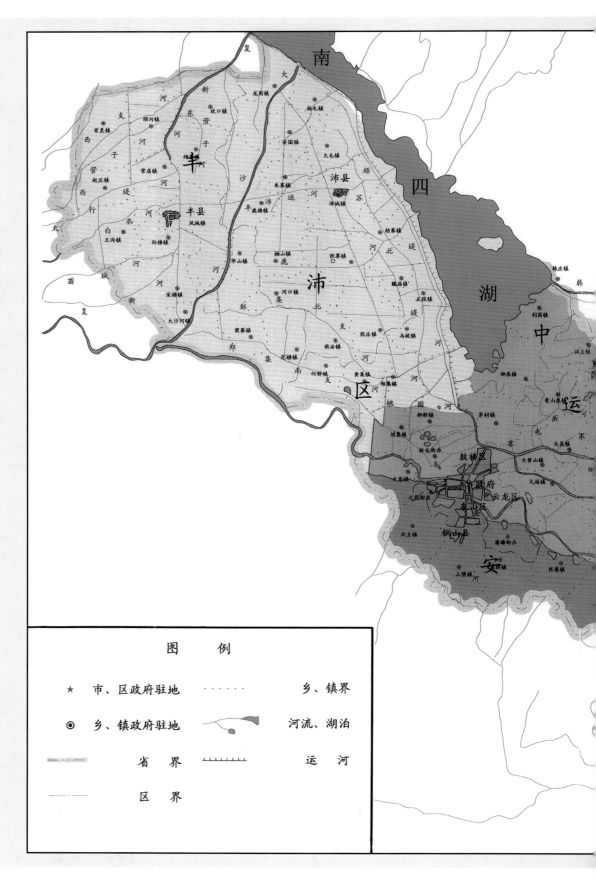

徐州市河流水系及水资源分区图

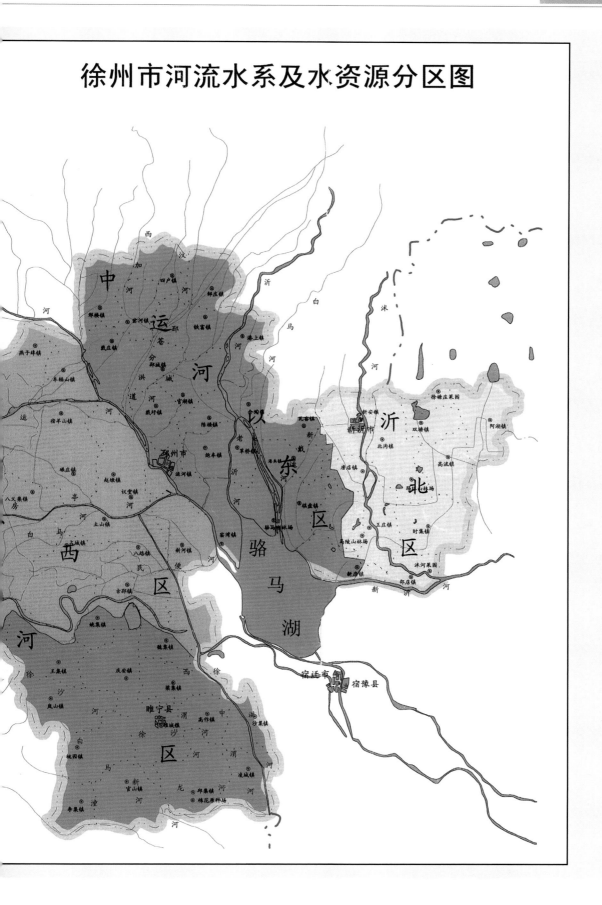

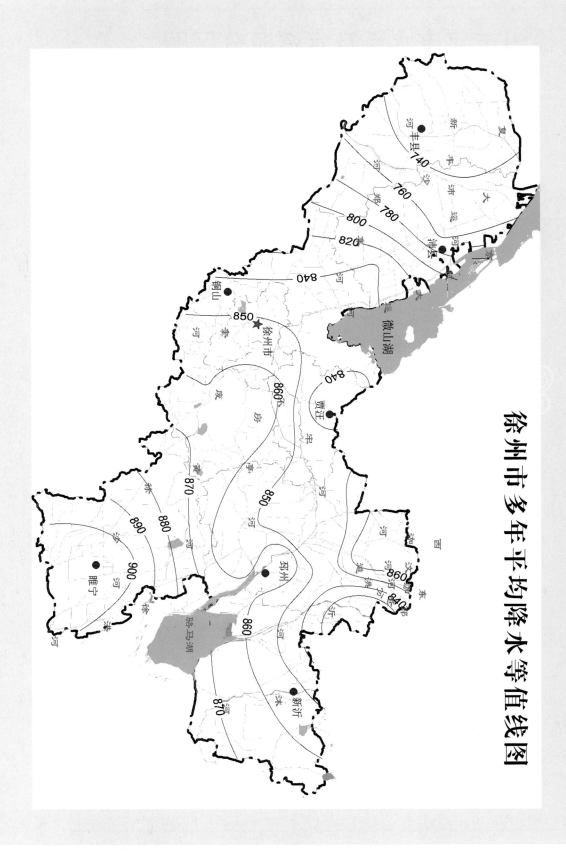

徐州市多年平均降水等值线图

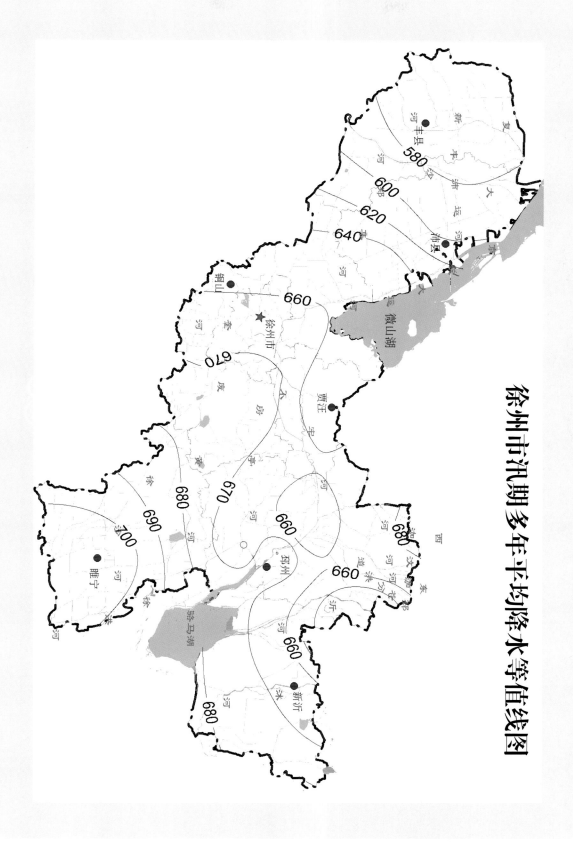

徐州市汛期多年平均降水等值线图

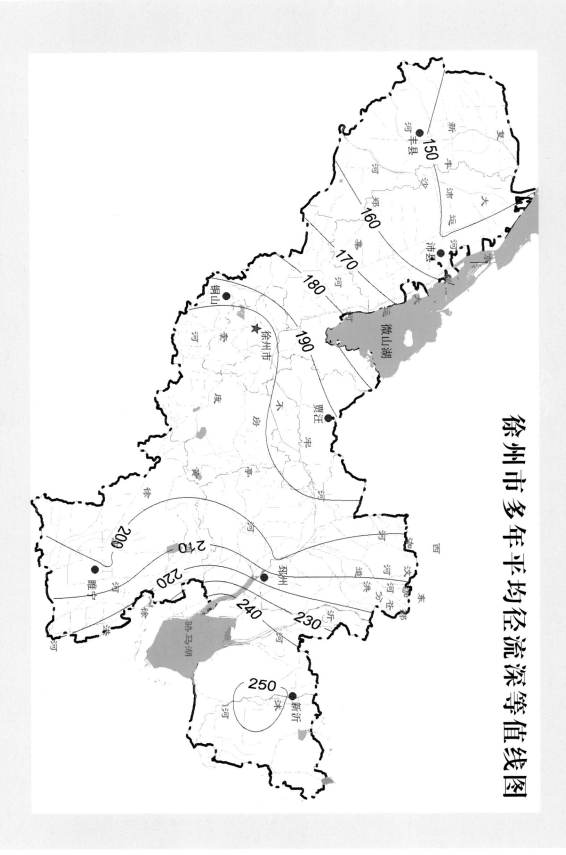

徐州市多年平均径流深等值线图

34

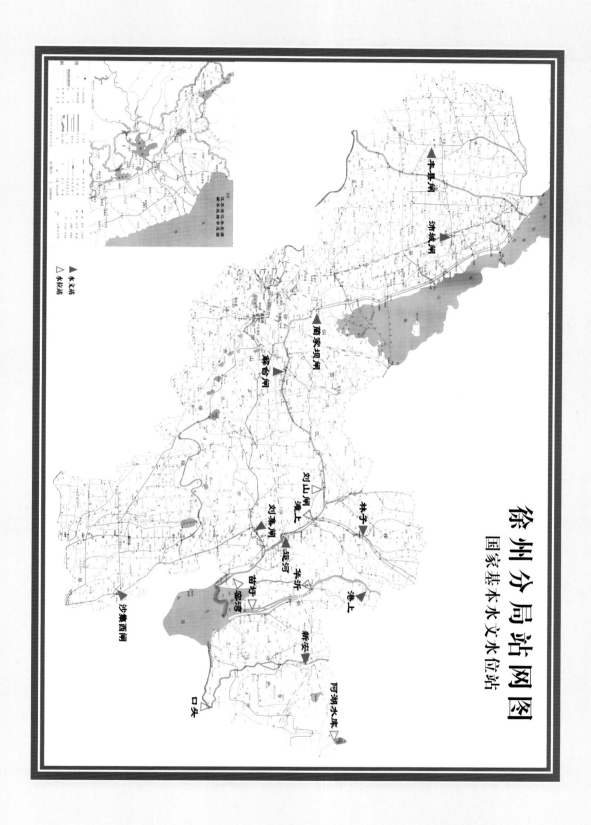

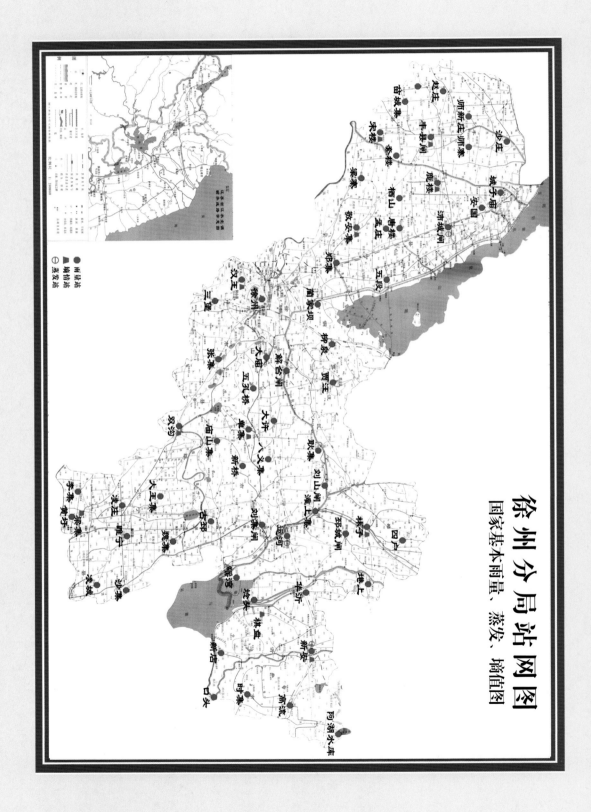

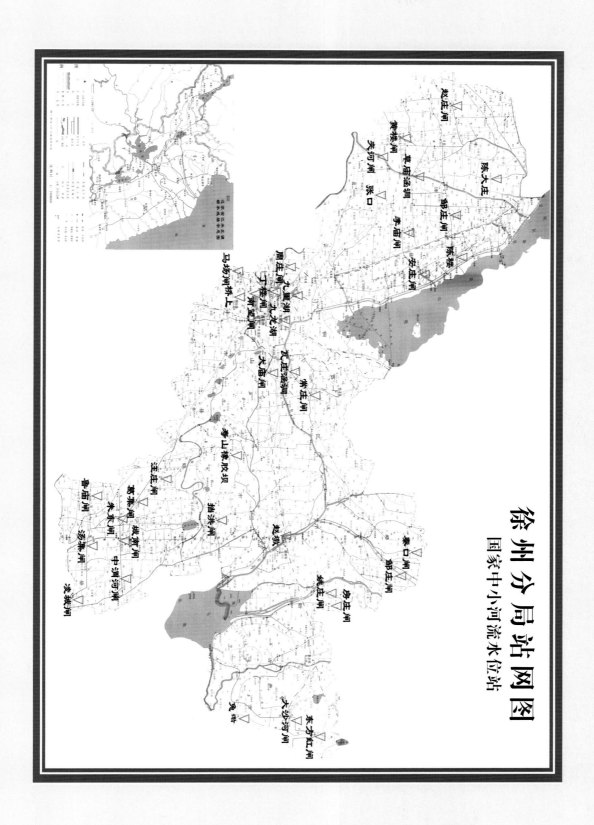

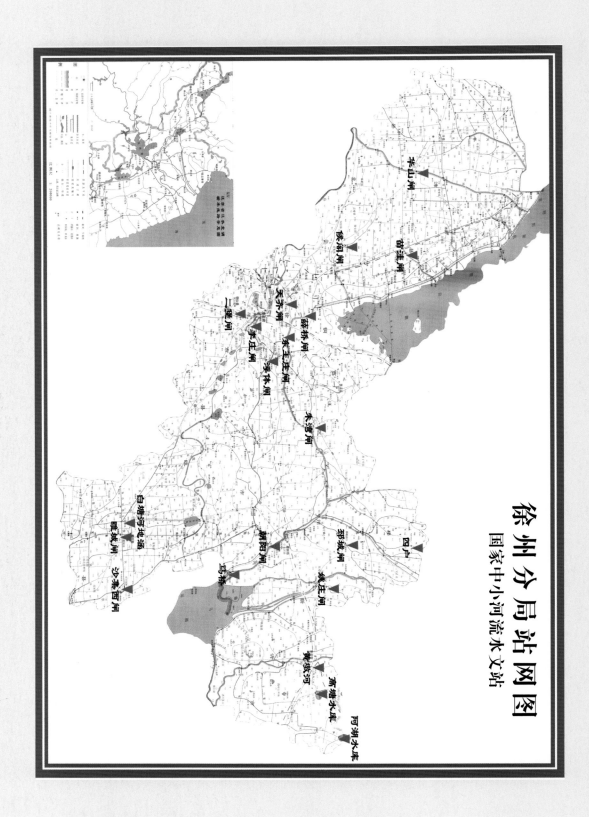

徐州分局站网图
国家中小河流水文站

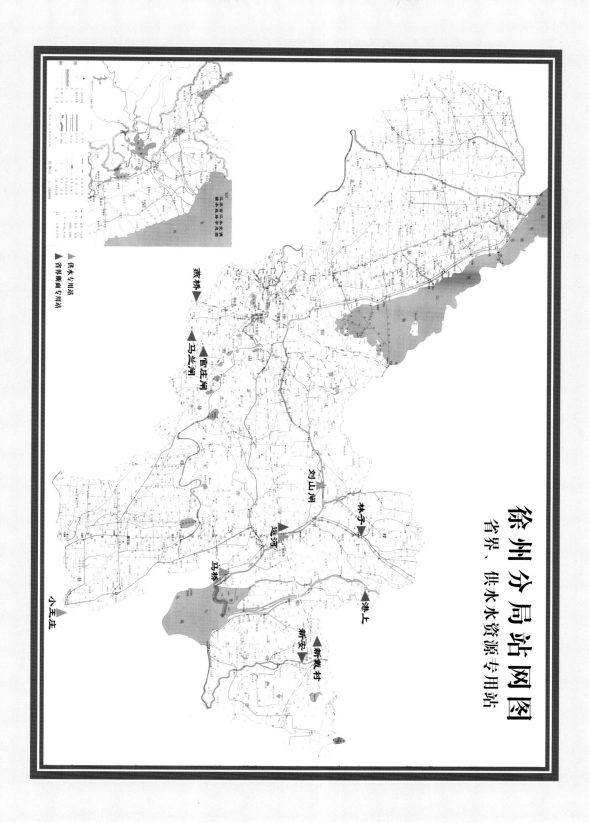

徐州分局站网图
省界、供水水资源专用站

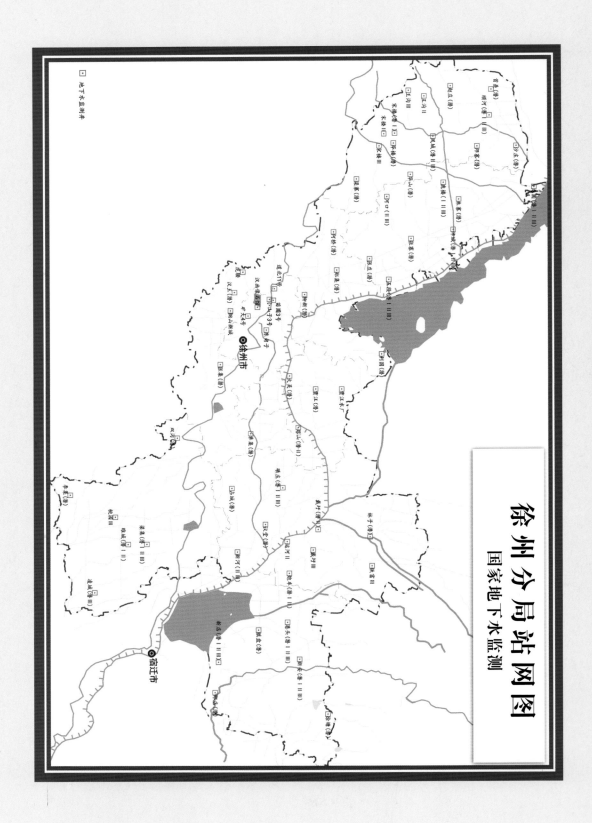

序

　　水文是水利的基础，是国民经济建设和社会发展的基础性公益事业。徐州地处沂沭泗流域下游，承接山东上游约 5.7 万平方公里来水，水系复杂，素有"洪水走廊"之称。徐州的地理位置与复杂的水系特征，决定水文工作在全市经济社会发展中具有十分重要的地位。

　　清康熙二十三年（1684），黄河夺淮期间，在徐城（今徐州市区）故黄河南岸设立水志，观测水位，向下游驰报水情。民国 2 年（1913）窑湾水文站设立，观测水位等要素。百余年来，几代水文工作者长年累月坚守在河流、湖泊第一线进行水情、雨情、径流和水环境监测，收集、整理大量珍贵的水文水资源信息资料，形成重要的分析和研究成果，为徐州市防汛防旱、水资源保护、河湖长制、水生态文明建设及水利基础设施建设等做出了重要贡献。

　　修志明道，以启未来。《徐州市水文志》历时两载，经过全体编纂人员的辛勤努力，终于付梓。该志是江苏省水文系统第二部，也是徐州市首部地方水文专业志。编撰者以丰富、翔实的资料为基础，坚持正确的政治方向，对史料加以整理、核实、考订，去伪存真，本着详今略古、实事求是的原则，突出时代特点、行业特征，详细地记述徐州地区水文工作方方面面的情况，客观地展现中华人民共和国成立后，特别是改革开放以来徐州水文事业发展的历史脉络。该书的出版发行，对于探索徐州水文工作规律、总结历史经验、创新改革发展、加强文化建设等具有重要的历史价值和现实意义。

　　值此志书出版之际，谨向多年来一直关心、支持徐州水文事业发展的有关单位和领导表示诚挚的谢意，向为徐州水文事业发展做出贡献的水文工作者致以崇高的敬意，向《徐州市水文志》全体编纂人员表示衷心的感谢！

李　沛

2020 年 8 月

凡　例

一、《徐州市水文志（1912—2018）》是徐州市水文事业的专业志。全志坚持历史唯物主义和辩证唯物主义的观点，以马克思列宁主义、毛泽东思想、邓小平理论、"三个代表"重要思想、科学发展观、习近平新时代中国特色社会主义思想为指导，遵循"求实存真"之宗旨，力求思想性、科学性、知识性和资料性之统一。

二、本志遵照"统合古今、详今略古、存真求实"的原则，立足当代，统合古今。记述时间上限为1912年，下限到2018年12月底，根据实际一些事物可追溯至发端，大事记延伸至2019年12月底。内容叙述范围以1983年徐州地、市合并以后的现行行政区划为准，区域内详述，区域外有关联者简述。

三、本志采用述、记、志、图、表、录等体裁，以志为主。图、表、照相对集中。重要资料来源随文加注，不用节后注释，一般资料不注明出处。除图片、凡例、序、概述、大事记、附录、编后记外，全志设13章55节，约30万字。

四、本志采用"横排竖写"的记述办法，按水文业务属性，编排"章、节、目、子目"4个层次。除概述一章外，均述而不论，寓褒贬于记述之中。大事记以编年体为主，辅以纪事本末体。

五、本志为行文简略，将"中国共产党"简称"党"，人民政府简称"政府"，"中华人民共和国"简称"新中国"，水利部治淮委员会简称"淮委"，江苏省水利厅简称"省厅"等，"江苏省徐州地区水文分站""徐州水文分站""徐州市水文分站""徐州水文水资源勘测处""江苏省徐州水文水资源勘测局""江苏省水文水资源勘测局徐州分局"统称为"徐州水文局"。志中第一次出现用全称，后文多用简称。

六、本志采用公元纪年，历史纪年括注公元纪年。凡文中提到"××年代"而未注明"××世纪"的均指20世纪。

七、本志一律采用国务院公布的《汉字简化方案》中的简化字。数字的使用按国家语言文字工作委员会等部门联合制定的《出版物上数字用法》（GB/T 15835－2011）执行。计量单位以《中华人民共和国法定计量单位使用方法》为准，新中国成立前沿用旧制，照实记载，必要时用括号注明换算值；新中国成立后采用国家规定的计量单位，如长度用"米"，土方用"立方米"，流量用"立方米每秒"，机电设备功率用"千瓦"等。其中千米、平方千米仍用现行报刊通用的公里、平方公里。计量单位用汉字，不用外文字母代号。

八、本志内的水文数值，均以水文年鉴刊印的数值为准。本志中使用的地面和水位高程均采用"废黄河口基面"高程，特殊的用括注说明。

九、因行政区划变革，机构名称、职官、地名多变。志中所记事物以当时名称为准，必要时括号加注说明。古地名用原名，有准确地理范围的括注今地名。

十、本志人物篇遵循生不立传原则，排列以出生先后为序。"人物简介"一章略记当代水文名人的履历和主要事迹。"人物表（名）录"收入省以上技能大赛获得者、先锋人物、革命烈士、高级专业技术人员。

十一、本志史料来源于江苏省水文水资源勘测局、徐州市档案馆、徐州市图书馆、徐州市水利局、江苏省水文水资源勘测局徐州分局等单位的业务文书档案、会议记录、技术资料和有关报刊、旧志等，少数为当事人的回忆资料，一般不注明出处。重要资料一般都注明出处，交代参考文献。

目　录

概　述

　　自古以来，人类在漫长的治水实践中认识到要除害兴利，必须首先了解水的特性，探索江、河、湖、海的水情变化规律。20世纪以来，特别是进入21世纪，水文工作已经成为水利建设、防汛抗旱、水资源开发利用、水资源管理保护和生态环境工作的技术支撑，是一切与水资源有关联的国民经济建设所必需的前期工作和基础工作。徐州市水文工作是在历次治水的历史过程中逐渐兴起，并伴随着全市经济社会发展，特别是水利建设的不断发展而发展起来的。中华人民共和国成立后，随着经济社会发展的需要，水文事业迈上新台阶，服务对象和工作重点也发生显著变化。60年代，是应用水文学发展时期，其主要标志是适应大规模水利建设需要，普遍设立水文观测站点，掌握第一手资料，开展水文测验、水文情报预报和水文水利计算。70年代，水资源紧缺问题日趋尖锐，人类活动影响水循环，特别是水源污染使水环境问题日益突出，水文工作面临的基本任务是为水资源开发利用、水旱灾害防治和水环境保护提供科学依据和实时信息，此阶段增设了大量雨量站，化验室增加了污染物的分析，为工业、农业、交通、国防等建设提供水文服务。改革开放以后，80年代至2012年，为解决水资源利用的理论问题，设立专门实验机构，对水的运动规律做进一步探讨；成立水文测绘队伍，为沂沭泗流域东调南下工程建设服务；计算机的普及应用，使得水文测验、水文资料整编、水文预报、水文科技研究、水情信息传输效率和质量有大幅提升；城市水文站网的建设，补充水文站网在城市中的空白与不足，城市水文规律得以深入探索，水文业务拓宽了服务渠道；省政府"工程带水文"文件的出台、国家防汛指挥系统徐州示范区的建设，加快了水文站网向着自动化、现代化方向迈进。一系列新设备的运用和测报方式改革，使水文事业如虎添翼。2013年，水文事业进入新的发展时期，习近平总书记倡导的"绿水青山就是金山银山"、江苏省水利厅提出的"六大水利"，为徐州水文工作指明了努力方向和奋斗目标。

——

　　徐州市位于江苏省西北部，苏、鲁、豫、皖四省接壤处，总面积11258平方公里。

陇海、京沪铁路及连霍、京台、京沪高速公路在此交会，闻名中外的京杭大运河自西北向东南贯穿境内，煤炭、电力资源丰富，是中国东部重要的交通运输枢纽，是华东地区和江苏省的重要能源基地。

徐州古称彭城，东汉时始称徐州，自古以来就是南北交通要道和兵家必争之地，素有"五省通衢"的称誉。市域承接着沂沭泗河流域5万多平方公里的下泄洪水，特别是沂、沭河干流系山溪性河流，源短流急，暴涨暴落，遂成为"洪水走廊"。全市境内河流纵横，湖库众多，地势平坦，河网交错，沂沭运平原、南四湖平原、濉安平原占总面积的90%，山丘区占10%。夏秋两季受黄淮气旋、台风和切变线影响，多形成暴雨，降水集中，洪涝灾害频繁；干旱年份降雨量少，上游来水也少，极易造成河湖干涸，旱灾严重。

自古有兴办水利之事，必有水文观测之实。古彭徐州东南50里，古泗水有吕梁洪。今铜山区伊庄镇吕梁山下，遗存犹在，并流传众多名人典故，其中孔子观洪（前496）最负盛名。孔子观洪，"悬水三十仞，流沫九十里"。仞，长度单位。一仞，周制八尺，约1.84米。意为吕梁洪瀑布水势高达五六十米，流水溅起的泡沫漂浮几十里，可见水之壮观。之后则有设水志（又叫志桩、水则，相当于现代观测水位的水尺）观测水位。据有关记载，早在三国时期，人们已经用石刻方式标定洪水位，从隋代开始利用木尺作为志桩。

历史上，徐州有很多关于洪水的形象记载：唐大中十二年（858）八月，"徐、泗等州水深5丈，漂没数万家"。北宋天禧三年（1019）夏，"徐州大水浸城壁，不没者四版"。北宋熙宁十年（1077）八月二十一日，洪水包围徐州城，"彭门城下水二丈八尺，高出城中平地一丈零九寸"。苏轼《放鹤亭记》，宋"神宗熙宁十年（1077）秋，彭城大水，云龙山人张君之草堂，水及其半扉。明年春，水落"，记录洪水淹没的高度、范围及水淹水落的时间。

黄河夺泗流经徐州600多年，对黄河洪水有比较翔实的记载。清康熙二十三年（1684）靳辅曾称"徐城水势不减，仍复增长不止，高于去年二尺五寸"，表明在此以前，已有水情测报并记录在案。黄河设水志始于清初，当时上游宁夏，下游老坝口（今淮安市淮阴区）等处都设有测站。起初徐州以石堤代尺，"黄河有徐州城外石堤可验"。清乾隆十一年（1746），为准确快捷测报黄河水情，石工水志改为志桩，这是正式设立徐州水志之始，其位置在徐州旧城北门外，今故黄河南岸庆云桥东侧牌楼处。早在康熙四十年（1701）曾在此处堤顶置铁犀牛1头，祈望以此镇住洪水。从乾隆十一年以后的有关记载中，徐州水位观测均以水志桩为准，不再提石堤验水。如乾隆十五年（1750），高斌（江南查办河工的协办大学士）等在进呈河工图说二十条时，便将石堤改称为徐城水志。乾隆三十一年（1766）九月六日，高晋（两江总督，统理南河事务，南河指苏、皖两省黄、运、淮诸河）奏称："目下徐城北门外黄河志桩存水五尺三寸，较八月中旬盛长已消七尺九寸。"

据《淮系年表》载，宣统三年（1911），从张謇议，设江淮水利测量局于清江浦，为导淮之预备，测量江苏境内淮、泗、沂、沭诸水有关河湖水道，又测量各处水位、流量、含沙量，测报各处雨量及气象。民国元年（1912）设置"废黄河口零点"，以此年的 11 月 11 日下午 5 时废黄河口的潮水位为零，作为起算高程，称"废黄河口零点"。

民国初期至新中国成立前，徐州市已陆续设立水位站、雨量站和水文站等正规的水文观测站点，并采用近代水文观测方法开展系统观测记载。民国 2 年（1913），江淮水利测量局设立窑湾水文站，施测中运河及老沂河的水位和流量。民国 3 年（1914），设新安水文站，测验老沭河的水位和流量；设滩上集水位站，施测中运河的水位；设河成闸水位站，观测不牢河口水位。民国 4 年（1915），增设沟上集水文站测验沂河及其支河的水位和流量。民国 8 年（1919），在中运河设迦河口水位站，在不牢河设蔺家坝、荆山桥两处水位站。民国 9 年（1920），水文站改由督办江苏运河工程局主管；民国 16 年（1927）6 月又改为江北运河工程局。民国 18 年（1929）7 月，国民政府成立导淮委员会，水文站由该委员会掌管，后因战乱、经济不济，水文站中断观测。民国 20 年（1931），增设邳县、丰县、铜山、睢宁雨量站。民国 36 年（1947），成立淮河水利工程总局，重新设立新安、滩上集、窑湾水文站。这些水文站点正常开展业务，测验水位、流量等。日军侵华后，境内水文测站基本停止观测。至新中国成立前，迫于战火缤纷的动荡局面，水文工作基本陷于停滞状态。这一时期，观测站点少，测站生活环境、测验环境均较差；观测人员专业知识缺乏，能力不足，测验技术原始；观测项目和测次不多，水文资料断断续续，缺乏系统性，从而制约了水文工作的正常发展。

二

50 年代后，随着国家经济建设的恢复和发展，特别是水利建设的蓬勃开展，徐州水文事业进入快速发展的通道。

新中国成立伊始，华东军政委员会水利部主管华东区水文工作，先后在南京、上海等地招聘和培训水文技术人员，规划水文工作，按流域水系划定水文测区，设置水文机构，恢复和新设各类水文测站，为大规模水利建设做好前期工作。1951 年 5 月，毛泽东发出"一定要把淮河修好"的号召，治淮工程蓬勃开展，徐州水文工作也随之迅速发展。在江苏境内沂沭汶运区设立新安一等水文站，由淮河水利工程总局代管。1952 年，新安一等水文站迁徐州，改称徐州一等水文站，属华东水利部建制。1953 年，苏南、苏北行署合并建省后，江苏省水利厅设水文分站，徐州一等水文站由水利部直辖，改称沂沭汶运水文分站。1954 年，沂沭汶运水文分站撤销，其站网按行政区划划归江苏、山东两省治淮指挥部管理。在抗击 1954 年特大洪水斗争中，各水文测站职工顽强战斗在抗洪第一线，加测加报水情、雨情，及时、准确地向各级政府防汛抗旱决策机构提供水文信息，为战胜特大洪水发挥重要作用。1956年春，省厅水文分站改称水文总站；同年12月，省治淮总指挥部水文科并入省厅水文总站。1957年5月，全省按流域、水系设立运河、大浦、淮阴、泗洪、盐城、扬州、南通、镇江、苏州等9个水文站，作为省厅水文总站派出机构，管理所辖水系内的水文站，形成统一完整的水文省管体制。1958年9月20日，省厅根据水利电力部关于水文测站管理体制下放的精神，将各水文站下放专区管理，在专署水利局内设立水文科（股）。据统计，截至1958年底，徐州地区共设水文站11处，水位站6处，雨量站24处，径流实验站3处，站总数达到44处。

为适应大规模水利建设需要，1949年10月，华东水利部组织南京实验处、长江水利工程总局和淮河水利工程总局成立水文资料整编委员会，开展长江、淮河流域历史水文资料整编工作，对淮河、长江两流域1949年前的水文资料进行系统的整理，于1951年汇编刊印《1912—1949年淮河流域水文资料》。1950年后，徐州地区各类水文测站的资料经过整编、审查、复审、验收，列入水文年鉴刊布。期间开展区域水文分析计算，先后完成出版《徐州地区水文统计》《徐州地区水情手册》《徐州市防汛防旱水情手册》《徐州市水文统计》等。这一时期还开展较大规模的行水测验，1951年，华东水利部测验处组织进行沂沭汶运区行水测验。此外，1955年水利部颁发《水文测站暂行规范》，使水文测验工作走向规范化。1958年起，水文资料汇编按流域水系划分卷册，徐州地区水文资料划入淮河下游及沂沭泗区水文年鉴，由江苏省水利厅和山东省水利厅分别负责汇编刊印。50年代末期，徐淮地区为充分利用地下水资源发展灌溉、降控地下水位防止渍害，发展地下水观测井观测地下水位，以掌握地下水的动态变化。1957年首先在新沂（新安）、丰县设立地下水位观测，1958年增加运河站的地下水位观测。

1958年，在国家工农业全面大跃进的形势下，全国掀起规模空前的水利建设，水利电力部在北京召开全国水文工作会议，制定颁布水文工作纲要。1959年初，全国水文工作会议提出"以全面服务为纲，以水利、电力和农业为重点，国家站网和群众站网并举，社社办水文，站站搞服务"的水文工作方针。徐州地区水文系统认真贯彻执行全国水文工作会议和全省水利工程、灌溉管理、水文和水利科研工作会议精神，开展水文观测为当地生产建设服务，结合群众性农田水利建设的发展，开始搞技术革命、推广群众水文。1959年4月，徐州专署水利局举办群众水文培训班，全区各县60多人参加学习，培训内容有《水文观测手册》等业务知识。该时期由于水文管理体制下放及三年经济困难等原因，全区水文工作陷入困境，水文管理过于分散带来的问题明显暴露，匆忙建立的群众站点大批下马，国家基本水文测站裁撤，径流、泥沙站停测，水文技术骨干外流，测报质量下降，水文工作受到严重挫折。

1962年5月，水利电力部召开全国水文工作座谈会，提出"巩固调整站网，加强

测站管理，提高测报质量"的水文工作方针。是年 10 月，中共中央、国务院发出中发 503 号文件，批转水利电力部党组《关于当前水文工作存在问题和解决意见的报告》，同意将国家水文基本站网规划、设置、调整和裁撤的审批权收归水利电力部；同意将基本水文站一律收归省、自治区、直辖市水利厅（局）直接领导；同意将水文测站职工列为勘测工种。1963 年 7 月，江苏省人民委员会通知将国家水文站网收归省管。是年 9 月，江苏省编委批复同意省厅恢复成立水文总站，各专区恢复专区中心水文站，作为水文总站的派出机构。至此，徐州地区水文站网收归省厅统一管理后，开始扭转水文工作的下滑局面。

1964 年，经国务院批准，全国水文管理体制收归水利电力部建制，徐州专区按照水利电力部通知精神和江苏省水文总站部署，合理调整基本水文站网，大力整顿水文基础设施，建立健全各项规章制度，加强测站管理，使水文测报质量快速恢复和提高，徐州地区水文工作重新走上健康发展的道路。1965 年，按照江苏省水文总站统一部署，徐州地区对以区域代表站为重点的基本流量站网开展布站方法验证和调整充实工作，参加江苏省关于流量站网和雨量站网分析规划报告成果的编制。同时，在全区范围内，组织对水文测站测验设施大力进行整顿，开展技术革新，先后建成一批水文测流缆道，逐步由船测过渡到岸上缆道测流；增建安装一批自记水位计和虹吸式自记雨量计，由人工观测逐步向自记化发展。同时，统一更换 E601 型水面蒸发器等，有效地提高水文测洪能力和测报质量。为加强测站管理，按照江苏省水文总站的统一部署，先后制定和颁发《水文测站任务书》《水文站网工作暂行条例》《站网财务管理暂行办法》等，建立岗位责任制，推行检查员制度，使各项工作有章可循。1969 年 1 月，徐州专区革命委员会发布通知，同意将各水文测站统一由地区管理划归县管理。水文管理体制又一次下放，水文机构撤销，徐州专区水文业务工作和水文测报质量下降。1970 年 11 月 28 日，省革命委员会生产指挥组通知，将各专区水文分站及所属水文测站划给所在地区水电局领导。徐州专区水文分站下放至水利部门领导。1973 年 12 月，江苏省革命委员会水电局批准成立徐州地区水文分站。通过全面贯彻水利电力部制定的《水文测验试行规范》和《水文测验手册》等，水文部门恢复制定各项规章制度，开展以水文测流缆道为重点的水文测验设施整顿，水文测报质量逐渐回升。同时，根据全国和江苏省水文工作及水资源保护会议提出的"水文工作要当好水利尖兵，还要当好水资源保护哨兵"要求，普遍开展水质污染监测，为水污染防治提供服务；增设地下水观测井，开展地下水动态观测。1975 年，徐州水文站在沂河港上水文站建成第一座多跨电动测流缆道，为国内首创，应用至今。1978 年，根据水利电力部部署和江苏省水文总站要求，全区开展水文站网调整充实规划工作，增设配套水位、雨量站点，调整优化各巡测片水文巡测线路，增设水文控制线及区域代表片，开展水文巡测，以适应水利建设和国民经济发展的需要。

三

1978 年 12 月党的十一届三中全会召开后，全党的工作重点转移到经济建设上来，进入改革开放新的历史时期。徐州水文事业立足改革，开拓进取，拓宽工作领域，增强服务功能，积极为防汛减灾、水利工程规划设计、水资源的开发利用和管理、水环境治理和保护做好服务，坚持水量、水质并重，加强行业管理，提高测报质量，水文工作进入一个新的发展阶段。

1980 年 6 月，江苏省机构编制委员会根据水利部关于水文管理体制的意见，批复同意全省水文站网及各地区（市）水文分站恢复由省水利厅统一管理，省设水文总站，各地区（市）设水文分站。徐州专区水文分站负责徐州地区的水文工作，采取以县为单位成立县水文中心站，分片管理各级水文测站。1983 年，为适应江苏市管县新体制，省机构编制委员会决定将各地区水文分站改为市水文分站，其所管理的国家基本水文站网隶属省厅领导，由江苏省水文总站统一管理。1985 年初，在铜山县汉王乡二十五里桥村设立汉王实验站，该站是国家重点科技攻关项目 65-38-1-1 课题的重要试验基地之一，主要研究大气水、地表水、土壤水、地下水相互转化关系，深入研究降雨入渗补给机理、有效潜水蒸发等。

1991 年 12 月，为适应水文行业发展，省厅同意徐州市水文分站更名为"江苏省徐州水文水资源勘测处"。为解决水文职工待遇偏低问题，江苏省人事局同意，自 1991 年 10 月起徐州水文水资源勘测处及所属各县水文中心站职工执行野外地质勘探工资标准。1993 年机关事业单位工资改革中，徐州水文系统又按野外地质勘探工资标准进行调整。1997 年 4 月，省厅同意徐州水文水资源勘测处更名为"徐州水文水资源勘测局"。1998 年 4 月，江苏省机构编制委员会同意徐州水文水资源勘测局为相当于副处级全民事业单位。2004 年 6 月，省厅会同省编委决定将徐州水文水资源勘测局更名为"江苏省水文水资源勘测局徐州分局"。2009 年 1 月，江苏省编制委员会核定徐州水文局编制总数为 97 人。

为加强水文行业管理，建立水文良性运行机制，1993 年以贯彻水利部颁发的《水文管理暂行办法》和《水文水资源调查评价资格认证管理暂行办法》为契机，并依据江苏省实施细则，徐州水文局获得水文水资源调查评价的乙级证书。1996 年 5 月，省厅组织人事、计划、工管、政法等 9 个处室负责人，并特邀省计划经济委员会、财政厅代表参加，到徐州等水文勘测局、水文测站开展水文工作现状调查。同年 9 月省厅作出《江苏省水利厅关于加强水文工作的决定》，在明确水文部门行业管理职能、改善水文管理体制、建立多渠道的水文投入机制、强化水文机构内部管理、提高水文服务功能等方面均作出明确要求和规定，以推进全省各地水文工作的健康发展。徐州水文

局及其所属各县（市）水资源监测中心均为市、县防汛防旱指挥机构成员单位，市、县水文单位负责人均担任防办副主任。水文部门不仅准确、及时地向各级防指提供大量的水情、雨情、工情信息，而且还加强对汛情的分析、统计和预测预报工作，为各级防指争取防灾减灾的主动权起到重要作用。1995年起，徐州水文局及其所属各水资源监测中心在全省率先新设13个墒情观测站，定期每5天测报一次土壤墒情，为抗旱服务。

在水文站网建设方面，根据水资源开发利用和管理保护的需要，按照点（基本站）、线（巡测线）、面（巡测代表片）相结合和地表水与地下水、水量与水质监测相结合的指导思想，在开展水文调查和水文资料分析的基础上，巩固、提高流域性河道控制站，调整优化区域代表站，充实和加强水质和深层地下水监测站网，扩大和发展南四湖、运河、沂河、沭河水文巡测。同时改革测验方式，引入先进测验仪器设备和测验方法，对符合《水文测验规范》要求可实行间测、校测的水文站，通过资料分析验证后实行间（校）测。1981年，水电部水文局组织成立平原地区水文站网布设原则研究协作组，由江苏省、辽宁省水文部门牵头，开展"平原地区水文站网布设原则"专题研究工作。经过多年的试验研究，总结提出平原水网区站网布设原则，采用以国家基本站网为点、水文巡测控制线为线、区域水文巡测片为面，点线面相结合的平原地区水文站网布设方法，并编制完成《平原地区水文站网布设试行办法》，由水利部水文司审定颁发。为适应点线面结合的站网布局，充分发挥基层测站工作人员的积极性，省厅在徐州市进行水文勘测站队结合试点，集中人员，建立基地，采取定点测验与巡测调查相结合的水文勘测方法，进一步加强对区域水文特性的综合研究，提高工作效率和水文监测成果质量，推进水文站网建设和发展。

在水文基础设施建设和测报新技术应用方面，1980年根据全国水文缆道普查整顿座谈会的要求，加快对徐州地区水文测验基本设施进行整顿、改造、更新速度，使水文测验工作逐步向水位与雨量自记化、测流缆道化发展，有效地提高水文测站测洪能力，改善测站工作条件，保障安全生产。1991年9月，省厅专门下发《关于新建水利工程有关水文观测设施、用房等问题的通知》，从政策层面拓宽水文设施建设的投入渠道。1996年贯彻落实《江苏省水利厅关于加强水文工作的决定》后，徐州水文基础设施建设水准得到很大提高。

为提高水文测报、整编计算的质量和效率，徐州水文局积极采用计算机通信新技术，努力提高水文信息在采集、传输、存贮、服务等环节的现代化水平。在水文数据采集方面，以固态存储器作为水位、雨量数据自动采集系统，逐步为向有人看管、无人值守站发展创造条件。1998年省局开始建设的苏北大运河水情遥测调度系统，于1999年试运行，徐州市也加入其中，为扩充遥测站点、实现全省联网创造条件。在水文信息传输上，徐州市1992年底就完成数传、话传兼容的无线报汛通信网建设。1995年汛期起，全省推广利用计算机网络传输水情，这是报汛方式和传输手段的重大改革。

在水文资料存贮服务方面，全市水文系统先后配置 IBM 微机 6 台，初步建立与省联网的计算机网络，在水文分析计算、水文情报、预报和水文资料的整编、存贮、检索等方面得到广泛应用。自 1988 年起，徐州市水文资料均采用计算机整编，并配合省水文总站建立全省基本水文数据库，开展水文资料的数据录入与装载入库、软件开发、计算机联网等一系列工作，为逐步完善水文信息服务系统奠定基础。至 1997 年底，省水文数据库建成并通过水利部组织的项目验收。2000 年，徐州水情分中心引进澳大利亚设备，建立国家防汛指挥系统徐州示范区，实现水文数据采集、传输、入库、报汛和查询功能的自动化，向水文现代化迈进一大步。

在水文分析研究方面，为探索水文变化规律，1978 年以后，徐州水文部门多次组织人员参与省水文总站统一布置的历年水文资料分析研究工作，包括编制《江苏省水文统计》《江苏省水文手册》《江苏省水文特征手册》《江苏省可能最大暴雨图集》《江苏省暴雨洪水图集》《江苏省主要河湖水质图集》等综合性水文研究成果，使水文资料在国民经济各领域得到广泛应用。1993 年沂沭泗流域特大洪水后，徐州水文部门立即组织力量开展该次暴雨洪水调查分析，并完成"沂沭泗流域'93·8'暴雨洪水调查分析"研究课题，该项水文分析成果为沂沭运河道 50 年一遇的水利规划设计治理提供了系统的水文数据和治理对策。1996 年，水文部门编写 6 个县（市）《水资源开发利用现状调查分析评价》成果。2000 年进行京杭运河输水干线输水损失测验，2005 年开展中运河河床糙率测验，均提供了较为实用的研究成果。

这一期间，全市水文部门坚持以经济建设为中心做好服务，且不断向深度、广度发展。首先，以防汛减灾的水情服务为重点，根据防汛抗旱斗争需要，全市共布设水情报汛站 63 处，组成全市水文情报网，严密监视各主要河流的雨情、水情变化，准确、及时地提供大量水情信息和水文预报，为各级政府和防汛指挥部门正确决策、及时部署防汛工作、合理进行工程调度、掌握抗灾主动权，起到重要作用，取得良好的社会效益和经济效益。其次，为加强水资源管理保护，自 1980 年起，全市水文部门普遍开展河湖水质监测和水资源调查评价服务。组织开展全市重点河、湖、水功能区及供水水源地的水量、水质动态监测，地下水动态监测，各类排污口水质监测，淮河流域工业污染源达标排放水质、水量同步监测，以及重大、突发性污染事故的追踪监测。每年编制发布全市河流湖泊水质简报和公报、深层地下水监测季报和年报，承担编制年度水资源公报等，积极开展新建涉（取、排）水工程水资源论证、排污口设置论证、防洪影响评价、水土保持报告等。此外，水文部门在认真做好本职工作的同时，充分发挥自身站网、技术、设备、人才和资料成果的优势，面向经济建设和社会发展需要，开展全方位的水文科技咨询有偿服务，主要是大力开展地形测绘、地籍调查、水环境监测与分析评价方面的服务，加强水文资料分析计算，积极为铁路、交通、能源、航运、城市建设、房地产开发等规划设计和工程建设服务等。

徐州水文系统在此期间设立毕楼地下水实验站和汉王实验站，对水文规律进行试验研究，取得了重大成果；开展站队结合，以县为单位建立生产生活基地，测站站房、职工宿舍得到改善，稳定了职工队伍；利用计算机技术开展遥测遥报、传输水情、预测水情，水情传输的时效性和水文预报的准确率得以提高；水文服务各行业全面开花，服务能力进一步提高。

四

2012 年，党的十八大召开后，习近平总书记提出"节水优先，空间均衡，系统治理，两手发力"新时代十六字治水方针，突出强调要切实解决水资源短缺、水生态损害、水环境污染三大新问题。省厅提出"六大水利"，即"安全水利、环境水利、生态水利、节水水利、智慧水利、法治水利"，给徐州水文业务开展指明方向。

水文监测站网得到加强，站网的建设达到新规模。2012—2018 年，徐州水文局建成中小河流站 74 处，其中水文站 22 处、水位站 43 处、雨量站 9 处。2014 年，对全区 54 个中小河流水位、水文站进行水文预报方案编制；根据《江苏省水文基本站达标建设工程项目》，对解台闸、刘山闸、刘集闸、林子站 4 个水文（位）站及 8 个水文观测场进行达标建设。2014 年 7 月，国家发展改革委以发改投资〔2014〕1660 号文下发《国家发展改革委关于国家地下水监测工程可行性研究报告的批复》。至 2016 年 8 月 31 日，完成 68 眼新建监测井建设，均为自动监测站。2018 年，完成马兰闸、官庄闸、燕桥、新戴村 4 处省界断面水资源监测站建设。至 2018 年底，徐州市共布设基本水文站 9 处，水位站 7 处，雨量站 65 处；地下水自动监测站 93 眼，人工监测浅井 12 眼，人工监测深井 67 眼；水质监测站 92 处；中小河流水文站 22 处，水位站 43 处，雨量站 9 处。通过现有站网布局控制，基本掌握全市主要河、湖、库的水文要素变化，为全市防灾减灾、水利建设、水资源开发利用与管理保护，及时提供准确可靠的水文信息和数据。

坚持党要管党，全面从严治党，政治学习成为新常态。无论是徐州水文局党支部还是 2018 年 5 月成立的局党委，均努力抓好党的建设和组织开展一系列活动，如进行党的群众路线教育实践活动、"三严三实"专题教育，学习党的十八大和十九大报告，开展"两学一做"学习教育、解放思想大讨论、党风廉政及意识形态专题分析研判、"不忘初心，牢记使命"主题教育，坚持党委中心组学习、党支部"三会一课"制度，做到学习教育常态化、制度化，注重发挥党委的政治核心作用、各基层党支部的战斗堡垒作用和党员的先锋模范作用。徐州水文局曾多次被市委、市政府表彰为全市防汛工作先进集体，有数十名水文职工被授予先锋人物和先进个人称号，数十人被评为"学习强国"标兵先进个人。2018 年 5 月，陈磊被中华全国总工会授予全国五一劳动奖章。

利用资产置换，使单位职工的办公条件加以改善，办公环境进入新天地。徐州水文局原办公地址位于泉山区湖北路 2 号，历经 40 年的运行，楼房出现裂缝沉降，墙体脱落，楼顶漏水严重，建筑面积偏小，已不能适应水文工作的开展。2017 年，徐州水文局尚有 2 处市内闲置资产，为加强国有资产资源管理，履行国有资产资源管理职责，党总支提出改善办公环境，进行资产整合，置换到新城区中茵广场 5 号楼办公。2018年 7 月，徐州水文局搬入办公新址，为全省水文系统首家资产置换单位。

徐州水文局新办公地址位于新城区中茵广场 5 号楼

（2008 年，中茵股份有限公司供稿）

向管理要效益，水文管理迈上一个新台阶。2018 年，由局第五支部负责编制完成的《徐州市水文局精细化管理》方案，将全局管理工作分为站网组织、测站标准、水文技术、业务流程、岗位职责、量化考核等部分，制定科学、规范的标准，把个人的工作业绩进行量化处理，以数据的形式展现工作成果。与此同时，与水务系统融合发展，拓宽水文业务新渠道。水文离不开水务，水文要服务水务，自 2012 年起，徐州水文局开展的水土保持评价、防洪项目评价、水资源论证、水功能区达标整治方案及工程测绘等多项业务得到快速发展。至 2018 年底，先后完成技术咨询服务项目 600 多项，既扩大了水文服务范围，增加了水文业务收入，促进了水文事业的发展，又提高了水文部门的知名度。这些业务的开展，加强了与外界的联系，在使水文职工的工作条件和生活福利得以改善的同时，更使水文职工队伍得到锻炼，增长了才干。

重视党建工作及文化建设，占领文化新阵地。2018 年 7 月，"声、悦、韵、恋、梦、魂" 6 个文体小分队正式命名成立，即水之声歌唱队、水之悦书画队、水之韵舞蹈队、水之梦曲艺队、水之恋器乐队、水之魂运动队，吸引全局三分之二的职工加入器乐、舞蹈、书画、运动等文体队伍。每个文体分队联合所属支部每两个月一次分工

负责开展党建文化活动，激发职工队伍活力，丰富水文文化内涵。先后开展"喜迎十九大　永远跟党走""奋进新时代　颂歌献给党""致敬改革路　砥砺新征程""不忘初心　牢记使命"等主题党建文化活动。

随着水文事业的蓬勃发展，全市水文职工人数不断增加，通过专业教育、技术培训和工作实践锻炼，逐步建立起一支思想过硬、技术强劲、能打硬仗的水文队伍。全市水文职工，特别是奋战在基层测站第一线的广大水文职工，发扬奉献精神，长年累月坚守岗位，不畏艰苦，不怕牺牲，与暴雨洪水搏斗，为抗洪减灾和社会主义现代化建设做出贡献。在抗御 1974 年、1993 年、2005 年、2018 年湖西特大洪水洪涝斗争中，全市水文职工克服重重困难，战斗在抗洪第一线，加测加报水情、雨情，为各级政府和防汛指挥部门正确决策、调度水情，争取防汛减灾斗争的胜利发挥了不可替代的作用。

2012—2018 年，水文站网、水质站网建设更加完善，达到新的规模。单位办公条件得到改善，徐州水文职工增强向心力、凝聚力，发展成为一支综合素质高和服务能力强的水文队伍。2014 年，省局提出水文测报方式改革，实际就是要解决流量的自动报汛和资料整编。通过 2015—2018 年连续不断的努力，徐州水文测报工作取得初步成果，实现了部分水文站流量自动报汛和资料整编。所有水工建筑物推流站均已经具备自动测报条件，遥测资料可以用于资料整编。水文测报方式改革，精细化管理实施，尤其是打造一支过得硬的职工队伍，使全市水文事业迈上了新的台阶。

回顾新中国成立后的历程，水文事业在从无到有、从小到大、从弱到强的发展历史中，徐州水文局广大干部职工在省厅、省局的领导下，表现出艰苦奋斗、顽强拼搏的精神。特别是 70 年代以前，测站偏僻，交通不便，生活条件差，观测设备原始，测验环境恶劣，为抢测洪水，陈金堂甚至献出了宝贵的生命。80 年代以后，随着计算机、互联网的出现和水文先进仪器设备的增添，徐州水文局紧跟时代发展步伐，水文业务范围不断扩大，各类人才汇聚门下，遥测站网建设、水文测报方式改革、水文测站标准化管理都取得不俗的成就，标志着徐州水文事业正迈向水文现代化的新时代。

总结过去，展望未来，徐州水文系统肩负着继往开来的重任，在新的历史条件下，要进一步解放思想，坚持改革开放，不断开拓进取，努力创新拼搏，以创造水文事业更加美好的明天！

大 事 记

一、尧舜时期

徐州是古九州之一，泛指黄海、泰山和淮水之间的广大地区。尧舜时，"导淮自桐柏，东会于泗、沂，东入于海"（《尚书·禹贡》）。淮水出于今河南省桐柏县西北的桐柏山。沂水入泗水，泗水入淮水。沂与泗相会在今睢宁县古邳镇。

二、汉代

文帝前元元年（前179）

四月，齐楚地震，二十九山同日崩，大水溃出。

建昭二年（前37）

十一月，齐楚大雪深五尺。

河平二年（前27）

四月，楚国雨雹，大如斧，飞鸟死。

三、唐代

咸亨二年（671）

八月，徐州山水，漂百余家。

贞元八年（792）

秋，四十余州大水，淮水溢，平地七尺，没泗州城。徐州平地水深丈余，淹稼、溺死人。

大中十二年（858）

八月，徐、泗等州水深五丈，漂没数万家。

四、宋代

太平兴国五年 (980)

五月，汴水溢入徐州城。

太平兴国八年 (983)

五月，黄河决于滑州，至徐州与泗水合流。六月，徐州泗水上涨七尺，漫溢出堤，"塞州三门以御之"。

熙宁十年 (1077)

秋，黄河决口于澶州，淹 45 州县。洪水肆虐，加之日夜暴雨，徐州城危在旦夕。知州苏东坡率全城吏民连日抗洪，筑起首起戏马台尾于城东南隅的东南堤，徐州城终于得以保全。第二年在城东门筑起黄楼一座，以志抗洪胜利。

绍熙五年 (1194)

黄河在阳武县决口，其主流改道，携汴夺泗、夺淮入海。长达 661 年黄河主流经行徐州的历史由此开始。

五、元代

大德元年 (1297)

三月，归德、徐州、邳州、睢宁等州县河水大溢，淹没田庐。

六、明代

景泰元年 (1450)

八月，徐州平地水高一尺，民舍尽毁圮。

景泰三年 (1452)

淮、徐大水，徐州至济宁间平地水高一尺，民舍尽毁圮。

隆庆六年 (1572)

春，工部尚书朱衡经理河工，修筑徐州以下黄河南北两岸长堤，正河安流，运道大通。南堤自徐州青田线起，至宿迁城对岸止；北堤自吕梁城起，至邳州直河口止，并三里设一铺，铺设十夫，命官划地而守。为迅速传递水情，设水志水尺，黄水涨到一定程度，即陆续开放闸坝。

七月，黄河暴涨，自徐、砀以下悉成巨浸，邳、宿、睢受灾尤甚。知州刘顺之筑张村站河堤，塞房村决口，并筑护坡堤防汛。

万历十八年 （1590）

夏、秋，徐州大水，水积城中逾年，议迁城。潘季驯和徐州兵备副使陈文燧共同主持开挖奎河，河长一万零九百丈，徐城积水乃消。

天启四年 （1624）

六月，黄河由奎山堤决口，大水灌州城，城中水深一丈三尺，历时3年。水退后，徐州乃成一座死城。

七、清代

康熙二十三年 （1684）

河道总督靳辅奏："徐城水势不减，仍复增长不止，高于去年二尺五寸。"黄河夺淮期间，在徐城（今徐州）、老坝口（今淮安市淮阴区）设水志，观测水位，向下游驰报水情。据考证，徐城水志设于今徐州市区故黄河南岸庆云桥东侧牌楼附近，当时是黄河下游各减水闸坝启闭分洪、济运的依据。

乾隆十一年 （1746）

为准确快捷测报黄河水情，石工水志改为志桩，这是正式设立徐州水志之始。

乾隆四十八年 （1783）

六月，江南河道总督李奉翰奏报黄河水情："徐城水志长水三尺四寸，连前涨至八尺六寸，……溜势涌急。"乾隆帝根据以往南巡时在徐城实地观察堤防和水志的印象，对所奏水情有疑问，对河床冲淤甚为关注。他提出："向来量水，惟从河底至水面为准，今思应另从堤顶量至水面为量法，方得为实。着传谕李奉翰亲身前往探查，由堤顶至水面详细测丈……即行具奏。"七月，李奉翰奏报："徐城志桩现水一丈一尺四寸，堤顶高出水面七尺三寸，是依圣谕另一量法，从堤顶至河底一丈八尺七寸，较前河底刷深四尺七寸，水势畅行也。"上述史料表明：第一，当时水志记录，由于无统一的高程基准，河床又冲淤不定，不同年份水情难以对比分析，此时提出测水情以石堤顶作为固定点，向下量至水面，是一改进；第二，徐城当时是黄河下游入海的咽喉，其水志读数是启闭各减水坝的依据，朝廷至为关注。

道光十二年 （1832）

八月二十一日，丰县大雨竟日，泡河水暴涨数尺，由东北隅入城，城中庐舍淹没殆尽。

咸丰五年 （1855）

春，黄河在兰阳（兰考）铜瓦厢决口，夺溜向东经长垣、东明入张秋，穿运河，汇大清河复入渤海。自金代始，历经元、明，下讫晚清，在徐淮大地上奔腾了 600 余年的黄河从此不再经行徐州。

宣统三年 （1911）

据《淮系年表》载：宣统三年，从张謇议，设江淮水利测量局于清江浦（今淮阴），为导淮之预备。同年起，在江苏境内淮、沂、沭、泗运诸水系的各河湖，开展水道断面地形和水位、流量、含沙量、雨量气象等测量。

八、中华民国

元年 （1912）

设置"废黄河口零点"，以民国元年（1912）11 月 11 日下午 5 时废黄河口的潮水位为零，作为起算高程，称"废黄河口零点"。

4 年 （1915）

1 月 1 日，徐州有降水记录，这是徐州发现最早的气象观测记录。

18 年 （1929）

7 月 1 日，国民政府在南京成立导淮委员会，下设工程、总务、土地三处；所属机构还有测量队、水文站等。淮河流域的水文工作交由该委续办。

26 年 （1937）

7 月 7 日，日军挑起卢沟桥事变，抗日战争全面爆发。之后，江、淮流域水利机构随国民政府西迁四川，江苏大部分地区沦陷，水文测站相继停测。

36 年 （1947）

2 月 28 日，国民政府行政院核准《水利委员会所属各机关水文测站组织规程》，对水文总站、水文站、水位站的工作任务、人员编制等均有规定。

6月1日，原水利委员会改组成立水利部，下设水文司，管理全国水文工作。

7月，扬子江水利委员会、导淮委员会分别改组为长江水利工程总局、淮河水利工程总局，局内设水文总站管辖流域水文站网和测验工作。江苏省境内长江、淮河流域水文测站分别由该两局主办。

是年，江苏境内共设有水文站12处，其中沂沭泗运区有滩上集、宿迁2站。淮海战役后，大部分测站停测。1949年雨量站只有徐州、苏州保留观测。

九、中华人民共和国

1949 年

10月，华东军政委员会水利部决定将原长江水利工程总局、淮河水利工程总局等单位积存的历年水文资料集中，由该三机构共同组成水文资料整编委员会，分长江和淮河两大流域进行整编，其中包括江苏各水文测站历年的资料，并于1951—1953年先后刊印出版。

是年，长江、淮河均出现大洪水，且次害严重。

1950 年

5月，淮河下游区设立淮阴一等水文站，沂沭汶运区（包括山东省南部）设立运河一等水文站（9月起迁至新沂县新安镇，改称新安一等水文站），均由淮河水利工程总局代管。新安一等站辖9个二等站、14个三等站。

1951 年

1月，沂沭汶运区水文工作改由华东水利部直接领导。

4月30日，水利部颁发"报汛办法"，省内各级报汛站均按"报汛办法"改用密码电报。

1952 年

5月，华东军政委员会水利部新安一等水文站迁至徐州，改称华东军政委员会水利部徐州一等水文站。1953年1月又改为中央水利部直接管辖，改称沂沭汶运水文分站。

1954 年

2月，中央水利部将沂沭汶运水文分站及所属测站，分别移交山东省沂沭汶泗治淮指挥部和江苏省治淮总指挥部领导。

1957 年

5月，全省按流域、水系设立运河、大浦、淮阴、泗洪、盐城、扬州、南通、镇江、苏州等9个水文站，作为省水利厅水文总站派出机构，管理所辖水系内的水文站。

7月，沂沭河地区连续暴雨，6—25日累计雨量一般达500～600毫米。沂河连续发生8次洪峰，19日沂河临沂站出现最大洪峰流量15400立方米每秒，水位高达65.65米。16日骆马湖水位超22.70米，黄墩湖开口分洪。21日骆马湖最高水位23.15米，骆马湖大堤及皂河以下中运河堤安全无恙，保证徐淮地区广大农田和城乡的安全。

是年，关垣任地区水利局水文科副科长。

1958 年

9月20日，省水利厅根据水利电力部关于水文测站管理体制下放的精神，将各中心水文站下放专区管理，在专署水利局内设立水文科（股），为专区主管水文的业务部门，水文测站亦同时下放各县水利局管理。

1959 年

1月6日，省水利厅将原省水文总站直接领导的徐州地区境内的各水文测站人员（共62人），全部下放给地区水利局。

是年，徐州、淮阴、盐城、扬州、南通和镇江专署水利局水文科先后建立水化学分析化验室，进行河湖水化学成分和地下水化学成分的化验分析工作。

1960 年

在沛县设立敬安地下水实验站，探求平原坡水区地下水规律。

1962 年

9月10日，江苏省水利厅下达《关于签发江苏省水文站网暂行工作条例（草案）的通知》。9月22日，专署水利局向各县水利局、各流量站、实验站等有关管理单位转发此通知。

7月至10月上旬，全区阴雨连绵，降水量最大的邳县、睢宁、铜山三县达710～800毫米（个别地区达1000毫米以上），沛县、新沂县为620～690毫米，雨量最小的丰县为479毫米。部分地区受涝严重。

9月1日，徐州专区五孔桥径流站职工陈金堂测流时被山洪冲走牺牲。1963年3月27日，省民政厅下发文件批准陈金堂为烈士。

1963 年

8月8日，江苏省水利厅向各专署水利局及有关单位下达《关于国家水文站网收归省管的通知》。

9月，徐州专区中心水文站成立，为省水利厅水文总站派出机构。

5—9月，自5月下旬第一场暴雨后至9月初，全区阴雨天多、雨季历时长、降水量大，年降雨量普遍超1000毫米，最大达1541.9毫米。7—8月阴雨占52天，为新中国成立以来所罕见。

是年，骆马湖最高水位达23.87米，徐州市区故黄河庆云桥最高水位达38.51米，造成全区夏、秋作物严重受灾，628人伤亡，46.2万间房屋倒塌，全年粮食大减产。

1964 年

3月，徐州专区中心水文站改称江苏省水文总站徐州专区分站。

9月2日，徐州专区小王庄水文站职工杜宗山冒雷暴雨观测水位和准备测流，不幸遭雷击因公殉职。

1966 年

5月后，全省水文工作基本上处于无政府状态，技术规范和各项规章制度被破坏，水文资料整编、审查和汇刊工作不能正常进行，一些测验项目被停测，水文测报和资料质量明显下降。

1970 年

11月28日，省革命委员会生产指挥组发文通知，将各专区水文分站及所属水文测站下放给所在地区水电局领导。徐州专区水文分站下放至水利部门领导。

是年，徐州地区水利局水文站向爱庭、陈少仪等人研发成功"水文测流多跨缆道"。

1974 年

8月12日，徐淮地区8个县的日降雨量超过300毫米，暴雨中心位于中运河南侧泗洪、睢宁一带。8月13日，雨区北移至故黄河以北，沂河、沭河均爆发大洪水。沂河港上水文站洪峰流量达6380立方米每秒。

1975 年

徐州地区水文分站在沂河港上水文站建成第一座多跨电动测流缆道，为国内首创。

1976 年

徐州地区水利局水文站时维常、徐振荣、高治业等人，设计出在国内同类成果中较为先进的"晶体管半自动测速仪"。

1977 年

5月13日，省水文总站在沛县召开全省水文服务和汛期测报工作座谈会，徐州地区沛城水文站、敬安集地下水实验站在会上介绍结合当地生产需要、开展水文服务的经验。

9月，为研究微山湖湖西平原地区地表水、土壤水、地下水的动态变化规律以及在不同开采程度下的相互转化关系，省水文总站在丰县设立毕楼地下水试验站，通过代表性小区和地下水均衡场进行"三水"水量平衡诸要素的试验研究。

12月6日，水电部在长沙召开全国水文战线学大庆、学大寨会议，省水文总站梅宽祥、沈振南和各地区水文站负责人出席会议。会上表彰一批"双学"先进单位，沛城水文站被评为"先进单位"。

1978 年

3月，地区水文站领导班子做重大调整，内部管理系统做重大改革。

调整前站领导为：站长、党支部书记（未到职）王晋；副站长、党支部副书记（主持）贾增瑾；副站长、党支部副书记李来堂；副站长、党支部委员关垣；副站长卢纪勇；副站长何佑仁。

调整后站领导为：孙福春，地区水利局党委委员，站长、党支部书记；关垣，副站长、党支部委员；卢纪勇，副站长。王晋，贾增瑾，李来堂，何佑仁调出。

分站机关调整为5个组：政办组，组长祝夏文（党支部委员）；测验组，组长华懋桦（未到职），副组长毛宜诺（主持）；技革组，组长时维常；后勤组，副组长应延奎（主持）；水质监测组，组长郑文兰，副组长王磊。新组建5个下属中心站：湖西中心站，站长周雨亭，副站长董长明；运河中心站，站长乔成云，副站长徐立之、倪文堂；新安中心站，站长曹礼心，副站长王维；石梁河中心站，副站长茅定（主持）、张振松、郁明锦；小塔山中心站，副站长张彬（主持）。

1979 年

李学文调任地区水文站副站长、党支部副书记。卢纪勇调出。

1980 年

6月，江苏省机构编制委员会根据水利部关于水文管理体制的意见，同意全省水文站网及各地区（市）水文分站恢复由省水利厅统一管理，省设水文总站，各地区（市）设水文分站。徐州专区水文分站负责徐州地区的水文工作。

10月24日，省水利厅调整1980年部分水文基建投资，核定徐州地区水文分站水质化验室和职工宿舍1600平方米，投资18.5万元。

1981 年

11月，省水利厅水文总站下发《关于分站机构设置的批复》，同意徐州地区水文分站将测验、后勤、政办、科技组改为测验股、综合股、分析计算股、人秘股及水质监测组。

11月，省水利厅水文总站《关于毛宜诺等九同志任职的批复》同意毛宜诺任测验股股长，章吉林、张德玉任测验股副股长；应延奎任综合股副股长；薛德永任人秘股副股长；时维常任分析计算股股长；王溪民任分析计算股副股长；郑文兰任水质监测股股长，王磊任水质监测股副股长。

11月13日，省水文总站发布《站队结合试点协作组会议纪要》，并决定在徐州、盐城、苏州地区进行"站队结合"试点，区分平原区、水网区、水利工程地区等不同情况下，实施"站队结合"和巡测方案的研究。

1982 年

6月，省水利厅水文总站发文批准王光烈任云龙湖水文中心站站长。

1983 年

2月，省水利厅批复同意毛宜诺任徐州地区水文分站副站长。

3月，为适应市管县的新体制，江苏省机构编制委员会以《关于同意调整省属水文站网体制的批复》，将徐州、淮阴、盐城、扬州、南通、苏州、镇江地区水文分站名称改为徐州、淮阴、盐城、扬州、南通、苏州、镇江市水文分站。

3月，丰县人民政府下发《关于地区水文分站征用土地的批复》文件，同意征用毕楼试验站站房以东，长75米、宽20米土地；测候场以南，长38米、宽15米土地，共计3.1亩。

4月4日，水利水电部在北京召开全国水文系统先进集体和先进个人代表会议，徐州水文分站沛县水文中心站被表彰为先进集体，张德玉被授予全国水文系统先进个人。

7月，淮北地区旱涝急转，43小时内，降雨量超过200毫米，局部达到450～480毫米，徐州、淮阴、盐城、连云港共有1100万亩农田积水受涝。

1984 年

12月，市水文分站领导班子做重大调整，孙福春到龄免职办理退休手续；副站长

李学文主持工作,李家振任副站长。

是年,关垣调江苏省水文总站。

1985 年

1月,徐州市水利局党委下发《关于李学文等同志任职的通知》,同意李学文、毛宜诺、李家振为徐州水文站党支部委员。李学文任党支部书记,毛宜诺为副书记。

2月,江苏省水文总站下发《关于分站机构设置的批复》,同意徐州水文站设置政秘股、测验股、分析研究股、后勤股、水质监测站。

2月,江苏省水文总站下发《关于王光烈等同志任职的通知》,同意王光烈任测验股股长,戴春增任测验股副股长;韩曙光任政秘股副股长;赵胜领任分析研究股副股长;周光明任后勤股副股长;郑文兰任水质监测站站长,王磊任水质监测站副站长。

5月,江苏省水文总站下发《关于王爱民等同志任职的批复》,同意王爱民任铜山县水文中心站副站长,魏冬敏任睢宁县水文中心站副站长。

5月,江苏省水文总站下发《关于董长明等同志任职的批复》,同意董长明任丰县水文中心站站长,李明武任副站长;祝夏文任毕楼地下水实验站站长;程福友任沛县水文中心站副站长;全太祥任睢宁县水文中心站站长;邵礼飞任邳县水文中心站副站长,尤文德任邳县水文中心站副站长。

5月,李家振任徐州市水文分站工会主席,章吉林、范荣达任工会副主席。

6月,经选举,由韩曙光、王爱民、周丽丽组成徐州水文分站团支部委员会,韩曙光任团支部书记。

1986 年

8月,江苏省水文总站研究决定,李学文任徐州市水文分站站长。

是年,省水文总站与水利部水科院水资源所、南京水文水资源研究所协作,在铜山县汉王乡设立汉王水文水资源试验站,研究平原地区降水、地表水、地下水三水转化规律。

1987 年

3月,省计经委和劳动局联合下达批复,同意从 1987 年起将徐州、淮阴等水文分站的劳动工资计划和人员编制,划归省水利厅统一管理,划拨基数以 1986 年年报数为准。

6月,吴成耕任徐州市水文分站团支部书记,盛建华、周丽丽为支部委员。

1988 年

4月,通过公开招聘的方式,束鹤松应聘为新沂县水文中心站站长,聘期 2 年。

4月，徐州市水文分站任命李德俊为铜山县水文中心站副站长，免去其新沂县水文中心站副站长职务。

8月，据省水利厅职称改革领导小组通知，毛宜诺获高级工程师任职资格。

1989 年

4月，中共徐州市水利局委员会任命李学文为徐州水文分站党支部书记，毛宜诺为党支部副书记。李家振、韩曙光、仝太祥为党支部委员。

4月，徐州市水文分站聘任张发治为分站后勤股副股长，聘期2年。

8月，共青团徐州市水利局委员会同意由吴成耕、盛建华、郭伯祥组成团支部委员会，吴成耕任书记。

12月6日，省水利厅邀请14位专家在南京召开"徐州汉王站水文水资源实验研究成果"专题鉴定会。会议认为该成果达到国内先进水平，经报省科委审批，获得1989年度省科技进步四等奖。

1990 年

3月，徐州市水文分站任命韩曙光为分站政秘股股长、吴成耕为副股长。

11月11日，省水利厅和省环保局在徐州市召开省内淮河流域水质动态监测哨协调会，制定新安、港上、林子、姚庄闸、山头桥等12处水质监测哨。自1991年元旦起，监测哨陆续开始工作。

11月19—23日，水利部在北京召开全国水文系统先进集体和先进个人表彰大会，省水文总站党总支书记梅宽祥和徐州港上水文站负责人尤文德出席会议。港上水文站被授予先进水文站称号。

是年，经水利部水质中心考核，徐州水文分站水质化验室被水利部水文司授予优良分析室称号。

1991 年

1月10日，省水文总站在南京召开省内淮河流域入河排污口普查工作会议。会议决定3—4月对徐州、淮阴、连云港、扬州等市辖27个县、市的入河排污口，进行一次全面的普查监测，为水污染综合防治、水资源功能区划分和制定入河排污口限制排放标准等提供依据。

5月28—31日，省水利厅在南京召开全省水文系统先进集体和先进个人表彰大会。参加会议的有各市水文分站、厅属闸坝管理处水文站负责人和先进代表共50人。大会表彰在"争先创优"竞赛活动中获奖的镇江、徐州、连云港3市水文分站，港上水文站被授予先进集体，尤文德被评为先进个人。

8月29日，美国地质调查局专家Anna Alenor等一行4人，由总站副站长吴泽毅

和科长郝冬如陪同，参观汉王水文水资源实验站。

11月6日，水利厅职改领导小组通知，戴春增具备工程师任职资格。

12月，省水利厅批复同意将徐州市水文分站等11个省辖市水文分站更名为"江苏省××水文水资源勘测处"，徐州市水文机构据此更名为"江苏省徐州水文水资源勘测处"。

是年，水质化验室在水利部水质中心组织的全国水利系统质量控制考核中，18个项目全部一次性通过，获得全优分析室称号。

1992 年

4月，江苏省水文总站下发《关于成立水文水资源科技咨询服务部和财务科的通知》，同意成立水文水资源科技咨询服务部和财务科。

6月，江苏省水文总站下发《关于茶棚小河站改级为雨量站报告的批复》，同意从1992年起，将该站改级为茶棚雨量站，观测项目为降水、地下水位，列入基本雨量站网。

6月，江苏省水文总站下发《关于原各市水文分站正副站长改任水文水资源勘测处正副主任的通知》，各市水文分站已于1992年1月更名为"×××水文水资源勘测处"，原各市水文分站正、副站长任水文水资源勘测处正、副主任。

7月17日，在水利部水质中心组织的质量控制考核中，5个项目全部一次性通过。省水文总站中心化验室，徐州、镇江水文水资源勘测处化验室被水利部授予1991—1992年度全优分析室奖牌。

9月，江苏省水文总站下发《关于各水文水资源勘测处内设机构更改名称的通知》，自1992年10月1日起，原勘测处机关设置的各股一律改为科，级别不变，仍为股级；各勘测处机关科室的设置，以较大站区4～5个、较小站区3～4个为宜，原则上暂不增设新的机构，有关技术咨询、综合经营可不作为行政科室建制，列为经济实体；各勘测处机关股改科后，各科室的设置要报总站批准。原股长改为正、副科长，由各处办理任命手续，报总站备案。

9月4—7日，徐州市第一届测量比赛在云龙湖南岸云泉山庄举办，共有21个参赛队，比赛项目有导线计算、经纬仪测角、地形图测绘、水准测量。市勘测处参赛人员有周光明、尚化庄、吴承耕、盛建华4人。最终取得地形图测绘第三名，测角第四名，团体第五名，水准测量速度第一名的好成绩。

10月1日，在水利部水质中心组织的质量控制考核中，省水文总站中心化验室，徐州、镇江水文水资源勘测处化验室获水利部颁发的全优分析室奖牌。

10月，睢宁县计划委员会下发《关于睢宁县水文站迁建的批复》，因一级公路拓宽，同意睢宁水文站迁建，总建筑面积为1211平方米。其中，宿舍480平方米，业务用房731平方米。建围墙100米。总投资55.5万元。

1993 年

2月，徐州水文水资源勘测处获得水文水资源调查评价乙级证书（水文证乙字第8001号）。

4月23日，徐州水文水资源勘测处全体机关人员投入到徐州市泉山区地籍调查和地籍测绘工作，这是自徐州水文系统有史以来第一次承担土地部门地籍调查测绘工作。

6月，江苏省水利厅同意省水文总站中心化验室更名为江苏省水环境监测中心，同时将徐州、淮阴、扬州、盐城、南通、镇江、苏州水文水资源勘测处的水化室更名为水环境监测中心。更名后，原单位级别均不变。

6月，江苏省水文总站下发《关于撤销瓦窑小河站的批复》，同意从1993年撤销瓦窑小河站。

6月，江苏省水文总站研究决定，王光烈、李明武任徐州水文水资源勘测处副主任，免去毛宜诺副主任职务。

7月，李家振调任常州水文水资源勘测处副主任。

9月，江苏省水利厅批准成立盐城、东台、阜宁3个勘测队，丰县、沛县、邳县、睢宁、新沂、赣榆、东海7个中心站及汉王实验站（含铜山中心站）定为副科级单位。

11月，江苏省水利厅下发《关于同意徐州水文水资源勘测处汉王水文水资源实验站征用土地的批复》，为完成中美合作"不同农业措施对土壤中化学物质输移的影响"科研项目，同意在汉王实验站北侧至气象观测场段征用土地15亩，所需经费在课题中专项列支。

12月6—28日，徐州水文水资源勘测处组织13人到无锡进行40公里自来水管线测量，这是徐州水文测量队第一次走出徐州。

1994 年

4月13—29日，河北沧州市黄骅港进行潮流量和泥沙测量，徐州水文水资源勘测处50多人参加，李学文任总指挥，李明武、李德俊任副总指挥，省局张锦灿、陆斌做技术顾问。

6月，经报省总站批准，徐州水文局新增设综合经营科，水文分析研究科改为水资源科。

6月，徐州水文水资源勘测处研究决定，尚化庄任水资源科科长，王晓赞任副科长；王磊任水环境监测中心主任，万正成任副主任；张发治任后勤科科长，李跃环任副科长；戴春增任测验科科长；周光明任综合经营科科长；彭长云任工会主席；李德俊任铜山水文中心站长；李沛、甄宗军任沛县水文中心站副站长；郑长陵任新沂水文中心站副站长；李玉信任汉王水文水资源实验副站长；周沛勇任港上水文站站长；许守城任运河水文站站长；免去束鹤松新沂水文中心站站长职务。

7月，徐州市城乡建设委员会下发《关于对袁桥水文站工程款的批复》：所报承建袁桥水文站工程预算12.85万元，经审定，同意该工程款从防汛应急工程款中支付10万元包干使用。

1995 年

2月27日，省水利厅下发通知规定：各级水行政主管部门要充分利用各地水文机构现有站网、设备、资料和技术优势做好监测工作，水文部门现有的"水环境监测中心"，作为同级水行政主管部门水资源监测机构，实行双重领导。自4月10日起，徐州等10市成立"××市水资源监测中心"，中心设在各市水文水资源勘测处内，由各市水利局副局长任中心主任，各水文水资源勘测处主任任副主任。9月，徐州市水利局下文成立"徐州市水资源监测中心"，机构设在徐州水环境监测中心（常设机构在徐州水文勘测处）。10月，开始向市、县人民政府、有关单位正式发布全市重点河道水质通报。

3月7日，全省水文工作会议在无锡召开。会议总结交流各水文单位1994年加强水文业务建设、发展水文经济的经验，表彰1993—1994年全省水文系统先进集体和先进个人，授予徐州、镇江、淮阴、南京等4个水文水资源勘测处为全省水文系统先进单位。

7月21日，省水利厅批复同意各水文水资源勘测处水环境监测中心在计量认证时，分别采用"江苏省水环境监测中心××分中心"名称。

8月，江苏省水文总站研究决定，全太祥任睢宁县水文中心站站长（副科级），赵胜领任汉王水文水资源实验站站长（副科级）。

9月，徐州市城乡建设委员会下达《关于对"合群桥水文站经费问题的报告"的批复》：合群桥水文站工程原报预算31.66万元，经审定，同意对该工程等补助10万元，从防汛经费中列支。

10月，江苏省水文总站发布《关于将部分水文水资源勘测队、水文中心站定为副科级单位的通知》，吴江勘察队和溧阳、句容、沭阳、泗洪、临洪、铜山等7个水文中心站定为副科级单位。

1996 年

2月，江苏省水文总站下达《关于徐坚等同志职务任免的通知》，同意徐坚任徐州水文水资源勘测处副主任（正科级）。

3月25—28日，江苏省水环境监测中心（包括徐州、淮阴、盐城、南通、扬州、连云港、苏州、镇江、无锡、常州分中心）10大类78个项目，通过国家技术监督局计量认证水利评审组会同江苏省技术监督局进行的正式评审，初次取得国家计量认证合格资格，具有向社会提供公正数据的能力，并具有法律效力。

5月，江苏省测绘局下发《关于公布首批乙、丙、丁级〈测绘资格证书〉单位名单的通知》，徐州水文水资源勘测处为乙级资质单位。

8月，徐州水文水资源勘测处下达《关于李沛等同志任职的通知》，经研究报厅人事处同意，李沛任沛县水文中心站站长（副科级），郑长陵任新沂市水文中心站站长（副科级），李德俊任铜山县水文中心站站长（副科级）。

1997 年

4月，根据省水利厅批复，江苏省徐州水文水资源勘测处更名为"江苏省徐州水文水资源勘测局"。

5月14—16日，全省水文工作会议在苏州市召开，铜山县水文中心站获得全省水文系统先进集体。

9月2—6日，徐州水文局张棣华、戴家起、甄宗军包揽江苏省水文勘测工大赛全能总分前三名，徐州水文局获得优秀组织奖。

11月11—16日，徐州水文水资源勘测局张棣华获得全国水文勘测工技能大赛第二名。

12月31日，第一次开展淮河流域入河排污口调查监测工作（零点行动），监测频次为每天3次，连续监测2天。

1998 年

5月，省水利厅下达《关于明确徐州等十一个水文水资源勘测局为副处级建制的批复》，经省编委批准，徐州、南京、苏州、无锡、徐州、镇江、南通、扬泰、淮宿、盐城、连云港等11个水文水资源勘测局明确为相当于副处级全民事业单位。建制明确后，原隶属关系、经费渠道、人员编制等均不变。

6月，江苏省水文水资源勘测局发布《关于李明武等同志职务任免的通知》，经研究报厅人事处同意，李明武、尚化庄任徐州水文水资源勘测局副局长，王光烈任局主任工程师，吴成耕任局长助理，免去李学文徐州水文水资源勘测局局长职务，免去徐坚徐州水文水资源勘测局副局长职务。

8月，省局发文通知，徐州等7市水文水资源勘测局内设部门为综合科、测验科、水情水资源科、水质监测科。综合科负责人设一正二副，其他科室设一正一副，正职为副科级干部。

1999 年

1月7日，徐州市水利局党委研究同意，李明武任徐州水文水资源勘测局党支部副书记，主持支部工作。

2月，自16日起，徐州水文水资源勘测局内部机构新设置为测验科、水情水资源

科、水质科、综合科。

4 月 15 日，邳州中心宿舍楼开工建设。

5 月 22 日，水利部水文司司长焦居仁到新安、港上水文站汛前检查。

5 月 25 日，沛县水文站因沿河工程建设动迁。

9 月，江苏省水文水资源勘测局下达《关于同意布设墒情测报站的批复》，同意布设 6 个墒情站，初定为丰县、沛县、铜山县、睢宁县、邳州市、新沂市各一处。

11 月，水利部国家防汛指挥系统建设项目领导小组办公室将徐州列为国家防汛指挥系统示范区试点。

12 月 21 日，全省水文局长会议在徐州中山饭店召开。

2000 年

2 月 15 日，省局朱昌福、熊宁泉、陈晓梅一行到徐州，进行年度考核工作。

3 月 7 日，邳州综合楼验收。

4 月 19 日，开展大运河输水损失测验。

7 月 4 日，睢宁中心站（潘村）拆迁。

10 月 16 日，美国地调局专家到汉王实验站参观考察交流。

10 月 19 日，水利部水文局局长陈德坤、水文管理处处长蔡建元，安徽水文局局长贺泽群，省局局长陈锡林到徐州检查工作。

2001 年

1 月 1 日至 8 月 1 日，徐州水文局完成江苏省国家防汛指挥系统徐州水情分中心示范区水文基础设施土建部分，新建 15 座自记水位台，改造 4 座自记水位台。新建 2 座电动测流缆道，改造 3 座电动测流缆道，重建 5 个水文观测场。完成 21 个报汛站点、4 个中继站、1 个分中心水情遥测网的安装调试。

1 月 15 日，徐州市沂沭泗流域工程治理指挥部核定沛县水文中心站拆建项目经费为 100 万元。

2 月 1 日起，徐州水文局在小王庄（徐宿交界）、马桥（徐宿交界）、山头（苏鲁交界）、运河站等处设立供用水监测站，向江苏省水行政主管部门提供供用水情况。

2 月 2 日，江苏省水文水资源勘测局向淮委设计院发《送审"奎濉河近期治理工程（徐州市）水文水环境监测设施规划及经费"的函》，概算经费 240.2 万元。

3—4 月，在全省资料复审工作中，徐州水文局地表水、浅层地下水和水质资料被评为全省优秀。

6 月 3 日，中共徐州市水利局委员会发布《关于表彰先进基层党组织、优秀党务工作者和优秀共产党员的决定》，徐州水文局戴春增、吉文平、刘远征等被评为优秀共产党员。

6月29—30日，中共徐州水文局党支部组织全体党员（包括离退休党员）到山东省台庄参观台儿庄抗日烈士纪念馆，组织离退休党员参观局机关及邳州、沛县等现代水文建设状况，组织全体党员学习党章、重温入党誓词等系列纪念中国共产党成立80周年纪念活动。另外，组织参加全省水文系统"为水利建功，为党旗增辉"演讲比赛活动，5名职工提交演讲稿，查茜获演讲二等奖。全体在职职工参加省局举办的"爱党爱国爱水文"知识竞赛。

8月25—26日，省局党委书记朱昌福，副总工张锦灿、孙永远、胡功弟，以及连云港水文局局长李太民、副局长陈必奎、副书记宋惠民等一行，到徐初验示范区各项工程。徐州水文局李明武、赵胜领、王光烈等参加。

9月，李沛调盐城水文水资源勘测局任副局长。

12月，在第三届省水文勘测工技能大赛中，徐州水文局派出的3名参赛选手全部进入前八名。祝殷强取得总分第一名，获江苏省机关事业单位技术能手称号，并被破格晋升为技师；张棣华作为唯一特邀选手（不计名次）获大赛最高分；徐州水文局获大赛优秀组织奖。

2002 年

3月15—28日，徐州水文局相关人员参加省局组织在无锡培训中心举行的2001年度地表水资料复审，获自计水位、自计雨量完好率100%，资料无差错，连续7年获优秀成绩。

5月24日，经徐州水文局办公会和局安全生产领导小组决定，运河站禁止在运河铁路桥进行测流工作，可将公路桥测流作为桥测方案。

10月13日，经江苏省水利工程高级专业技术资格评审委员会评定，尚化庄、吴承耕具备高级工程师任职资格。

12月7日，为解决淮河流域南四湖地区干涸导致生态环境恶化问题，根据国务院领导指示精神，国家防总、水利部决定实施紧急抽引长江水向南四湖应急生态补水。调水线路是利用江苏省现有的江水北调工程，通过京杭运河逐级提水从江苏徐州蔺家坝闸入南四湖的下级湖。徐州水文局于7日正式开始补水工程的水量计量测验和水质监测工作，该工作约需50天。徐州水文局有关技术人员参与编制完成《2002—2003年南四湖应急生态补水计量》一书。

12月19日，召开全局职工大会，进行正职竞聘演讲民主测评大会，省局领导张凯、孙红英、陈小梅主持会议。

是年，水质科完成"世界银行贷款建设管理农业二期项目水环境监测评价"工作。通过1998—2002年本项目的实施，对徐州地区地表水、地下水进行监测，及时掌握项目实施对环境因素的影响，了解水资源量和质，科学地分析区域环境质量变化规律，采取有效措施为改善农业生态环境提供科学依据。

2003 年

1月10日，徐州水文局成立纪检信访网络，吴成耕全面负责，办公室负责日常工作，各科室、中心站负责人为纪检信访信息员。

2月，聘任韩曙光为徐州水文局办公室主任，徐庆军为站技科科长，盛建华为水情科科长，周光明为水资源科科长，万正成为水质科科长，刘远征为科技开发科长；李德俊为铜山水文水资源监测中心主任，郑长陵为新沂水文水资源监测中心主任，张警为丰县水文水资源监测中心主任，唐文学为邳州水文水资源监测中心主任，甄宗君为沛县水文水资源监测中心主任，周保太为睢宁水文水资源监测中心主任，聘期3年。

4月24日，徐州水文局成立非典预防工作领导小组，组长李明武。

5月7日，省水利厅厅长蒋传丰到徐州水文局检查"非典"防治工作。

6月13日，开展云龙区地籍调查工作。

6月28日，中运河水文设施建设上报决算120万元。

7月3日，省局局长陈锡林带队，孙永远、赵德友、司存友一行到徐州检查工作，并到自来水公司洽谈张集水源地水资源论证事宜。

8月6日，市水利局副局长宋冠川带领工管、防办人员，到徐州水文局机房视察水文自动测报系统。

9月9日，省局党委书记朱昌福，人事科科长熊宁泉、副科长孙红英、成德山，以及站网技术科赵德友一行到徐州水文局，检查验收人事制度改革工作。

11月13日，与徐州市水利局工管处签订崔贺庄、庆安、高塘水库遥测站建设协议。

12月2日，接省水文局通知，盛建华具备高级工程师任职资格。

12月11日，扬州大学水利学院组织全国各地40名培训学员到徐州参观国家防汛指挥系统示范区建设。

12月14日，徐州市土地局组织全区地籍更新调查初验。

12月16日，省厅人事处韩全林、张晓迅，省局朱昌福、熊宁权、孙红英等一行到徐州，组织年终考评工作。

12月，经党支部推荐，团支部大会通过，刘沂轩任徐州水文水资源勘测局团支部书记。

12月，徐州水文水资源勘测局下达《关于杜珍应同志担任测量队副队长职务的通知》，经党支部研究决定，杜珍应担任测量队副队长职务。

2004 年

1月5日，与坨城电厂签订水土保持方案编制合同，该项目为徐州水文局第一个水土保持技术咨询服务项目。

2月12日，徐州水文局对各中心站实行财务包干。

2月16日，省局在徐州水文局举办水质化验测油项目培训班。

2月24日，徐州市润彭科技咨询有限公司注册成立。

3月25日，中共江苏省水利厅党组下发《关于徐殿洋等9名同志任职的通知》，经研究决定，李明武任徐州水文水资源勘测局局长职务（副处级）。

6月10日，全省11个水文水资源勘测局更名为"江苏省水文水资源勘测局××分局"。徐州水文水资源勘测局更名为"江苏省水文水资源勘测局徐州分局"。

7月26日，徐州水文局利用现代移动通信技术搭建的汛情短信传输平台在洪水测报中首次使用。

7月31日，针对水文测报工作具有潜在危险性的特点，徐州水文局主办、局工会协办"防汛杯"游泳比赛，旨在提高广大职工的游泳技能，全面贯彻落实全民健身计划。

9月14日，21号热带风暴"海马"夜袭，徐州水文局组织多名青年党员和工程师成立测洪青年突击队，按预定测报方案，奔赴支援新安、港上、运河等水文站。

10月24日，省水文局局长陈锡林到徐调研徐州城区地下水监测工作。徐州水文局局长李明武、副局长吴成耕及相关人员陪同现场调研。

12月2日，徐州水文局获水土保持监测乙级资质。

12月29日，接省水文局通知，李玉前具备高级工程师任职资格。

2005 年

3月2日，徐州水文局荣获2004年度无线电台站管理先进单位称号。

3月22日，徐州水文局邀请徐州电视台、《徐州日报》、《彭城晚报》等多家媒体共同宣传"世界水日"和"中国水周"。

4月21日，北京水文总站代表团一行18人到徐州水文局考察勘测队管理和信息化建设工作，并参观国家重点水文站运河、港上、新安等水文站。

5月20日，按照《全省水利发展"十一五"规划编制工作意见》的精神和省水文局统一部署，徐州水文局组织相关科室工作人员全面完成《徐州市"十一五"水文事业发展规划报告》。

6月27日，徐州水文局水文测报应急小分队共15人，奔赴沂河重要水情控制站港上水文站进行各种测流方法的演练。

7月7日，运河市际断面时差法超声波流量测验系统安装调试成功。

7月18日至8月10日，遵照徐州市水利局党委第二批先进性教育活动的总体部署，徐州水文局党支部认真开展寓学于实践的特色活动。

8月7日，省水文局党委书记朱昌福、办公室主任陆学林到徐水文测报一线，察看水情、检查指导水文测报工作。

10月21日，经江苏省水利工程高级专业技术资格评审委员会评审，万正成、徐庆军具备高级工程师任职资格。

11月25日，万正成、王文海撰写的《徐州城区水环境状况评价及污染趋势分析》在第三届徐州科技论坛征文活动中获二等奖。

2006 年

1月25日，徐州水文局获水土保持方案编制、水土保持监测、水土保持监理和取水水源论证4个乙级资质。

2月23日，丰县水文中心站被中共丰县县委、县政府命名为丰县首批文明单位。

3月31日，徐州市防汛防旱指挥部授予徐州水文局2005年度徐州市防汛先进集体称号，授予徐州水文局所属邳州、新沂、沛县3个中心站及运河、港上、林子3个测站2005年度防汛先进集体称号，授予徐州水文局11名职工徐州市防汛先进个人称号。

6月11日，按照省水文局《关于开展水质降解系数试验研究工作的通知》要求，徐州水文局承担的市辖区内水质降解系数试验研究工作全部完成。

10月15日，徐州水文局下属邳州监测中心迁入邳州市防指大楼，与邳州市防指合署办公。

11月5日，中国水利学会2006学术年会暨八届三次理事会全体会议在合肥召开，徐州水文局李明武、刘远征、高正新和周沛勇撰写的论文《时差法超声波流量计在运河水文站流测验中的应用》被评为优秀论文三等奖。

12月1日，水利部水文局副局长林祚顶一行，在省局党委书记朱昌福的陪同下到徐州水文局检查指导工作。

12月4日，以专家周良伟为组长的国家计量认证水利评审组一行，在省水环境监测中心副主任贾锁宝、总质量负责保证人李天淳陪同下到徐，对徐州分中心进行计量认证复查评审。

12月，李玉前撰写的论文《徐州市地下水质状况评价及污染趋势分析》获2004—2005年度徐州市自然科学优秀学术论文三等奖。

是年，徐州水文局年度资料复审工作在江苏省水文资料评比中连续12年获得优秀，水质资料整编连续7年获得优秀。

2007 年

1月5日，省水利厅考核组到徐州水文局开展述职述廉述学考核工作。

1月15日，经江苏省水利工程高级专业技术资格评审委员会评审，高正新具备高级工程师任职资格。

1月25日，徐州水文局制定《水情电报质量奖惩细则（试行）》，确保水情报讯质量。

1月29日，中共徐州水文局党总支（筹）召开党员大会，选举徐州水文局第一届党总支委员会。

4月17—23日，南四湖湖西大堤加固工程可行性研究报告评估会在徐州召开，徐州水文局李明武、吴成耕、高正新等人参加会议。

5月13—19日，由水利部组织的沂河、沭河、邳苍分洪道治理工程总体初步设计报告审查会在北京召开，徐州水文局吴成耕、吉文平参加会议，汇报江苏水文设施建设初步设计情况。

6月15日，位于南水北调东线京杭大运河水资源控制工程解台闸（站）工程枢纽处的解台闸水文站上下游水位自记台主体工程完工。

6月24日，徐州市水利局水上职工运动会闭幕，徐州水文局代表队参加4个项目（龙舟、皮划艇、游泳和钓鱼）的比赛，获得钓鱼比赛第一名和精神文明奖。

6月27—28日，省水文局党委书记朱昌福等陪同省水利厅政策法规处处长洪国增一行，在徐州云泉山庄召开《江苏省水文条例》立法调研座谈会。

7月21—25日，由国家发展改革委国家投资评审项目中心组织的沂沭泗河洪水东调南下续建工程韩中骆堤防工程初步设计投资评审会在安徽蚌埠召开，徐州水文局吴成耕、高正新代表江苏水文系统参加会议。

8月7日，铜山县政府召开水资源管理工作先进单位和先进个人表彰大会，铜山水文水资源监测中心作为先进单位榜上有名。

9月23日，省水文局集中组织的水文勘测工作技能竞赛选手集训选拔工作在淮安圆满结束，邳州水文水资源监测中心李修奎榜上有名。

2008 年

1月7日，江苏省水利厅副巡视员、人事处处长王逸珠带队的省水利厅人事处、机关党委、省水文局考核领导小组，对徐州水文局领导班子2007年落实党风廉政建设责任制、履行岗位职责完成年度工作目标情况进行考核。机关全体职工和邳州、新沂、睢宁、沛县、丰县、铜山等6个监测中心负责人共50余人参加会议。

1月22日，徐州水文局被徐州市水利局评为2007年度徐州市水利工作先进集体，李明武被评为徐州市水利工作先进工作者。

3月5日，水利部水保监测中心副主任卢顺光等在江苏省水文局站网技术科科长孙永远、徐州水文局主要领导的陪同下，考察徐州汉王水文水资源实验站的水土保持工作。

3月5日，水利部水文局水资源监测与评价处处长章树安在省水文局副局长贾锁宝、徐州水文局主要领导及相关技术人员陪同下，对徐州市区铜山县汉王乡境内的汉王水文水资源实验站进行考察调研。

3月7日，徐州市水利局举办水利系统防洪安全、水资源管理专题讲座，邀请江苏

省水利厅高级研究员、研究生导师叶健，河海大学博士生导师崔广柏分别就江苏省防洪形势及城市水务、新时期水利工作新理念的探索两个专题进行讲授。徐州水文局机关各科室主要技术骨干及各监测中心负责人共计 20 余人参加会议。

4 月 29 日，徐州水文局举办水文测报自动化培训班，内容涉及遥测管理、水文测报、水文报汛等知识，机关各科室技术人员及各监测中心技术骨干共计 30 余人参加。

5 月 9 日，徐州水文局召开徐州水文局开展学习实践科学发展观活动动员大会。会议由副局长吴成耕主持，局长李明武发表动员讲话，副局长尚化庄阐述活动计划。

5 月 15 日，中共徐州水文局党支部、局工会组织全体机关职工开展对四川汶川地震中受灾同胞的捐助活动。

6 月 16 日，徐州水文局下发《关于公布水文测报工作第一责任人的通知》，强调本年防汛任务的艰巨性，并公布应急巡测、突发性水污染监测、水雨情信息传输、后勤保障等工作第一责任人及各单位水文测报工作第一责任人名单。

7 月 1 日，在徐州市水利局党委召开纪念建党 87 周年暨"七一"表彰大会上，中共江苏省水文水资源勘测局徐州分局党总支被徐州市水利局党委评为先进基层党组织，副局长吴成耕被评为优秀党务工作者，刘远征、唐文学、吉文平被评为优秀共产党员。

8 月 18—19 日，省水利厅副总工陈锡林、水资源处处长季红飞和省局副局长马倩等一行，到新沂水文水资源监测中心视察工作，并会见新沂市分管城建工作的副市长范信芳。

10 月 20 日，经江苏省水利工程高级专业技术资格评审委员会评审，刘远征具备高级工程师任职资格。

12 月 17 日，在省厅文明办组织开展的全省水利系统 2007—2008 年文明单位评审工作中，徐州水文局顺利通过复审，被评定为全省水利系统文明单位。

2009 年

1 月 8 日，省厅副厅长陆桂华带队的考核小组莅临徐州，对徐州水文局领导班子及成员进行年度考核。会议由省局党委副书记张凯主持，机关全体职工、各监测中心负责人 50 余人参加。

1 月 20 日，徐州水文局对刘远征、王勇成 2 人分别在遥测系统维护管理、测速垂线精减分析和研究、单值化处理等工作方面所取得的成绩给予表彰。

3 月 22 日，徐州水文局参加由徐州电视台、市水利局组织，市政府、人大、政协等领导参加的世界水日、中国水周——"水·使命·共享"主题电视晚会。

4 月 24 日，《丰县政府关于表彰 2008 年度科技工作先进单位和先进个人的决定》发布，徐州水文局丰县监测中心董立丰入选十佳专利发明人。

4 月 24 日，水利部计量认证检查组组长李青山在省局副局长马倩陪同下到徐，对徐州分中心进行计量认证监督检查工作。

9月2日，徐州水文局代表队参加徐州市水利局第九届水利职工篮球赛，取得小组第二名的好成绩。

10月19日，在徐州市水利局庆祝新中国成立60周年活动总结大会上，徐州水文局分别被授予徐州市水利职工国庆60周年歌咏比赛特别奖、徐州市水利职工第九届篮球比赛精神文明队。

10月31日，经江苏省水利工程高级专业技术资格评审委员会评审，吉文平具备高级工程师任职资格。

2010 年

1月8日，省水利厅纪检组组长李陆玖带队，由省水利厅人事处副处长张晓迅与省水文局党委副书记张凯、组织人事科科长成德山组成的考核小组莅临徐州，对徐州水文局领导班子及成员进行年度考核。

3月，刘沂轩被聘为局办公室主任，李玉前为水质科科长，董鑫隆为沛县水文监测中心主任。

3月23日，国家计量认证复查评审组国家级评审员华瑶菁、沈兴厚在省水文局副局长孙永远等陪同下到徐，对江苏省水环境监测中心徐州分中心进行国家计量认证复查评审工作。

4月21日，徐州水文局组织全体干部职工为青海玉树地震灾区捐款1.18万元，并送至徐州市红十字会。

4月27日，在徐州市政府召开的创建全国文明城市工作推进大会上，徐州水文局荣获徐州市文明单位称号。

5月14日，徐州水文局组织机关科室及各监测中心主要技术骨干一行20余人参观考察沂河、沭河上游水利工程。

5月24日，万正成受聘为局副总工程师职务，免去水质科科长职务。

7月1日下午，省发展改革委领导在省局党委书记朱昌福、计划建设科人员等陪同下，检查徐州水文局省级以上报汛站建设工作。

11月10日，徐州水文局第二届测绘技能比赛在汉王实验站举行。局属各监测中心、各科室共13个代表队共52名选手参赛，竞赛项目包括三等水准测量、测图、内业处理等内容，科技开发科代表队夺得地形图测绘一等奖，新沂代表队夺得水准测量一等奖，沛县队、铜山队等6个队获得优秀组织奖。

11月23日，徐州市政府下发《关于表彰2008—2009年度徐州市自然科学优秀学术论文作者的决定》，表彰一批优秀论文作者。徐州水文局共有4篇文章入选，其中李明武、刘远征、王勇成撰写的《运河水文站中泓小缆道测速垂线精简分析》获二等奖，尚化庄、房磊撰写的《徐州城区饮水安全浅析》，范传辉、陈颖、文武撰写的《徐州市农业面源污染现状分析及防治对策思考》，刘远征、文武撰写的《水文自动测报系统设

计环节对其可靠性的影响》等 3 篇文章获三等奖。

12 月 28 日，徐州水文局新沂水文水资源监测中心再次获 2009 年度省级机关青年文明号。

2011 年

1 月 4 日，接水文〔2011〕2 号文，刘俊生具备汽车实习指导驾驶技师资格。

1 月 6 日，由省厅副巡视员吴泽毅带队，省水文局党委副书记张凯、组织人事科科长成德山组成的考核小组莅临徐州，对徐州水文局领导班子及成员进行年度考核。会议由张凯主持，机关全体职工、各监测中心负责人参加，先后听取李明武代表领导班子所做的述职述廉情况汇报和班子成员个人述职。

2 月 12—18 日，徐州水文局举办为期 7 天的测量技能培训，内容涉及水准测量、全站仪、GPS 使用、数据处理、草图绘制、内业处理等知识。机关各科室及各监测中心青年职工、技术骨干共计 30 余人参加。

2 月 17 日，徐州水文局圆满完成水质取样质量保证培训，局机关及各监测中心近 60 名水文职工参加此次学习。

2 月 25—26 日，盐城水文局一行 9 人，在徐州水文局领导及相关技术人员的陪同下，对徐州市区云龙湖水文站、邳州林子和港上水文站参观考察，并举行会谈。

3 月 8 日，徐州水文局唐文学被授予创建厅系统党员示范岗，刘沂轩被授予创建水文系统党员示范岗，科技开发科被授予创建水文系统党员示范科室。

3 月 10 日，全省水文系统十佳青年科技标兵获表彰，徐州水文局刘沂轩荣列榜单。

8 月 4 日，省厅机关党委书记罗明秀到徐检查创先争优活动开展情况，听取徐州水文局关于创先争优活动开展情况的汇报，对徐州水文局党总支创先争优活动进行指导，并对做好下一阶段创先争优活动提出要求。

8 月 5 日，徐州水文局召开迎战 9 号台风"梅花"紧急动员会。局机关全体职工近 40 人参加会议。会议及时传达省局有关文件精神，部署防御台风测报工作。

9 月 13 日，徐州水文局召集相关人员讨论《徐州市水文事业发展规划》初稿，会议由局长李明武主持，局领导、机关中层干部、计划建设科共 20 余人参加会议。

10 月 10 日，来自全国各省、自治区、直辖市、黄委、长委等水文系统的 35 名基层优秀职工代表会聚北京，参加全国第五届基层水文测站优秀职工座谈会。徐州水文局邳州监测中心主任唐文学代表全省优秀基层水文职工代表参加座谈。

10 月 27 日，徐州水文局机关办公所在外余窑 5 号楼，被徐州市泉山区永安街道授予法治文明楼院奖牌。

10 月 29 日，经江苏省水利工程高级专业技术资格评审委员会评审，王文海、刘沂轩、陈玲具备高级工程师任职资格。

10 月 31 日，陈卫东任省水文水资源勘测局徐州分局局长，试用期 1 年。李明武调任省水文水资源勘测局淮安分局局长。2012年12月20日，陈卫东任省水文水资源勘测局徐州分局局长。

12月23日，徐州水文局联合沂沭泗管理局、不牢河河道管理处、铜山区水政执法大队等部门，依法制止在蔺家坝水文站监测河段下游违法卸沙洗沙行为。

12月27日，徐州水文局党总支召开全体党员大会，徐州市水利局党委副书记吴修勤、组织人事处处长汪永进与会指导。大会选举陈卫东为书记，尚化庄、吴成耕、刘沂轩、唐文学为支委成员。

2012 年

1月8日，省厅人事处处长韩全林带队的考核小组莅临徐州，对徐州水文局领导班子及成员进行年度考核。会议由省局党委副书记张凯主持，机关全体职工、各监测中心负责人共50余人参加，先后听取陈卫东代表领导班子所做的述职述廉汇报和班子成员个人述职。

1月10日，沂沭泗水利管理局召开会议，对徐州水文预报方案进行验收审查。参加会议的有沂沭泗水利管理局水情通讯中心及徐州水文局编制预报方案的负责人，预报方案通过审查。

2月8—10日，徐州水文局局长陈卫东率水质科人员一行11人赴苏州、无锡、常州及淮安实验室现场学习取经。

2月20日，徐州水文局联合徐州市水利局成立中小河流水文监测系统工程建设协调领导小组，市水利局常务副局长卜凡敬任组长；市水利局副局长刘民，市水利局副调研员蒋荣清、石炳武，徐州水文局局长陈卫东任副组长；成员包括徐州水文局副局长吴成耕，市防办、市水利局工管处、水资源处、基建处负责人及徐州市五县六区水利局领导共计16人。

3月2日，徐州水文局水文勘测技能竞赛培训正式开班。

6月19日，徐州水文局新沂监测中心被评为2008—2010年度新沂市文明单位。

6月28日，徐州水文局接到淮河水利委员会发来的关于淮河流域洼地地形图测绘标的中标通知书，取得第一中标候选人资格。

6月29日，在徐州市水利局党委召开的2010—2012年创先争优表彰大会上，徐州水文局党总支继2006年、2008年、2011年后，第四次被徐州市水利局党委评为先进基层党组织，吴成耕、刘沂轩、唐文学、杜珍应等4人被评为优秀共产党员。

7月4日，徐州水文局会同徐州市水政监察支队、邳州市水政监察大队，对邳州运河、林子、港上境内水文监测环境和水文设施进行执法检查。

8月8日，徐州水文局组织召开工会委员会换届选举大会。局机关全体职工、各监测中心负责人近60人参加会议。会议选举产生新一届工会委员，吴成耕、周光明、郑长陵、查茜、郭伯祥当选新一届工会委员。

8月13日，邳州水文水资源监测中心被邳州市委、市政府授予2009—2011年度邳州市文明单位称号。

8月，刘沂轩任江苏省水文水资源勘测局徐州分局副局长。

11月2日，徐州水文局完成徐州市鼓楼区农村土地地籍调查测量工作，结束跨时近三年、信息量庞大的地籍调查测量内外业的全部工作任务。

12月，经江苏省水利工程高级专业技术资格评审委员会评审，郑长陵、唐文学、李涌、李传书、史桂菊、杨明非具备高级工程师任职资格。

12月21日，"国家防汛应急工程林子缆道及测流系统及附属设施改造项目"工程完工。

12月28日，省水利厅保密委办公室主任蒋利一行3人到徐州水文局检查指导保密工作。分管保密工作的副局长尚化庄和具体负责保密工作的有关负责人汇报徐州水文局保密工作的具体情况和防治措施。

2013 年

1月，聘任盛建华为局副总工程师，刘远征为水情科科长。

2月26日，徐州水文局被徐州市国土资源局评为2012年度优秀测绘持证单位。

3月1日，徐州水文局顺利通过省厅文明办组织的复审，第四次获得全省水利系统文明单位称号。继2010年4月获得市文明单位称号，徐州水文局再次被评为2009—2011年度徐州市文明单位。

4月17—18日，江苏省水利网络数据中心副主任柏屏、站网技术科科长赵德友带领检查组，到徐检查指导汛前准备和中小河流建设工作。检查组一行先后从测洪方案、仪器设施维护及安全生产、中小河流建设等方面，对新安、港上、林子、运河等国家重点水文站的汛前准备工作进行认真细致的检查，现场查勘桥上、九龙湖等中小河流站点，并听取徐州水文局2013年汛前准备工作汇报。

4月28日，徐州水文局举办道德讲堂，邀请徐州市排水管网养护管理处党支部副书记，下水道四班党支部书记、班长陈秋燕做报告。

5月7日，徐州市测绘地理信息工作会议召开。徐州水文局作为乙级测绘资质持证单位参加会议，被授予2012年度优秀测绘地理信息持证单位二等奖。

5月9日，水利部水文局副局长刘学峰携相关处室人员一行5人莅临徐州检查指导防汛水文测报工作，并分别听取省局局长张春松、徐州水文局局长陈卫东关于2013年汛前准备相关工作情况的汇报。

5月24日，徐州市水务局召开领导干部从政道德专题教育学习会。

6月19日，徐州水文局周沛勇被江苏省防汛抗旱指挥部授予全省防汛防旱先进个人称号。

7月11日，省厅厅长李亚平到徐州调研水文水资源工作，听取徐州水文局主要工作汇报，重点查看汉王水文水资源实验站。

7月30日，徐州水文局赵强申报的"遥测站交流供电隔离式充电"项目，获全省水利行业技术工人技能创新大赛三等奖，是全省水文系统唯一入围项目。

8月12日，接《关于印发江苏省水文测报技术改革第一批次站点名录的通知》，省局拟在徐州新安站开展激光测沙仪试验，待研究成果成熟后在全省推广应用。

8月13日，徐州水文局举办文明礼仪培训，特邀海西礼仪网高级讲师官慧珍授课，全局职工共70余人参加培训。

8月20日，徐州水文局在厅保密管理考核检查工作中获得较好成绩，被评为2012年度保密工作先进单位。

8月20日，新沂水文中心获得2011—2012年度省级机关青年文明号称号。

8月27日，徐州水文局水文测报应急监测队成立，以局机关监测人员为主，成立邳睢新队、市区队、丰沛队3个分队，下设9个小分组。

9月3日，省局机关第一党支部与徐州水文局党总支举行结对共建活动启动仪式，双方签订结对共建协议书，标志着结对共建活动正式启动。

9月30日，徐州水文局职工刘俊生等见义勇为，获村民赠送"见义勇为 智擒盗贼"的锦旗。

10月23日，省厅副厅长陆桂华就如何推进江苏水文现代化发展专题，到徐州水文局调研。省水文局局长张春松、厅水资源处处长季红飞、徐州市水务局副局长张元岭等陪同。

11月11—12日，省厅副巡视员陆泽群带队检查徐州中小河流水文监测系统二期工程安全生产工作，省中小河流水文监测系统工程建设处副主任孙永远、徐州项目部主任陈卫东等陪同检查。

12月1—7日，水利部稽查特派员冯明祥一行8人莅临徐州，对徐州项目部中小河流水文监测系统建设工程进行专项稽查。建设处常务副主任孙永远和徐州项目部主任陈卫东、副主任吴成耕等陪同检查，监理、施工、设计等单位派员全过程参加，并按照要求提供相关备查资料。

12月20日，省厅副厅长陆桂华一行4人到沛县水文水资源监测中心调研，省厅水资源处调研员贾永志，市水利局、徐州水文局等领导陪同。

12月24日，经江苏省水利工程高级专业技术资格评审委员会评审，周光明具备高级工程师任职资格。

2014 年

1月2日，徐州水文局编写的《抓文明单位创建 促水文事业发展》综合性信息宣传资料首次入编《徐州年鉴》。

1月14日，省厅副厅长陆桂华、省局局长张春松带队的考核小组，对集中在淮安

的徐州、淮安、连云港、宿迁分局4个单位的领导班子及成员进行年度考核。4个分局全体中层干部、各监测中心主任、机关中级以上职称人员近120人参加，先后共同听取4家单位主要负责人代表领导班子所做的述职述廉汇报和个人述职。

2月10日，徐州水文局局长陈卫东任徐州市水利局党委委员。

2月27日，徐州水文局组织19人参加2014年度注册咨询工程师执业资格考试。

3月7日，徐州水文局水情科被授予2013年度徐州市青年文明号，综合得分在全市机关事业类排名第二。

3月25日，徐州水文局召开党的群众路线教育实践活动动员大会，对教育实践活动进行全面部署。徐州市水利局党委第六督导组成员到会指导，局机关全体职工、全体在职党员、退休老党员代表、全体中层干部60余人参加会议。

4月2日，省厅保密工作小组负责人蒋利一行4人到徐州，对徐州水文局各部门网络及重要信息系统、保密系统的安全防护现状，相关制度制定落实等方面情况进行检查调研。

4月4日，徐州水文局党总支组织全体党员前往淮海战役烈士纪念塔开展缅怀革命先烈、践行群众路线教育实践活动。

4月19—20日，省局在江苏水文发展基地举办全省水文系统首届围棋、象棋比赛，13个分局及省局机关共20余人参加比赛。徐州水文局周光明获得全省水文系统围棋比赛第四名，张警获得全省水文系统象棋比赛第一名和省水利厅系统象棋比赛南方片冠军。

5月19日，市委第九督导组戚志华带领全组成员一行8人，检查督导徐州水文局党的群众路线教育实践活动。

6月6日，山东济宁水文局一行12人莅临徐州水文局交流考察，并在徐州水文局领导及相关技术人员的陪同下，参观中小河流水文监测系统建设现场——沛城闸水文站、二堡水文站，城市水文监测站点云龙湖水文站，以及徐州水文局水情信息中心、水质化验室、汉王水文水资源实验站。

7月8日，徐州水文局设计的水文缆道同时被国家知识产权局授予水文缆道支架和外观两项专利（专利号201420085856，201430039008）。

8月12日，中央电视台2套、7套及水利部相关记者，在淮委、江苏省水利厅、省水源公司等相关部门陪同下，到徐州采访报道南四湖生态应急调水工作。

8月14日，省水利厅副厅长陶长生一行检查指导南四湖生态应急调水工作，省防办常务副主任陆一忠、省水文水资源勘测局局长张春松以及江苏水源公司、省骆运管理处、徐州市水利局等有关负责人陪同。

8月20日，山东省水文局、济宁市水文局等领导一行10余人莅临徐州，慰问南四湖生态调水水文应急监测水文工作人员，

9月5日，省厅副厅长陆桂华一行到徐州水文局调研。厅人事处、水资源处、科技

处，徐州市水务局等相关人员陪同。

9月12日，徐州市人大常委会主任刘忠达在市人大副主任束志明、副秘书长王立峰等陪同下，督查云龙湖水资源保护情况。在督查现场，徐州水文局启动水质水量移动监测车，实地开展现场水质取样、监测分析、数据发布等工作，并向市人大常委会领导汇报水环境保护及水质监测情况，受到市人大常委会领导的认可与肯定。

10月23日，经江苏省水利工程高级专业技术资格评审委员会评审，范传辉、宋银燕具备高级工程师任职资格。

11月5日，淮河水利委员会主任钱敏一行到徐，调研省界断面水资源监测站网管理体制工作。省水利厅副厅长陆桂华、淮委水文局局长钱名开、沂沭泗水文局局长孔祥光、省水文局局长张春松等陪同。

11月20日，江苏省水环境监测中心徐州分中心通过水生生物国家计量认证扩项评审。

12月4日，徐州水文局水情科作为徐州市水务系统青年文明号代表单位之一，参加市水利局团委组织的"点亮梦想 让爱FLY"主题献爱心活动。爱心队伍到结对帮扶的徐州市贾汪区塔山中心小学、汴塘镇马头小学，为家庭贫困、品学兼优的学生送去书包、棉衣等，传递水文人的关怀与温暖。

12月4日，省水利厅下发《关于同意省水文水资源勘测局各分局设立城区及县（市）监测中心的批复》，成立徐州水文局城区监测中心。

2015 年

1月7日，由省厅副厅长陆桂华、省局局长张春松带队的考核小组，对集中在淮安的徐州、淮安、连云港、宿迁分局4个单位的领导班子及成员进行年度考核。徐州水文局领导班子及干部职工40余人参加会议。

1月27日，徐州水文局报送的作品《水文人 水文梦》获得全国水利系统"中国梦 劳动美 促改革 迎国庆"主题征文比赛三等奖。此次活动在全国共评选出一等奖28名、二等奖80名、三等奖132名。

3月6日，徐州水文局工会携全体女职工一行20人到邳州邳城镇中心小学，给全镇家庭贫困、品学兼优的20名小学生送去温暖与关爱。邳城镇党委相关负责人主持此次爱心助学仪式，局工会领导及全体女职工一一为学生送上书包、书籍等学习用品。

3月9日，《中国水利报》专题报道邳州港上水文站马庆楼夫妇25年如一日以站为家的感人事迹。

4月20日，江苏省南水北调新建工程和现有江水北调工程启动实施2015年度向山东省供水。根据统一部署，徐州水文局与山东联合进行台儿庄泵站水量监测，此外徐州水文局还承担邳州站、省界断面山头站水量监测工作，承担邳州站、省界断面山头站、睢宁二站水质监测任务。此次监测任务为期一个多月。

4月27日，徐州水文局董建"架空缆道自动除垢加油装置"技术革新项目获得首届江苏省机关事业单位工勤人员技能创新大赛创新奖。全省共评出获奖项目30个，"架空缆道自动除垢加油装置"是全省水文系统唯一入围项目。

4月27日，苏鲁豫皖四省五市协作区水文业务工作交流会在商丘召开，江苏徐州水文局、淮安水文局，河南商丘水文局，山东菏泽水文局，安徽宿州水文局等单位参加会议。与会各水文局围绕阻碍水文事业发展的难题、新常态下拓展水文事业发展空间等进行深入交流探讨。

4月30日，在市水利局举办的"铭记历史教训　勇担青年责任"主题演讲比赛决赛中，徐州水文局万永智获得三等奖。

5月10日，徐州《都市晨报》刊登《水文观测员把脉河湖"脾气"》文章，报道徐州水文局唐文学爱岗敬业、吃苦耐劳的先进事迹。

6月9日，徐州水文局团支部获得2014年度徐州市五四红旗团支部称号。

6月10—12日，省水文局局长张春松到徐州水文局开展"三解三促"调研活动。此次调研主要围绕基层水文服务体系建设、水文监测环境及设施保护执法行动两大主题展开。

6月17日，新安水文站缆道改建完成并投入试运行，迎接主汛期到来。为加强实践创新，徐州水文局要求职工直接组织和参与缆道的架设工作。此次缆道改建工程，包括老缆道的拆除工作、新缆道的建设工作两个部分，其中新缆道支架于2015年4月11日安装成功。

7月15日，全国水利系统安全生产知识网络竞赛活动正式落下帷幕。6月15日—7月15日期间，徐州水文局在职、编外职工共104人踊跃参与答题活动中，参赛率达100%，取得总分9742分，成绩排名全省水利系统第六名、全省水文系统第一名。

8月6日，徐州水文局邀请美国佛罗里达州立大学终身教授叶明博士做《基于地理信息系统的地下水氮素反应运移软件的开发和在佛罗里达州滨海地区的应用》专题讲座。全局技术人员40余人参加培训学习。

8月18日，全省水文系统党内法规知识竞赛第二赛区竞赛在徐州举行。泰州、南通、淮安、盐城、南京、宿迁、连云港、扬州分局8支参赛队伍参加比赛。省局党委副书记王文辉、省局组织人事科科长成德山、厅机关党委尚锋列席比赛仲裁席。省江都管理处、淮沭新河管理处、秦淮河管理处领导，泰州分局等8家分局领队、观摩人员，徐州水文局全体在职党员近120人在现场观摩。

9月19日，经江苏省水利工程高级专业技术资格评审委员会评审，周保太、周沛勇、钱学智具备高级工程师任职资格。

9月24日，在全市水利系统30多个单位参加的乒乓球赛中，徐州水文局男子代表队获得团体第三名。

9月29日，徐州水文局陈磊获首届江苏水利厅系统好青年称号。此次推选活动以

"弘扬青春正能量 争做水利好青年"为主题，经单位推荐、网络投票、厅团委研究，并报厅党组、厅机关党委同意，确定江苏省水利厅系统好青年10名。

11月6日，徐州水文局党总支围绕如何看待工作、如何看待待遇、如何看待权力、如何看待组织，开展"四个如何看待"大讨论活动。

11月9日，徐州水文局被评为2012—2014年度徐州市文明单位。徐州水文局自2006年以来连续三届获得此项荣誉。

12月，徐州水文局聘任吉文平为局规划建设科科长，李波为办公室主任。

12月3日，徐州水文局党总支召开"三严三实"专题组织生活会，局领导班子成员、中层正职20人参加会议。组织生活会上，党总支书记带头查摆问题，开展批评，班子成员逐一开展严肃认真的批评和自我批评。

12月14日，徐州水文局与中国矿业大学共建校外实习基地、卓越工程师培养基地签约暨揭牌仪式在徐州云泉山庄举行。与会人员就双方具体开展科研合作、人才培养等事项进行交流，对基地今后的发展提出建议。会上，中国矿业大学资源与地球科学学院与徐州水文局签署全面合作协议，并聘任徐州水文局尚化庄等5人为该院研究生校外指导教师。

12月15日，水利部水文局副局长林祚顶、江苏省水文水资源勘测局总工黄利亚一行6人到徐，检查指导国家地下水监测工程（水利部分）江苏省监测井建设工程第Ⅰ标段施工工作。

12月20—22日，国家地下水监测工程建设管理技术培训班在徐州举办。省局总工黄利亚做开班动员讲话，全省水文系统各分局、Ⅰ标施工单位江苏华东地质环境工程有限公司近50人参加培训。

12月24日，徐州水文局通过"江苏省档案工作四星级单位"测评验收。

12月29日，徐州水文局编制的《淮河流域用水定额合理性评估报告》顺利通过专家验收。

2016 年

1月8日，南水北调东线一期工程2015—2016年度第一阶段调水工作正式开始。徐州水文局负责山头站、台儿庄、二级坝、长沟泵站流量监测及山头站水质监测。监测为期一个月。

1月19日，应部水文局邀请，徐州水文局参加国家地下水监测工程项目2015年度建设管理工作总结会议。精心制作《地下水监测井成井施工流程展示与管理专题片》，推广国家地下水监测工程建设管理经验。

2月14日，陈磊当选首届徐州市"最美水利人"。首届徐州市"最美水利人"评选活动分别评选出10名"最美水利人"和10名"最美水利人"提名奖。"85后"青年陈磊是年纪最小的当选者。

3月8日，徐州水文局开展"提升自身素质 塑造美好形象"妇女节主题活动，全局女职工20余人参观下水道四班、徐州好人园、国家水利风景区——丁万河。

6月28—29日，徐州水文局机关、邳新睢、丰沛铜党支部围绕"新时期共产党员思想行为规范"主题分别展开讨论，共计40余名党员参加讨论活动。

7月1日，徐州市水利局党委召开表彰大会。徐州水文局党总支第五次被市水利局党委评为先进基层党组织，5人被评为优秀共产党员。

7月11日，徐州水文局联合徐州市血液中心在一楼会议室开展集体献血活动，30余名党员干部无偿献血8000毫升。

7月25日，徐州水文局联合宿迁、连云港分局，在淮海战役烈士纪念塔同上"两学一做"学习教育情景党课。3家分局党员干部共计120余人共同观看情景党课，深受教育。

7月26日，徐州水文局策划制作的《年轻的"老水文"》微视频，宣传陈磊爱岗敬业、乐于奉献、舍小家顾大家等先进事迹。该短片在厅工会开展的"中国梦·劳动美·幸福路"微视频作品征集活动中荣获二等奖。

8月26日，徐州水文局党总支书记陈卫东为全体党员讲题为《践行四讲四有 争做合格党员》的专题党课，近40人参加党课学习。

9月24日，经江苏省水利工程高级专业技术资格评审委员会评审，张警具备高级工程师任职资格。

9月29日，徐州水文局夺得徐州市水务系统职工羽毛球赛女子团体第三名，这是徐州水文局多年来参加市水务系统历届羽毛球赛的最好成绩。

10月9日，徐州水文局开展"我们的节日·重阳"主题活动。全局离退休职工近30人参与活动。

10月11—12日，省水利厅副厅长张劲松、省水文局局长袁连冲到徐州水文局开展调研。省防办、省局办公室、党办等有关单位负责人参加调研。

10月17日，徐州水文局被授予2013—2015年度江苏省文明单位称号。

11月12日，省水文局总工黄利亚率省局机关第一党支部与徐州水文局党总支开展结对共建活动，内容包括参观爱国主义教育基地、基层水文站、水生态保护工程等内容。

12月4—5日，部水文局对徐州水文局开展2016年水文测验成果质量评定。省水文局副局长唐运忆、站网科主要负责人及徐州水文局领导陪同检查。

12月14日，省水文局召开"两学一做"先进事迹报告会。徐州水文局万永智以"青年工匠 水文榜样"为题，宣讲青年技师陈磊的先进事迹，获三等奖。报告会采取视频会议的形式，徐州水文局设立分会场。

2017 年

1月1日，水文基层服务体系二期工程新增建设的遥测站正式投入使用。二期工程的实施完成，标志着徐州水文局水文基层服务体系建设在徐州站区完成全覆盖。

1月，徐州水文局陈磊荣获全省水利系统十大水利工匠称号。

1月23日，李涌被聘任为徐州城区监测中心主任（正科级），王文海为水质科科长（副科级）。

2月7日，李沛任省水文水资源勘测局徐州分局局长；陈卫东转任省水文水资源勘测局常州分局局长。

2月9—10日，为分析研判2017年徐州水文面临的新形势新任务，徐州水文局召开专题座谈会，认真谋划部署2017年工作思路。会议由局长李沛主持，班子成员及各部门负责人参加会议。

2月，省测绘地理信息局对徐州水文局下发《测绘地理信息质量监督检查结果通知单》，经过近4个月的严格审核，徐州水文局顺利通过测绘地理信息质量监督检查。

2月16日，《中国水利报》以《江苏徐州水文局春节期间保障群众春节期间吃好水》为题，报道徐州水文局的春节期间骆马湖水源地监测专项行动。

2月17日，由淮河水利委员会水文局副总工郑建良带队的检查小组到徐，对徐州省界断面水文站改造项目进行专项检查。

3月7日，徐州水文局组织开展财务管理工作培训会议，全体干部参加会议。此次培训邀请省局财审科科长朱信泽、高扬前来授课。

3月20日，淮河流域省界断面水资源监测站网新建站工程启动工作会议在徐州召开，参加会议的单位有淮河水利委员会、淮委水文局信息中心、沂沭泗水文局信息中心；河南、山东、安徽、江苏、湖北5省水文水资源勘测局；以及河南商丘、周口、信阳3个水文分局，山东临沂水文局，安徽滁州、阜阳、宿州、六安、蚌埠5个水文分局，江苏徐州水文局，湖北随州水文分局共5省10地市水文局。

3月22日，徐州水文局组织的2017年"世界水日""中国水周"宣传启动仪式在中国矿业大学南湖校区举行。

3月22日，徐州水文局党总支在局会议室召开党员大会进行换届选举，省局党委办公室主任成德山、陈清到会指导，徐州水文局4个党支部共44名党员参加会议。选举产生李沛、吴成耕、尚化庄、刘沂轩、唐文学等5人组成的新一届党总支委员会。其中，李沛、刘沂轩分别当选书记和副书记。

3月22日，徐州水文局局长李沛主持召开局长办公会，通报办公环境改善工作进展。形成《关于调整江苏省水环境监测中心徐州分中心达标建设项目中实验楼建设方案的请示》和《关于整合徐州市区部分分散房产的请示》两个方案上报省局。

4月7日，根据《徐州市文明单位标准》的要求，为进一步推进公民道德建设，培

育良好的道德风尚，提升群众文明程度和道德素质，深化道德学习活动，徐州水文局成立道德讲堂建设工作领导小组。

4月12日，徐州水文局联合徐州市血液中心在局一楼会议室开展集体献血活动，20余名党员干部参与无偿献血。

4月21日，局长李沛一行到水文测站组织开展"服务双百工程，服务民生水利，提升执行力"为主要内容的"两服务一提升"专题活动。副局长吴成耕带领办公室、建设科等工作人员参加活动。

4月25—27日，省局党委书记、局长袁连冲带队到徐州市开展"两服务一提升"走访调研活动，听取基层水文单位和群众的意见、建议，服务指导基层水文工作。省局副局长孙永远，财审科、水质科、建设科及办公室负责人参加调研。

5月2日，徐州水文局针对如何提高水功能区达标率和监测能力召开专题研讨会议。

5月3日，省局副局长尤迎华带领水土保持科相关人员到徐，开展"两服务一提升"走访调研活动，听取基层水文单位和群众的意见、建议，解决基层单位发展难题。

5月3—4日，沂沭泗第八届水文学术交流会在宿迁召开，江苏、山东、沂沭泗相关水文部门代表共50余人参加会议。徐州水文局多篇论文入选《沂沭泗第八届水文学术交流会论文集》。

5月4日，省局党委副书记王文辉、党办主任成德山结合"两服务一提升"活动，到徐州水文局进行党建工作调研。徐州水文局党总支委员、工会、团支部、办公室等相关人员参加座谈。

5月12日，徐州水文局派员参加徐州市举行的第八个全国防灾减灾日"联动2017——徐州市防震减灾综合演练"。

5月15日，徐州水文局在汉王实验站组织召开徐州市水功能区达标提升座谈会。市水利局水资源处、市防办、供排水监测站、市区河道管理处等单位领导参加座谈。

5月17日，省水文局苏北沂沭泗运河洪水预报座谈会在徐州水文局召开。省水文局水情科、连云港分局、宿迁分局和徐州水文局的相关领导与水情一线预报技术骨干人员共15人参加座谈会，沂沭泗水文局局长屈璞和教授詹道强应邀出席会议。

5月25日，徐州市文明办在全市党政机关事业单位中开展文明单位创建互查工作，徐州水文局以满分成绩顺利通过检查，名列第一方阵。

6月，徐州水文局陈磊获得江苏省五一劳动奖章。

6月21日，徐州水文局党总支书记李沛及相关工作人员，深入经济薄弱村——丰县首羡镇李药铺村，入户走访慰问贫困群众，开展"城乡结对、文明共建"活动。徐州水文局与李药铺村签订《江苏省省级文明单位与经济薄弱村开展"城乡结对、文明共建"活动协议》，通过援建一批文化建设项目、组织参加学习教育、开展志愿服务等方式对李药铺村进行帮扶。

6月26日，苏北水文党建文化交流活动开幕式在徐州市中石化管道会议中心举行。徐州水文局、宿迁分局、连云港分局、淮安分局、盐城分局5家单位负责人，党支部、运动员代表100余人参加开幕式。省局党委副书记王文辉、党办主任成德山出席活动。

6月26日，苏北片区水文党建交流座谈会在徐召开。省局党委副书记王文辉，党办主任成德山，徐州、连云港、淮安、盐城、宿迁分局主要负责人，党务干部（骨干）30余人参加座谈。

6月27日，在淮海战役烈士纪念塔前，徐州、连云港、淮安、盐城、宿迁分局50余名党员面向党旗重温入党誓词。

6月28日，徐州水文局第五届工会委员会换届选举大会召开，工会会员近50人参加会议。会议听取审议第四届工会委员会和经费审查委员会工作报告，通过换届选举办法，以无记名投票方式，差额选举产生新一届工会委员会5名委员，刘沂轩为新一届工会主席。

6月30日，睢宁、邳州、新沂、丰县、沛县及徐州市区省级水功能区达标整治方案编制工作完成。徐州市6个项目，于8月31日以全省第一家通过省水利厅组织的集中审查。

7月6日，丰县、沛县大部分地区遭遇大暴雨，丰县首羡镇降雨156.5毫米，成为全市的次大点。徐州水文局结对共建的李药铺村就在首羡镇，由于沟渠排水不畅，一遇到下雨，李药铺村就遭遇庄稼受淹。徐州水文局党总支书记李沛第一时间派出第一党支部相关人员前往实地调查水情、雨情和受淹情况。

7月15日，1时起，丰沛地区中到大雨，局部大暴雨。截至15日中午12时，短时降水量沛县平均为93.1毫米，最大降水量点陈楼闸为170毫米。陈楼闸最大60分钟降水量为76.5毫米，50年一遇为75.3毫米，短历时降雨超50年一遇。短历时强降雨导致城区不同程度积水。水情人员及时在办公群发布雷达气象图，提醒时刻掌握天气走势及降水水情动态，及时掌握全县雨情，并在第一时间向防汛部门及有关领导报告雨情。同时启动应急监测预案，组织水文测报工作，开展暴雨调查，获得宝贵的水文数据。至中午12时，沛县城区涝水基本排出，道路交通恢复畅通，居民生活、生产秩序未受大的影响。

7月28日，市水务局局长卜凡敬带领局领导班子成员到徐州水文局调研工作。为更好地谋划水务水文工作，双方达成共识，着力通过"八个一"（构建一家人关系，确定一个高水平服务目标，编制一个发展规划，合作一批项目，召开一个会议，印发一个文件，对接一项资金，组织一批活动）工作加强彼此融合。

8月1日，徐州水文局举行第一届职代会代表选举，共79人参加选举，产生40位第一届职代会代表。

8月8日，徐州水环境分中心所报送的检测数据经过分析，检测结果全部合格，通过水利部水质监测实验室质量控制考核。

8月，徐州水文局组织编制《徐州市水务水文融合发展实施方案》，并会商市水务局同意，上报省水文局。10月，市水利局下发《关于徐州水务水文融合发展"八个一"工作任务分解表》，要求各处室认真组织实施，推动"八个一"工作落地生根。

9月14日，徐州水文局举办财务管理工作培训讲座，特邀省厅财审处调研员张古军授课，局全体中层干部30余人参加培训学习。

10月17日，根据厅党组的统一部署，厅巡视督察组在徐州水文局召开巡察工作动员会，驻厅纪检组组长、厅巡视督察组组长李陆玖就巡视督察工作做动员讲话并对开展好徐州水文局巡视督察工作提出要求。厅巡视督察组全体成员，徐州水文局中层及以上干部、机关全体职工参加会议。

10月23日，经江苏省水利工程高级专业技术资格评审委员会评审，杜珍应、孙瑞、李超、马进、曹久立具备高级工程师任职资格。

11月10日，徐州水文局陈磊获得第六届全国水文勘测技能大赛第一名。

11月15日，张小明、宋银燕通过国家注册测绘师考试，届时将取得"中华人民共和国注册测绘师资格证书"。

11月21日，水资源高效利用与工程安全国家工程研究中心（以下简称工程中心）主要负责人秦刚一行到徐调研汉王实验站合作研究，徐州水文局主要负责人李沛及相关业务负责人陪同调研。针对汉王实验站现状及特点，更好地服务水文事业，徐州水文局与工程中心在徐州水文局城区水文监测中心召开研讨会，共同探讨汉王实验站"产学研"合作计划。

12月8日，党的十九大代表、徐州市排水管网养护管理处下水道四班班长马静，为省水文局、徐州水文局全体党员干部职工宣讲党的十九大精神。省水文局党委书记、局长袁连冲主持会议。

12月14日，徐州水文局举办基层党务干部（骨干）专题培训班，培训邀请局党总支书记李沛授课，各党支部书记及委员，工会、团支部、妇委会委员等近20人参加培训。

12月24日，徐州水文局在徐州组织召开江苏省5卷6册《1997—2000年水文年鉴》复刊汇编成果审查会。会议邀请淮河水利委员会水文局，沂沭泗局水文局，江苏省水文水资源勘测局，山东省水文局，江苏省骆运水利工程管理处，山东省济宁市、临沂市、枣庄市水文局等单位的专家出席。会议专家组审查资料成果，予以审查通过。

2018 年

1月9日，淮河水利委员会水文局副局长吴恒清、处长姜守钰一行，在徐州水文局副局长吴成耕的陪同下到邳州监测中心港上水文站就时差法测流仪器运行状况进行现场交流。其他与会单位和个人有：南京南水科技有限公司、江苏嘉禾环境有限公司以及德国技术专家等。

1月9日，应徐州市委邀请，美国探索发现频道到徐州拍摄丁万河最美家乡河，市委宣传部要求徐州水文局配合做好有关拍摄工作，水质科科长王文海接受采访。

1月17日，由省厅副厅长张劲松、省局局长袁连冲带队的考核小组，对徐州水文局领导班子进行年度考核。徐州水文局领导班子及干部职工近60人参加会议。局长李沛代表领导班子做述职述廉汇报，并进行个人述职。

2月1日，第二届江苏省最美水利人评选结果揭晓，徐州水文局陈磊榜上有名。

2月7日，由徐州报业传媒集团、徐州市作风办联合主办，由都市晨报社承办的"2017为民办实事·市民口碑榜"评选结果揭晓，徐州水文局获优秀奖。

2月12日，徐州水文局党总支书记李沛一行，代表省局党委前往结对共建的丰县李药铺村进行春节慰问。

2月23—24日，淮河水利委员会水文局（信息中心）局长钱名开一行3人到徐州检查淮河流域省界断面水资源监测站网新建工程江苏徐州部分建筑工程建设情况。徐州水文局相关负责人及建设科相关人员陪同检查。

3月5日，陈磊获得江苏省岗位学雷锋标兵称号。

3月21日，为庆祝第26个世界水日、第31个中国水周，徐州水文局组织职工围绕新城区大龙湖开展慢跑活动。

3月26日，省水利厅党组成员、副厅长张劲松到徐州水文局调研指导工作，省水文局党委书记、局长袁连冲陪同。

3月26日，徐州市水务局、徐州水文局联合召开的徐州市完善推进"基层水文服务体系"建设工作座谈会圆满结束。徐州市水利局分管领导，防办、水资源处、河长办负责人；各县（市、区）水利局分管领导、相关水利站站长；徐州水文局领导班子、机关各科室及各县（市、区）水文监测主要负责人50余人参加会议。

4月4日，水资源高效利用与工程安全国家工程研究中心副主任鞠茂森、教授张行南、教授秦刚、副总经理肖坚等一行6人到徐实地考察调研汉王水文实验站。徐州水文局领导班子成员及相关科室、实验站负责人参加交流座谈。

4月12日，江苏省总工会授予新沂水文水资源监测中心工人先锋号荣誉称号。

4月15日，徐州市政府办公室以徐政办发〔2018〕46号印发《关于进一步加强水文工作的意见》，要求进一步加强徐州市水文设施建设与管理，加快水文事业发展，加快水文现代化建设，进一步提高水文工作与服务水平，增强水文的公共服务功能。

4月23日，徐州水文局党总支书记、局长李沛，各党支部书记及办公室相关人员前往共建村李药铺村开展"共植'爱心树'、共建'美丽村'"活动。

5月2日，新沂市首届十大工匠颁奖典礼在新沂市影剧院举行。新沂市领导高山、陈堂清等市四套班子出席颁奖典礼。徐州水文局陈磊获新沂市首届十大工匠荣誉称号，受邀参加颁奖典礼。

5月7日，水利部水文司副司长林祚顶到新安水文站检查指导工作，淮委水文局局

长钱名开、沂沭泗管理局水文局局长屈璞、省水文局副局长唐运忆陪同。

5月7—8日，徐州水文局"庆五一、走基层、学标兵、促发展"业务技能竞赛在新沂水文监测中心（陈磊工作室）隆重举行。全局业务技术骨干60余人参加比赛。

5月15日，徐州水文局召开党员大会选举产生第一届党委领导班子。省水利厅副巡视员汤超，省水利厅机关党委副书记李春华，省水文局党委书记、局长袁连冲，省水文局党委委员、党委办公室主任成德山出席会议。全局在职及离退休党员48人参会。与会有选举权的党员采用无记名投票差额选举的方式选举产生徐州水文局第一届党委委员（李沛、吴成耕、刘沂轩、唐文学、刘远征），李沛为书记、吴成耕为副书记。

5月16日，省水利厅副巡视员汤超到徐州水文局运河水文站、新安水文站检查指导工作。省水利厅机关党委副书记李春华，省水文局党委书记、局长袁连冲及党办主要负责人陪同。

5月17日，省水利厅副巡视员汤超，省水利厅机关党委副书记李春华，省水文局党委书记、局长袁连冲及党办主要负责人出席陈磊荣获全国五一劳动奖章颁奖仪式。李春华宣读《中华全国总工会关于表彰2018年全国五一劳动奖章和全国工人先锋号的决定》（总工发〔2018〕12号）文件，汤超为陈磊颁发奖章和证书。

5月25日，市局与中茵股份有限公司顺利完成房产置换协议签订。

5月，省水文局以《关于同意成立徐州水文局驻徐州市水务局水务服务处的批复》（水文〔2018〕22号）批复成立"徐州水文局驻徐州市水务局水文服务处"，接受市水务局的行业和日常管理，业务实行双重管理。主要职责为：协助全市水文行业管理；承担市级水务管理中涉及水文方面的工作；负责县级水文双重管理中业务技术指导等。

6月1日，徐州水文局参加由徐州市防汛防旱指挥部、徐州军分区组织的为期8天的军地联合防汛演练。徐州军分区、沂沭泗管理局、市政府、市防汛防旱指挥部、市水利局、徐州水文局等单位主要领导参加观摩活动。徐州水文局应急监测队10余人参加演练。

6月30日，江苏省水利厅召开庆祝建党97周年大会，对全省水利系统先进基层党组织、优秀党员及优秀党务工作者进行表彰。徐州水文局党委作为全省水文系统唯一党组织代表，荣获省水利厅系统先进基层党组织称号；陈磊作为全省水文系统唯一党员代表，获省水利厅系统优秀共产党员称号。

7月1日，局机关于7月1日搬入中茵新办公楼。

7月19日，徐州水文局党委开展"奋进新时代颂歌献给党"主题党建文化活动。省水利厅机关党委副书记沈亚健，省水文局党委委员、党委办公室主任成德山莅临指导。徐州水文局党委领导班子，全体党务工作者、在职党员，省水文局、徐州水文局结对共建单位丰县首羡镇李药铺村，徐州水文局第一党支部结对共建单位徐州市云龙湖联合党支部主要负责人近100人参加活动。

8月，徐州水文局新沂水监测中心被江苏省总工会授予工人先锋号荣誉称号。

8月29日，省水文局副局长王文辉一行到徐州水文局开展"三走近三服务"调研，徐州水文局局长李沛陪同。

8月30日，《都市晨报》专版报道徐州水文局抗击超两百年一遇暴雨洪水的情况。

10月9日，徐州水文局党委召开中心组（扩大）学习会，领导班子成员、青年干部人才走上"解放思想大家讲"讲台，掀起全局第三轮解放思想大讨论热潮。省局党委书记、局长袁连冲参加会议并做指导。徐州水文局党委书记、局长李沛主持会议。

10月9日，省水利厅副厅长张劲松到徐州水文局调研指导工作。省水文局局长袁连冲、徐州水务局副局长石炳武、徐州水文局局长李沛陪同调研。

10月15—17日，淮河水利委员会水文局（信息中心）在徐州组织召开淮河流域马兰闸、官庄闸等省界断面水资源监测站网建设江苏徐州部分建筑工程标合同完工验收会。会议成立验收工作组，由淮委水文局副局长徐时进担任组长，成员由各参建单位的技术负责人组成；参建单位有水利部淮河水利委员会、水利部水利工程建设质量与安全监督总站淮河流域分站、江苏省水文水资源勘测局、中水淮河规划设计研究有限公司、徐州市水利工程建设监理中心、江苏华禹水利工程处和徐州水文局等单位。

10月25日，徐州市水利局在徐州水文局召开全市水质分析会和全市水利系统党风廉政建设警示教育会，推进水利水文融合发展，分析全市水质情况，加强水利系统党风廉政建设。市水利局党委书记、局长卜凡敬，党委副书记汤玖玲、副局长石炳武，徐州水文局局长李沛出席会议。

11月，《徐州日报》《都市晨报》通过"今日徐州"应用程序、报纸等媒介，全面深入报道徐州水文局党委党建创新工作。

11月12日，省水利行业党委副书记李春华到徐州水文局检查指导党建工作，听取徐州水文局关于党支部组织架构创新的成效、探索实践"党建＋目标""党建＋文化""党建＋人"工作新机制等工作汇报，对徐州水文局党建工作给予高度评价。

12月7日，经江苏省水利工程高级专业技术资格评审委员会评审，李倩具备高级工程师任职资格。

12月9日，徐州水文局顺利通过ISO9001质量管理体系、ISO14001环境管理体系、OHSAS18001职业健康安全管理体系三体系认证。

12月10日，全局在职党员"不忘初心 砥砺前行"红旗渠精神专题培训开班仪式在河南林州红旗渠干部学院举行。徐州水文局党委书记、局长李沛，副局长尚化庄，党委副书记、副局长吴成耕及红旗渠干部学院相关领导出席活动，全体在职党员30余人参加开班仪式。

12月18日，在改革开放迎来40周年之际，由徐州水文局主办，连云港、淮安、宿迁水文分局协办的"致敬改革路 砥砺新征程"——庆祝改革开放40年主题活动在徐州举办。省水文局党委书记、局长袁连冲参加活动并致辞，徐州水文局领导班子和

连云港、淮安、宿迁水文分局负责人参加活动，徐连淮宿 4 个分局的近百名团员青年参与活动。

12 月 19 日，徐州水文局编制的《徐州市水文事业发展规划（2019—2020）》获徐州市政府批复。

2019 年

1 月 14 日，刘远征任江苏省水文水资源勘测局徐州分局副局长。

1 月 16 日，省水利厅考核组到徐州水文局对领导班子进行 2018 年度考核暨党风廉政建设责任检查考核。

1 月 25 日，徐州水文局被评为 2015—2017 年度徐州市文明单位。徐州水文局自 2006 年以来连续 4 届获得此项荣誉。

1 月 31 日，徐州水文局召开 2018 年度领导班子专题民主生活会。省水文局党委书记、局长袁连冲，组织人事科主要负责人到会督导。

2 月 15 日，经国务院批准，2018 年享受国务院政府特殊津贴人员名单正式公布，徐州水文局陈磊名列其中，陈磊为江苏水文系统获此殊荣的第一人。

3 月，徐州水文局决定，孙瑞主持局水情科工作，文武主持睢宁水文监测中心工作。

3 月 22 日，徐州市 2019 年"世界水日"和"中国水周"主题宣传活动在徐州幼儿师范高等专科学校启动，徐州水文局 20 余名青年职工参加活动，呼吁社会珍惜水、节约水、保护水，积极参与河道保护，自觉保护水环境。

4 月 9 日，徐州水文局召开纪检监察工作会议。会议贯彻落实全省水利系统全面从严治党暨党风廉政建设工作会议精神、全省水文系统纪检监察工作会议精神，总结徐州水文局 2018 年纪检监察工作，部署 2019 年监察重点工作。

4 月 17—19 日，徐州水文局第二届庆五一业务技能竞赛完成各项竞赛项目后落下帷幕。

4 月 19 日，徐州水文局与中国矿业大学资源与地球科学学院科技创新工作座谈会召开。中国矿业大学资源与地球科学学院主要领导及相关专业教授，徐州水文局领导班子、机关科室负责人等 20 余人参加座谈。徐州水文局副局长吴成耕主持座谈会。

6 月 19 日，刘沂轩调任江苏省水文水资源勘测局连云港分局局长。

6 月 28 日，为纪念党的 98 岁华诞，徐州水文局党委举办"不忘初心 牢记使命"——庆祝建党 98 周年主题党建文化活动。

7 月 6 日，新安站固态雨量计、自动蒸发器仪器设备安装完毕。

7 月 8 日，"助推绿色发展 建设美丽长江"水质监测技能竞赛闭幕，来自长江水利委员会、太湖流域管理局、长江经济带 11 个省（市）水利（水务）部门等 13 家参赛队齐聚上海展开角逐。徐州水文局张小明获个人第六名。

7月11日，"陈磊技能大师工作室"揭牌仪式在省水文局徐州分局新沂水文监测中心举行。省人社厅工考办调研员潘迎晖、省水利厅人事处副处长陈飞为工作室授牌，省水文局党委书记、局长辛华荣主持仪式。徐州水文分局局长李沛、宿迁水文分局局长高玉平参加仪式。

8月12日，1时，洪峰进入徐州市沂河邳州港上站，洪峰流量达到5550立方米每秒，达1974年来最高值，流量频率约为50年一遇。徐州水文全体职工在各战线应战暴雨洪水。水文人抗击暴雨洪水的身影于8月13日在徐州和邳州电视台播出。

8月20日，徐州市防汛防旱指挥部向徐州水文局发送感谢信，致谢徐州水文在抗击"利奇马"暴雨洪水中做出的强力贡献。

8月27日，省发展改革委批复，原则同意由原选址徐州市铜山区铜山镇桥上村新建省水环境监测分中心变更为在徐州市云龙区购置商业用房改造建设监测实验室；实验用房改造面积1470平方米，新增购置仪器设备14台（套），同步配置实验室专用设施。工程概算投资2309.59万元。

8月28日，徐州水文局党委召开"不忘初心、牢记使命"主题教育专题民主生活会。局党委委员参加会议，会议由局党委书记、局长李沛主持。

9月5—6日，淮河水利委员会水文局在徐州召开淮河流域省界断面水资源监测站网建设工程现场交流会。湖北随州，河南信阳、周口、商丘，安徽六安、宿州、阜阳、滁州等5省10市水文局近30人参加。

9月19日，徐州水文局党委与淮海战役烈士纪念塔管理局党组签署共建协议。

9月29日，在新中国成立70周年前夕，由徐州水文局党委主办，淮海经济区水文行业4省9市9家水文单位协办的"壮丽七十年 奋斗新时代"庆祝新中国成立70周年主题党建文化活动在徐州成功举办。江苏省水文局党委委员、副局长马倩参加活动并致辞，沂沭泗管理局水文局局长屈璞出席活动。徐州、连云港、枣庄、临沂、济宁、菏泽、商丘、宿州、宿迁水文局党务工作负责人和党务干部参加活动。

10月18日，徐州水文局第四党支部与省水政监察总队党支部签订结对共建协议。

10月25日，徐州水务局工会在徐州工程学院举行第一届职工趣味运动会，徐州水文局工会组织12名运动员参与全项目的角逐，获得多个单项第一名、团体第二名的优异成绩。

11月16日，徐州水文局机房顺利从老局搬迁至中茴广场办公楼5楼新址。

11月18日，《徐州市水文志》编纂工作组在丰县大沙河水文基地召开统稿会议，完成对《徐州市水文志》初稿汇总统稿。

11月21日，徐州水文局召开精细化管理手册审查会，审查通过徐州水文局精细化管理手册。徐州水文局党委书记、局长李沛主持审查会，班子其他成员和各科室、监测中心主要负责人参加会议。

12月5日，徐州水文局召开大运河水文文化研讨会议，成立徐州水文局大运河水

文文化研究室。李沛书记为聘任的 5 位研究员颁发聘书，签订聘约。

12 月 17 日，经前期职工评选，徐州水文局党委研究，确定"忠诚、担当、协作、争先"作为徐州水文价值观。

12 月 19 日，徐州水文局报送的微视频《让安全托起幸福》在江苏省总工会举办的"我的安全我有责"劳动安全微视频征集比赛中获得优秀奖。在此次评选活动中全省水利系统共有 5 家单位获奖，徐州水文局是全省水文系统唯一的获奖单位。

12 月 20 日，徐州水文局召开《大运河徐州水文文化研究》统稿工作会议。党委书记、局长李沛出席会议并讲话，会议由党委副书记、副局长，大运河水文文化研究室主任吴成耕主持。

12 月 23—27 日，徐州水文局完成南水北调东线一期工程邳州站至运河镇段输水损失测验。

12 月，陈磊被水利部授予第二届最美水利人称号。

第一章 环境与水系

　　徐州市区位优势明显，地处苏、鲁、豫、皖四省交界，为东部沿海与中部地带的结合部。"东襟淮海，西接中原，南屏江淮，北扼齐鲁"，被誉为"北国锁钥，南国门户"，自古便是兵家必争之地。是全国重要的水陆交通枢纽，是东西、南北经济联系的重要"十字路口"，是江苏省三大都市圈之一徐州都市圈的核心城市。

　　古代徐州水系变化比较复杂。《禹贡》载：禹"导淮自桐柏，东会于泗沂，东入于海"。直至南宋初，历时近三千五百年，徐州是汴（水）、泗（水）交汇之地，沂、沭、泗诸水排泄较为通畅，航运发达。南宋绍熙五年（1194）黄河侵汴泗、夺淮河后，徐州水系大乱，加上开凿运河，安黄与保运经常纠缠在一起，加剧水系变迁。直到清咸丰五年（1855）黄河从河南兰考再度决溢北徙，黄河流经徐州661年，因淤积严重，成为淮河干流与沂沭泗流域的分水岭，徐州灾害频繁，很不安宁。到近代，清朝末年乃至民国年间，河道失治，洪水出路很小，水系零乱，水旱灾害严重。50年代后，经过大举治理，这一局面得以彻底改观。以黄河故道为分水岭，形成北部的沂沭泗水系和南部的濉安河水系，并通过京杭大运河、徐洪河相通。在这一区域内，各分区水系既相对独立又相互联系。

第一节 自然环境

一、位置、面积

　　徐州，简称徐，古称"彭城"，位于江苏省西北部，地理坐标东经 $116°22'\sim118°40'$、北纬 $33°43'\sim34°58'$ 之间。东邻连云港市东海县、宿迁市沭阳县；南接宿迁市宿豫区，安徽省泗县、灵璧县、萧县、砀山县；西依山东省单县；北靠山东省鱼台、微山、兰陵、郯城等县（市）和枣庄市。边界线总长 1372.5 公里，其中与外省交接 1098 公里，与省内交界 274.5 公里。徐州市域东西最长约 210 公里，南北最宽约 140 公里，面积 11258 平方公里，占江苏省总面积的 11.09%。其中，徐州市城区面积 3037.3 平方公里。

二、地形地貌

徐州市位于华北平原东南部，除中部和东部存在少数丘岗外，大部皆为平原。根据成因，平原大致可分为剥蚀、堆积和黄泛冲积 3 种类型。丘陵海拔一般在 100～300 米，丘陵山地面积占全市总面积的 9.4%。丘陵山地分两大群，一群分布于市域中部，山体高低不一，其中贾汪区中部的大洞山为全市最高峰，海拔 361 米；另一群分布于市域东部，最高点为新沂市北部的马陵山，海拔 122.9 米。平原总地势由西北向东南降低，平均坡度 1/7000～1/8000，约占全市土地总面积的 90%，海拔一般在 30～50 米之间。徐州市全境地势由西北至东南缓缓倾斜，地面高程从丰县的 45 米，逐渐下落为徐州城区的 30 米左右，到新沂市为 19 米。徐州城区地势大体是西南高于东北，西北略高于东南，因横贯城区的黄河故道高出两岸数米，使得地表略见起伏。

三、水文地质

徐州市根据水文地质条件分区如下：Ⅰ区为湖西冲积平原区、Ⅱ区为徐州山丘区、Ⅲ区为沂沭河冲积平原区、Ⅳ区为新沂沭河以东波状平原区。按含水介质划分，徐州市地下水可分为松散岩类孔隙水、碳酸盐岩类裂隙岩溶水、碎屑岩类裂隙孔隙水、变质岩类及岩浆岩类裂隙水四大类。相应地，可将全市各含水岩层划归为 4 个含水岩组，即孔隙含水岩组、裂隙岩溶含水岩组、裂隙孔隙含水岩组和裂隙含水岩组。见图 1－1。

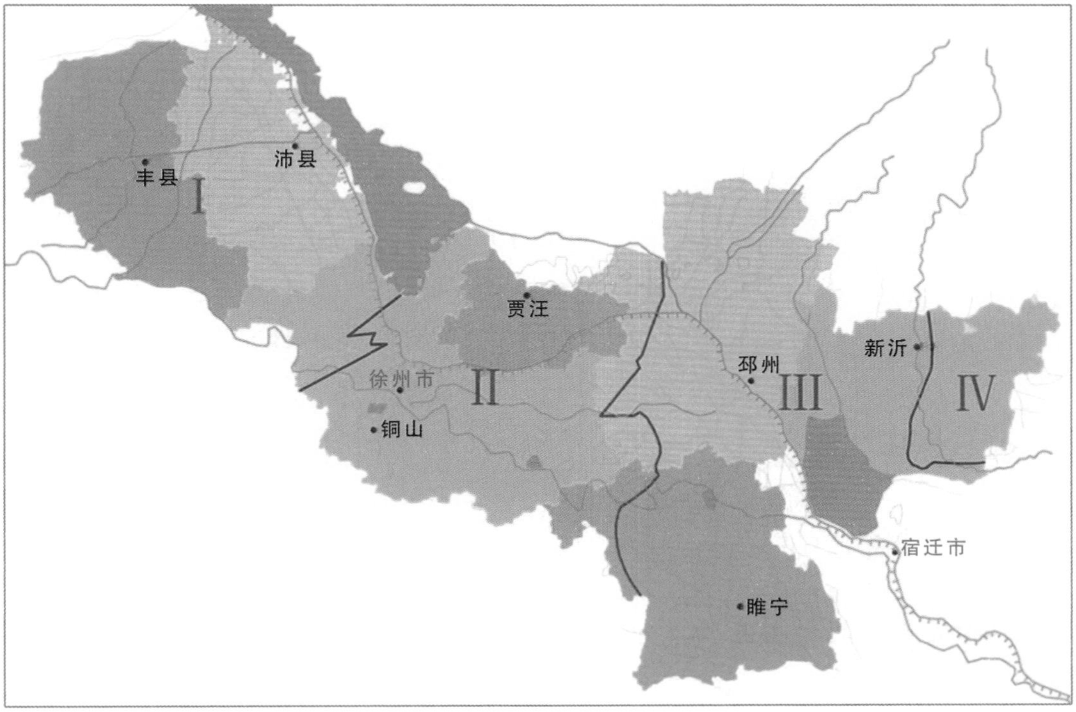

图 1－1　徐州市水文地质条件分区图

四、气候

徐州市属暖温带季风气候。由于东西狭长，受海洋影响程度有差异，东部属暖温带湿润季风气候，西部为暖温带半湿润气候。受东南季风影响较大，季风更迭的迟早和强弱，直接影响年降水的多寡和温度的高低。光能资源丰富，日照充足，雨热同期。温度日差较大，季风显著，四季分明，具有典型的南北气候过渡带特性。四季之中春、秋季短，冬、夏季长，春季天气多变，夏季高温多雨，秋季天高气爽，冬季寒潮频袭。年平均气温 14℃左右，1 月份平均气温－0.7℃左右，7 月份平均气温 27℃左右。1956—2018 年，多年平均降水量约为 836.6 毫米，年内降水量分布不均，汛期降水量约占全年降水量的 70%。多年平均水面蒸发量约为 867.4 毫米，年日照时数为 2284～2495 小时。全年无霜期 200～220 天。气候资源较为优越，有利于农作物的生长。主要气象灾害有洪、涝、渍、干旱、寒潮冻害、大雪、大雾、冰雹、大风、雷电等。2018 年气候总体特点，年降水量正常略偏多，平均气温偏高，日照时数略偏少。全市全年平均气温 15.4℃，比常年偏高 0.9℃；极端最低气温－11.4℃；极端最高气温 38.9℃。全市平均年降水量为 954.5 毫米，与常年相比，偏多 11.4%。日照时数比常年偏少 2.4%。主要气象灾害有年初的暴雪，春夏季的强对流，秋末冬初的寒潮，夏初和秋季干旱，夏季高温、暴雨和台风。

五、土壤、植被

（一）土壤

徐州市土壤资源面积 1238 万亩，占全市总面积的 73.3%。徐州市位于冲积平原、低山丘陵和湖泊洼地相互交错插接地带，土壤类型多而复杂。根据成土条件、过程、土体结构和性质的差异，全市土壤可分为 6 个土类、14 个亚类、36 个土属、99 个土种。6 个类型为潮土类、棕壤类、紫色土类、褐土类、砂礓黑土类、水稻土类。其中，棕壤、褐土为暖温带湿润、半湿润气候和落叶植被环境下的地带性土壤，面积分别为 50.85 万亩和 116.25 万亩；潮土类为域内冲积平原的主要土类，面积为 974.85 万亩，占全市土壤面积的 78.7%。此外，在一些湖荡洼地中还有少量的沼泽土类。

（二）植被

1. 林、果、桑

徐州市地带性森林植被原为落叶阔叶林，由于历史上长期无计划垦殖和多次战乱破坏，原始植被已不复存在。除局部丘岗仍残留小面积次生落叶阔叶杂木林外，域内绝大部分植被均为人工培植的各种林木。

杨树林：杨树是徐州市分布最广的树种，经过多年繁育，已成为全市林木的当家品种。在沟、渠配套中已构成农田林网，在城镇村落和道路的旁侧也大量种植。主要树种有钻天杨、毛白杨、加拿大杨、小叶杨、太山青杨、意214杨、69杨、72杨等。

泡桐林：泡桐在黄河故道、大沙河一带的飞泡沙土和沙土地上种植最多，有成片造林，也有以农桐相间方式栽种。主要树种有毛泡桐、白花泡桐和兰考泡桐等。泡桐林生长迅速，经济效益可观。

水杉林：主要分布于新沂市和邳州市等平原地区的道路、住宅、沟渠和河湖堤坝旁。邳州市种植较多，已形成规模性景观林。

刺槐林：刺槐是徐州传统树种，除广泛栽种于平原村镇四旁外，还成片分布于丘陵山麓带。刺槐对土壤的适应性强、繁殖能力强，在向阳湿润但不积水的地段都能迅速生长。刺槐为速生树种，材质细致，又是很好的蜜源植物，其叶还可做优质饲料。

果林：徐州市的果树有苹果、梨等20多种。90年代，实行产业结构调整，果树面积在原有基础上进一步扩大。苹果林主要分布于黄河故道、大沙河一带的沙土地上，可以防风和防止流水对沙土的侵蚀，能获得较大经济效益，也有少数苹果林种植在丘陵山麓。苹果品种有早熟、早中熟、中晚熟和晚熟40多个。2018年，全市苹果林面积为2.60万公顷。梨树主要分布在黄河故道、大沙河和铜山、睢宁县的滩地和丘陵山麓。2018年，全市梨树林面积为1.06万公顷。此外，桃、山楂、葡萄、板栗和银杏等果林主要分布在铜山、丰县、新沂市和邳州市等地，邳州银杏已形成规模性景观林。

桑林：秦代以前徐州就有植桑养蚕历史，80年代后大力发展植桑养蚕，到2000年全市桑林面积已达1.37万公顷，2010年为0.77万公顷，2018年降为0.37万公顷。桑林主要分布在铜山、睢宁县、邳州市和新沂市。其中，围绕村宅的小面积"鸡口田"和其他低产田种植的占三分之二，在河湖滩堤旁种植的占三分之一。

此外，山丘区还有侧柏林和黑、赤松林。侧柏林主要分布在铜山区、邳州市和睢宁县及徐州市郊的石灰岩丘陵山坡上，其群落单一，大部分为纯林。黑、赤松林主要分布于新沂市踢球山和马陵山一带的岗岭上，其群落组成以黑松为主，杂有少量赤松和自然杂交的赤黑松。

2. 大田作物

域内农作物一年两熟或两年三熟，以小麦、水稻、玉米为主，山芋、花生、棉花、大豆、油菜、麻类和烟叶为辅。新中国成立后，很长时间实行"以粮为纲"，农业粮食结构单一。80年代粮食作物和经济作物比例约为8∶2或7∶3。90年代进行产业结构调整，棉、麻、油和反季节大棚蔬菜等经济作物、特种种植大幅度增加。各县、镇、村根据自身实际情况，粮食和经济作物比例调整为6∶4或5∶5，甚至达到4∶6，个别地区比例悬殊更大。历史上徐州土地肥力不高，农业复种指数偏低。经过多年培育，土壤肥力逐步提高，加上科技含量增大，粮食作物普遍为一年两熟，水田作物一般是麦—稻一年两熟，或者水旱轮作，麦—稻—麦—玉米（大豆或山芋）两年四熟。为培植土壤肥力，有时加种一季绿肥，如麦—稻—麦—稻—绿肥—春稻三年五熟，或麦—

稻—绿肥—春稻两年三熟；旱田作物一般是麦—玉米（或大豆、花生、山芋）一年两熟，或者麦—夏山芋（或花生）—冬绿肥—春山芋（或玉米）两年三熟；棉田多为套种，一年一熟。2018 年，徐州市有耕地面积 917 万亩，占总土壤资源面积的 74%，大田作物在全市植被面积中所占比例最高。

3. 灌丛和芦草

徐州市全境丘陵、岗岭、高坡地多生长灌木类植物，洼地、沼泽水旁多生长芦苇、水草。灌丛植被有野生灌草丛和人工培植的草丛两种。在荒山坡上，原始植被反复遭受破坏，地表水土流失严重、土壤瘠薄、生境干旱化的情况下形成次生植被，生长多种灌木，其间夹有各类杂草形成的草甸。铜山汉王镇的玫瑰丛，是人工培植的特殊经济林木，已有上百年种植历史。在南四湖、骆马湖以及水库、河渠、沟塘中，凡是有水或低洼潮湿地区，均生长有芦苇及各种水草，尤以芦苇最多。芦苇群落密度大、生长整齐，总盖度可达 95%～100%。大部分为由芦苇单种组成的纯群落，少数杂有小量禾草类和一些缠绕性草本植物。芦苇对于河道水土保持和保护河坡有很大作用，但在一些河、湖中也严重阻水、影响行洪，因而需要清障。

第二节　河湖水系

一、历史变迁

南宋前（黄河夺泗前）徐州属淮泗水系，泗水纵贯徐州，是淮水的一大分派。在徐州一带又有泡水、汴水、沂水、沭水、睢水等 5 条支流汇入。泡水为丰、沛地区东西向河流，接纳今鲁、豫、皖部分客水，在沛城东入于泗。汴水主要承泄今豫东、皖北、鲁西南一带来水，自西向东流，在徐州市区北侧入于泗。沂水、沭水均为沂蒙山区洪水下泄河流，自东北向西南流，在下邳（今睢宁县古邳镇）附近入于泗。睢水是泗水以南承泄今豫东、皖北内涝的一条河流，东西横穿睢宁后，在宿迁城南入于泗。泡、汴、沂、沭、睢入泗，泗入淮，水系清晰，河道畅通。

至宋代，徐州水系发生较大变化，主要原因是黄河决入淮泗。历史上对此早有记载，到北宋年间黄河夺泗次数逐渐增多，自北宋太平兴国八年（983）至北宋熙宁十年（1077），先后 5 次决溢入泗。南宋建炎二年（1128），杜充于滑县李固渡决开黄河，企图阻止金兵南进，河水于巨野、嘉祥、金乡一带汇入泗水，南流入淮，为黄河长期南泛入淮的开始。以后数十年间，黄河或决或塞，迁徙无定。

徐州水系的急剧变迁始于南宋初年。南宋绍熙五年（1194，水利部治淮委员会确定的黄河侵泗夺淮开始年），黄河大决于阳武，入梁山泊分为两派，南流者经泗水入淮，以后黄河或趋涡、颍入淮或夺汴、睢入泗夺淮，或自湖西漫坡而下，数股甚至十余股分流入泗。此后，徐州境内 6 条河流，除汴水、泗水被黄河所占外，另外 4 条也发生巨大变化，或河床逐渐淤高，致使一些河道排水受阻；或被迫改变水流方向，长期出路狭小；或根本无排水出路，在洼地积水成湖；更有因为黄河决溢淤为平地，河道从此消失。

元代建都北京后，政治中心北移。为缩短陆上运道，以利南粮北运，在济宁以北先后开凿济州河、会通河和通惠河，初步建成纵贯南北的京杭运河。济宁至徐州段泗水原河线及徐州至淮阴（今淮安）黄河一段，仍作为运河的一部分，纳入漕运系统。因徐州以下泗水被黄河所夺，逐渐淤淀阻航，加之黄河洪水不断决泛冲击运道，给漕运带来很大困难和问题。

故从明代开始，为"避黄改运"相继开挖南阳新河、伽河和中运河（见图 1-2），使得运河避开黄河。明嘉靖七年（1528），总河盛应期始开南阳新河，工程一半停顿。嘉靖四十四年（1565），工部尚书朱衡开挖南阳新河。新河移至昭阳湖东，离旧河约 15 公里，经夏镇、留城（沛县东南）合旧河，在茶城附近入黄。明万历二十一年至三十二年（1593—1604），总河舒应龙、刘东兴、李化龙多次开挖伽河。自夏镇李家

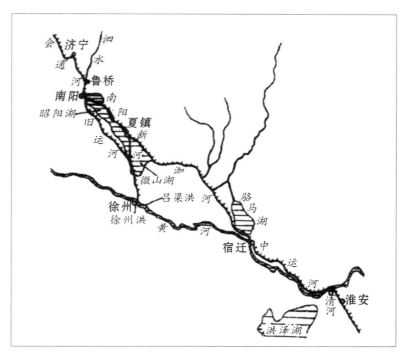

图 1-2　南阳新河、伽河、中运河示意图

港引水，经韩庄湖口至伽口，南下到邳州直河口入黄河，这段运河被称为东运河，亦称伽运河、伽河。避黄开伽工程以后全部拦截邳苍地区来水进入骆马湖。伽河虽开通，但在皂河（今属宿迁）以下骆马湖附近入黄口门经常淤淀，行船困难。清康熙二十五年（1686），河督靳辅在黄河北岸遥、缕二堤之间（即黄河左滩地）开中河，后又 3 次局部改线河道定型。中河北起张庄接皂河，南经今宿豫、泗阳两县，至淮阴杨庄入黄。

元、明、清三代，视南北漕运为根本，治河保运为治水重点。汛期确保运河不受冲淤，非汛期要向运河补水，保证通航水位。为引微山湖水和黄河水济运，在徐州境内先后修建引水闸、滚水坝 15 处之多。明、清时期又先后在芦口坝、江风口开口门引沂河水济运。伽河的开通，使原来入泗（黄）的武、伽等河改入运河；芦口坝、江风口分水口门的开设，使沂河水经武河、城河入运，进而入骆马湖。邳苍地区水系大变，

经常积水成灾。

清咸丰五年（1855），黄河于河南铜瓦厢（三义寨）决口，北徙夺大清河入海，从此黄河流道脱离徐州。黄河流经徐州 661 年，徐州以下泗水因长期被黄河侵夺，河水夹带大量泥沙，河床逐渐淤高，徐州以北的泗水和徐州以东的沂水、沭水出路均受阻。泗水在徐州与济宁间滞积为南四湖；沂水滞蓄在马陵山西侧，加之黄河决口漫溢，逐渐滞积为骆马、黄墩诸湖；沭河则辗转向东另谋入海出路。从此，沂沭泗水系与淮河流域脱离，被迫自成体系，其入海之路长期不稳定、不畅通。这一困境直到民国末年仍延续。

新中国成立后，从"导沂整沭"开始，拉开重新安排徐州水系的序幕。经过几十年持续不断的治理，开挖新沂河、新沭河，调整部分沂沭泗水系，扩大洪水入海出路，改变洪水横流的局面。90 年代初全线开通徐洪河，沂、沭、泗水系再次与淮水沟通，一个全新的徐州水系全面形成。

二、主要水系

（一）沂沭泗水系

废黄河以北为沂沭泗水系，总面积 7.96 万平方公里，其中徐州境内面积 8479 平方公里。经微山湖、中运河、沂河、沭河和骆马湖，承泄山东省 5.7 万平方公里的区域洪水。沂沭泗流域内又可分为南四湖水系、中运河水系、沂河水系和沭河水系，多发源于沂蒙山区，由京杭大运河、徐洪河与淮河流域相连。

南四湖水系：南四湖由南阳、独山、邵阳、微山 4 个湖泊相连而成，兴建二级坝后又分为上级湖和下级湖。流域范围主要是山东蒙山西麓和湖西平原，韩庄以上流域面积 3.17 万平方公里。山东境内主要支流，湖东有：洸府河、泗河、白马河、城漷河、北沙河、新薛河；湖西有梁济运河、朱赵运河、万福河、东鱼河等。徐州境内南四湖支流多在湖西地区，上级湖有复新河、姚楼河、大沙河和杨屯河；下级湖有沿河、鹿口河、郑集河。南四湖有 3 个出口，湖东微山县境内为韩庄运河和伊家河（湖口均已建闸），湖南铜山境内可经蔺家坝闸入不牢河。

中运河水系：中运河水系是徐州市境内主要水系，主要有中运河、不牢河、陶沟河、运女河、邳苍分洪道、西伽河、汶河、东伽河、城河、官湖河、房亭河、民便河等。中运河自邳州黄楼入江苏境内，至新沂二湾附近入骆马湖，全长 55 公里，除承泄韩庄运河来水外，还承担邳苍地区 7200 平方公里的排水任务。

沂河水系：沂河发源于山东沂山和鲁山之间，与沭河并行南流。山东境内彭家道口有分沂入沭水道向沭河分洪，山东省李庄有江风口分洪闸经邳苍分洪道向中运河分洪。沂河干流于邳州港上镇齐村西进入邳州境内，经港上、过华沂，分为两支。西支为老沂河，在新沂市王楼南入骆马湖，只发挥引水、排涝和通航作用；东支为新中国

成立后开辟的沂河新道，为区别于嶂山以下的新沂河，称新沂河草桥段。老沂河不承担排洪任务后，东支沂河新道统称为沂河，穿越陇海路南下，于新沂市苗圩附近注入骆马湖。后自宿迁境内嶂山闸出骆马湖，经沭阳、灌云、灌南等县于灌河口入海。沂河骆马湖以上流域面积 11820 平方公里（徐州市境内 590 平方公里）。从河源至骆马湖，全长 333 公里，其中嶂山闸至口头段北堤位于新沂境内，全长 17 公里。徐州境内沂河有白马河、浪青河、新戴河等支流自东岸汇入。嶂山闸新沂河北岸有湖东排水河汇入，至口头纳老沭河，又东行至沭阳境内汇新开河段，至灌河口入海。

沭河水系：沭河发源于山东省沂水县沂山南麓，南流至大官庄分为两支。东支为新沭河，东行经石梁河水库，于连云港市境内临洪口入海；南支为老沭河，于郯城红花埠入江苏境，至口头汇入新沂河。左岸有黄墩河、右岸有新墨河等支流汇入。沭河大官庄以上流域面积 4519 平方公里，沭河大官庄以下至口头闸流域面积 1881 平方公里。沭河自河源至口头长 300 公里，其中江苏省境内长 47 公里。

（二）濉安河水系

废黄河以南属淮河流域濉安河水系，流域面积 2020 平方公里，其中安河水系 1350 平方公里，濉河水系 670 平方公里。安河、濉河都直接排水入洪泽湖。

濉河水系：有干支河 20 条，徐州境内主要有闸河、灌沟河、奎河、瑯溪河、闫河、清溪河、看溪河、郭集河、运料河等。多源出于铜山及徐州市区，向南流入安徽萧县、宿县、灵璧境汇入濉河，濉河下游于新汴河在漂河洼汇合后入洪泽湖。

安河水系：处于黄河冲积平原的坡水区，东达洪泽湖，南至老濉河，西界峰山闸河东堰，北邻故黄河，地跨苏、皖两省，流域面积约 2600 平方公里。其中，睢宁县境内流域面积约 1350 平方公里，地面高程 28.0～14.0 米。安河水系内有龙河、潼河和七咀以上徐洪河。新、老龙河与徐洪河在睢宁东南隅七咀汇合，南流经宿迁、泗县边界，至泗洪县大口子与潼河汇合，大口子以下为安河本干。安河自大口子南流经金锁镇、洪泽农场入成子湖后汇入洪泽湖。

（三）故黄河水系

故黄河滩地高于两侧地面 5～7 米，成为独立的排水系统。上段起于河南兰考三义寨，下游经宿迁等地至滨海县入海。故黄河从二坝至睢宁县袁圩河道长 192.7 公里，流域面积 891 平方公里，其中安徽省内面积 132 平方公里，徐州市内面积 759 平方公里。黄河故道在徐州市境内流经徐州市区及丰、沛、睢县区，自上而下建有腰里王闸、付庄闸、周庄、丁楼、李庄、程头、温庄、峰山、古邳 9 个梯级控制，沿线开辟郑集、丁万河、白马河、魏工 4 条分洪道，建设梁寨、王月铺、崔贺庄和庆安等 14 座水库，其中崔贺庄、庆安为中型水库，其余为小型水库。

三、主要河流

（一）泗水

泗水又名清水、南清河。源出山东泗水县陪尾山，因上游四源并发而得名。经曲阜西流会洙水、荷水（济水分支）后，折向东南，于湖陵城（今鱼台与沛县交界附近）入沛境，至沛城附近会泡水，经留城（现沛县小四段附近）、茶城达徐州，在城东北与汴水合流，穿越城区南下。泗水于徐州上下因受山地所限，形成秦梁洪、徐州洪、吕梁洪三处急流。泗水过吕梁后，向东南历下邳（今睢宁古邳），纳武原水、沂水、沭水，经宿迁会睢水，于淮阴（今淮安）入淮水。

（二）汴水

汴水又称汳水、丹水。汴水自鸿沟与济水共受黄河之水，东流各河段亦称浪荡渠、官渡水、浚仪渠、蒗荡渠（商丘以下汴水亦曾称获水），经今开封、商丘、萧县，于徐州东北合于泗。

（三）沂水

沂水源出山东沂蒙山区的鲁山南麓，南流经今沂水县西、临沂市东、郯城县西，进入江苏后，沂水南流过良城（今邳、新之间），至下邳（今睢宁古邳）西南入泗。黄河夺泗和运河东移，使沂水最终失去入泗出路，滞积于骆马湖。明末，骆马湖渐淤。为解决沂洪出路问题，清顺治元年（1644），于五花桥（今宿迁北井儿头）凿断马陵山脊，开拦马河（即总六塘河），引水东注硕项湖。清康熙十九年（1680），靳辅创建拦马河减水坝6座，因坝下冲成塘，又称六塘河。康熙中期硕项湖淤废，又在其南北开挖南、北六塘河，上接总六塘河，东流过盐河注灌河入海。至此，沂洪虽有入海通路，但标准甚低，而且与沭水常常交侵互扰。沂水于临沂、郯县境内有两个分支，即江风口和芦口坝，既为引沂济运水口，又兼杀沂洪奔趋骆马湖之势。沂河洪水入骆马湖，非汛期沂河水可经武河、城河入运河。江风口下接武河，在沟上集入城河；芦口坝下接城河，在沟上集会武河，于滩上附近入运河。

新中国成立后，对沂河进行大规模治理。至2018年，沂河由邳州入境贯穿新沂市中西部地区，最终入骆马湖，全长333公里，总集水面积11820平方公里。境内主要支流有白马河、浪清河、新戴运河。沂河江苏段有授贤橡胶坝一座，为集蓄水、灌溉和观光旅游于一体的大型综合性枢纽工程，位于邳州市官湖镇授贤村境内，距山东省界11.2公里、310国道沂河公路桥约8.8公里。设计坝上蓄水位29.5米，正常蓄水量约为2500万立方米，设计坝高4.5米，坝袋总长300米，底板高程25米。工程告竣后，有效解决北部高亢地区港上、铁富、官湖等镇18万亩农田灌溉水源及沿线工业和

生产生活用水。

（四）沭水

沭水发源于沂蒙山沂水县沂山南麓，向南流经山东省沂水、莒县、莒南、河东、临沭和郯城六县（区）和江苏省徐州市的新沂市以及连云港市的东海县，至沭阳口头入新沂河。河道全长 300 公里，其中大官庄人民胜利堰闸以上长 196.3 公里，以下长 103.7 公里（新沂境内 47 公里）。流域面积 6400 平方公里，大官庄枢纽以上流域面积 4519 平方公里，大官庄以下流域面积 1881 平方公里（新沂境内 1048 平方公里）。沭河在大官庄处与分沂入沭水道分泄的沂河洪水汇合后，向南由人民胜利堰闸控制入老沭河，流经山东省郯城县老庄子至江苏省沭阳口头入新沂河；向东由新沭河泄洪闸控制入新沭河。

在漫长的历史发展中，沭水也不断变化着。北魏正光年间（520—525），在郯城东北筑堤，遏水西南流。南北朝时，齐王萧宝夤镇守徐州，截断入泗河道。此后，沭水主要经游水入淮。明正德年间（1506—1521），郯城县令黄琼拆毁禹王台（相传大禹治水时障沭水西侵而修），取石筑城，沭河重新向西南会白马河等注沂河入骆马湖。明万历二十三年（1595），杨一魁分黄导淮，自桃源（今泗阳）向东开黄坝新河，从灌河口入海。沂沭泗下游水系遭到严重破坏，沭水经游水入淮被阻断，被迫改经蔷薇河由临洪口入海。清康熙二十七年（1688），为防止沭水侵沂和减轻骆马湖洪水负担，以保运道安全，河总王新命建竹络坝于禹王台，阻沭水西出害运，迫使沭水全流再次南下。由郯城红花埠入江苏境，经新安镇至口头折向东，至沭阳龙堰分为两支。北支称为分水沙河入青伊湖。南支东行又分两支，北支为后沭河，北流亦入青伊湖，与分水沙河共出青伊湖，分由临洪口、埒子口入海；南支为前沭河，经沭阳城南流会砂礓河、大涧河（两河后统一开挖成柴米河）等辗转入海。

新中国成立后，经过多年治理，沭河上已建成 5 个梯级控制建筑物，新沂城区内末端建设有塔山闸，城区以下建有王庄闸、邵店雍水坝、广玉雍水坝和口头雍水坝，有效地保障城区的防洪安全和供水安全。沭河省界至塔山闸区间城区段河道长度 14.7 公里，城区段河道宽 200～1200 米，河底高程 25.0～21.0 米。塔山闸至王庄闸段 14 公里，河底高程 20.6～18.5 米。塔山闸以南 1 公里处河床中有一小岛，称中和岛，面积 12.5 平方公里。王庄闸至口头长度 17.1 公里，河底高程 17.5～5 米。河道满足 50 年一遇防洪标准，设计流量 2500～3000 立方米每秒。

（五）睢水

睢水源于河南陈留、杞县（今开封南）一带，东行经今睢县、商丘、永城、萧县，折向东南经宿县、灵璧，至孟山湖入睢宁县境。东北流经睢宁县城北至高作、沙集出徐州境，于宿迁南入于泗水。

经过一个较长时间的渐变过程，睢水原流道发生了重大变化。明末清初，由于黄河决口冲淤，睢水逐渐淤积。据载，在清顺治十二年（1655）、十五年（1658），黄河均决于睢宁县峰山口，小河（即睢水）淤为陆。从此，睢水在徐州境内消失。黄河夺泗后，睢水流道几次向南迁移。起初下游故道南徙由白洋河口（今宿迁南洋河附近）入黄河。明末清初，睢水再南徙，孟山湖（睢宁县西南境外侧，今属灵璧县）以下经大李集（在睢宁县境内）、找沟集（在睢宁县东南，今属泗县）附近东流至归仁堤尾入黄河。清康熙二十三年（1684）后，睢水为毛城铺、王家山、峰山等处减黄尾闾，河道淤积加重，又改由泗州谢家沟入洪泽湖。

（六）泡水

泡水，又名丰水、苞水。《地理志》载："平乐，侯国也。泡水所出，又径丰西泽，谓之丰水。"由此可知，泡水起源于平乐县故城（今单县城稍东）南，向东为丰、沛县东西方向之干河，至沛县泗亭驿（沛县城附近）入泗。明代为黄、汴侵夺淤浅，水势片漫东下。清咸丰元年（1851），黄河在丰县边境蟠龙集决口，形成大沙河，泡水东流受阻。清同治八年（1869），泡水上段北注，引起丰县、鱼台纠纷，只有另开渠东去，仍入鱼台昭阳湖，因其新开，故名"新河"。民国18年（1929），全线疏浚新河和开挖下游5公里河道。时人谓之丰县"百年大计"，故改新河为"复新河"；被截在大沙河东的泡水下段，演变为沿河（沛县境内），注入微山湖。

（七）不牢河

不牢河是京杭大运河的一段，是南水北调东线输水线路，始于蔺家坝，经徐州市北郊、解台闸，于贾汪区汴塘流入邳州市，过刘山闸，于邳州市大王庙汇入中运河，全长71.7公里，具有灌溉、排涝、航运、行洪等综合功能。

1983年起，京杭大运河续建工程和江苏省内的江水北调工程开始实施，重新按照二级航道的标准对不牢河进行清淤、疏浚，1984年11月完成。河底高程：大王庙至刘山闸17.0米，刘山闸至解台闸22.5米，解台闸以上27.0米；河底宽60米，边坡（1:3）～（1:5），堤顶宽大于8米。排涝超过10年一遇标准。

刘山和解台枢纽分别位于邳州市和贾汪区境内，是京杭大运河不牢河段和南水北调东线输水第七、八级枢纽，由1983年兴建的刘山抽水站、解台抽水站和2004年兴建的南水北调抽水站、节制闸以及船闸组成。刘山和解台新老站总设计流量均为175立方米每秒。

（八）中运河

中运河北起苏鲁边界陶沟河，自黄楼村入邳州市境内，流经邳口、滩上、运河镇、张楼，下至新沂市窑湾镇二湾附近进入骆马湖，并自皂河闸出骆马湖入宿迁市境内，全长 54 公里。中运河除承泄区间 8932 平方公里和南四湖以上 3.17 万平方公里经南四湖调节下泄的洪水外,另外还有下泄沂河通过邳苍分洪道分入的洪水。中运河沿线有陶沟河、老西迦河、不牢河、邳苍分洪道、城河、官湖河、房亭河、民便河等支流汇入。中运河现状行洪能力达到 50 年一遇标准,不仅是一条洪水走廊,还是一条江水北调输水干线,自 80 年代各级翻水工程陆续建成运行以来,平均每年通过该河北输的水量约为 5 亿立方米。中运河是一条集行洪、排涝、引水、航运等综合功能为一体的河道。

(九) 邳苍分洪道

邳苍分洪道是向中运河分泄沂河洪水的分洪通道。沂河与中运河之间坡地来水自东北向西南汇入中运河形成邳苍水系。邳苍分洪道上起山东省沂河江风口闸,至邳州市柳林庄入中运河。

(十) 房亭河

房亭河是中运河西部地区的主要排水河道,也是南水北调东线工程调水通道,位于徐州市区和邳州境内,介于民便河与不牢河之间。房亭河自西向东,由徐州市区东郊沿荆山引河穿陇海铁路大庙桥,经单集、刘集于猫儿窝入中运河,干河全长 74 公里,流域面积 716 平方公里。房亭河的主要功能是防洪、排涝,它是两岸农田灌溉的主要水源。

房亭河最上游通过荆山引河浮体闸与不牢河相连,河道沿线建有大庙、单集、刘集三级控制,均建有抽水泵站,可以向上游翻水抗旱。刘集地涵位于节制闸西 1 公里处,南侧与徐洪河连接,房亭河水可以通过刘集地涵排入徐洪河。在刘集闸上游 500 米处,建有南水北调运西线第六梯级抽水站——邳州站枢纽。该枢纽连接徐洪河和房亭河,可以抽第五梯级徐洪河睢宁站上来水经房亭河入中运河。铜山大庙闸以上至不牢河段 11 公里,河底高程 27.0 米,底宽 21 米,边坡 1:2;大庙闸至单集闸段河长 23 公里,河底高程 23.0 米,底宽 25～15 米,边坡 1:3;单集闸至刘集闸段河长 33 公里,河底高程 19 米,底宽 50～35 米,边坡 1:3;刘集闸以下段河长 7 公里,河底高程 18 米,底宽 55～78 米。

(十一) 徐洪河

徐洪河南自洪泽湖的顾勒河口,沿安河旧道经金锁镇、大口子、七咀、沙集,在袁圩处穿过故黄河,至邳州境内刘集地涵接通房亭河,全长 120 公里。徐洪河按送水 200 立方米每秒、防洪 20 年一遇、排涝 5 年一遇、五级航道标准设计,是一条连通洪泽湖、骆马湖、南四湖三大流域性湖泊的综合利用河道,也是国家南水北调东线工程的主要送水河道之一。

徐洪河在睢宁境内长53公里，流域面积1363.4平方公里。徐洪河在睢宁县境内可分成两段，沙集闸下游河段河底高程8.5米，河底宽27米；沙集闸至黄河故道北闸段，河底高程为15米，河底宽24米；黄河故道北闸至刘集地涵段，河底高程为15米，河底宽24米。在骆马湖遭遇超标准洪水时，徐洪河要协助骆马湖分泄洪水入洪泽湖。在南水北调时，洪泽湖水可以通过徐洪河由睢宁一、二两站（沙集站）和邳州二站（土山站）翻入房亭河或中运河。

沙集枢纽位于睢宁县沙集镇境内，由抽水站、节制闸以及船闸组成，设计流量为200立方米每秒，校核流量400立方米每秒，船闸设计年通航能力600万吨。

（十二）奎河

奎河是淮河流域重要的跨省界河流之一，起源于徐州市云龙湖，向南流经泉山区、云龙区、铜山区，在三堡街道黄桥闸下300米进入安徽省。全长约75公里，其中徐州境内河长22.6公里，流域面积441平方公里。沿河建有袁桥、姚庄、杨山头、黄桥等闸，沿线有灌沟河、琅溪河、闫河、清溪河和看溪河等支流汇入。

老城区袁桥闸至姚庄闸段长4.3公里，河底宽7～16米，河底高程28.6～28.0米，岸顶高程31.7～32.0米；姚庄闸至苏皖边界长17.6公里，河底宽12～14米，河底高程26.3～23.7米，堤顶高程35～32.4米。2002年和2005年拆除重建杨山头闸（新3孔×7米）和黄桥闸（新3孔×6米），排涝按3年一遇、防洪按20年一遇标准设计。

奎河的主要功能是防洪排涝，同时也是两岸农田灌溉的主要水源以及徐州市区和铜山区南部区域的排污河道。奎河主要通过水质较好的故黄河、云龙湖等水体进行生态补水。

（十三）大沙河

大沙河南起故黄河，经过丰县大沙河镇、华山镇流入沛县，徐州境内河长61公里，其中丰县境内长28.5公里，沛县境内长32.5公里。大沙河为独立的流域，主要承担二坝以上豫、鲁、皖三省计1658平方公里的故黄河高滩地来水和两岸农田的灌溉任务，具有防洪、蓄水、灌溉、供水等多种功能。

大沙河全线经过全面规划，历经综合治理，河道自上而下建有阚楼闸、夹河闸、华山闸、鸳楼闸、李庄闸、大沙河闸6个梯级枢纽。大沙河夹河闸闸上河底高程38.5米，底宽150米，正常蓄水位42.5米；夹河闸至华山闸段河底高程37.0米，底宽150米，正常水位41.0米；华山闸至丰沛边界段河底高程34.0米，底宽50～150米；丰沛边界至何庄河底高程34.0～33.5米，底宽150米；何庄至鸳楼闸河底高程33.5米，底宽50～150米；鸳楼闸至李庄闸河底高程33.5米，底宽100米，正常水位37.0米；李庄闸至大沙河闸河底高程30米，底宽50米。目前，大沙河全线防洪堤防已按百年一遇流量 823 立方米每秒，200 年一遇校核流量 990 立方米每秒加固完成。大沙河沿线滩地平整，林、果、桑、渔全面发展，综合经济效益十分显著。

2013—2014 年，丰县重点扩挖疏浚华山闸至夹河闸段 12.7 公里，土方 900 万立方米，维修调水口李口涵洞，蓄水位达 41.5 米，提高蓄水能力 1200 万立方米。大沙河形成带状河川水库，蓄水总能力 3000 余万立方米。该段大沙河于 2014 年 12 月调整为大沙河丰县饮用水水源保护区，形成大沙河丰县水源地，并经核准收录在江苏省集中式饮用水水源地名录中。

（十四）复新河

复新河源于安徽省砀山县玄帝庙村，大致呈南北向纵贯丰县，于山东鱼台县西姚村入昭阳湖，干流全长 76.2 公里，流域总面积 1812 平方公里，其中丰县境内长 53.9 公里，境内流域面积 1098 平方公里。复新河支流主要有太行堤河、苏鲁界河、西支河、白衣河、苗城河等 14 条。因安徽境内建有董庄闸、昌楼闸等节制闸，故平水年份无水流入丰县。经过长期治理，丰县境内复新河干支河道形成"四级控制、五级水面"的梯级河网结构。

四、湖泊

（一）南四湖

南四湖由南阳、独山、昭阳、微山 4 个湖泊相连而成。南四湖南北长 126 公里，东西宽 5～25 公里，周边长 311 公里，是中国第五大淡水湖，具有蓄水、防洪、排涝、引水灌溉、城市供水、水产养殖、通航及旅游等多种功能。二级坝将南四湖一分为二，坝上为上级湖，坝下为下级湖。其中，下级湖包括部分昭阳湖及微山湖，湖区面积 585 平方公里。

（二）骆马湖

骆马湖位于徐州市新沂、宿迁市宿豫两县（市），为江苏省第四大淡水湖，是徐州市工农业以及生活用水的主要来源。骆马湖嶂山闸以上集水面积 5.14 万平方公里，蓄水位为 23.0 米时，相应湖面面积 375 平方公里，蓄水量 9.01 亿立方米。骆马湖的主要入湖河流有沂河和中运河，出湖河流有新沂河、中运河、总六塘河和徐洪河。

（三）云龙湖

云龙湖是一座中型水库，位于徐州市区西南部奎河上游，属淮河流域濉安河水系。云龙湖面积 6.76 平方公里，以湖中路为界，东湖周长约 8.1 公里，西湖周长约 7 公里。云龙湖水库上游连接玉带河、闸河、故黄河、丁万河及京杭运河不牢河段，下游经奎河下泄洪水，向南流经濉河入洪泽湖。

五、黄墩湖滞洪区

黄墩湖滞洪区地处邳州、睢宁、宿豫3县（市）7个乡镇，其中徐州市5个乡镇。黄墩湖滞洪区东与中运河相邻，北以房亭河为界，西至邳睢公路，南至故黄河北堤，总面积357.8平方公里（含骆马湖一、二线之间面积）。区内有耕地31.3万亩，人口23万人。其中邳州市面积174.1平方公里，13.4万亩耕地，10.9万人；睢宁县面积97.7平方公里，9.7万亩耕地，5.2万人。滞洪区内地面高程一般在21.0米左右，最低处19.0米。滞洪水位26.0米时，滞洪库容可达14.7亿立方米。徐洪河在滞洪区中部贯穿南北，将滞洪区分割为两个区域，其中徐洪河以东224.3平方公里，以西133.5平方公里，东堤堤顶高程28.0米，顶宽10～20米，西堤顶高程24.0米，东堤在民便河闸两侧1000米范围内顶高程为24.0米。区内主要排涝河道有民便河、邳洪河及小阎河等。

第二章 水文特征

徐州市属暖温带季风气候区，以中运河为界，东部属暖温带湿润季风气候，西部为暖温带半湿润季风气候。四季分明，光照充足，雨量适中，雨热同期。冬季，冷空气入侵，多偏北风，气候寒冷干燥，雨雪稀少；春季多风少雨；夏季，高温多雨，蒸发量大；秋季，天高气爽。区域内大部分河流的径流依靠降水补给，全市降水量地域分布欠均匀，总趋势自西北向东南方向递增；年内分配亦不均匀，降水量集中在汛期，约占年降水量的70%。全市水旱灾害以洪涝为主。由于地处淮河下游，过境水量比较丰沛，流域洪水对徐州威胁较大。全市蒸发量年内分配很不均匀，5—8月占年蒸发量的50%左右；丰沛地区多年平均蒸发量大于多年平均降水量，东南一带多年平均蒸发量小于多年平均降水量。徐州市悬移质泥沙主要分布在山丘区和沂沭泗水系的行洪河道上，一般丰水年含沙量较多，枯水年含沙量较少；汛期含沙量较多，非汛期含沙量较小。70年代以前，徐州市主要河流、湖库水质良好；80年代以后，尤其是改革开放以来，全市工农业生产迅速发展，工业废水、城市污水和农田化肥、农药的残毒大多未经处理而大量排入河湖，水质受到不同程度的污染，且日趋加重。2014年起，徐州市开始重视水生态文明城市建设，陆续实施水环境综合整治工程。2017年，徐州市河湖水质得到改善。徐州水资源量先天不足且分布不均衡，人均占有地表水资源仅为424立方米，为全国人均占有量的1/6。徐州是全国40个严重缺水地区之一。水作为一种资源，已严重制约了徐州经济的可持续发展。

第一节　降水、蒸发

一、降水

（一）降水量空间分布

徐州市年降水量变化梯度不大，自西北向东南递增。降水量最小的735.9毫米等值线在西北部的丰沛地区，东南部多年平均降水量达881.4毫米。1956—2018年，全

市多年平均降水量 836.6 毫米，市内实测年降水量的最大值为滩上集 1561.1 毫米
（1974 年），最小值为丰县闸站 374.9 毫米（1988 年）。2018 年，全市最大年降水量为
凌城站，年降雨量 1234.5 毫米；最小年降水量为阿湖水库站，全市年降雨量 547.2 毫
米，全市年平均降水量 954.5 毫米。

（二）降水量年内分配

徐州市降水量由于受季风活动影响，年内分配不均，主要集中在汛期（5—9 月），
汛期降水量约占年降水量的 70%。年内最大月降水量多出现在 7 月，约占全年的
21%；最小月降水量常出现在 1 月或 12 月，多年平均值在 20 毫米左右。

（三）降水量年际变化

据徐州市多年降水量统计，丰枯年份基本呈交替出现。1958—1965 年、1971—
1974 年为丰水年份，80 年代枯水年份占多数，1996—2008 年丰水年居多，2009—
2018 年枯水年居多。全市最大降水量出现在 1963 年，为 1277.3 毫米；最小降水量出
现在 1988 年，为 511.5 毫米。各县丰、枯水年份的降水量差异较大，如丰县闸站 2005
年降水量达 1215.6 毫米，1988 年仅 374.9 毫米；邳州滩上集站 1974 年降水量达
1561.1 毫米，1988 年仅 519.5 毫米。市内最大与最小年降水量的比值在 2.5～3.2
之间。

（四）暴雨

徐州暴雨成因主要是黄淮气旋、台风及低涡切变线等。暴雨多由西向东移动，长
历时降雨多数由切变线和低涡接连出现造成，降水量一般自南向北递减。由于徐州处
于南北气候过渡地区，暴雨兼有南北地区的特性。徐州主要暴雨特性为雨强大、时间
短、突发性强，天气变化剧烈，降水集中，例如 1957 年、1974 年、1993 年、1997 年、
2018 年等。但当江淮梅雨区偏北时，可能造成沂沭河流域类似梅雨的天气，降水量
大，降水历时长，时间空间上分布均匀，例如 1971 年。

历史上暴雨过程如下：

1949 年 7 月 4 日，徐州市区日降水量 210 毫米。1950 年 7 月 11—12 日，市区 27
小时连降暴雨 210.1 毫米。1954 年 5 月 13 日，市区日降水量 212.9 毫米。1963 年 7
月，市区连日暴雨，最大日降水量 211.1 毫米。1972 年 7 月 1—4 日（7 月 1 日 15 时
后 72 小时内），连降暴雨 314.6 毫米（市政养护处）。

1980 年 8 月 24 日，雨大势急，并伴有 8～9 级大风，其中 8～9 时仅一小时降水达
119.3 毫米（徐州矿务局）；云龙湖站最大 1 小时降水 74.8 毫米，最大 9 小时降水
159.1 毫米。1982 年 7 月 21—22 日，从安徽萧县至徐州市区普降暴雨，局部地区降特
大暴雨。此次暴雨特点是降水强度大、历时短、降水量集中。据汉王、茶棚、拉犁山、

皇窝、云龙湖降水量站及奎河下游的三堡降水量站统计，21 日 9～22 时降水量 45 毫米左右，22 时至次日 3 时历时 5 小时降水量在 180～210 毫米之间，3 时以后降水量减小，14 时以后仅有零星小雨。暴雨中心在云龙湖南岸的茶棚村，24 小时降水量 315.7 毫米，接近 50 年一遇；3 日降水量 329.5 毫米，相当于 50 年一遇的暴雨。1989 年 7 月 24 日，据大马路市政养护处测记，13 时 40 分～17 时降水量 80 毫米；西关矿务局实测降水量 180 毫米，其中 14 时 20 分～16 时降水量 131.5 毫米；云龙湖站最大 1 小时降暴雨 67.9 毫米，市区降水量分布极不均匀。

1993 年 8 月 4—5 日，沂沭泗流域普降暴雨。沂沭河下游及邳苍地区降水主要集中在 5 日 6～10 时，暴雨强度很大，埝头降水量站 1 小时降水量 135 毫米，邳州市滩上集站 2 小时降水量 182.8 毫米。这次暴雨期间 5 日 6 时在邳州宿羊山镇、车辐山镇等地降雨的同时，伴有 12 级龙卷风。与此同时，沂、沭、运、邳苍分洪道等流域性河流出现了历史上少见的洪水并涨局面，与历史上同级行洪流量相比较，水位偏高，且居高不下。沂河港上水文站 8 月 6 日 2 时出现洪峰流量 5370 立方米每秒，最高水位 35.04 米；中运河水文站 8 月 6 日 23 时出现洪峰流量 1740 立方米每秒，7 日 1 时出现最高水位 25.62 米。沭河新安水文站 8 月 6 日出现洪峰流量 1390 立方米每秒，最高水位 28.16 米。邳苍分洪道林子西泓 8 月 5 日 22 时出现最高水位 29.16 米。

1997 年 7 月 17 日，徐州市区突降特大暴雨，据市区 17 个降水量站观测记录，此次暴雨过程从 17 日 9 时 30 分开始，至 18 日 0 时 30 分结束，历时 15 个小时，主要有两次雨量较集中阶段，即 17 日 12～14 时为第一阶段，2 小时降水 69 毫米；16～21 时为第二阶段，5 小时降水 229 毫米。其中，10～22 时 12 小时降水量 322 毫米，最大点雨量 345 毫米（百年一遇为 266.9 毫米）；13～19 时 6 小时降水量 247 毫米，最大点雨量 250 毫米（百年一遇为 229.6 毫米）；16～19 时 3 小时降水量 19 毫米，最大点雨量 214 毫米（百年一遇为 206.0 毫米）；17～18 时 1 小时降水量 98 毫米（百年一遇为 105.0 毫米）。

2010 年 9 月 7 日，9 时 20 分徐州市上空开始降雨，至 15 时 20 分降水量 24 毫米，15 时 20 分后降水强度逐渐加强，15 时 50 分降水量集中，至 17 时 50 分 2 个小时降水量达 71 毫米。暴雨中心在汉王实验站，1 小时降水量 61 毫米，2 小时降水量 111.5 毫米，24 小时降水量达 153 毫米。2012 年 5 月 10 日 16 时，一场突如其来的暴雨袭击徐州市区，降水量平均 69.1 毫米，点最大 100 毫米。主城区 108 平方公里，降水总量 746 万立方米，产流量 522 万立方米。城区 8 处受淹，受淹最严重的为永安里，地面积水深度 0.8～1.2 米。

2018 年 8 月 18 日，特大暴雨主要集中在丰沛地区（丰县面平均降水量 255.7 毫米，沛县面平均降水量 214.2 毫米），大暴雨在徐州城区与铜山区自北向南一带，邳州、睢宁、新沂小雨。最大点降水量为沛县栖山 394.5 毫米，其次是沛县孟庄 392.5 毫米，频率均超 100 年一遇。此次降水量 1 小时最大为栖山 126.5 毫米，6 小时最大为栖山 278 毫米。降水历时近 20 小时，降水主要集中在 3～5 小时内，降水强度大（例如栖山站降水量 394.5 毫米，8 月 19 日 3～5 时的 3 小时内降水量 242.5 毫米，占场降水量的 61%，平均 1 小时降水量 80.8 毫米）。

二、蒸发

全市多年平均蒸发量为 867.4 毫米（E601 型蒸发器）。蒸发量年内分配很不均匀，各站连续最大 4 个月蒸发量一般发生在 5—8 月，多年平均值为 477.3 毫米，占年蒸发量的 50% 左右。最大月蒸发量出现在 6 月或 7 月，多年平均值为 122.5 毫米，占年蒸发量的 13%；最小月蒸发量出现在 12 月或 1 月，多年平均值为 23.6 毫米，占年蒸发量的 2.5%。

丰沛地区多年平均降水量 735.9 毫米，蒸发量达到 855.2 毫米，蒸发量大于降水量；东南一带降水量达到 881.4 毫米，多年平均蒸发量为 837.3 毫米，蒸发量小于降水量。

第二节　水　位

一、地表水水位

徐州市各地水位受水系、地形、降雨和闸站调节的影响，最高水位一般都高于当地地面。河流年最高水位主要受降雨和工程调度影响。

1957 年 7 月，由于西太平洋副高压位置偏北，副高压西南侧偏南气流与北侧的西风带偏西气流在淮河流域北部长期维持，以致 3 次高空涡切变，造成沂沭泗河出现新中国成立以来最大洪水。南四湖南阳站最高水位 36.48 米，微山站最高水位 36.28 米。在黄墩湖被迫滞洪情况下，7 月 21 日骆马湖出现最高水位 23.15 米。1963 年，不牢河蔺家坝闸上出现最高水位 34.50 米。1974 年 8 月中旬，受 12 号台风倒槽和冷空气综合影响，淮河流域沂河、沭河水系发生特大暴雨，骆马湖、新沂河、沭河水位猛涨，港上站、新安站、林子站、运河站均出现历年最高纪录。

2003 年，房亭河刘集闸上出现最高水位 24.43 米。2005 年，沛县沿河沛城闸上出现最高水位 34.66 米。2006 年，丰县复新河丰县闸上出现最高水位 39.58 米。2017 年，大运河解台闸上出现最高水位 32.19 米。

徐州市主要河湖水位流量特征值见表 2-1。

表 2－1　徐州市主要河河湖水位流量特征值一览表

基面：废黄河口

| 水系 | 河湖名 | 站名 | 最高水位 | | 最低水位 | | 最大流量 | |
			水位（米）	发生日期	水位（米）	发生日期	流量（立方米每秒）	发生日期
沂沭泗	沂河	港上	35.59	1974.08.14	河干	1971	6380	1974.08.14
	老沭河	新安	30.94	1950.08.19	河干	1976.06.26	3320	1974.07.27
	运河分洪道	林子	29.64	1974.08.14	河干	1976	1510	1974.08.14
	大运河	运河	26.42	1974.08.14	18.03	1971.06.19	3790	1974
	沿河	沛城闸上	34.66	2005.09.24	河干	1982.06.11	222	2017.08.09
	房亭河	刘集闸上	24.43	2003.07.17	20.14	2000.06.22	389	2000.07.13
	复新河	丰县闸上	39.58	2006.07.03	35.59	1982.07.03	186	2006.07.03
	不牢河	蔺家坝上	34.50	1963.08.17	河干	1962.06.01	452	1963.08.17
	大运河	解台闸上	32.19	2017.09.06	河干	1962.04.17	536	1971.08.09
	骆马湖	杨河滩闸上	25.47	1992	15.69	1954.07.02	—	—
	南四湖	南阳湖	36.48	1957.07.25	湖干	1987.07.09	—	—
		微山湖	36.28	1957.08.03	30.31	1982.07.11	—	—

二、地下水水位

80 年代前，徐州市就开始开发地下水，并逐步成为工农业生产和城市生活用水的主要水源。随着经济社会迅速发展，地下水开发量逐年增加，到 90 年代中期达到峰值，全市地下水开采井超过 1.1 万眼，年开采量超过 7 亿立方米。由于地下水过度开发，地下水位持续下降，市区、丰县、沛县等处水源地超采区面积达到 880.5 平方公里，超采区域出现大范围地下水降落漏斗，并引发了地面沉降、岩溶塌陷、水质变差等一系列环境地质问题。市域内地下水降落漏斗主要是以丰县城区为中心的丰城漏斗，漏斗面积的变化表现出受降雨补给、水资源管理和地方经济发展等多重因素影响的特征。

2003 年，徐州市水资源实现由水利部门统一管理，并逐步实施地下水压缩限采。2014—2017 年，全市加快地表水厂建设，扩大微山湖小沿河水源地供水能力至 40 万立方米每天；新建骆马湖地表水厂，供水能力 80 万立方米每天。全市共建成地表水厂 8 座，供水能力达到 185 万立方米每天，区域供水范围不断拓展。到 2018 年底，全市各地均实现了地表水为主、地下水为辅的供水格局，全市地下水占总供水量比例仅为 17.5%，地下水主要转为以应急、战略用水为主。

2014 年，徐州市按照地下水压采方案，开始有计划地开展地下水压采，市区周边丁楼水源地、七里沟水源地等地下水埋深全面回升。2014 年，两水源地水位埋深分别为 44.79 米和 22.55 米，至 2018 年分别回升至 20.52 米和 17.38 米。随着微山湖小沿河水源地为丰县、沛县提供生活用水，大沙河工业地面水厂保障工业企业用水，2017 年开始丰县县城及周边地区，沛县南部魏庙、张庄等镇地下水埋深显著回升。

2018 年，丰县城区及周边地区地下水漏斗区面积（按埋深 40 米等值线）为 452.5 平方公里，中心埋深 54.02 米，面积较 2017 年增加 114.7 平方公里，中心埋深上升 11.65 米，呈现地下水漏斗区面积持续增大、漏斗区中心水位显著回升的特点。丰县二中井水位埋深从 2014 年的 61.99 米回升至 52.56 米，沛县碳化厂井水位埋深从 2014 年的 33 米回升至 28.77 米。

第三节　流量、径流、泥沙

一、流量

徐州市主要河道流量受当地降雨径流、过境水影响明显。年最大流量常出现在主汛期（7—9 月），最小流量一般出现在当年 10 月至次年 4 月。

徐州市入境水主要来自外省，集中在沂沭泗流域，主要包括南四湖流域的入境水量、沭河的入境水量、沂河及邳苍分洪道的入境水量。在上游现状工程情况下入境水量多年均值约为33.57亿立方米。出境水量，主要为骆马湖、沭河、濉安河水系的下泄水量。在现状工程情况下，全市出境水量多年平均约为26亿立方米。徐州市外调水主要是翻水站的翻引水。翻引境外水主要是皂河翻水站、沙集翻水站、凌城翻水站和沙集西站，翻引水量多年平均约为14.32亿立方米。

二、径流

域内地表径流由大气降水补给，经地表汇流入河网成为河川径流。徐州市1956—2018年多年平均降水量836.6毫米，降雨径流主要集中在汛期。最大月径流量一般出现在6—7月，占年径流量的40%左右；最小月径流量多出现在1月或12月，约占年径流量的2%左右。

徐州市各地多年平均地表径流深在150～250毫米之间，从西到东逐渐递增。西部湖西丰沛地区属黄泛平原区，地面坡降较小，年降水量偏小，径流深在150毫米以下；中部铜山、邳州和东南部睢宁径流深200毫米；邳州东北部和新沂东部降水量稍偏多，地形为山丘，径流深较大，为250毫米。

徐州市主要水文站月、年径流量见表2-2。

三、泥沙

徐州市悬移质泥沙主要分布在山丘区和沂沭泗水系的行洪河道上，如沂河、沭河、大运河等，主要的泥沙监测站有港上站、新安站、运河站、刘集闸站、丰县闸站、沛城闸站。

主要河流的悬移质含沙量与测站流量大小相关，年际变化明显。统计1990年以来的历史资料，沂河港上站多年平均含沙量0.246千克每立方米，沭河新安站多年平均含沙量0.097千克每立方米，中运河运河站多年平均含沙量0.090千克每立方米。港上水文站最大断面平均含沙量出现在1997年，为3.81千克每立方米，该站历史平均含沙量较大，经多年水土流失治理及水利工程控制，含沙量趋于稳定。

各河悬移质含沙量具有极其明显的年际、年内变化特征，与测站断面通过的水量及其年、季分配关系密切。一般丰水年含沙量较大，枯水年较小；汛期含沙量较大，非汛期较小。

表 2-2　徐州市主要水文站月、年径流量统计表

单位：万立方米

河名	站名	项目	各月实测径流量												实测年径流量
			1	2	3	4	5	6	7	8	9	10	11	12	
复新河	丰县闸	2018年	54	47	22	8	0	175	24	4714	293	447	173	48	6004
复新河	丰县闸	多年平均	40	71	96	78	79	168	615	468	236	217	76	31	2175
沛河	沛城闸	2018年	0	0	0	0	0	0	0	4794	0	0	0	0	4794
沛河	沛城闸	多年平均	16	7	19	34	34	55	698	975	375	155	66	75	2507
不牢河	蔺家坝闸	2018年	0	0	0	0	0	0	0	2440	0	0	0	0	2440
不牢河	蔺家坝闸	多年平均	351	260	258	476	1075	1223	805	1671	2076	1118	477	688	10478
不牢河	解台闸	2018年	0	0	0	0	0	0	1050	14517	2097	0	0	0	17664
不牢河	解台闸	多年平均	456	165	215	357	440	632	3429	3959	3896	1836	755	651	16792
老沭河	新安	2018年	0	0	0	0	0	0	6187	13687	3136	0	0	162	23172
老沭河	新安	多年平均	418	379	317	561	803	1953	20831	19247	6318	2297	947	683	54755
大运河	运河	2018年	-12856	1363	-14570	-19907	-22391	-8891	6428	131509	37584	5759	4329	1029	109385
大运河	运河	多年平均	8069	6799	6273	4433	5817	6527	66627	85303	60158	32730	15351	12203	310290
沂河	港上	2018年	4553	4560	5009	3966	4259	2773	8410	66692	15708	6482	2981	2652	128044
沂河	港上	多年平均	2805	1847	2137	1723	2496	3797	36254	47175	21714	9324	6376	4161	139808
邳苍分洪道	林子	2018年					25	85	1079	12722	4899	1079			18811
邳苍分洪道	林子	多年平均					1126	2042	15327	16305	7984				44384
房亭河	刘集闸	2018年	25766	7016	22713	22654	667	-3888	396	7125	-8528	-2271	-591	4848	75907
房亭河	刘集闸	多年平均	464	152	552	976	1011	658	6169	6297	1195	-25	427	752	18628

第四节　水　质

一、地表水水质

水质是水体质量的简称。它标志着水体的物理（如色度、浊度、臭味等）、化学（无机物和有机物的含量）和生物（细菌、微生物、浮游生物、底栖生物）的特性及其组成的状况。河湖水质取决于流经地区的岩土类型及补给源。

（一）河湖水质

70年代以前，徐州地区河、湖、库水质均较好，基本符合地面水Ⅲ类水以上标准，大部分河流、湖库可作为饮用水水源，亦可满足渔业养殖和农灌的需求。根据水文部门1959—1970年对全区主要河、湖、库的天然水化学成分分析统计，多属碳酸盐钙型和镁型水。矿化度：多年平均矿化度区域分布情况呈西高东低趋势，丰县、沛县和铜山西部地表水

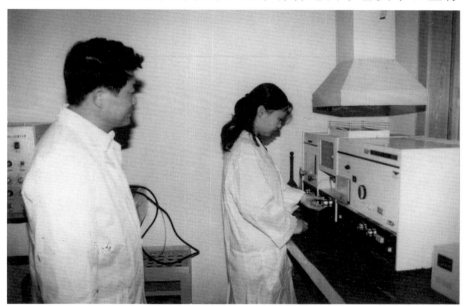

主城区吴庄东路徐州水文局一楼东大间原子吸收分析室，工作人员在进行水质分析

（1998年，水质科供稿）

矿化度为300～400毫克每升，睢宁县和东南地区为250～350毫克每升，铜山东部和邳州、新沂地表水矿化度为200～300毫克每升。总硬度：多年平均总硬度分布趋势大致与矿化度分布相似。邳州中运河、沂河段及新沂老沭河、沂河下游段总硬度小于100毫克每升（以碳酸钙计），属软水区；铜山、丰县、沛县和睢宁县为100～175毫克每升，属中度硬水区。酸碱度：徐州全区地表水pH值地区分布变化不大，总体在7.0～8.2之间，水质呈弱碱性水。

80年代以后，由于工业发展和城市化进程加快，全市地表水污染日趋严重，河湖水质变差。据1982年对徐州市主要河流的监测资料分析，有机污染占77.2%，毒物污

染占36.4％，主要河道受有机污染严重，而且呈逐年增高趋势。受污染严重的河段有奎河、故黄河市区段、不牢河孟家沟段。奎河水体中有机污染严重，溶解氧为0，化学需氧量（COD）最大监测值为140毫克每升，氨氮最大监测值达47毫克每升，挥发酚最大监测值为2.71毫克每升。不牢河孟家沟段高锰酸盐指数最大监测值为37.8毫克每升，氨氮最大监测值为40毫克每升，挥发酚最大监测值为0.352毫克每升。

1995—1997年，徐州地区河湖水质污染严重，Ⅲ类水占比低于10％，Ⅴ～劣Ⅴ类水约占比约50％。1998—1999年，河湖水质恶化的趋势有所改善，Ⅲ类水占比上升到33.3％～41.6％，Ⅴ～劣Ⅴ类水下降至33.3％～41.7％。据1998年水质监测和污染源调查，境内河湖主要为有机污染，超标项目为化学需氧量、溶解氧、氨氮、挥发酚和石油类。主要水域重点工业污染源有59家，其中造纸类28家，化工类15家，食品酿造类11家，其他5家。全年排放工业废水8081万吨，化学需氧量2.3万吨。造纸业是排污量最大、污染最严重的污染源。全市各区域废水排放总量（含工业和生活污水）为2.44亿吨，化学需氧量总量达6万吨。

21世纪初，除沂河、骆马湖、庆安水库、云龙湖等水质较好外，其他河流水质均存在不同程度的污染。据2000年河湖水质监测资料，符合Ⅱ类水标准的占总评价河段水域的4.5％，Ⅲ类水占30.1％，Ⅳ类水占33.3％，Ⅴ～劣Ⅴ类水占32.1％。全市以有机污染为主，主要超标项目有高锰酸盐指数、化学需氧量、氨氮、溶解氧和五日生化需氧量等，重污染河道为不牢河柳新河口至荆山桥段、奎河徐州市区段、故黄河市区段、房亭河大庙段、新沂老沭河王庄段、丰县复新河城区段、沛县沿河城区段、睢宁县小濉河、邳苍分洪道等。

2013—2017年，徐州市"水更清"行动计划、水生态文明城市建设、水功能区达标整治、城镇污水处理厂全覆盖建设等环境保护治理工程陆续实施，域内河湖水质显著提升。2017年，全年Ⅲ类水占比上升到60％左右，Ⅴ～劣Ⅴ类水下降至10％以下。随着城市污水管网和污水处理厂的建设运行，工业和生活污水污染物入河排放量逐年减少。根据2017年入河排污口普查资料统计，徐州市入河排污口废污水排放总量为5.46亿吨每年，化学需氧量入河排放量1.61万吨每年，氨氮入河量0.08万吨每年。2017年以后，全市河湖水质显著改善，Ⅲ类水河长占比由30％上升至60％左右。

2018年，全市参与评价水质断面91个。Ⅲ类水断面63个，占监测断面总数的69.2％；Ⅳ类水断面25个，占监测断面总数的27.5％；Ⅴ类及劣Ⅴ类水断面3个，占断面总数的3.3％。区域内中运河、不牢河、沂河、徐洪河、大沙河、小沿河、骆马湖、云龙湖、庆安水库、大龙湖、潘安湖等水体水质较好；水质较差的水体主要为房亭河、奎河、沿河沛县城区段、老沭河塔山闸至王庄闸段、复新河丰县城区段、徐沙河等。据同年水质监测资料，Ⅲ类水河长687.4公里，占评价河长的67.2％；Ⅳ类水河长298.8公里，占评价河长的29.8％；Ⅴ类水4.0公里，占评价河长的0.4％；劣Ⅴ类水33.0公里，占评价河长的3.2％。河流水质主要超标项目为化学需氧量、总磷、高锰酸盐指数、氨氮等，其中总磷超标的河段占 28.2％，化学需氧量超标的占 25.6％，高锰酸盐指数超标的占 10.3％，氨氮超标的占 5.1％。

（二）水功能区水质

全市共有 63 个地表水水功能区，实行单月全覆盖水质监测。水功能区监测项目为水温、pH 值、溶解氧、高锰酸盐指数、化学需氧量、五日生化需氧量、氨氮、总磷、总氮、铜、锌、氟化物、硒、砷、汞、镉、六价铬、铅、氰化物、挥发酚、石油类、阴离子表面活性剂、硫化物、叶绿素 a、硫酸盐、氯化物、硝酸盐、铁和锰等 29 项。

根据 2018 年资料，徐州市 63 个水功能区按测次法（80％达标）评价，达标率为 79.4％；按均值法评价，达标率为 82.5％。63 个水功能区按双指标（省级考核指标体系确立的考核指标）测次法评价，徐州市全部水功能区达标率为 84.1％，省级重点水功能区达标率为 89.7％，国家考核水功能区达标率为 84.2％。

（三）集中式饮用水源地水质

截至 2018 年，徐州市共有 7 个集中式地表水饮用水源地，包括小沿河饮用水源地、徐州市骆马湖水源地、沛县南四湖徐庄水源地、丰县大沙河水源地、新沂市骆马湖水源地、睢宁县庆安水库水源地和邳州市中运河张楼水源地。2018 年，根据集中式饮用水源地监测结果，按年均值法评价，水源地达标率为 100％；按测次法评价，水源地达标率为 98.5％，其中小沿河饮用水源地达标率为 95.7％，丰县大沙河水源地达标率为 95.8％，徐州市骆马湖水源地、沛县南四湖徐庄水源地、新沂市骆马湖水源地和睢宁县庆安水库水源地达标率为 100％。

二、地下水水质

（一）水质监测

徐州地区地下水水质监测始于 80 年代初，在丰县毕楼试验区、沛县敬安试验区、徐州市区及各县城区均设有代表站点，共布设地下水质井 40 余眼。2000 年，水质站网经优化调整后，每年定期监测的水质井为 31 眼。由于城市化进程加快和水质污染问题日益突出，从 2000 年起又增加了地下水饮用水源井的水质监测。徐州地区浅层地下水水质普遍较差，大部分监测井水质存在超标现象，主要超标项目有总硬度、矿化度、氟化物、氨氮、硫酸盐、硝酸盐氮、亚硝酸盐氮等。2008 年以前，深层地下水水质达到Ⅲ类水及以上的监测井仅占 35％～45％。2014 年以后，水质显著改善，水质良好的监测井占 65％以上。

（二）水化学成分

徐州地下水的水化学类型及其分布变化主要与气候、地形、水文地质条件以及人类活动影响有关，主要阴阳离子与河湖天然水化学性质大致相同，基本水化学类型大多为碳酸盐类钙型水，pH 值为 6.9～8.4，多为弱碱性水。矿化度为 480～3810 毫克每升，小于 1000 毫克每升的井仅占 59.1%。在徐州和铜山岩溶区井孔中矿化度实测值为 420～1204 毫克每升，小于 1000 毫克每升的井占 93.1%。

地区分布情况是：碳酸盐类钙型水属于良好水质，大多分布在故黄河高滩地、故黄河冲积平原、沂沭河冲积平原、丰沛沿湖地区、徐州和铜山岩溶区、邳州碾庄至赵墩一带地区。在一些低洼处，地下水中盐分逐渐富集，矿化度、氯化物、硫酸盐含量增高，出现了不同类型的微咸水。如丰县北部沙庄、首羡，睢宁县李集、丰县李寨、顺河、丰县华山至沛城隆起带，水化学类型多为硫酸盐类或氯化物类型微咸水。

（三）水质状况

浅层地下水：含水层埋藏浅，水质除了受地质成因影响，还与地表环境及人类活动密切相关，容易遭受污染。徐州地区浅层地下水水质普遍较差，大部分监测井水质存在超标现象，主要超标项目有总硬度、矿化度、氟化物、氨氮、硫酸盐、硝酸盐氮、亚硝酸盐氮等。2000 年，徐州地区浅层地下水主要超标项目有氯化物、硫酸盐、总硬度、矿化度、氨氮、硝酸盐氮、氟化物和砷。在超标项目中，以矿化度和氟化物居前，分别达 40.9% 和 26.6%，主要分布在丰县赵庄，其次为沛县崔寨、徐州下淀、睢宁李集、新沂时集和新沂邵店等监测井。2008 年，主要超标项目有总硬度、氨氮、氟化物、亚硝酸盐氮和硫酸盐，分别达 66.7%、46.7%、33.3%、33.3% 和 20%。2018 年，浅层地下水站点 III 类水及以上占 8.0%，IV 类水占 78.0%，V 类水占 14.0%。超标项目主要有总硬度、溶解性总固体、氨氮、硝酸盐氮、氟化物、锰等。其中，V 类水监测井主要集中在丰县、睢宁县和铜山区。

深层地下水：2008 年以前，受地质成因和污染影响，深层地下水水质良好（III 类水及以上）的监测井约占 35%～45%；2009—2013 年，深层地下水水质呈上升趋势；2014 年以后，水质良好的监测井稳定在 65% 以上。徐州地区深层地下水现状水质总体较好，与地质成因有关的超标项目主要为氟化物和总硬度。2000 年，深层地下水总硬度超标井占 25%，主要分布在丰沛地区；氟化物超标井占 15%，主要分布在丰县、沛县等地区，测定值为 0.64～2.20 毫克每升；在徐州市、新沂市城区部分深层井有亚硝酸盐氮、氨氮、锰、砷等指标超标现象。2008 年，深层地下水水质良好的站点占 35%；总硬度超标井占 40%，氟化物超标井占 25%，个别监测井存在氨氮、硫酸盐、氯化物、亚硝酸盐超标现象。2018 年，深层地下水 III 类水及以上的站点占 70.6%，IV 类水站点占 17.6%，V 类水占 11.8%。超标项目主要为总硬度、溶解性总固体、硫酸盐、氟化物，未发现有毒有机污染物超标。

第五节 水 资 源

一、降水

徐州市共划分安河区、沂北区、骆上区、丰沛区 4 个水资源四级区作为地表水资源计算的基本单元，水资源分区总面积 1.18 万平方公里。徐州市水资源分区见表 2-3。

降雨时空分布特点为：降水是徐州市水资源的主要来源，降水的分布特性一般能反映地表水资源的分布特性。降雨的时空分配极不均匀，在空间分布上呈自西北向东南递增趋势。降水量年内、年际分配不均，汛期（5—9 月）降水占全年的 70％左右，7、8 月的降水量占汛期的 60％～70％，降水往往集中在几次较大的暴雨中。年内旱涝急转现象时有发生，丰枯变化频繁。1956—2018 年，全市多年平均降水量 836.6 毫米，低于淮河流域多年平均降水量（876.3 毫米），高于沂沭泗水系多年平均降水量（789.2 毫米）。

表 2-3　徐州市水资源分区一览表

一级区	二级区	三级区	四级区	所属县级行政区	分区面积（平方公里）
淮河区	王家坝至中渡	蚌中区间北岸区	安河区	铜山区	677
				睢宁县	1318
	沂沭泗区	沂沭河区	沂北区	新沂市	790
		中运河区	骆上区	铜山区	501
				市　区	539
				贾汪区	652.4
				睢宁县	451.3
				邳州市	2084.7
				新沂市	802.3
		湖西区	丰沛区	丰　县	1450.3
				沛　县	1805.8
				铜山区	599

二、调水

徐州市调水线路：一经江都、淮安、泗阳、刘老涧、皂河 6 级梯级翻水站翻引长江水入骆马湖，再由刘山、解台、蔺家坝向微山湖补水；二经沙集翻水站、睢宁二站翻引洪泽湖湖水入徐州境内，再由邳州站翻入骆马湖，还可经单集和大庙 2 级翻水站向房亭河流域供水。多年平均引水量约为 14.32 亿立方米。

据《2018 年水资源公报》，全市入境水量：南四湖二级坝来水量 8.92 亿立方米，中运河台儿庄闸来水量 11.36 亿立方米，蔺

南水北调第七级枢纽工程刘山闸翻水站

（2018 年，万正成供稿）

家坝闸放水 0.24 亿立方米，邳苍分洪道林子站来水量 1.88 亿立方米，沂河港上水文站来水量 12.8 亿立方米，沭河新安水文站来水量 2.32 亿立方米，合计 37.52 亿立方米。全市出境水量：中运河南调台儿庄站翻水 8.89 亿立方米，骆马湖嶂山闸放水量 15.22 亿立方米，杨河滩闸放水量 2.95 亿立方米，皂河闸放水量 3.31 亿立方米，沙集闸放水量 2.09 亿立方米，合计 32.46 亿立方米。

三、地下水

徐州市地下水按含水介质可分为松散岩类孔隙水，碳酸盐岩类裂隙岩溶水，以及碎屑岩类、变质岩类和岩浆岩类裂隙水三大类。相应地，可将全市各含水层划归为 3 个含水岩组，即孔隙含水岩组、裂隙岩溶含水岩组和裂隙含水岩组。在每个含水岩组中，根据地层组合、岩性及水力特征等又可划分出若干个含水层。对不同类型地下水，按其水力特征，可分为潜水、弱承压水和承压水。

（一）孔隙含水岩组

孔隙含水岩组可划分为全新统、中上更新统及下更新统—新近系 3 个含水层。徐州市地下水含水岩组和含水层划分见表 2-4。

表 2-4　徐州市地下水含水岩组和含水层划分表

地下水类型	含水岩组		含水层				
	名称	代号	地层时代	地层名称	含水层名称	含水层代号	主要岩性
孔隙水	孔隙含水岩组	I	Q_4	全新统	全新统孔隙含水层	I_1	粉土、粉质黏土、粉细砂
			Q_2	中上更新统	中上更新统孔隙含水层	I_2	中粗细砂、粉土、含钙质结核粉质黏土
			Q_1-N	下更新统-新近系	下更新统-新近系孔隙含水层	I_3	中粗细砂、砂砾层、含砾黏质黏土
裂隙岩溶水	裂隙岩溶含水岩组	II	C_2	石炭系上统	石炭系上统裂隙岩溶含水层	II_1	灰岩、砂页岩、煤层
			$O_2 g-O_1 x$	阁庄组-萧县组	阁庄组-萧县组裂隙岩溶含水层	II_2	灰岩、白云质灰岩、白云岩
			$O_1 j-\in_3 g$	贾汪组-崮山组	贾汪组-崮山组裂隙岩溶含水层	II_3	薄-中厚层泥质白云岩、灰岩
			$\in_3 z$	张夏组	张夏组裂隙岩溶含水层	II_4	厚层鲕状灰岩
			$\in_2 m-\in_1 h$	毛庄组-猴家山组	毛庄组-猴家山组裂隙岩溶含水层	II_5	灰岩、泥灰岩、白云岩、砂页岩
			$Z wn-Z w$	望山组-魏集组	望山组-魏集组裂隙岩溶含水层	II_6	白云岩、白云质灰岩
			$Z zh-Z z$	张渠组-赵圩组	张渠组-赵圩组裂隙岩溶含水层	II_7	白云岩、白云质灰岩、灰岩
裂隙水	裂隙含水岩组	III	E_{2-3}	古近系	古近系裂隙含水层	III_1	砂砾岩、页岩、泥岩
			$K-J$	白垩系-侏罗系	白垩系-侏罗系裂隙含水层	III_2	砂页岩、页岩、安山岩类
			P	二叠系	二叠系裂隙含水层	III_3	砂页岩夹煤层
			$Z c-Q nt$	城山组-土门群	城山组-土门群裂隙含水层	III_4	砂页岩为主夹少量砂灰岩
			Pt_1-Ar	古元古界-太古界	古元古界-太古界变质岩裂隙含水层	III_5	片麻岩
			$\delta\pi、Yr、\beta u$	岩浆岩	岩浆岩类裂隙含水层	III_6	斑岩、辉绿岩、花岗岩、闪长岩

1. 全新统孔隙含水层

全新统孔隙含水层广布于黄泛冲积平原及沂沭河冲洪积平原区，厚度仅在大沙河沿岸及故黄河高漫滩潘塘以西段大于 15 米，但不超过 20 米，其他地区一般小于 15 米。该含水层属潜水含水层，富水性弱，水量较贫乏，单井出水量一般小于 100 立方米每天，水位埋深一般小于 5 米。由于人类活动、水文气象等因素影响，水质变化大，水化学类型复杂，但矿化度多小于 1000 毫克每升。

2. 中上更新统孔隙含水层

中上更新统孔隙含水层广泛分布在山前、山间洼地和平原地区。

湖西平原区：指铜山县柳新—拾屯—夹河一线以西地区。该区为黄泛冲积平原，中上更新统广布，并为全新统所覆盖，具承压、弱承压水特征，富水性较好，单井出水量在 100～3000 立方米每天。水头埋深在丰沛两县城区，因受开采影响为 10～20 米，其他地区一般为 5～10 米。

铜山县中东部及贾汪区：指柳新—拾屯—夹河一线以东至燕子埠—大许—占城—双沟一线以西地区。该区具潜水特征，为弱承压水。含水层厚 5～40 米，山前、山间薄，向平原渐厚。底板埋深小于 50 米，且直接与下覆基岩接触。富水性较差，单井出水量小于 1000 立方米每天。水位埋深一般为 3～10 米。

邳州—睢宁及新沂西部地区：即燕子埠—大许—占城—双沟一线以东至沭河以西地区。该区中上更新统孔隙含水层在诸低山丘陵边缘地带及新沂港头—棋盘以东一带裸露地表，具潜水特征，其他地区则为 5～15 米厚的全新统所覆盖，属承压或弱承压含水层。水质较好，多为矿化度 1 克每升左右、氟离子含量小于 1 毫克每升的 HCO_3—Ca（或 Ca·Na、Ca·Mg）型水。水位埋深仅睢宁县及新沂市城区较大，为 8～15 米，其他地区一般小于 5 米。

新沂市沭河以东地区：该区为波状平原，含水层岩性主要为含碎石之砂黏土。含水层厚 5～25 米，无覆盖为潜水含水层，单井出水量为 10～1000 立方米每天。水质主要为 HCO_3—Ca·Na 型水。水位埋深多为 2～5 米。

3. 下更新统—上第三系孔隙含水层

下更新统—上第三系孔隙含水层分布于湖西平原区和沂沭河冲积平原区。

湖西平原区：含水层总体呈由东南向西北倾斜的特征（华山—栖山一带缺失），底板埋深呈东南小向西北增大的特征，在柳新、夹河一带仅为 60～70 米，在丰县西南部大于 250 米。总体呈东少西多、南少北多的分布规律。该含水层为承压含水层，水量较丰富，单井出水量为 100～1000 立方米每天。水位埋深，在丰城、沛城—大屯一带及个别开采强烈的乡镇大于 30 米，其他地区一般在 10～20 米之间。水质主要为 HCO_3（或 HCO_3·Cl·SO_4）—Na（或 Ca·Na）型水。

沂沭河冲积平原区：该区属承压含水层，底板埋深变化较大，胡圩—窑湾一线以北小于 100 米，城岗一带仅 15～40 米，该线以南为 70～240 米。含水层厚，在王楼一窑湾一带及桃园和凌城二凹陷内为 100～160 米，其他地区为 10～60 米。含水层富水性变化大，水位埋深在睢宁城区为 15～20 米，新沂市区为 10～15 米，其他地区多小于 5 米。水质较好，多为 HCO_3—Ca（或 $Ca \cdot Na$）型水。

（二）裂隙岩溶含水岩组

裂隙岩溶含水岩组主要分布在垞城—柳新—拾屯—夹河一线以东、郯庐断裂和桃园凹陷以西地区。按地层时代和岩性组合特征，可将该区含水岩组划分为 7 个含水层。裂隙岩溶含水层（组）在低山丘陵区裸露地表，属潜水含水层；在山前、山间洼地被 5～60 米厚第四系覆盖，属承压或弱承压含水层。水位埋深在开采强烈的丁楼、茅村和七里沟 3 个水源地水位降落漏中心为 35～65 米，在新河、拾屯等排水矿井部位可达 100 米以上，其他地区一般小于 30 米。裂隙岩溶水水质优良，多为矿化度小于 1 克每升、总硬度 450 毫克每升左右的 HCO_3—Ca（或 $Ca \cdot Mg$）型水。

（三）裂隙含水岩组

裂隙含水岩组包括古近系、白垩系—侏罗系、二叠系、城山组—土门群、古元古界—太古界变质岩类及岩浆岩类等 6 个裂隙含水层。该类含水层的共性是分布局限、出露差、富水性弱，除白垩系—侏罗系和城山组—土门群含水层在有利的地形地貌条件或构造裂隙发育的局部地段，单井出水量可大于 100 立方米每天外，其他多小于 100 立方米每天。一般为 HCO_3（或 $HCO_3 \cdot Cl$）—Ca（或 $Ca \cdot Mg$，$Ca \cdot Na$）型水。

四、地下水开采

徐州市地下水开采经历了直线发展时期（1980—1995 年）、平稳发展阶段（1996—2004 年）和急剧扩张阶段（2005—2015 年）。2015 年以后，随着地表水水源地的建设启用，城市深层地下水井逐步封停备用，深层地下水进入恢复涵养期。地下水可开采量采用江苏省政府批准的《江苏省地下水超采区划分方案》中的成果（《省政府关于〈江苏省地下水超采区划分方案〉的批复》，苏政复〔2013〕59 号），全市孔隙承压水及岩溶水可开采总量为 5.77 亿立方米。

徐州市地下水可开采量见表 2-5。

表 2-5 徐州市地下水可开采量一览表　　　　单位：万立方米

区域	孔隙水		岩溶水可开采量	合计	备注
	主采层次	可开采量			
市区	Ⅰ、Ⅱ、Ⅲ	1520	28545	30065	含贾汪、铜山
丰县	Ⅰ、Ⅱ、Ⅲ	5306		5306	

表2-5（续）

区域	孔隙水		岩溶水 可开采量	合计	备注
	主采层次	可开采量			
沛县	Ⅰ、Ⅱ、Ⅲ	6372		6372	
邳州市	Ⅰ、Ⅱ、Ⅲ	5806	195	6001	
睢宁县	Ⅰ、Ⅱ、Ⅲ	5320	346	5666	
新沂市	Ⅰ、Ⅱ、Ⅲ	4335		4335	
总计		28659	29086	57745	

五、水资源总量

2018年，徐州市地表水资源量为28.08亿立方米（年径流深249.4毫米），平均产水系数0.49，产水模数为45.3万立方米每平方公里；地下水资源量为23.98亿立方米（浅层孔隙地下水资源量为20.53亿立方米，裂隙岩溶地下水资源量为3.45亿立方米）。全市水资源总量为51.02亿立方米（扣除重复计算水量）。其中，分区地表水资源量为：丰沛区10.81亿立方米（多年平均2.84亿立方米），骆上区10.75亿立方米（多年平均10.57亿立方米），安河区6.26亿立方米（多年平均4.85亿立方米），沂北区0.26亿立方米（多年平均1.80亿立方米），分别比多年平均大28.1%、大1.7%、大29%、小85.6%，多年平均地表水水资源量为20.06亿立方米。

六、水资源开发利用

水资源开发利用是指由供水工程供给社会经济各部门用水户的包括输水损失在内的毛用水量。根据用水性质不同，可分为河道外用水和河道内用水，其中河道外用水主要包括农业用水、生活用水和工业用水，河道内用水主要指用于维持河道湿地生态环境用水和冲淤用水等方面。

总供水量及用水水平：2018年，全市总供水量39.01亿立方米，其中地表水源供水量33.84亿立方米，地下水源供水量4.10亿立方米，其他水源供水量1.07亿立方米。全市总用水量39.01亿立方米，其中农业用水29.10亿立方米，工业用水2.96亿立方米，生活用水4.02亿立方米，人工生态环境补水2.93亿立方米。全市人均用水443立方米，农田灌溉亩均用水量为372立方米，城镇人均生活用水量为105.4升每天，农村人均生活用水量为103.1升每天。全市万元地区生产总值用水量57.7立方米，万元工业增加值用水量13.1立方米。

生活用水：全市生活用水包括城镇生活用水、农村生活用水、城镇公共用水三部分。其中，城镇生活用水包括城镇家庭生活用水，农村生活用水包括农村家庭生活用水和牲畜用水两部分。2018年，徐州市生活用水总量为4.02亿立方米。其中，城镇生活用水2.21亿立方米，占55%；农村生活用水1.15亿立方米，占28.6%；城镇公共用水量0.66立方米，占16.4%。

工业用水：指工矿企业在生产过程中用于制造、加工、冷却、净化和企业内辅助生活的用水。按企业性质可将工业企业划分为一般工业和电力工业。2018年，全市工业企业总用水量为2.96亿立方米。其中，电力工业用水量为1.09亿立方米，占全市工业用水总量的36.8%；一般工业用水量为1.87亿立方米，占全市工业用水量的63.2%。

农业用水：包括农田灌溉用水和林牧渔业用水两部分。2018年，全市农业用水量为29.10亿立方米。其中，农业灌溉用水量为26.04亿立方米，占全市农业用水量的89.5%；林牧渔业用水量为3.06亿立方米，占全市农业用水量的10.5%。

人工生态环境补水：包括城镇环境补水和农村生态补水。2018年，徐州生态环境补水量为2.93亿立方米。其中，城镇环境补水1.96亿立方米，占66.9%；农村生态补水0.97亿立方米，占33.1%。

用水消耗量：2018年，全市总耗水量27.31亿立方米，占总用水量的70.0%（即耗水率）。其中，居民生活用水耗水量为2.00亿立方米；生产用水耗水量最大，为21.79亿立方米，耗水率为68%。生产耗水中，农田灌溉耗水量较大，占总耗水量的83.4%，主要消耗于渠系损失、农田蒸发、渗漏以及地下水入渗等；工业耗水量约占总耗水量的2.6%，主要消耗于带入工业产品的水分和各个生产环节水分损失等。

第三章　水文站网

　　水文测站是指为收集水文监测资料，在江河、湖泊、渠道、水库和流域内设立的各种水文观测场所的总称。历史上有孔子在徐州东南吕梁观洪的记载，"悬水三十仞，流沫四十里"。这是对水位的高低、水流的速度和水量多少等细致的观察、描述、记录，可以看作是早期人们对水的认知和水文观测活动。徐州洪水频发，唐、宋年间均对黄河洪水有比较翔实的记录。清乾隆十一年（1746），为准确快捷测报黄河水情，将石工水志改为志桩，这是正式设立徐州水志之始。在此后的有关记载中，徐州水位观测均以水志桩为准，不再提石堤验水。民国初年，徐州正式设立水文观测机构，测验水位、流量等。1937年后，境内水文测站基本停止观测。新中国成立后，随着国民经济恢复与建设，大规模兴修水利工程，水利事业进入飞速发展时期，对水文资料的需求非常紧迫，各地水文站网得到迅速恢复和发展。1956年，根据全国统一规划部署，将测站性质分为国家基本水文测站和专用水文测站。基本站为公用目的，经统一规划设立，能获取基本水文要素值多年变化资料的水文测站。基本站保持相对稳定，并进行较长期连续观测。专用站是为特定目的设立的水文测站，设站年限和测验资料的整编、保存由设立单位确定。之后，又将为配合基本站正确控制水文情势变化而设立的一个或一组站点称为辅助站。徐州水文测站主要分为国家基本水文测站、专用水文测站、地下水监测站等。由水文测站组成的有机集合体成为水文站网。1964年、1977年和1985年，全国水文站网进行了3次大规模的规划调整。至2000年，已建成能掌握境内水位、流量、降水量、蒸发量等水文变化的各类水文基本站网，形成地表水、地下水观测相结合，水量、水质相结合，点线面相结合的水文站网布局。至2018年，徐州市有国家基本水文站9处，港上、运河、新安、林子、蔺家坝闸、解台闸为大河、湖控制站，丰县闸、沛城闸和刘集闸为区域代表站。

第一节　测站沿革

一、水文（流量）站

（一）新安站

　　测站位置及历史沿革：新安站位于新沂市新安镇境内老沭河右岸，东经118°21′，

北纬 34°22′，为国家重点大河控制站。民国 3 年（1914）开始流量测验，民国 7 年
（1918）6 月由江淮水利测量局正式设立水文站；民国 14 年（1925）1 月停测，民国 20
年（1931）7 月恢复监测；民国 27 年（1938）1 月停测，民国 36 年（1947）9 月恢复；
民国 37 年（1948）10 月停测。新中国成立后，于 1950 年 6 月恢复，1953 年划归中央
水利部领导，1957 年划归新成立的江苏省水文总站领导，1958 年、1960 年分别下放
到市、县水利局，1964 年初上收江苏省水文总站领导至今。2015 年 6 月，上迁 60 米。

设站目的及任务：新安站主要为防汛抗旱和水资源管理服务。水文测验项目有水
位、降水量、蒸发量、流量、泥沙、水质、地下水、墒情。

测验河段及断面概况：测验河段基本顺直，河道断面为标准 U 形断面。基本水尺
断面在站办公楼东南 10 米。沭河上游建有大中型水库 8 座；大官庄建有胜利闸 1 座，
闸上游右岸有分沂入沭水道汇入；大官庄至新安间建有清泉寺节制闸 1 座；新安站下
游 2 公里处右岸建有入沭闸 1 座；新安站下游 9 公里处建有塔山节制闸 1 座。

（二）运河站

测站位置及历史沿革：运河站位于邳州市运河镇前索家村西约 500 米的大运河上，
东经 117°56′，北纬 34°20′，为国家重点大河控制站。1950 年 7 月由淮河水利工程局设
立，1955 年 6 月由中央水利部治淮委员会领导，1957 年由江苏省水文总站领导至今。
1955—1972 年经历多次调整，曾更名为运河（二）、运河（铁）、运河（铁下）等。
1980 年 1 月更名为运河站，为常年站。2007 年，该站设立流速仪测流断面用于中低水
测流取沙。

设站目的及任务：运河站主要为防汛抗旱和水资源管理服务。水文测验项目有水
位、降水量、蒸发量、流量、泥沙、水质。

测验河段及断面概况：测验河段基本顺直，主河槽宽约 170 米，河底为砂礓土，
河床稳定。主槽两侧为滩地，间有深塘、串沟，种有农作物，并生长芦苇、杂草。右
滩地基上 50 米处有排灌站 1 座，其引河与主槽相通，低水时受其引水影响。断面下游
80 米处有铁路桥 2 座；上游 1 公里有公路桥 1 座；上游 34 公里处中运河上建台儿庄节
制闸 1 座；上游 22 公里处大运河上建有刘山节制闸 1 座，节制闸附近建有刘山南站、
刘山北站两个翻水站；下游 20 公里处右岸建有黄墩湖滞洪闸 1 座，36 公里处建有皂河
节制闸 1 座。

（三）蔺家坝闸站

测站位置及历史沿革：蔺家坝闸站位于铜山县柳新镇蔺家坝村，东经 117°16′，北
纬 34°24′，是国家重要水文站，微山湖出口水情控制站。1950 年 7 月设水文站，由淮
河水利工程局领导；1952 年 6 月，改名为梁山圩，改为水位站，断面上迁 2200 米，由
华东军政委员会和水利部领导；1957 年 7 月，迁回原址，改为水文站，由山东省水利

厅领导；1962年1月，更名为蔺家坝闸，河道站改堰闸站，增测闸下水位；1967年1月1日，改由江苏省水文总站领导；1983年1月，上迁至闸下300米；1999年1月，下迁至闸下500米，测流断面迁至闸上110米。

设站目的及任务：蔺家坝闸站为掌握蔺家坝闸下泄水量而设，为工程管理运用、防汛抗旱、水资源管理和水污染控制收集资料。水文测验项目有水位、降水量、流量、水质。

测验河段及断面概况：1959年8月蔺家坝闸建成。1988年初，在该闸西侧按二级航道标准新建船闸1座，闸室宽23米、长230米，船闸的启闭及上、下游引航道对水文测验均有影响；测验河段上游顺直长度约500米；于下游基本水尺断面700米处汇入大运河，汇入口附近有顺堤河、桃园河、蔺家坝船闸引航道汇入。同时，受下游26公里处解台闸闸门启闭影响，闸下游和解台闸上游为同一级水面。1999年，沂沭泗工程局对该闸在原有基础上进行改造维修，现为9孔平底闸，闸底板高程为28.40米，每孔净宽3.02米，测流断面迁至闸上游110米，闸下水位断面迁至闸下500米。该河段警戒水位35.0米，保证水位37.0米，保证流量500立方米每秒。

（四）沛城闸站

测站位置及历史沿革：沛城闸站位于沛县沛城镇境内沿河右岸，东经116°55′，北纬34°44′，为省级重点站，系湖西地区代表站。1960年6月由沛县水利局设立，站名为沛城，常年站；1962年7月划归江苏省水文总站领导；1970年5月下放到徐州地区水利局；1972年11月上收江苏省水文总站领导至今。1978年1月，更名为沛城闸。1987年6月，测流断面上迁538米；2000年6月，测流断面下迁538米；2013年4月，闸下水尺断面下迁8米。

设站目的及任务：沛城闸站主要控制沛城闸以上沿河来水，探求建闸前后降雨径流规律，为水文预报、分析计算以及防汛抗旱、规划治理收集资料。水文测验项目有水位、降水量、蒸发、流量、泥沙、水质。

测验河段及断面概况：测验河段平整顺直，为复式河床。河岸为沙壤土，易于崩塌流失，河底为沙土，河槽内无水生植物。1971年7月，在基本水尺断面上游265米处建平底节制闸1座，共7孔，净宽23.0米，高5.5米。设计最大泄水量270立方米每秒。1987年6月，在节制闸北30米处建船闸1座，闸孔净宽8米。水文缆道（2000年6月设）在闸下游基本水尺上游8.0米。基本水尺断面下游550米有5孔石墩钢筋混凝土桥1座。闸下设计20年一遇水位36.00米。50年一遇水位36.50米。至2000年，沿河全线达5年一遇排涝标准。

（五）林子站

测站位置及历史沿革：林子站位于邳州市岔河镇林子村南邳苍分洪道西堤上，东经 117°45′，北纬 34°07′，为国家重点大河控制站。1960 年 7 月，由江苏省水文总站设立为水文站，原名为艾山；1961 年 6 月 1 日，断面上迁 500 米，更名林子站；1971 年 6 月 1 日，断面下迁 800 米，为汛期站。

设站目的及任务：林子站主要为防汛抗旱和水资源管理服务。水文测验项目有水位、降水量、流量、水质、地下水。

测验河段及断面概况：测验河段顺直，测流断面设在 310 公路桥下游，分东西泓，西泓为主泓。滩地地形复杂，有浅滩、串沟，滩地种植农作物。1989 年西泓治理，原老西偏泓堵废，新开西偏泓。1998 年 10 月再次治理，向西开挖 30 米，西大堤加高，河底高程 23.00 米左右，堤顶高程 34.20 米。水位低于 29.0 米时分东西泓，高于 29.0 米时两泓滩地合一。一般在江风口闸不泄洪情况下，东泓仅是区间水，平时为死水。该站下游 3 公里处有拦河坝 1 座，坝顶高程 28.0 米。1988 年，在西泓主河槽建橡胶坝 1 座，顶高 26.0 米，造成该站水位流量关系不稳定。

（六）解台闸站

测站位置及历史沿革：解台闸站位于徐州市贾汪区大吴乡（今大吴街道）夏庄村，东经 117°23′，北纬 34°19′，系国家重要水文站，为徐州市区防汛水情控制站。1961 年 8 月 1 日设立，由江苏省水文总站领导。1966 年 5 月，闸上基本水尺断面迁至闸上 170 米；2004 年 6 月拆除老闸在原址重建；2007 年 1 月底，启用新的解台节制闸。2007 年 6 月，上游基本水尺断面、测流断面迁至闸上 200 米，下游水尺断面迁至新闸闸下 214 米。

设站目的及任务：解台闸站主要掌握解台闸下泄水量，为工程管理运用、防汛抗旱、水资源管理和水污染控制收集资料。水文测验项目有水位、降水量、流量、水质。

测验河段及断面概况：2007 年 1 月底启用的新解台节制闸为 3 孔实用堰闸，闸底板高程为 26.50 米，每孔净宽 10.0 米，设计流量 500 立方米每秒。侧 2 孔翻水站，设计流量 125 立方米每秒。测验河段为人工开挖河道，平整顺直，两岸石护坡。测流断面在闸上游 200 米，闸下游基本水尺断面在闸下 214 米。闸上游约 850 米与船闸引河汇合、闸下游约 800 米处与船闸出口相汇。上游受蔺家坝闸、下游受刘山闸开启影响，同时受船闸、翻水站等开闸、翻水影响。该站闸上游与蔺家坝闸下游为同一级水面，闸下游与刘山闸上游为同一级水面。

（七）港上站

测站位置及历史沿革：港上站位于邳州市港上镇港西村西 750 米沂河左岸，东经 117°45′，北纬 34°07′，为国家重点大河控制站。其前身为华沂水文站，1972 年上迁至港上。1963 年 1 月 1 日，由江苏省水文总站设立为雨量站；1971 年 6 月 1 日，改为水位站；1972 年 1 月 1 日，由水位站改为水文站，常年站。

设站目的及任务：港上站主要为防汛抗旱和水资源管理服务。水文测验项目有水位、降水量、流量、泥沙、水质。

测验河段及断面概况：测验河段顺直，长 1000 米，中泓偏左岸。左岸滩地宽 25 米，高程 24.5 米，右岸滩地宽 400 米。左岸及右岸为沙壤土，河底为砂礓土。两岸滩地种有农作物。基本水尺断面在沂河大桥上游 136 米；上比降断面在基上 500 米；测流断面（水文缆道）

港上水文站　　　　　　　　（2018 年，徐委　摄）

借用基本水尺断面；浮标断面上、中、下分在基本水尺断面下 120 米、220 米、320 米。基下 136 米处建有 27 孔钢筋混凝土公路大桥 1 座，桥墩对水流有影响。基上 20 公里处建有码头闸，原为漫水坝，1997 年改建为 5 孔冲沙闸（8 米×7 米）、39 孔泄洪闸（8 米×6 米），该站测验受其调节影响。

（八）丰县闸站

测站位置及历史沿革：丰县闸站位于丰县凤城镇丰城闸上游复兴河右岸，东经 116°35′，北纬 34°42′，为省级重点站，系湖西地区代表站。1958 年，设立秦庄水文站；1960 年 6 月，水文体制下放，水文测站下放至县水利局；1962 年 6 月，水文站收归江苏省水利厅领导；1964 年 4 月，水文管理体制改为中央水利电力部领导；1970 年，再次下放归地区水电局领导；1973 年 6 月 1 日，设立丰县水文站，常年站，由江苏省水文总站领导。1979 年 1 月 1 日，改为丰县闸水文站，增测闸上游水位。1979 年 6 月 1 日，测流断面上迁 795 米；1999 年 1 月 1 日，测流断面上迁至丰县闸上 240 米；2013 年 4 月，闸下测流断面迁至闸下 300 米。

设站目的及任务：丰县闸站主要掌握丰县闸以上流域来水量，探求降雨径流关系，为水资源评价、水文预报、水文水利计算、防汛抗旱、水资源规划与管理收集资料。水文测验项目有水位、降水量、流量、泥沙、水质、地下水。

测验河段及断面概况：测验河段为人工河道，平整顺直。主槽宽 104 米，河岸块石护坡。河岸为沙壤土。丰县节制闸 1978 年 6 月建成，共 11 孔，直升闸门，中间 5 孔每孔净宽 3.0 米，两边 6 孔每孔净宽 4.0 米，闸上设计正常蓄水位 38.50 米，警戒水位 39.00 米，设计最大泄洪量 379 立方米每秒。闸下 420 米有钢筋混凝土公路桥 1 座。汇入左岸闸上游 20 米的一号沟于 1998 年 6 月改道汇入闸下游左岸。1979 年 1 月 1 日，闸上游 120 米增设基本水尺断面；6 月 1 日，测流断面上迁 795 米（迁至闸上游 120 米）。1999 年 1 月 1 日，基本水尺兼测流断面迁至闸上游 240 米。

（九）刘集闸站

测站位置及历史沿革：刘集闸站位于邳州市八路镇刘集村房亭河左岸，东经 117°54′，北纬 34°13′，为省级重要控制站。1999 年 1 月设立，常年站，系原土山水文站下迁，隶属江苏省水文水资源勘测局领导。其前身土山站建于 1957 年，位于邳州市土山镇土山村，东经 117°50′，北纬 34°14′。

设站目的及任务：刘集闸站主要为防汛抗旱和水资源管理服务。水文测验项目有水位、降水量、流量、泥沙、水质。

测验河段及断面概况：测验河段基本顺直，左滩面种植农作物和树木，右滩面杂草丛生。基本断面下游 260 米有刘集节制闸 1 座、15 孔，该闸枯水期关闭蓄水，洪水期开启排洪。左岸下游 160 米建有刘集翻水站 1 座，用于运西地区排水和抗旱时向房亭河上游补水。河道上游 850 米处有地下立交——刘集地涵，既能通过徐洪河翻引水补充骆马湖蓄水，又能为房亭河以北 240 平方公里排涝，还可调泄骆马湖洪水泄洪流量 400 立方米每秒。2007 年，断面下游 700 米处右岸建刘集船闸，对水位观测和流量测验带来影响。闸上、下游基本水尺断面于 1999 年 1 月设立，分别位于闸上游 300 米、下游 110 米。测流断面（水文缆道）借用上游基本水尺断面。

二、水位站

2018 年，徐州市有窑湾、滩上集、口头、华沂（坝上）、阿湖水库（坝上）、刘山闸、苗圩等 7 个水位站，其中阿湖为水库（坝上）水位站，其余为河道水位站。

窑湾站：窑湾站设立于民国 2 年（1913）7 月，水文站；民国 37 年（1948）1 月，改为水位站。1954 年 5 月，下迁 400 米；1958 年 5 月，下迁 300 米；2009 年 6 月，下迁 1000 米。观测项目有水位、降水量、流量、水质等。

滩上集站：该站于民国 3 年（1914）9 月设立。观测项目有水位、降水量等。

口头站：该站设立于 1950 年 8 月，为水文站。1950—1972 年间几次停测。1972 年恢复观测，改为水位站。观测项目有水位、降水量。

华沂（坝上）站：该站设立于 1951 年 8 月，站名华沂，水文站。1958 年 7 月，增测坝上水位；1972 年 1 月，改为水位站，更站名为华沂（坝上）。2000 年 6 月，下迁 180 米；2011 年 6 月，下迁 200 米。观测项目有水位、降水量、水质。

阿湖水库（坝上）站：该站设立于 1959 年 5 月，常年站。观测项目有水位、降水量、水质。

刘山闸站：该站设立于1961年4月，为水位站。1961年6月，改为水文站；1966年1月，恢复为水位站；1967年1月，撤销。1979年5月恢复，改为雨量站；1980年5月，改为水位站。2007年5月，刘山闸上游基本水尺断面迁至新闸闸上180米，下游水尺断面迁至新闸闸下200米。观测项目有水位、降水量、水质。

苗圩站：该站设立于1966年5月，常年站。1995年6月，上迁1250米；2000年6月，下迁1300米。观测项目为水位。

三、雨量站

民国20年（1931），市域设有邳县、丰县、铜山、睢宁雨量站。1954—1959年，分别布设双沟（1954年设站）、庙山集（1955年设站）、高流（1956年设站）、四户（1957年设站）、敬安集（1958年设站）、赵庄（1959年设站）等6个雨量站。

1960—1969年，共布设19个雨量站。其中，1960年，设置贾汪、大王集2个雨量站；1961年，设置鹿楼、时集、栖山、八义集（1969年停测，1973年恢复）、徐州等5个雨量站；1962年，设置宋楼雨量站；1963年，设置张集、梁寨、城子庙、五孔桥等4个雨量站；1964年，设置单集、凌庄等2个雨量站；1965年，设置苗城集、五段、安国等3个雨量站；1966年，设置沙集雨量站；1967年，设置黄圩雨量站。

1970—1979年，徐州市又陆续布设20个雨量站。其中，1970年，设置师新庄雨量站；1971年，设置唐楼雨量站；1973年，设置李集、三堡等2个雨量站；1974年，设置埝头雨量站；1976年，设置沙庄雨量站；1977年，设置汉王雨量站；1978年，设置套楼、王沟、新店、新桥、凌城、师寨、柳泉、大庙、大许家等9个雨量站；1979年，设置魏集、郑集、邳城闸、耿集等4个雨量站。

1980—1988年，又相继布设4个雨量站。其中，1981年，布设徐鲍庄、古邳等2个雨量站；1985年，设置邹庄雨量站，1988年，设置孟庄雨量站。

为保障雨量测量的准确性和方便性，2010年、2015年、2016年徐州市陆续迁移一批雨量站，站名未改。至2018年，徐州市纳入国家基本站点管理的雨量站有65处，均为遥测站点，包括国家基本水文（位）站附带雨量站15处。

四、蒸发观测站

新安站设立于1984年1月；运河站设立于1950年1月，1970年停测，1974年重新设站；沛城站于1962年1月设立。至2018年，全市共设新安站、运河站、沛城站3个蒸发观测站。

2018年徐州市降水蒸发站情况见表3-1。

表 3－1 2018 年徐州市降水蒸发站一览表

序号	站名	类别	观测项目	
			降水量	水面蒸发
1	汉王	降水	√	
2	三堡	降水	√	
3	张集	降水	√	
4	双沟	降水	√	
5	大王集	降水	√	
6	凌庄	降水	√	
7	李集	降水	√	
8	黄圩	降水	√	
9	睢宁	降水	√	
10	魏集	降水	√	
11	凌城	降水	√	
12	沙集	降水	√	
13	港上	水文	√	
14	华沂	水位	√	
15	埝头	降水	√	
16	新店	降水	√	
17	高流	降水	√	
18	阿湖水库	水位	√	
19	新安	水文	√	√
20	口头	水位	√	
21	梁寨	降水	√	
22	徐州	降水	√	
23	时集	降水	√	
24	蔺家坝闸	水文	√	
25	解台闸	水文	√	
26	柳泉	降水	√	
27	贾汪	降水	√	
28	刘山闸	水位	√	
29	四户	降水	√	
30	邳城闸	降水	√	

表3-1（续）

序号	站名	类别	观测项目	
			降水量	水面蒸发
31	林子	水文	√	
32	滩上集	水位	√	
33	运河	水文	√	√
34	大庙	降水	√	
35	五孔桥	降水	√	
36	大许家	降水	√	
37	单集	降水	√	
38	八义集	降水	√	
39	耿集	降水	√	
40	庙山集	降水	√	
41	新桥	降水	√	
42	刘集闸	水文	√	
43	敬安集	水文	√	
44	古邳	水文	√	
45	窑湾	水位	√	
46	徐鲍庄	降水	√	
47	宋楼	降水	√	
48	套楼	降水	√	
49	苗城集	降水	√	
50	丰县闸	水文	√	
51	王沟	降水	√	
52	赵庄	降水	√	
53	师新庄	降水	√	
54	师寨	降水	√	
55	沙庄	降水	√	
56	城子庙	降水	√	
57	安国	降水	√	
58	鹿楼	降水	√	
59	邹庄	降水	√	
60	沛城闸	水文	√	√
61	栖山	降水	√	

表3-1(续)

序号	站名	类别	观测项目	
			降水量	水面蒸发
62	唐楼	降水	√	
63	孟庄	降水	√	
64	五段	降水	√	
65	郑集	降水	√	

五、墒情站

1995 年 4 月 15 日,根据徐州市防汛防旱指挥部《关于开展墒情测报工作的通知》,徐州水文局布设丰县站、宋楼站、敬安站、朱王庄站、汉王站、单集站、港上站、四户站、梁集站、双沟站、城岗站、踢球山站、贾汪站等 13 个墒情观测站。墒情测报工作从 1995 年 5 月 1 日起开始报汛,也是全省首家测报墒情。1999 年 9 月,江苏省水文水资源勘测局下发《关于同意布设墒情测报站的批复》,同意布设 6 个墒情站,初定为丰县、沛县、铜山县、睢宁县、邳州市、新沂市各一处。2010 年,墒情站开始报讯。2015 年,开始建设自动墒情站,原人工墒情站取消,人工监测委托员陆续辞退。至 2018 年,徐州市共布设丰县王沟、宋楼,沛县鹿楼、敬安,铜山单集、汉王,邳州四户,睢宁双沟、梁集,新沂棋盘、新安,贾汪小竹园等 12 个自动墒情站。

六、泥沙站

50 年代中期,境内设置港上等泥沙站。60 年代后,设置蔺家坝、丰县闸等站点。截至 2018 年,全市泥沙站有港上、运河、新安、丰县闸、沛城闸和刘集闸等 6 处站点。徐州市历年泥沙站布设情况见表 3-2。

表 3-2 徐州市历年泥沙站布设情况一览表

站名	设站时间(年)	撤站时间(年)	备 注
港上	1955		1971 年华沂站上迁
新安	1956		
蔺家坝	1964	1969	
运河	1956		运河(铁)上迁
单集	1967	1969	
刘集闸	1956		1998 年土山站下迁

表3-2(续)

站名	设站时间(年)	撤站时间(年)	备 注
秦庄	1964	1969	
丰王庄	1970	1975	
沛城闸	1967		建闸沛城站迁移
丰县闸	1991		

第二节 站网建设

一、国家基本水文测站

民国 2 年（1913）设窑湾（运河）水位站、窑湾（沂河）流量站。民国 3 年（1914），增设新安镇流量站和滩上集水位站。民国 4 年（1915），窑湾（运河）水位站改设为流量站，并停测窑湾（沂河）流量。抗日战争爆发后，区内水文测站基本停止观测。1912—1948 年徐州水文站网情况见表 3-3。

表 3-3 1912—1948 年徐州水文站网一览表

年份	水文站	水位站	降水量站
1913	窑湾(沂河)	窑湾(运河)	
1914	窑湾(沂河)、新安镇	窑湾(运河)、滩上集	铜山
1915	窑湾(运河)、滩上集、新安镇		
1920	窑湾(运河)、新安镇、窑湾(沂河)	滩上集	铜山
1925		窑湾(运河)	
1931	窑湾(运河)、新安镇、窑湾(沂河)		邳县、丰县、铜山、睢宁
1936	新安镇	滩上集、窑湾(运河)	邳县、丰县、铜山、睢宁、沛县
1948		滩上集、窑湾(运河)、新安镇	铜山

新中国成立后，随着国民经济恢复与建设，大规模兴修水利工程，水利事业进入飞速发展时期，对水文资料的需求非常紧迫，各地水文站网得到迅速恢复和发展。1956 年，为了解决水文测站地理分布不均衡、设站原则不统一等问题，探究获得更为准确的水文基本特征和变化规律的途径，进一步提高水文工作给国民经济带来的有效意义，全国进行第一次基本站网规划，水利部布置各流域、省、区全面开展水文基本站网规划工作，同时制定《水文基本站网布设原则》。

基本流量站布设原则：基本流量站网的任务是满足内插任何地点各种径流特征值（包括年径流量及其多年变化、年内径流分配、洪峰流量及洪水总量、最小流量等）的需要。按照河流控制面积的大小，3000～5000 平方公里以上的大河干流按直线原则设大河控制站，干旱区在 300～500 平方公里以下、湿润区在 100～200 平方公里以下的小河流上设小河站，其余面积的河流按照区域原则设区域代表站。

大河控制站布设原则：采用直线原则布站，以满足沿河任何地点各种径流特征值的内插。一般要求：上下两站的区间水量不少于上游站的 10%～15%；在两岸为堤防的河段上，根据洪水演进计算和预报的需要设流量站；集水面积在 5000 平方公里以上的河流，在进入河口前水量最大的地方设流量站。

区域代表站布设原则：根据气候、下垫面等自然地理因素进行水文分区，每个分区内按流域面积大小分级，选取有代表性的河流布设代表站，并尽可能选用现有测站。要求能采用各种水文资料移用方法。对无资料或少资料的河流，内插出一定精度的径流特征值。

平原水网区布站原则：水网区内河流纵横交错，水流相互贯通，流向顺逆不定，无明确的流域周界。根据水网区的特点，基本流量站的布设以掌握水网区水量平衡计算为主要原则。

1957 年，徐州地区建设基本流量站 13 处，分别为：华沂、沟上集、小官庄、新安、梁山圩、蔺家坝闸、滩上集、运河、窑湾、岔河、土山、沙庄、找沟集；降水量站 7 处，分别为：四户、庙山集、徐州、敬安集、双沟、睢宁、小王庄。

1964 年，为加强站网管理，对原定站网规划进行分析验证并做适当调整，全国进行第二次基本站网验证和调整规划。水利电力部于 5 月下发《关于调整充实水文站网的意见》，布置开展站网分析验证和修订站网调整充实规划。10 月，省水文总站根据江苏的具体情况，组织进行以区域代表站为重点的基本流量站网布站方法验证和调整充实，以及降水量站网的分析。1965 年 6 月，提出《江苏省流量站网的分析与规划报告》和《江苏省基本降水量站网的分析与规划报告》。

1965 年，徐州地区基本流量站共 19 处，分别为：华沂、新安、蔺家坝闸、解台闸、刘山闸、大阄口、滩上集、运河、窑湾、林子、单集、土山、罗王庄、秦庄、沙庄、赵庄、沛城、凌庄、小王庄；水位站 6 处，分别为：阿湖水库、城子庙、冯集、李集、五段、庆安水库。建设港上、高流、时集等降水量站共 21 处。

1977 年，全国第三次调整、充实水文站网规划，水利电力部水利司下发《关于调整充实水文站网的意见》。省水文总站结合全省实际情况，于 1979 年 3 月报送《江苏省近期水文站网调整充实规划》。在此规划中，省水文总站对全省站网进行分析论证并做充实调整。

至 1980 年，徐州地区水文站有 7 处，分别为：港上、新安、邵店、茶棚、小王庄、樱桃园、梁集；水位站 6 处，分别为：华沂（坝上）、苗圩、阿湖水库（坝上）、塔山闸（闸上游）、口头、窑湾；降水量站有 16 处，分别为：新店、高流、时集、汉王、云龙湖水库、三堡、张集、双沟、大王集、凌庄、李集、黄圩、睢宁、魏集、凌城、沙集。

1985 年，全国第四次调整水文站网发展规划，根据水电部水文司颁发《关于编制水文站网发展规划的几点意见》，省厅要求编制水利中长期规划。省水文总站组织进行水文站网情况调查，并在征求有关部门意见的基础上，进一步开展全省水文站网规划工作。此规划总的要求是：坚持服务方向，贯彻改革方针，力求使水文站网布局做到点、线、面相结合，地表水与地下水、水量与水质测验相结合，一站多用，具有江苏特色。1986 年 10 月，省厅向部水文司报送《江苏省水文站网发展规划》。1987 年徐州地区水文测站情况见表 3-4。

表 3-4 1987 年徐州地区水文测站一览表

站 类	站 名
水文站	港上、新安、运河、土山、林子、小王庄、解台闸、蔺家坝闸、沛城闸、丰县闸、李楼闸、高房集、梁集、瓦窑、毕楼、汉王
水位站	华沂（坝上）、口头、滩上集、窑湾、苗圩、阿湖水库（坝上）、城子庙、塔山闸（闸上游）、刘山闸
降水量站	郑集、柳泉、贾汪、四户、傅庄、旺庄、邳城、大庙、五孔桥、大许家、单集、八义集、庙山集、耿集、新桥、古邳、徐州、新店、堰头、时集、高流、徐鲍庄、宋楼、套楼、苗城集、孙楼、王沟、赵庄、师新庄、师寨、鹿楼、邹庄、栖山、唐楼、孟庄、安国、五段、梁寨、敬安集、沙庄、汉王、三堡、张集、双沟、大王集、凌庄、魏集、睢宁、凌城、沙集、李集、黄圩、周寨、茶棚、华山、尹小楼、蚕桑场、胡庄、杨集、归昌、葛楼、桥上、周庄、范庄、大张屯
蒸发站	新安、运河、沛城闸、高房集、梁集、汉王、毕楼
泥沙站	港上、新安、运河、土山、沛城闸、李楼闸、高房集、汉王

经过 1956 年、1964 年、1977 年和 1985 年对全国水文站网进行的 4 次大规模规划调整，至 21 世纪初叶，徐州市的站网布局基本合理，建成能掌握境内水位、流量、降水量、蒸发量等水文变化的各类观测站点，形成地表水、地下水观测相结合，

水量、水质相结合，点、线、面相结合的水文测验网络。2000年徐州水文站网布设情况见表3-5。

表3-5　2000年徐州水文站网布设一览表

站　别	站　名
水文站	港上、新安、蔺家坝闸、解台闸、运河、林子、刘集闸、丰县闸、李楼闸、沛城闸、沙集闸
水位站	华沂（坝上）、苗圩、阿湖水库（坝上）、口头、刘山闸、滩上集、窑湾
降水量站	堰头、新店、高流、时集、贾汪、柳泉、大庙、四户、五孔桥、单集、大许家、耿集、八义集、新桥、邳城闸、古邳、庙山集、徐州、赵庄、宋楼、苗城集、王沟、师新庄、师寨、城子庙、鹿楼、栖山、安国、邹庄、五段、敬安、套楼、徐鲍庙、孙楼、沙庄、孟庄、郑集、唐楼、梁寨、汉王、三堡、张集、双沟、大王集、凌庄、睢宁、魏集、凌城、黄圩、李集

注：除苗圩站外，其余水文站、水位站均设有雨量观测。

2010年，省水文局提交《江苏省水文站网规划》，对全省站网进行重新规划。同年，徐州水文站网基本站有水文站9处、水位站7处、降水量站49处。至2018年，徐州水文站网有水文站9处、水位站7处、降水量站65处、蒸发站3处等。见表3-6。

表3-6　2018年基本水文站网布设一览表

站类	站　名
水文站	港上、新安、运河、林子、刘集闸、解台闸、蔺家坝闸、沛城闸、丰县闸
水位站	窑湾、滩上集、口头、华沂（坝上）、阿湖水库（坝上）、刘山闸、苗圩
降水量站	蔺家坝闸、解台闸、郑集、柳泉、贾汪、四户、刘山闸、林子、邳城闸、滩上集、华沂、埝上、刘集闸、运河、大庙、五孔桥、大许家、单集、八义集、庙山集、耿集、新桥、古邳、徐州、新店、堰头、窑湾、新安、口头、阿湖水库、时集、高流、徐鲍庄、丰县闸、宋楼、套楼、苗城集、王沟、赵庄、师新庄、师寨、鹿楼、邹庄、栖山、唐楼、孟庄、安国、沛城闸、城子庙、五段、梁寨、敬安集、沙庄、汉王、三堡、张集、双沟、大王集、凌庄、魏集、睢宁、凌城、沙集、李集、黄圩
墒情站	丰县王沟、宋楼，沛县鹿楼、敬安，铜山单集、汉王，邳州四户，睢宁双沟、梁集，新沂棋盘、新安，贾汪小竹园
蒸发站	新安、运河、沛城闸
泥沙站	港上、新安、运河、沛城闸、丰县闸、刘集闸

二、专用水文测站

(一) 中小河流站网建设

2010 年 10 月 10 日，国务院颁布《国务院关于切实加强中小河流治理和山洪地质灾害防治若干意见》，明确要求完善防洪非工程措施，加强水文测站基础设施建设，密切监控河流汛情，提高水文监测和预报精度。根据国务院文件精神，水利部主持编制《全国中小河流治理和病险水库除险加固、山洪地质灾害防御和综合治理总体规划》。同年 11 月，根据水利部要求，江苏省水文水资源勘测局组织编制完成《江苏省中小河流治理规划水文设施建设规划》，随即上报并被纳入水利部编制的总体规划。2011 年 6 月 17 日，水利部规计司和水文局召开"全国中小河流水文监测系统建设前期工作会议"，会议对各省中小河流水文监测系统建设项目主要内容进行分解，对中小河流水文监测系统建设项目前期工作程序、时间进度及相关要求进行部署。

2018 年徐州市中小河流站情况见表 3-7。

表 3-7　2018 年徐州市中小河流站一览表

序号	行政区	站名	水文	水位	雨量
1	丰县	华山闸	√		
2		草庙涵洞		√	
3		夹河闸		√	
4		黄楼闸		√	
5		陈大庄		√	
6		赵庄闸		√	
7		梁寨		√	
8		孙楼			√
9	沛县	陈楼闸		√	
10		安庄闸		√	
11		辛庄闸		√	
12		侯阁闸	√		
13		苗洼闸	√		
14		邹庄闸		√	
15		李庙闸		√	
16		大屯			√

表3-7（续）

序号	行政区	站名	水文	水位	雨量
17	睢宁	汪庄闸		✓	
18		鲁庙闸		✓	
19		朱东闸		✓	
20		白塘河地涵	✓		
21		睢城	✓		
22		城南		✓	
23		汤集闸		✓	
24		凌城闸	✓		
25		小王庄	✓		
26		沙集西闸	✓		
27		挡洪闸		✓	
28		中渭河		✓	
29		高集		✓	
30		西倪			✓
31		睢城			✓
32	新沂	神山	✓		
33		兔墩闸		✓	
34		大沙河闸		✓	
35		黑埠闸		✓	
36		阿湖水库	✓		
37		高塘水库	✓		
38		嶂苍		✓	
39		房庄闸		✓	
40		姚庄闸	✓		
41		棋盘			✓
42	邳州	华沂闸		✓	
43		马桥	✓		
44		朝阳	✓		
45		赵墩		✓	
46		邳城闸	✓		
47		四户	✓		
48		秦口闸		✓	

表 3-7（续）

序号	行政区	站名	水文	水位	雨量
49	邳州	邹四公路		√	
50		西泇湖		√	
51		邹庄闸		√	
52		邢楼			√
53		燕子埠			√
54		炮车			√
55	徐州城区	桥上		√	
56		二堡	√		
57		马场闸		√	
58		寿山闸		√	
59		朱湾闸	√		
60		常庄闸		√	
61		瓦庄涵洞		√	
62		大庙站		√	
63		浮体闸	√		
64		东王庄闸	√		
65		李庄闸	√		
66		薛桥	√		
67		天齐闸	√		
68		九里湖		√	
69		大孤山		√	
70		丁楼闸		√	
71		周庄闸		√	
72		南望闸		√	
73		九龙湖		√	
74		紫庄			√

　　按照《江苏省中小河流治理规划水文设施建设规划》，2011—2012 年，徐州水文局编制《徐州中小河流水文监测系统实施方案》，2014 年编制《徐州市中小河流水文预报方案》。2011 年，全市布设 30 处水位站；2012—2013 年，全市布设 22 处水文站。2018 年，徐州区域内建成中小河流站 74 处，其中水文站 22 处、水位站 43 处、降水量站 9 处。

（二）城市水文站网建设

　　徐州市城市水文站点的建设是从 1992 年开始的。1992—1995 年，徐州水文局与市建委、市水利局合作，由他们负责协调投资、建设用地、工程建设手续等，水文局负责站网规划、选址、水文站网建设和运行管理。在徐州市主城区投资近 100 万元，先后建成市建委、市水利局、下淀、翟山、乔家湖、李庄、大孤山、丁楼、矿务局、市政养护处、云龙湖、南望、黄山垄、电化厂、天齐庙等 15 处降水量测报点和奎河袁桥、故黄河合群桥、云龙湖水文阁 3 处水文站点。至 2018 年，徐州市区设有水文站 7 处、水位站 7 处、降水量监测点 32 处、水质监测断面 31 处、地下水站 38 处、蒸发站 1 处。徐州水文局对徐州市区防汛需求的信息系统实施全覆盖自动化建设，改造老化的遥测设备，统一信息采集平台，降水量、水位等信息实现自动化测报。

（三）水文实验站

根据徐州市水利特点和水文特性，自 50 年代中期开始，逐步发展水文实验研究工作，设立径流站、地下水实验站和水资源实验站。

径流站：1959 年，在邳县设赵墩径流试验站，目的在于探索圩区渠道渗漏系数、地下水对沟渠的影响、排水沟的排水模数，印证河网化规格标准，为开挖河网化工程提供合理数据。同年，在铜山县五孔桥建径流试验站，设站目的在于探索山丘区的降水量径流关系，为山区治理提供水文参数。1959 年在丰县华山、1962 年在新沂窑湾均设立试验站，因设站时间短，没有测得完整成果。1976 年 6 月，在沛县设高房集小河站，探求微山湖西平原区降水量径流关系。1977 年，在高房集站附近增设杨庄小区站。1980 年 6 月，在睢宁县设樱桃园小河站，在测区内设梁集小区站，探求濉安河平原坡水区降水量径流关系。1980 年 7 月，设茶棚小河站，探求小汇水面积降水量径流关系。市郊茶棚水文站 80 年代后期撤销，沛县高房集水文站、杨庄小区站观测到 2000 年。2016 年，在徐州市奎河姚庄闸、丰县复新河丰县闸设立径流试验站，为修订《江苏省水文手册》提供水文参数。

地下水实验站：1960 年，省水文部门在沛县敬安集设地下水实验站，探讨微山湖湖西平原坡水区地下水动态变化规律和水文地质参数等；1964 年改为敬安水利实验站；1978 年撤销。1980 年 6 月，在丰县宋楼设毕楼地下水试验站（测区面积 6.05 平方公里）。1982 年 7 月，由徐州市水文分站设立周寨地下水实验站。

水资源实验站：1986 年，省水文总站与水利部北京水利水电科学研究院水资源研究所、南京水文水资源研究所协作，在铜山县汉王乡设立汉王水文水资源实验站。该站建有土壤水分运动综合测定装置和综合通量观测场等设施，研究均质土和不同地下水埋深条件下地表水、土壤水、地下水转化规律及其有关水文地质参数，并开展小流域水土保持试验研究工作。

（四）基层服务体系站网

为让水文信息更好地为地方经济社会发展服务，徐州水文局于 2015 年规划在 1 市

（邳州市）、1县（丰县）、1区（贾汪区）水利部门建设水文基层服务体系站点。建设方案于2015年9月23日行文上报省局，2015年10月15日省局批准该建设方案。接到省局批复后，徐州水文局立即对建设方案组织实施，至12月31日前全部完成，并保证2016年1月1日起正式运行。基层服务体系站点包括沙庄、师新庄、师寨、赵庄、王沟、苗城集、套楼、宋楼、徐鲍庄、梁寨、贾汪、耿集、四户、邳城闸、八义集、新桥16处雨量站。

（五）省界断面水资源监测站

2013年5月29日，水利部组织召开省界断面水资源监测站网建设工程前期工作会议，部署开展省界断面水资源监测站网建设工程项目前期工作报告编制工作。根据《水利部关于印发省界断面水资源监测站网建设总体方案的通知》及《淮河流域重要省界断面水资源监测49处水文站新建工程可行性研究报告》，2017年1—2月完成《淮河流域马兰闸、官庄闸等省界断面水资源监测站网建设江苏徐州马兰闸水文站初步设计报告》。2018年，徐州境内马兰闸、官庄闸、燕桥、新戴村4处水文站建成投入运行，监测项目包括流量、水位、降水量等。

（六）苏北供水站

2001年，江苏省苏北供水局委托省水文局进行计量监测，徐州市承担站点共6站7处，省级站有山头站，市级站有马桥、小王庄、运河、刘山南站、刘山北站。山头站监测到2005年。2018年，共有马桥、小王庄、运河、刘山南站、刘山北站5个苏北供水站。

三、地下水监测站网

50年代中期，为充分利用地下水资源灌溉、降控地下水水位防止渍害，徐州地区开始地下水观测，掌握地下水动态。1957年，首先在新安、丰县设立地下水观测井；1958年，增设运河水文站的地下水观测井；1966年，有新安、运河、解台闸、丰城、沛城、阿湖水库6处地下水井。地下水观测项目，主要包括地下水水位、水温、水质等，并选择部分测井进行抽水试验。1973—1979年，徐州市共设地下水观测井77处。

1980年3月，水利电力部下发《关于进一步开展地下水观测研究工作的意见》和《地下水观测暂行规定》等文件。根据江苏省水文总站制定的《江苏省地下水观测站网初步规划》意见，调整和增设观测井，全市共布设地下水观测井132眼。1988年5月，水电部水文司布置开展北方地下水观测井网规划工作，印发《地下水观测井网规划要点》；1990年，制定《江苏省地下水观测井网规划报告》。规划要求，布设的观测井尽可能与水文站、水位站、雨量站、水质站相结合，以便进行综合分析。同时，对现有的观测井经审定具有一定代表性、动态变化反应灵敏的，尽量予以保留。

根据以上方法规划布设后，1992 年徐州市地下水观测基本井调整为 74 眼，其中逐日井 51 眼、五日井 23 眼，观测地下水温项目的有 19 处，观测地下水质项目的有 33 处。

　　1998 年，国务院制定各部门三定方案，水利局开展深层地下水监测。按照省厅《关于开展深层地下水监测工作的通知》要求，受徐州市水利局委托，1998 年徐州市共布设深层地下水监测井 128 眼，为基本井，监测项目包括水位、埋深、水温、水质。监测井多为生产井，采用人工观测。1999 年调整为 111 眼。由于某些生产井井况稳定性差及城镇化建设，深层地下水井或淤积，或封填，2004 年深层地下水井降为 99 眼，2011 年起井数基本稳定在 80 眼左右。此后每年根据实际情况进行删减或寻找替代井，至 2018 年有深层监测井 67 眼。

　　2010 年，江苏省进行第四次地下水监测站网调整，此次调整统筹兼顾各地区区域水资源、水文地质条件等多方面因素进行综合分析。按照调整计划，徐州市对已达设站目的、丧失测站功能或已无代表性的站点进行撤销，调整后，徐州市 2010 年浅层地下水站保留站点 57 处。

　　2013 年，水利部和国土资源部共同完成《国家地下水监测工程可行性研究报告》，并报送国家发展改革委。2014 年 7 月，国家发展改革委下发《国家发展改革委关于国家地下水监测工程可行性研究报告的批复》，明确提出"该工程按照'联合规划、统一布局、分工协作、避免重复、信息共享'的原则，由水利部和国土资源部联合实施"。2015 年 11 月 12 日，江苏省水文局召开会议启动国家地下水监测工程（水利部分）江苏省监测井建设工程第 1 标段项目建设。2016 年 8 月 26 日，徐州水文局完成城区 9 处岩溶水改建监测井施工；8 月 31 日，完成 68 眼新建监测井建设，均为自动监测站。徐州地区建设国家地下水监测井共计 77 眼，其中潜水监测井 16 眼、Ⅰ 承压监测井 13 眼、Ⅱ 承压监测井 20 眼、Ⅲ 承压监测井 19 眼、岩溶水监测井 9 眼。

　　2015 年底，开工建设 16 眼省级运营维护潜井，均为自动监测站。截至 2018 年，徐州地下水自动监测井 93 眼，其中，国家地下水专用监测井 77 眼，徐州市地下水基本站网井 16 眼（浅井）；人工监测井 79 眼，其中，基本站网井 12 眼（浅井），徐州市水利局委托井 67 眼（深井），共计 172 眼。

　　2018 年徐州市地下水监测站网见表 3-8，徐州深层地下井站网见表 3-9。

表 3-8　2018 年徐州市地下水监测站网一览表

序号	站码	站名	水位	水温	监测方式	监测站类别
1	51273840	贾汪水厂（岩）	√	√	自动监测	国家站
2	51273880	塔山（潜）	√	√	自动监测	国家站
3	51273920	塔山（Ⅱ）	√	√	自动监测	国家站

表3-8（续）

序号	站码	站名	水位	水温	监测方式	监测站类别
4	51273960	苗圃3号（岩）	√	√	自动监测	国家站
5	50971360	张集（潜）	√	√	自动监测	国家站
6	50971400	虎腰（岩）	√	√	自动监测	国家站
7	50971440	铜山新城（岩）	√	√	自动监测	国家站
8	51273640	郑集（潜）	√	√	自动监测	国家站
9	51273680	东甸子（岩）	√	√	自动监测	国家站
10	51273760	道北11号（岩）	√	√	自动监测	国家站
11	50971480	汉画像石馆（岩）	√	√	自动监测	国家站
12	51273720	小山子3号（岩）	√	√	自动监测	国家站
13	51273800	矿大4号（岩）	√	√	自动监测	国家站
14	51274880	港头（潜）	√	√	自动监测	国家站
15	51274520	港头（Ⅰ）	√	√	自动监测	国家站
16	51274560	港头（Ⅱ）	√	√	自动监测	国家站
17	51274600	港头（Ⅲ）	√	√	自动监测	国家站
18	51274640	新安（Ⅰ）	√	√	自动监测	国家站
19	51274680	新安（Ⅱ）	√	√	自动监测	国家站
20	51274720	新安（Ⅲ）	√	√	自动监测	国家站
21	51274920	新店（潜）	√	√	自动监测	国家站
22	51274760	新店（Ⅰ）	√	√	自动监测	国家站
23	51274800	新店（Ⅱ）	√	√	自动监测	国家站
24	51274840	新店（Ⅲ）	√	√	自动监测	国家站
25	51274000	新河（Ⅱ）	√	√	自动监测	国家站
26	51274160	新河（Ⅲ）	√	√	自动监测	国家站
27	51274040	运河（Ⅱ）	√	√	自动监测	国家站
28	51274080	炮车（Ⅰ）	√	√	自动监测	国家站
29	51274120	炮车（Ⅱ）	√	√	自动监测	国家站
30	51274440	戴圩（潜）	√	√	自动监测	国家站
31	51274200	戴圩（Ⅱ）	√	√	自动监测	国家站
32	51274240	戴圩（Ⅲ）	√	√	自动监测	国家站
33	51274280	铁富（Ⅲ）	√	√	自动监测	国家站
34	51274320	碾庄（Ⅰ）	√	√	自动监测	国家站

表3-8(续)

序号	站码	站名	水位	水温	监测方式	监测站类别
35	51274360	碾庄(Ⅱ)	√	√	自动监测	国家站
36	51274400	碾庄(Ⅲ)	√	√	自动监测	国家站
37	51274480	碾庄(潜)	√	√	自动监测	国家站
38	51272840	宋楼(潜)	√	√	自动监测	国家站
39	51272440	宋楼(Ⅰ)	√	√	自动监测	国家站
40	51272480	宋楼(Ⅱ)	√	√	自动监测	国家站
41	51272520	宋楼(Ⅲ)	√	√	自动监测	国家站
42	51272920	凤城(潜)	√	√	自动监测	国家站
43	51272760	凤城(Ⅱ)	√	√	自动监测	国家站
44	51272800	凤城(Ⅲ)	√	√	自动监测	国家站
45	51272880	顺河(潜)	√	√	自动监测	国家站
46	51272640	顺河(Ⅰ)	√	√	自动监测	国家站
47	51272680	顺河(Ⅱ)	√	√	自动监测	国家站
48	51272720	顺河(Ⅲ)	√	√	自动监测	国家站
49	51272560	王沟(Ⅱ)	√	√	自动监测	国家站
50	51272600	王沟(Ⅲ)	√	√	自动监测	国家站
51	51273160	河口(Ⅱ)	√	√	自动监测	国家站
52	51273200	河口(Ⅲ)	√	√	自动监测	国家站
53	51273480	龙固(潜)	√	√	自动监测	国家站
54	51273520	龙固(Ⅰ)	√	√	自动监测	国家站
55	51272960	龙固(Ⅱ)	√	√	自动监测	国家站
56	51273000	龙固(Ⅲ)	√	√	自动监测	国家站
57	51273040	鹿楼(Ⅰ)	√	√	自动监测	国家站
58	51273080	鹿楼(Ⅱ)	√	√	自动监测	国家站
59	51273120	鹿楼(Ⅲ)	√	√	自动监测	国家站
60	51273560	五段(潜)	√	√	自动监测	国家站
61	51273240	五段(Ⅰ)	√	√	自动监测	国家站
62	51273280	五段(Ⅱ)	√	√	自动监测	国家站
63	51273320	五段(Ⅲ)	√	√	自动监测	国家站
64	51273600	沛城(潜)	√	√	自动监测	国家站
65	51273360	沛城(Ⅰ)	√	√	自动监测	国家站

徐州市水文志 (1912—2018)

表3-8(续)

序号	站码	站名	水位	水温	监测方式	监测站类别
66	51273400	沛城(Ⅱ)	√	√	自动监测	国家站
67	51273440	沛城(Ⅲ)	√	√	自动监测	国家站
68	50971880	睢城(潜)	√	√	自动监测	国家站
69	50971800	睢城(Ⅰ)	√	√	自动监测	国家站
70	50971840	睢城(Ⅱ)	√	√	自动监测	国家站
71	50971520	梁集(Ⅰ)	√	√	自动监测	国家站
72	50971560	梁集(Ⅱ)	√	√	自动监测	国家站
73	50971600	梁集(Ⅲ)	√	√	自动监测	国家站
74	50971760	凌城(潜)	√	√	自动监测	国家站
75	50971720	凌城(Ⅲ)	√	√	自动监测	国家站
76	50971640	双沟(潜)	√	√	自动监测	国家站
77	50971680	桃园(Ⅲ)	√	√	自动监测	国家站
78	51274421	林子(潜)	√	√	自动监测	省级站
79	51274631	新安(潜)	√	√	自动监测	省级站
80	51272901	沙庄(潜)	√	√	自动监测	省级站
81	51272861	毕楼(潜)	√	√	自动监测	省级站
82	51272821	梁寨(潜)	√	√	自动监测	省级站
83	51273581	张庄(潜)	√	√	自动监测	省级站
84	51273661	何桥(潜)	√	√	自动监测	省级站
85	50971501	梁集(潜)	√	√	自动监测	省级站
86	50971791	李集(潜)	√	√	自动监测	省级站
87	51274061	炮车(潜)	√	√	自动监测	省级站
88	51274461	议堂(潜)	√	√	自动监测	省级站
89	51274471	占城(潜)	√	√	自动监测	省级站
90	51274901	邵店(潜)	√	√	自动监测	省级站
91	51274871	徐塘(潜)	√	√	自动监测	省级站
92	51274911	棋盘(潜)	√	√	自动监测	省级站
93	50971671	王集(潜)	√	√	自动监测	省级站
94	010107	宁庄	√		人工监测	省级站
95	010110	祝楼	√★		人工监测	省级站
96	010113	师寨	√★		人工监测	省级站

表3-8(续)

序号	站码	站名	水位	水温	监测方式	监测站类别
97	010126	尹小楼	√		人工监测	省级站
98	010156	赵庄	√★		人工监测	省级站
99	010227	栖山	√★		人工监测	省级站
100	010232	鸳楼	√		人工监测	省级站
101	010320	三堡	√		人工监测	省级站
102	010323	吴邵	√		人工监测	省级站
103	010324	大许	√		人工监测	省级站
104	010326	夏庄	√	√	人工监测	省级站
105	010329	桃园	√★		人工监测	省级站

注：人工监测站水位栏标注"√★"为五日水位，其余为逐日水位。

表3-9 2018年徐州深层地下井站网一览表

序号	站码	站名	水位	水温	监测方式	监测站类别
1	51270002	铝厂3号	√		人工监测	地方委托
2	51270003	小山子村	√		人工监测	地方委托
3	51270004	铝厂1号	√		人工监测	地方委托
4	51270007	郭庄2号	√		人工监测	地方委托
5	51270009	丁楼水厂	√		人工监测	地方委托
6	51270010	七里沟水厂	√		人工监测	地方委托
7	51270011	陶楼	√		人工监测	地方委托
8	51271001	沙庄	√		人工监测	地方委托
9	51271002	常店	√		人工监测	地方委托
10	51271003	赵庄	√		人工监测	地方委托
11	51271009	大沙河	√		人工监测	地方委托
12	51271010	梁寨	√		人工监测	地方委托
13	51271013	宋楼	√		人工监测	地方委托
14	51271014	孙楼	√		人工监测	地方委托
15	51271015-0	酒厂	√		人工监测	地方委托
16	51271016	二中宿舍	√		人工监测	地方委托
17	51273001	龙东矿	√		人工监测	地方委托

表3-9（续）

序号	站码	站名	水位	水温	监测方式	监测站类别
18	51273002	王三庄	√		人工监测	地方委托
19	51273003	李桥	√		人工监测	地方委托
20	51273004	郝寨	√		人工监测	地方委托
21	51273005	甄庙	√		人工监测	地方委托
22	51273006	棉纺厂	√		人工监测	地方委托
23	51273007	炭化厂	√		人工监测	地方委托
24	51273008	化工厂	√		人工监测	地方委托
25	51273009	党校	√		人工监测	地方委托
26	51273012	吴河	√		人工监测	地方委托
27	51273013	张庄	√		人工监测	地方委托
28	51273014	汪楼	√		人工监测	地方委托
29	51273015	雨佳服饰厂	√		人工监测	地方委托
30	51275001	马坡镇	√		人工监测	地方委托
31	51275002	黄集水厂	√		人工监测	地方委托
32	51275004	刘集	√		人工监测	地方委托
33	51275005	彭城电厂	√		人工监测	地方委托
34	51275006	茅村电厂	√		人工监测	地方委托
35	51275007	新河	√		人工监测	地方委托
36	51275008	大黄山	√		人工监测	地方委托
37	51275010	大许镇	√		人工监测	地方委托
38	51275011	高营	√		人工监测	地方委托
39	51275012	张集	√		人工监测	地方委托
40	51275013	伊庄	√		人工监测	地方委托
41	51275014	吴桥	√		人工监测	地方委托
42	51275015	利国镇	√		人工监测	地方委托
43	51275016	郑集镇	√		人工监测	地方委托
44	51275017	新区	√		人工监测	地方委托
45	51275018	房村	√		人工监测	地方委托
46	51270501	江庄	√		人工监测	地方委托
47	51270502	青山泉	√		人工监测	地方委托
48	51270503	大吴	√		人工监测	地方委托

表3-9(续)

序号	站码	站名	水位	水温	监测方式	监测站类别
49	51270504	塔山	√		人工监测	地方委托
50	51270506	九三	√		人工监测	地方委托
51	51270507	丁四	√		人工监测	地方委托
52	51270508	汴塘	√		人工监测	地方委托
53	51277001	刘店	√		人工监测	地方委托
54	51277004	魏集	√		人工监测	地方委托
55	51277005	睢城	√		人工监测	地方委托
56	51277006	睢宁饭店	√		人工监测	地方委托
57	51277009	刘场	√		人工监测	地方委托
58	51277012	黄圩	√		人工监测	地方委托
59	51277003-0	王集	√		人工监测	地方委托
60	51279001	四户	√		人工监测	地方委托
61	51279002	车辐山	√		人工监测	地方委托
62	51279004	生墩	√		人工监测	地方委托
63	51279005	邮电仓库	√		人工监测	地方委托
64	51279007	粮管所	√		人工监测	地方委托
65	51278001	徐塘	√		人工监测	地方委托
66	51278007	棋盘	√		人工监测	地方委托
67	51278008	唐店	√		人工监测	地方委托

注：深层井均为15日监测井。

四、水质监测站网

(一) 地表水质监测站网

1959年，徐州水文部门建立水化学分析化验室，进行河湖水化学成分和地下水化学成分的化验分析工作。1973年，正式开展水化学监测工作。1975年，针对各类水体遭受污染状况，由原来水化学分析站网调整为水质污染监测站网，徐州地区开始以徐州市区奎河、故黄河和京杭大运河等主要污染河段设置监测站网，以后由点到面逐年推开。1978年，按照国务院环办、水电部通知和淮委对水质监测站网规划要求，江苏省制定《江苏省主要河、湖（库）水质监测站网规划》。根据规划，徐州地区共布设水质监测站点20处，其中基本站7处，辅助站13处。7处基本站为复兴河丰县、沿河沛城（沿）、奎河徐州（奎）、不牢河蔺家坝闸（上）、不牢河徐州（孟家沟）、不牢河解台闸（上、下）、中运河邳县。见表 3-10。1982 年，共设置污染监测断面 22 处，监测的河段、水库达 19 处。全区 8 县 2 市（包括东海、赣榆县和连云港市）县城城区河道，主要湖、库基本上被控制起来，同时对主要工业污染源也进行监测。

表 3-10　1978 年徐州市水质站网一览表

序号	站类	河名	站名	序号	站类	河名	站名
1	基本站	复兴河	丰县	11	辅助站	新沭河	石梁河水库
2		沿河	沛城（沿）	12		城河	东海
3		奎河	徐州（奎）	13		厚镇河	安峰山水库
4		不牢河	蔺家坝闸（上）	14		临洪河	连云港（临）
5		不牢河	徐州（孟家沟）	15		盐河	连云港（盐）
6		不牢河	解台闸（上、下）	16		专口河	小塔山水库
7		中运河	邳县	17		专口河	赣榆
8	辅助站	微山湖	沛城（微）	18		小滩河	睢宁
9		引河	新安（引）	19		故黄河	庆云桥
10		老沭河	新安（老）	20		沂河	港上

1990 年，共有地表水质监测站 39 处。其中，全国重点站 2 处，基本站 5 处，辅助站 19 处，专用站 13 处。1991 年，在全市主要河道设立新安、港上、林子、合沟、蔺家坝闸站 5 个水质动态监测哨。1996 年，对徐州市小沿河集中式水源地站点开展定期水质监测。从 1997 年开始，每年两次对市域内淮河流域重点入河排污口进行监测，监测排污口 60 个左右。

2002 年，省局下达给徐州的地表水站有 21 处，其中国家重点站 2 处，国家水资源站 8 处，省控站 11 处。根据省厅印发的水资源保护规划编制技术大纲要求，徐州水文局对徐州境内 23 条河流划设了 46 个水功能区，并于 2003 年获省政府批复。2003 年 7 月，开展重点水功能区监测，共设重点水功能区水质监测站点 45 处。2004 年，对徐州市水质站网进行优化调整，使国家重点站、水资源代表站、省控站、重点功能区站等有机结合。2005 年，水质监测站由 2002 年的 21 处调整到 52 处，基本做到了骨干河流有国家重点站、水资源代表站、省控站，省市边界河道有控制断面，供水水源地有常规站，重点功能区站网能满足水行政主管部门的要求。见表 3-11。

表 3-11 2005 年徐州市水质监测站网一览表

序号	站名	河流	所属水功能区	设站时间	属性	测次	备注
1	蔺家坝闸上	京杭运河	运河徐州调水保护区	1990 年 1 月	国控站	12	√
2	蔺家坝闸下	不牢河	不牢河徐州调水保护区	1975 年 9 月	国控站	12	√,*,$
3	荆山桥	不牢河	不牢河徐州调水保护区	1975 年 6 月	国控站	12	√,#
4	解台闸上	不牢河	不牢河徐州调水保护区	1975 年 6 月	国控站	12	√,*,$
5	解台闸下	不牢河	不牢河徐州调水保护区	1990 年 1 月	国控站	12	√,&
6	邳州	中运河	中运河徐州调水保护区	1975 年 6 月	国控站	12	√,#,$
7	新安（老）	老沭河	老沭河新沂市景观娱乐用水区	1977 年 4 月	国控站	12	√,#
8	沛城	沿河	沿河沛县景观娱乐用水区	1979 年 1 月	国控站	12	√,#,$
9	老猫桥	故黄河	故黄河徐州景观娱乐用水区	1982 年 5 月	省控站	4	
10	十里铺闸下	奎河	奎河徐州排污控制区	1982 年 1 月	省控站	4	
11	濉河桥	小濉河		1978 年 6 月	省控站	4	
12	云龙湖东	云龙湖		1993 年 5 月	省控站	4	
13	云龙湖西	云龙湖		1993 年 5 月	省控站	4	
14	庆安水库	庆安水库		1977 年 6 月	省控站	4	
15	山头桥	中运河	中运河徐州调水保护区	2003 年 7 月		12	
16	张楼	中运河	中运河徐州调水保护区	2003 年 7 月		12	
17	窑湾	中运河	中运河徐州调水保护区	1986 年 1 月	省控站	12	
18	三湾	中运河	中运河徐州调水保护区	2003 年 7 月		12	
19	骆马湖湖中	骆马湖	骆马湖调水保护区	2003 年 7 月		12	
20	小沿河取水口	小沿河	运河徐州调水保护区	2004 年 3 月	省控站	12	
21	洞山西	不牢河	不牢河徐州调水保护区	2003 年 7 月		12	
22	刘山闸上	不牢河	不牢河徐州调水保护区	1986 年 1 月	省控站	12	
23	复新河省界	复新河	复新河上游丰县保留区	2003 年 7 月		6	
24	陈楼桥	复新河	复新河上游丰县保留区	1978 年 11 月	省控站	6	

表3-11(续)

序号	站名	河流	所属水功能区	设站时间	属性	测次	备注
25	丰县闸下	复新河	复新河丰县排污控制区	1978 年 11 月	省控站	6	
26	沙庄桥	复新河	复新河苏鲁缓冲区	2003 年 7 月		12	
27	夹河闸上	大沙河	大沙河丰县饮用水水源、渔业、农业用水区	1978 年 9 月	省控站	6	
28	大沙河入湖口	大沙河	大沙河苏鲁缓冲区	2003 年 7 月		12	
29	沿河口	沿河	沿河苏鲁缓冲区	1993 年 5 月	省控站	12	
30	房亭河徐海公路桥	房亭河	房亭河徐州邳州调水保护区	2003 年 7 月		12	
31	大庙闸下	房亭河	房亭河徐州邳州调水保护区	1978 年 11 月	省控站	12	
32	单集闸下	房亭河	房亭河徐州邳州调水保护区	2003 年 7 月		12	
33	刘集闸上	房亭河	房亭河徐州邳州调水保护区	1999 年 6 月	省控站	12	
34	周庄闸上	故黄河	故黄河皖苏缓冲区	2003 年 7 月		12	
35	和平桥	故黄河	故黄河徐州市景观利用区	2004 年 12 月		6	
36	沙集闸上	徐洪河	徐洪河睢宁调水保护区	1997 年 1 月	省控站	12	
37	小王庄	徐洪河	徐洪河睢宁调水保护区	2003 年 7 月		12	
38	港上	沂河	沂河鲁苏缓冲区	1978 年 9 月	省控站	12	
39	沂河徐海公路桥	沂河	沂河新沂农业用水区	2004 年 12 月		6	
40	姚庄闸上	白马河	白马河鲁苏缓冲区	2003 年 7 月		12	
41	陇海铁路桥	老沭河	老沭河鲁苏缓冲区	2004 年 12 月		12	
42	王庄闸上	老沭河	老沭河新沂市排污控制区	2004 年 12 月		6	
43	黄桥闸下	奎河	奎河苏皖缓冲区	2003 年 7 月		12	
44	徐沙河104公路桥	徐沙河	徐沙河睢宁保留区	2003 年 7 月		6	
45	林子东	邳苍分洪道	邳苍分洪道鲁苏缓冲区	2003 年 7 月		12	

表3-11（续）

序号	站名	河流	所属水功能区	设站时间	属性	测次	备注
46	林子西	邳苍分洪道	邳苍分洪道鲁苏缓冲区	2003 年 7 月		12	
47	东泇河省界	东泇河	东泇河鲁苏缓冲区	2003 年 7 月		12	
48	汶河省界	汶河	汶河鲁苏缓冲区	2003 年 7 月		12	
49	西泇河省界	西泇河	西泇河鲁苏缓冲区	2003 年 7 月		12	
50	黄泥沟310公路桥	黄泥沟	黄泥沟鲁苏缓冲区	2003 年 7 月		12	
51	沙沟河310公路桥	沙沟河	省际区	2003 年 7 月		6	
52	燕子河310公路桥	燕子河	省际区	2003 年 7 月		6	

注：打"＊"为《全国水环境状况通报》站点；打"♯"为《全国水资源公报》和《中国水资源质量年报》站点；打"＆"为生活饮用水源区站点；打"√"为第一、二批重点水功能区水质监测站点；打"＄"为淮河流域重点水功能区水资源质量监测站点。

2008 年 4 月，江苏省沭河新安水质水量自动监测站土建及附属设施实施方案获省局批复，2009 年 7 月竣工验收，徐州水文系统第一个水质自动监测站建成并投入运行。2009 年，开展 46 个地表水功能区水质全覆盖监测，全市共设水功能区水质监测站点 73 个，其他水质站点 6 个，合计 79 个。见表 3-12。

表 3-12 2009 年徐州市水质监测站网一览表

序号	站名	河流（湖库）	位置	测次	设站时间
1	云龙湖东	云龙湖	徐州市湖北办事处滨湖公园	12	1993 年 5 月 1 日
2	云龙湖西	云龙湖	徐州市湖北办事处湖中路	12	1993 年 5 月 1 日
3	袁桥闸	奎河	徐州市云龙区袁桥闸上	12	1975 年 6 月 1 日
4	十里铺闸下	奎河	铜山县三堡镇羊山头村	12	1982 年 1 月 1 日
5	黄桥闸下	奎河	铜山县三堡镇黄桥闸下	12	2003 年 7 月 1 日
6	沙集闸上	徐洪河	睢宁县沙集镇	12	1997 年 1 月 1 日
7	八议公路桥	徐洪河	邳州市八路镇大王村	2	2009 年 3 月 15 日
8	徐沙河104公路桥	徐沙河	睢宁县睢城镇岗头村	12	2003 年 7 月 1 日
9	睢邱公路桥	徐沙河	睢宁县睢城镇方庄	2	2009 年 3 月 15 日
10	高邱公路桥	徐沙河	睢宁县高作镇农科站	2	2009 年 3 月 15 日

表3-12(续)

序号	站名	河流(湖库)	位置	测次	设站时间
11	小王庄	徐洪河	宿豫县龙河镇大卢村	12	2003年7月1日
12	庆安水库	庆安水库	睢宁县庆安镇庆安村	12	1977年6月1日
13	港上	沂河	邳县港上镇港上村	12	1978年9月1日
14	华沂桥	沂河	新沂市合沟镇华沂村	2	2009年3月15日
15	沂河徐海公路桥	沂河	徐州市新沂草桥镇	12	2004年12月1日
16	姚庄闸上	白马河	邳州市合沟镇姚庄	12	2003年7月1日
17	骆马湖区(北)	骆马湖	新沂市草桥镇苗圩湖里	12	2006年1月1日
18	骆马湖区(西)	骆马湖	新沂市窑湾镇三湾湖里	12	2006年1月1日
19	骆马湖(C1北)	骆马湖	江苏省宿豫县朱圩子村西	4	2009年9月2日
20	骆马湖(C2北)	骆马湖	江苏省新沂市滨湖湖里航道内	4	2009年9月5日
21	骆马湖(B1东)	骆马湖	江苏省新沂市滨湖湖里	4	2009年9月4日
22	骆马湖(A1北)	骆马湖	江苏省宿豫县西吴宅村东	4	2009年9月3日
23	陇海铁路桥	老沭河	新沂市新安镇	12	2004年12月1日
24	新安(老)	老沭河	新沂市新安镇	12	1977年4月1日
25	塔山闸上	老沭河	新沂市唐店镇山前	2	2009年3月15日
26	王庄闸上	老沭河	老沭河王庄闸	12	2004年12月1日
27	邵店桥	老沭河	新沂市邵店镇邵店桥	2	2003年4月1日
28	山头桥	大运河	邳州市戴庄镇山头村	12	2003年7月1日
29	邳州	中运河	邳州市运河镇远河水文站	12	1975年6月1日
30	张楼	大运河	邳州市运河镇张楼村	12	2003年7月1日
31	窑湾	中运河	新沂市窑湾镇渡口	12	1986年1月1日
32	三湾	大运河	新沂市窑湾镇三湾	12	2003年7月1日
33	李集涵洞	顺堤河	沛县沛城镇三座楼村	2	2009年3月15日
34	蔺家坝翻水站	顺堤河	铜山县柳新镇闫大庄村	2	2009年3月15日
35	小沿河取水口	小沿河	铜山县柳新镇蔺家坝闸上	12	1990年1月1日
36	蔺家坝闸上	运河	铜山县柳新镇蔺家坝闸上	12	1990年1月1日
37	蔺家坝闸下	不牢河	铜山县柳新乡蔺家坝闸下	12	1975年9月1日

表3-12（续）

序号	站名	河流（湖库）	位置	测次	设站时间
38	丰乐	运河	沛县大屯镇丰乐村	2	2009 年 3 月 16
39	洞山西	不牢河	徐州市鼓楼区朱庄	12	2003 年 7 月 1 日
40	荆山桥	不牢河	徐州市金山桥开发区荆山舟桥连	12	1975 年 6 月 1 日
41	解台闸上	不牢河	徐州市贾汪区大吴镇解台闸	12	1975 年 6 月 1 日
42	解台闸下	不牢河	徐州市贾汪区大吴镇解台闸	12	1990 年 1 月 1 日
43	刘山闸上	不牢河	邳州市宿羊山镇刘山闸	12	1986 年 1 月 1 日
44	复新河省界	复新河	丰县刘王楼镇	12	2003 年 7 月 1 日
45	陈楼桥	复新河	丰县孙楼镇陈楼村	12	2003 年 1 月 1
46	丰城闸下	复新河	徐州市丰县丰城闸	12	1978 年 11 月 1 日
47	丰城闸上	复新河	丰县城关镇刘庄村	2	2009 年 3 月 15 日
48	李楼闸下	复新河	丰县常店镇李楼村	2	2009 年 3 月 15
49	沙庄桥	复新河	丰县沙庄镇沙庄	12	2003 年 7 月 1 日
50	夹河闸上	大沙河	丰县大沙河镇夹河闸	12	2003 年 1 月 1 日
51	华山闸上	大沙河	丰县华山镇芦楼村	2	2009 年 3 月 15 日
52	大沙河入湖口	大沙河	沛县龙固镇城子庙村	12	2003 年 7 月 1 日
53	张桥	沿河	沛县沛城镇张桥	2	2009 年 3 月 15 日
54	正阳桥	沿河	沛县沛城镇东关村	2	2009 年 3 月 15 日
55	沛城	沿河	沛县城关镇李园村	12	1979 年 1 月 1 日
56	外环桥	沿河	沛县沛城镇前滩村	2	2009 年 3 月 15 日
57	沿河口	沿河	沛县沛城镇李集村沿河闸管所	12	1993 年 5 月 1 日
58	梁寨闸上	郑集河	丰县梁寨镇	2	2009 年 3 月 15 日
59	沿湖桥	郑集河	铜山县柳新镇沿湖入湖口	2	2009 年 3 月 15 日
60	房亭河徐海公路桥	房亭河	徐州市鼓楼区大庙镇	12	2003 年 7 月 1 日

表3-12（续）

序号	站名	河流（湖库）	位置	测次	设站时间
61	大庙闸下	房亭河	徐州市鼓楼区大庙镇	12	1999年11月1日
62	单集闸下	房亭河	铜山县单集镇	12	2003年7月1日
63	刘集闸上	房亭河	邳州八路镇刘集村	12	1999年6月1日
64	周庄闸上	故黄河	铜山县大彭镇沙塘	12	2003年7月1日
65	丁楼闸上	故黄河	徐州市九里区火花丁楼	2	2009年3月15日
66	黄河西闸上	故黄河	睢宁县古邳镇戴楼村	2	2009年3月15日
67	和平桥	故黄河	徐州市云龙区和平桥	12	2004年12月1日
68	邳苍公路桥西泓	邳苍分公道	邳州市邹庄镇鲍庄村	12	2009年3月15日
69	邳苍公路桥东泓	邳苍分公道	邳州市邹庄镇大杜家	12	2009年3月15日
70	林子东	邳苍分公道	邳州市岔河镇林子	12	2003年7月1日
71	林子西	邳苍分洪道	邳州市岔河镇林子	12	2003年7月1日
72	东泇河省界	东泇河	邳州市邹庄镇孙滩	12	2003年7月1日
73	汶河省界	汶河	邳州市四户镇四户	12	2003年7月1日
74	西泇河省界	西泇河	邳州市四户镇四户	12	2003年7月1日
75	黄泥沟310公路桥	黄泥沟	邳州市铁富镇小新庄	12	2003年7月1日
76	沙沟河310公路桥	沙沟河	邳州市铁富镇朱红埠	12	2003年7月1日
77	邳城闸上	城河	邳州市邳城镇城东村	2	2009年3月15日
78	武河310公路桥	武河	邳州市铁富镇连防		2008年1月1日
79	人民新河310公路桥	人民新河	邳州市铁富镇连防		2008年1月1日

2011年，淮河流域机构增加了武河鲁苏缓冲区、沙沟河鲁苏缓冲区、白家沟鲁苏缓冲区，全市地表水功能区增加至49个，水质监测站点76个。2014年12月，省政府批复同意丰县大沙河地表水功能区区划调整，将大沙河沛县丰县农业用水区调整为两个水功能区，分别为大沙河丰县饮用水源保护区（夹河闸—华山闸）和大沙河沛县丰县农业用水区（华山闸—沛县龙固），全市地表水功能区增加为50个。2017年1月，集中式水源地增加庆安水库、徐州市二水厂取水口、新沂水厂取水口、沛县水厂取水口和丰县水厂取水口等5个监测站点，每月监测两次。2017年徐州市新增13个地表水

功能区，全市地表水功能区总数为 63 个，同时对 63 个水功能区 92 个水质监测站点开展全覆盖监测。截至 2018 年，徐州市地表水功能区水质站 91 个（含 2 个水源地站点），省界河道 1 个，集中式水源地水质站 4 个，合计 96 个。见表 3 - 13。

表 3 - 13　2018 年徐州市水质监测站网一览表

序号	测站名称	测站等级	河流	县级行政区	建站年月
1	云龙湖东	省级水功能区	云龙湖	泉山区	1993 年 5 月
2	云龙湖西	省级水功能区	云龙湖	泉山区	1993 年 5 月
3	九里湖东	省级水功能区	九里湖	泉山区	2011 年 8 月
4	九里湖西	省级水功能区	九里湖	泉山区	2011 年 8 月
5	大龙湖	省级水功能区	大龙湖	云龙区	2011 年 8 月
6	袁桥闸	省级水功能区	奎河	云龙区	1975 年 6 月
7	十里铺闸下	省级水功能区	奎河	铜山区	1982 年 1 月
8	苗山闸上	省级水功能区	闸河	铜山区	2017 年 1 月
9	黄桥闸下	省级水功能区	奎河	铜山区	2003 年 7 月
10	沙集闸上	省级水功能区	徐洪河	睢宁县	1997 年 1 月
11	八议公路桥	省级水功能区	徐洪河	睢宁县	2009 年 3 月
12	徐沙河 104 公路桥	省级水功能区	徐沙河	睢宁县	2003 年 7 月
13	睢邱公路桥	省级水功能区	徐沙河	睢宁县	2009 年 3 月
14	高邱公路桥	省级水功能区	徐沙河	睢宁县	2009 年 3 月
15	小王庄	省级水功能区	徐洪河	睢宁县	2003 年 7 月
16	庆安水库	省级水功能区、集中式水源地	庆安水库	睢宁县	1977 年 6 月
17	港上	省级水功能区	沂河	邳州市	1978 年 9 月
18	华沂桥	省级水功能区	沂河	新沂市	2009 年 3 月
19	沂河徐海公路桥	省级水功能区	沂河	新沂市	2004 年 12 月
20	郓楼桥	省级水功能区	白马河	邳州市	2003 年 7 月

表3-13(续)

序号	测站名称	测站等级	河流	县级行政区	建站年月
21	骆马湖区（北）	省级水功能区、省管湖泊	骆马湖	新沂市	2006年1月
22	骆马湖区（西）	省级水功能区、省管湖泊	骆马湖	新沂市	2006年1月
23	骆马湖（C1北）	省级水功能区、省管湖泊	骆马湖	新沂市	2009年9月
24	骆马湖（C2北）	省级水功能区、省管湖泊	骆马湖	新沂市	2009年9月
25	骆马湖（B1东）	省级水功能区、省管湖泊	骆马湖	新沂市	2009年9月
26	骆马湖（A1北）	省级水功能区、省管湖泊	骆马湖	新沂市	2009年9月
27	李庄桥	省级水功能区	老沭河	新沂市	2004年12月
28	新安（老）	省级水功能区	老沭河	新沂市	1977年4月
29	高塘水库	省级水功能区	沭河	新沂市	1993年5月
30	阿湖水库	省级水功能区	沭河	新沂市	1993年5月
31	塔山闸上	省级水功能区	老沭河	新沂市	2009年3月
32	王庄闸上	省级水功能区	老沭河	新沂市	2004年12月
33	邵店桥	省级水功能区	老沭河	新沂市	2003年4月
34	福运码头	省级水功能区	大运河	邳州市	2003年7月
35	邳州	省级水功能区	中运河	邳州市	1975年6月
36	张楼	省级水功能区	大运河	邳州市	2003年7月
37	窑湾	省级水功能区	中运河	新沂市	1986年1月
38	三湾	省级水功能区	大运河	新沂市	2003年7月
39	李集涵洞	省级水功能区	顺堤河	沛县	2009年3月
40	蔺家坝翻水站	省级水功能区	顺堤河	铜山区	2009年3月
41	小沿河取水口	省级水功能区、集中式水源地	小沿河	铜山区	1990年1月
42	蔺家坝闸上	省级水功能区	运河	铜山区	1990年1月
43	蔺家坝闸下	省级水功能区	不牢河	铜山区	1975年9月
44	丰乐	省级水功能区	运河	沛县	2009年3月

表3-13（续）

序号	测站名称	测站等级	河流	县级行政区	建站年月
45	洞山西	省级水功能区	不牢河	鼓楼区	2003 年 7 月
46	西朱大桥	省级水功能区	不牢河	鼓楼区	1975 年 6 月
47	解台闸上	省级水功能区	不牢河	贾汪区	1975 年 6 月
48	解台闸下	省级水功能区	不牢河	贾汪区	1990 年 1 月
49	刘山闸上	省级水功能区	不牢河	邳州市	1986 年 1 月
50	华楼桥	省级水功能区	复新河	丰县	2003 年 7 月
51	陈楼桥	省级水功能区	复新河	丰县	2003 年 1 月
52	丰城闸下	省级水功能区	复新河	丰县	1978 年 11 月
53	丰城闸上	省级水功能区	复新河	丰县	2009 年 3 月
54	李楼闸下	省级水功能区	复新河	丰县	2009 年 3 月
55	复新闸上	省级水功能区	复新河	丰县	2003 年 7 月
56	潘安湖	省级水功能区	潘安湖	贾汪区	2017 年 1 月
57	督公湖	省级水功能区	督公湖	贾汪区	2017 年 1 月
58	二坝桥	省级水功能区	大沙河	丰县	2003 年 1 月
59	华山闸上	省级水功能区	大沙河	丰县	2009 年 3 月
60	程子庙村	省级水功能区	大沙河	沛县	2003 年 7 月
61	丰沛公路桥	省级水功能区	大沙河	沛县	2015 年 4 月
62	张桥	省级水功能区	沿河	沛县	2009 年 3 月
63	正阳桥	省级水功能区	沿河	沛县	2009 年 3 月
64	沛城	省级水功能区	沿河	沛县	1979 年 1 月
65	外环桥	省级水功能区	沿河	沛县	2009 年 3 月
66	李集桥	省级水功能区	沿河	沛县	1993 年 5 月
67	梁寨闸上	省级水功能区	郑集河	丰县	2009 年 3 月
68	沿湖桥	省级水功能区	郑集河	铜山区	2009 年 3 月
69	房亭河徐海公路桥	省级水功能区	房亭河	鼓楼区	2003 年 7 月
70	大庙闸下	省级水功能区	房亭河	鼓楼区	1999 年 11 月
71	罗堂桥	省级水功能区	邳洪河	邳州市	2017 年 1 月

表3-13（续）

序号	测站名称	测站等级	河流	县级行政区	建站年月
72	单集闸下	省级水功能区	房亭河	铜山区	2003 年 7 月
73	刘集闸上	省级水功能区	房亭河	邳州市	1999 年 6 月
74	丰黄路涵洞	省级水功能区	故黄河	丰县	2017 年 1 月
75	三大家闸	省级水功能区	故黄河	铜山区	2003 年 7 月
76	丁楼闸上	省级水功能区	故黄河	泉山区	2009 年 3 月
77	吕梁湖	省级水功能区	吕梁湖	铜山区	2017 年 1 月
78	黄河西闸上	省级水功能区	故黄河	睢宁县	2009 年 3 月
79	和平桥	省级水功能区	故黄河	云龙区	2004 年 12 月
80	呦山北桥	省级水功能区	邳苍分洪道	邳州市	2009 年 3 月
81	古宅北桥	省级水功能区	邳苍分洪道	邳州市	2009 年 3 月
82	林子东	省级水功能区	邳苍分洪道	邳州市	2003 年 7 月
83	林子西	省级水功能区	邳苍分洪道	邳州市	2003 年 7 月
84	汤家桥	省级水功能区	东泇河	邳州市	2003 年 7 月
85	道口桥	省级水功能区	汶河	邳州市	2003 年 7 月
86	半步丫闸	省级水功能区	西泇河	邳州市	2003 年 7 月
87	吕家北桥	省级水功能区	黄泥沟	邳州市	2003 年 7 月
88	小红圈	省级水功能区	沙沟河	邳州市	2003 年 7 月
89	邳城闸上	省级水功能区	城河	邳州市	2009 年 3 月
90	小红圈土楼桥	省级水功能区	武河	邳州市	2008 年 1 月
91	北王庄桥	省级水功能区	白家沟	邳州市	2011 年 1 月
92	人民新河 310 公路桥	省界河道	人民新河	邳州市	2008 年 1 月
93	徐州市二水厂取水口	集中式水源地	骆马湖	新沂市	2017 年 1 月
94	新沂水厂取水口	集中式水源地	骆马湖	新沂市	2017 年 1 月
95	沛县水厂取水口	集中式水源地	微山湖	沛县	2017 年 1 月
96	丰县水厂取水口	集中式水源地	大沙河	丰县	2017 年 1 月

（二）地下水质监测站网

1980 年 5 月，首次开展地下水水质普查和监测工作。之后，每年定期开展徐州地区地下水水质监测工作，监测站点 40 个。2000 年，进行水质站网优化调整，此后每年定期监测的水质井为 31 眼，其中，丰县 6 眼、沛县 5 眼、铜山 5 眼、睢宁 5 眼、邳州 6 眼、新沂 3 眼、市区 1 眼。2002 年，省局下达徐州的地下水站点有 34 处，其中，浅层地下水站点 15 处、深层地下水站点 19 处。2015 年，为加强水资源管理，省水文局要求增加浅层地下水监测站点，地下水监测站点增加到 71 处，其中，浅层地下水站点 54 处、深层地下水站点 17 处。2018 年，开展国家地下水监测工程水质监测工作，徐州水文局承担了徐州市境内 75 眼国家地下水井水质监测采样工作和部分常规指标的水质监测工作。

第三节　基础设施建设与技术

一、基础设施建设

90 年代之前，徐州水文基础设施建设项目极少，水文基建投资都是零星维修养护，维持正常生产，水文观测设施建设技术及规模都较落后。进入 90 年代，省水利厅认识到水文工作的重要性，同时感觉到水文基础设施建设滞后，严重影响防汛水文测报、水资源管理，不能满足水利现代化建设和防汛防旱的需求。为此，省水利厅于 1991 年提出加快水文事业发展的思路和措施，在全国率先出台《关于新建水利工程有关水文观测设施、用房等问题的通知》，制定了"工程带水文"政策。1996 年，出台《关于加强水文工作的决定》，明确规定新建、改建、扩建和加固水利工程，应包含水文观测基础设施的投资。其主要措施有：在编制水利建设综合规划或其他专项规划时，将水文站网建设和更新改造列入相应的建设计划，同步实施；已经建立以承担大中型水利工程前期工作任务的水文测站，在工程前期经费中安排一定的水文测站运行费；防洪保安资金用于河道工程维修、管理部分，安排一定比例的资金用于水文设施更新、改造、维修和管理；在特大防汛费、防汛维修和急办工程经费中列出专项经费，用于水文测报设施的修复和通信手段的改造和建设；在地方统筹基本建设中安排 4% 的比例用于水文站网建设，并逐步增加到 5%。1996—1998 年，累计投入水文基础设施 1500 多万元。"工程带水文"政策效益初步显现出来，徐州水文基础设施建设也迎来了蓬勃发展的时期，水文基础设施得到改善与提高。

90 年代后，相继实施的重要基础设施工程有：1993 年，市政府实施的云龙湖水库除险加固工程中，列支 33 万元新建云龙湖水文阁；1997 年，实施的沂沭泗河洪水东调南下工程中，运河扩大工程迁建刘集闸水文站，新建运河缆道房兼水位台及窑湾、滩上集、山头水位台；2000年，大王庙等三处水位仪器用房工程（苏北地区水资源配置）建设了大王庙、房亭河口、官湖河口监测站房及运河时差法测流系统；2002年，南水北调东线一期工程中，对刘山闸、解台闸上下游水位台进行重建；2008年，中运河骆马湖堤防工程水文设施建设项目中，列支161万元改造了运河水文站缆道设备，采购走航式ADCP等设备；2009年，江苏省新沂河整治工程水文通信设施项目中，列支36万元建设口头水位站，新建自记水位台1座，改造雨量观测场1处及相关附属设施；2011年，徐州市沂沭邳工程建设管理局实施的沂沭泗河洪水东调南下续建工程沂河沭河邳苍分洪道治理工程（江苏段）中，列支409万元改建新安、林子生产管理用房，新建新安、塔山闸上游、塔山闸下游水位自记台，维修华沂、苗圩、依宿坝水位自记台等设施设备；2013年，沛县湖西大堤加固续建工程建设处实施的沂沭泗河洪水东调南下续建工程南四湖湖西大堤加固工程（江苏段）水文基础设施项目中，列支187万元建设沛县水文监测中心生产用房、蔺家坝闸水文站生产用房改建等设施。

2010年后，基础设施建设进入水文项目开始单独立项建设阶段。主要项目如下。

（1）江苏省中小河流水文监测系统工程：2010年10月10日，国务院出台《国务院关于切实加强中小河流治理和山洪地质灾害防治若干意见》，明确要求完善防洪非工程措施，加强水文测站基础设施建设，密切监控河流汛情，提高水文监测和预报精度。11月，根据水利部水文局要求，江苏省水文局组织编制完成《江苏省中小河流治理规划水文设施建设规划》，江苏省中小河流水文监测系统工程按2011年度、2012—2013年度两期工程实施建设。徐州2011年度工程，批复概算1679.81万元，徐州建设30处水位站的水位观测平台及附属设施；2012—2013年度工程批复概算1150.54万元，建设22处水文站及附属设施。

（2）淮委省界断面项目：为贯彻落实2011年中央一号文件提出的最严格水资源管理制度，建立水资源管理责任和考核制度，加强水量、水质监测能力建设，强化监督考核提供技术支撑的要求，水利部开展全国53条省界河流水量分配工作，在徐州分两期实施沂沭泗河水系重要省界断面水资源监测8处水文站改造项目（江苏徐州部分），淮河流域马兰闸、官庄闸等省界断面水资源监测站网建设江苏徐州部分建筑工程，批复投资分别为664.45万元、255.59万元。其中，改造站项目对运河、林子、新安、港上等4个水文站的水位观测设施及附属设施进行改造，并配备了能坡法、时差法等仪器设备。新建站项目新建马兰闸、官庄闸、燕桥、新戴村等4个省界水文站，并配备相应测流测验设备。与徐州水文局原房产置换，购置中茵广场5号楼400平方米作为生产管理用房。

（3）江苏省水文基本站达标建设工程徐州土建及附属设施工程：为提高水文信息监测能力，为各级地方政府防汛决策提供水文情报预报和为水资源管理、水环境保护等提供技术支撑，省厅组织实施水文基本站达标建设工程中的徐州土建及附属设施工程，徐州部分总投资概算 1335.75 万元，包括刘集闸、刘山闸、林子、解台闸等 4 个水文站，苗圩水位站，刘集闸、刘山闸、解台闸、蔺家坝闸、睢宁、丰县、新安、沛县等 8 个水文观测场的达标建设。

（4）房产置换：原位于徐州市泉山区湖北路 2 号的水文局办公区，历经 40 年的运行，墙体出现开裂、不均匀沉降等现象，楼顶漏水严重，年年维修。徐州市泉山区政府将其列为 2015 年重点工程待拆迁范围，存在随时被拆迁的可能。另外，徐州水文局在徐州市区内尚有两处房产资源，未能充分有效利用。为加强单位国有房产资源管理，履行国有资产管理职责，切实发挥国有房产资源作用，改善办公环境，促进徐州水文更好地服务地方防汛、防旱、最严格水资源管理及经济社会科学发展，将分布在湖北路办公楼及翟山综合楼的房产 2597.5 平方米和绿地商务城公寓的房产 312 平方米加以整合，与位于政府机关单位集中区域且距市水利局直线距离 1000 米的大龙湖东岸的中茵广场 5 号写字楼部分楼层进行置换。中茵广场交通便利、环境优美、配套设施齐全，在经过简单改造之后，徐州水文局于 2018 年 7 月正式搬至中茵广场办公，办公环境得到极大改善。

（5）江苏省水环境监测中心徐州分中心：在 2016 年编制完成的《江苏省水环境监测中心徐州分中心达标建设可行性研究报告》中，实验楼建设方案是利用徐州水文局汉王水文水资源实验站的实验用地自建 1500 平方米。2017 年 3 月，徐州水文局在多方调研的基础上，经集体研究，考虑到水文更好地为地方政府水资源管理提供优质便捷的服务，既能节约有限的土地资源，又能加快江苏省水环境监测中心徐州分中心达标建设进程，决定在获批后，徐州水文局将实验楼自建方案调整为购置写字楼。2017 年 5 月 31 日，徐州水文局以苏徐水文〔2017〕29 号文上报省水文局。所购写字楼位于中茵广场 5 号楼 5 层。在经过达标建设后，将大大提升徐州分中心水环境监测能力。

二、徐州水文基础设施特点

沭河新安水文站为地处沭河岸边的百年老站。2015 年以来，经过维护、改造、新建，结合实际融入文化与旅游等元素，展现出新的风貌。新安水文站位于新沂市"沭河之星"景观带内，整体上测站功能全面，布局合理，细节上又精雕细琢。新安水文站测站环境，自北向南依次按照"忆""沂""意""逸"的理念进行构思，即追"忆"治水功臣、新"沂"水文历史、治水"意"境再现、治水"逸"安乐。在保证测验功能的基础上，测站院内布置古代治水功臣靳辅的雕像、古代测水工具石鱼、新沂水文记事碑、水则逸园等景观，为水文站增添了几分人文气息。配合错落有致的绿化及古朴典雅的水位自记台、水文缆道、管理房、水文观测场、水文博物馆等，使得新安水文站宛如沭河之畔的一颗璀璨明珠。

沂河港上水文站，位于邳州市港上镇 310 公路沂河大桥北侧，上游距离苏鲁省界 5 公里。2015—2016 年，徐州水文局以生态、美观的思路对港上水文站进行改造，测站环境极大改善，成为沂河上一道靓丽的风景线。从测站功能分区上分为居住区、办公区、休闲区。在测站环境设计上，引入海绵城市的设计理念，院内运用透水铺装、生态绿地等多种形式，构建"渗、滞、蓄、净、用、排"的体系，充分发挥了植被、土壤等自然下垫面对雨水的渗蓄作用。水位自记台与缆道房均为仿古式八角亭，碧瓦朱甍，相得益彰，和谐有致，蔚为壮观。院内设有景观廊道、假山、休闲步道、组团绿化。绿化组团内涵丰富，层次分明，常绿树与落叶乔木搭配，上层大乔木点缀，中层成片配置特色景观花木，下层配置灌木和地被。

另外，华山闸中心水文站、二堡水文站等多个优质美观的水文站均保证功能性和美观性相统一，同时又各具特色，并与河道景观融为一体。建设各类功能完善齐全的水文基础设施，以便更好地服务水利现代化，向着水文现代化目标迈进。

2018年，徐州水文局在总结以上各具特色的水文测站的经验基础上，正式提出"四个一"（一区一标准，一站一特色，一处一景观，一点一标码）的建站思路，明确要求各站点在建设上注重与周围环境相结合，打造园林式、景观式的水文站。

三、基础设施建设技术

（一）基坑降水技术

水位、流量等水文要素的获取，要依托水位观测平台、缆道（房）等水工建筑物。为准确获取水文信息，这些建筑物往往设置在岸边或河道内。在开挖基坑时，地下水位高于开挖底面，地下水会不断渗入坑内。为保证基坑能在干燥条件下施工，防止边坡失稳、基础流砂、坑底隆起、坑底管涌和地基承载力下降，须对基坑进行降水。

常用的降水方法主要有明沟加集水井降水、轻型井点降水。

明沟加集水井降水是一种人工排降法，具有施工方便、用具简单、费用低廉的特点，在施工现场应用最为普遍。在高水位地区基坑边坡支护工程中，这种方法往往作为阻挡法或其他降水方法的辅助排降水措施，主要目的是排除地下潜水、施工用水和降水。在地下水较丰富地区，若仅单独采用这种方法降水，由于基坑边坡渗水较多，锚喷网支护时使混凝土喷射难度加大（喷不上），有时加排水管也很难奏效，并且作业面泥泞不堪阻碍施工操作。因此，这种降水方法一般不单独应用于高水位地区基坑边坡支护中，但在低水位地区或土层渗透系数很小及允许放坡的工程中可单独应用。

轻型井点降水（一级轻型井点）是应用很广的降水方法，它比其他井点系统施工简单、安全、经济，特别适用于基坑面积不大、降低水位不深的场合。该方法降低水位深度一般在3～6米之间。沿基坑四周每隔一定间距布设井点管，井点管底部设置滤水管插入透水层，上部接软管与集水总管进行连接。集水总管为直径150毫米的钢管，周身设置与井点管间距相同的直径40毫米吸水管口，然后通过真空吸水泵将集水管内的水抽出，从而达到降低基坑四周地下水位的效果，保证了基底的干燥无水。轻型井点降水适用的土层渗透系数为 0.1～0.5 米每天，当土层渗透系数偏小时，需要采用在井点管顶部用黏土封填和保证井点系统各连接部位的气密性等措施，以提高整个井点系统的真空度，才能达到良好的效果。

（二）顶管技术

水位自记台传统建设方法为：修建施工围堰开挖连通管沟槽（包括排水）、铺设管道、回填及断面护坡修复、仪器室（大部分建井房）建设，岛式和岸岛结合式还建有栈桥。其中，开挖连通管沟槽、围堰填筑与拆除一般是难度最大、投资最多的部分，在遇到流速大、河道深或者存在护坡的情况时问题尤为突出。为解决这一矛盾，徐州水文局积极探索，将顶管技术应用到水位自记台的连通管建设中来，极大地减少了工期和投资。

水位台的顶管施工，是一种不开挖或者少开挖的由水位自记台竖井至河道之间的连通管道埋设方法。在基坑挖好、排水满足要求后，开始铺设导轨，安装高压油泵、大吨位千斤顶和吊装设备。利用顶管设备产生前进的力度，去平衡管道与土体之间产生的摩擦力，使管道能够前进，同时还需要将管道占用的土体置换出来，最终通过顶进的钢管连通水体与河岸。为使管道能够顺利顶进，用相同管径的不锈钢管代替了传统的聚乙烯波纹连通管。

（三）水文缆道

水文缆道是水文测站跨河测流的基本测验设施，其作用和地位不可或缺。在我国单跨水文缆道发端于 60 年代，解决了几十米至几百米的河道测流安全问题。但是，单跨缆道对于断面跨度达 1000 米以上的河道，其设计及施工难度可想而知。徐州水文局技术人员攻坚克难，研制出几种新型水文缆道：1974 年，全国第一架多跨水文缆道在运河水文站实验研究成功。1975 年，在沂河港上水文站建成第一座多跨电动测流缆道，为国内首创。1995 年，港上水文站钢质多跨缆道安装调试完成。2003 年，淮河入海水道海口站新型多跨水文缆道、两泓三堤多跨缆道，缆道操作室设置中间大堤处，可实现由一台缆道操作台、一台电动绞车控制，同时完成两条河、两个断面的流量测验工作。2014 年 8 月 20 日，获得国家知识产权局颁发的"一种美观耐用的水文缆道"（专利号 ZL 2014 20085856.9）实用新型专利。该技术成果在江苏省中小河流水文监测系统工程、淮河流域省界水资源监测断面改建水文站工程、江苏省水文基本站达标建设等工程建设中广泛应用。这些水文缆道外形精美，与城市河道景观相协调，同时解决缆道防雨、防锈、防尘技术难题，降低了水文缆道的上油保养费用，提高了缆道的安全运行性能。

（四）引进新型测验设施设备

随着社会的发展，水文观测开始向简易化、自动化方向发展。徐州水文局致力于测报方式改革，引进新型虹吸式水位自记系统、闸翼墙简易浮子水位计等设施设备。

新型虹吸式水位自记系统：该系统是岸式水位计的一种特殊形式，利用虹吸作用将位于河床的取水头部进水导入集水井的管道，用灌满水并且没有空气的连通管，与岸边自记井连通起来。根据虹吸原理，连通管内压强处处相等。在大气压的作用下，所监测水体的水位与测井内的水位保持一致，可通过对测井内水位的监测，实现河道水位监测。与传统水位自记台相比，新型虹吸式水位自记系统经济高效，施工期短，不易淤积，抗干扰性强。

简易浮子水位计：传统的水位观测，依靠连通管，实现河道水位同水位观测室自记井连通，性能较为稳定，应用广泛，但也存在造价高、建设工期长、施工难度大、连通管易淤积等缺陷。而河道闸坝处，河道顺直，闸翼墙竖直无杂物，闸底板平坦且高程低，这为水位观测提供了良好的条件。为此，徐州水文局引进闸翼墙简易浮子水位计。该设备是将聚乙烯管通过支架竖直固定在闸翼墙上，管径约 300 毫米，壁厚 8 毫米，管底略高于闸底板，管内安装浮子，管顶安装一体式机箱，内含水位计、远程测控终端（RTU），机箱外装有太阳能电池板。该设备造价低、工期短、安装简单，且不易淤积，是一种经济实用的水位观测设备。

固定式、可移动式冲淤技术设备在水位自记台中的应用：水位观测平台一般由连通管、测井及水位监测设备三部分构成；河水位通过连通管与测井互通，测井中的水位必须时刻同河道的水位保持一致。由于连通管长期运行，河道中泥沙连续不断沉积在连通管内，容易对连通管造成淤堵。此时，测井内水位监测值就不能反映河道实时水位，需要及时清除连通管内淤积的泥沙，通常采取筑施工围堰进行清除的办法，投资大、工期长，并严重影响水位记录的连续性。2017 年，徐州水文局为解决连通管冲淤问题，研发出连通管泥沙冲淤固定式设备。为解决早期建设的大批水位自记台未安装泥沙冲淤设备、很多测站水位台仍存在的淤积问题，2018 年又研发出可移动的水位观测平台连通管泥沙冲淤设备，它包括橡皮气囊、操作杆、充气排气设备、水泵等。

第四节　河长制、湖长制

一、站网规划

2016 年，《中共中央办公厅国务院办公厅印发〈关于全面推行河长制的意见〉的通知》，全面建立省、市、县、乡四级河长体系。2017 年 2 月 28 日，省委常委审议通过《关于在全省全面推行河长制的实施意见》，明确省河长制工作目标，全省要建立省、市、县、乡、村五级河长体系，实现河道、湖泊、水库全覆盖。通过全面推行河长制，到2020年全省现代河湖管理保护规划体系基本建立，河湖管理机构、人员、经费全面落实，人为侵害河湖行为得到全面遏制。

河长制建设中，水资源保护、水污染防治、水环境治理和水生态修复等重点任务离不开河湖水位、流量、水质、水环境等基本水文监测数据。徐州市水文站网主要以服务防汛、水资源和水功能区监测考核等为主。为实现"一河一策"、河道实现全覆盖监测和四级"河长制"河湖监测全覆盖目标，更加科学、高效地服务河长制，2018年，徐州水文局启动编制《徐州水文事业发展规划》，专门制定河长制专用站网规划，规划新增监测断面283个，其中，水位站59个、流量断面224个；规划新增水质断面274个。徐州水文部门以河湖水情、水质数据为依据，结合污染源、排污口调查监测，对河道水质、纳污总量等进行分析评价，定期向河长提交河湖健康评估成果，为河长制管理、考核提供依据。

至2018年末，全市实行河长制管理的河道共计1.49万条，其中，大沟以上1.23万条，已编写"一河一策"的河道共246条，市河长办制定出台10项相关制度及考核办法。根据《徐州市全面推行河长制方案》，全市共有2座湖泊、72座中小型水库、1.49万条村级以上沟河等各类水域，将河道划分为市直管河道、县管河道、镇管河道和村管沟河，建立市、县、镇、村四级河长体系。

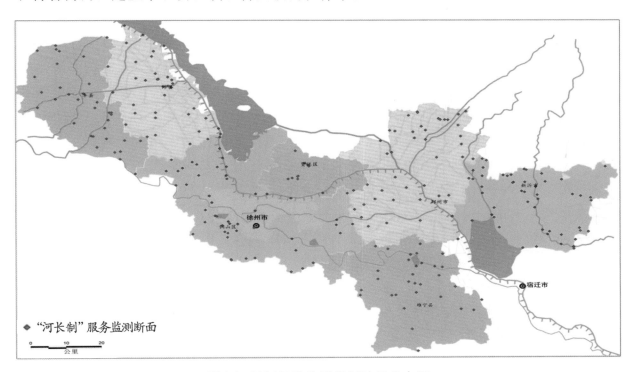

服务河长制量质监测规划站网分布图

二、河长制河湖水质监测

徐州水文局围绕河长制先后开展沛县、丰县及新沂市骨干河道水质监测试点,推进全覆盖监测工作。2017年5月,率先开展沛县县级河长制河道水质全覆盖监测,涉及县级河长制河道25条,监测断面27处。2017年7月,开展丰县26条县级河长制河道水质全覆盖监测,监测断面78处。2018年1月,开展新沂21条县级河长制河道水质监测,监测断面21处。

三、河湖确权

中共江苏省委十二届六次全会明确要求,实现自然生态空间统一确权登记,完成河湖及水利工程管理范围划定、定桩。2015年,在前期调查摸底的基础上,省政府办公厅以《关于开展河湖和水利工程管理范围划定工作的通知》部署全省河湖和水利工程管理范围划定(简称"划界确权")工作,要求组织实施方案编制,并组织符合性审查。同年,市政府印发《徐州市河湖和水利工程管理范围划定工作方案》。根据方案的要求,全市纳入本次划界确权工作的范围为省骨干河道13条(727名录)、县骨干河道13条、镇管河道102条,城区水务工程,国有水管单位管理的闸站涵57座。2018年,受徐州市水利局委托,徐州水文局对邳州、沛县等95条河道及云龙湖进行河道和水利工程管理范围线进行划定,明确管理界线、设立界桩,形成了基础数据库。

四、助力河长制整治工作

2017年,徐州水文局在全省率先编制完成徐州市区及所属5县(市)的省级水功能区达标整治方案,并通过省厅审查。5月,搭建防办、水资源、工管、河道等联席会商机制,开展水环境保护实验研究,促进全市水功能区监测和达标建设工作。8月31日,省水利厅党组成员、省南水北调办公室副主任郑在洲到徐州专程调研水功能区达标建设工作,对徐州水文局的省级水功能区达标整治方案编制工作和报告质量给予充分肯定。年内,编制完成《徐州市水生态文明试点建设监测评估》《沂河健康评估》等技术报告,助推徐州被评为全省首个国家级水生态文明城市。

2017—2018年,开展徐州市区黑臭水体整治后水质监测及效果评估工作,对徐州市2015—2017年度已实施的54条黑臭水体整治工程进行连续6个月第三方水质监测及评估工作。

2018年6月,开展徐州市铜山区顺堤河、运料河河岸带调查,水质监测、水生态监测调查等河湖健康评估调查监测工作,编制《铜山区顺堤河、运料河健康评估报告》,助力徐州市河长制、湖长制整治工作。同年,受江苏省住建厅委托,徐州水文局承担南京、镇江、盐城、淮安、连云港和宿迁6市58个已整治黑臭水体的第三方水质监测工作,水质科人员按照《城市黑臭水体整治工作指南》等相关技术规范,圆满完成 5 月、9 月和 12 月 3 个批次黑臭水体水质监测工作，为有效评价江苏城市黑臭水体整治效果和推进黑臭水体治理工作提供技术支撑。

第五节 精细化管理

2017 年 11 月底，徐州水文局新安水文站、林子水文站被省局选做测站环境改造试点站。2018 年 3 月，站网科负责组织编制《徐州林子、新安站测验环境改造项目实施方案》，报省局批复后实施。

2018 年 7 月，《徐州水文测站测验环境标准化建设项目实施方案》通过徐州水文局内审，报省局批复。徐州水文测站精细化管理计划实施站点：所有国家基本水文测站和中小河流水文测站，即丰县闸、沛城闸、蔺家坝闸、解台闸、刘集闸、运河、港上、林子、新安 9 处水文站；华沂、苗圩、阿湖水库、口头、窑湾、滩上集、刘山闸 7 处水位站；五孔桥、贾汪等 65 处降水量站和中小河流水文测站 22 处、水位站 43 处、降水量站 9 处。实施方案包括测站观测设施、外观设计、站容站貌、管理制度、仪器设备管理、测验技术管理、测验质量管理、整编管理等内容，分 3 个阶段进行：第一阶段（2018.7.15—2019.3.15），完成国家基本水文站建设；第二阶段（2019.3.16—2019.9.30），完成国家基本水位站、降水量站建设，完成中小河流水文测站建设中的观测设施、外观设计；第三阶段（2019.10.1—2020.3.15），完成中小河流水文测站的站容站貌建设，巩固和完善徐州全站区建设成果。

2018 年 8 月，徐州水文局制定《徐州水文局精细化管理实施方案》，方案分为站网组织、测站标准、水文技术、业务流程、岗位职责、量化考核和附录等部分。

第四章 水文测验

水文测验是水文工作的基础，是观测和记录水文现象的作业过程。水文现象的影响因素非常复杂，为探索其变化规律，必须有连续的、长期的、精确的水文记录以及相关因素的同步系列。因此，要求在使用水文资料之前超前进行测验，并保持稳定。但其实效通常表现为间接效益、滞后效益，因而重要性往往不易被人们理解，致使其发展历程出现曲折。水文测验项目主要有水位、流量、泥沙、降水量、蒸发量、地下水、墒情、水质等。通过水文测站定位观测、水文巡测线巡回测验、各项水文调查等方式，观测记录各种水文要素，经整编、分析成为系统的水文资料数据，为防汛抗旱、水利工程规划设计和管理运用、水资源开发利用和管理保护以及国民经济各部门提供全面服务。徐州水文测验手段的发展，经历了从原始的人工观测水位、降水量到现代化自动测报，从少量项目到全要素、全覆盖监测的过程。新中国成立以后，水文测验技术逐步走向系统化、规范化、现代化。徐州水文系统严格执行全国统一的技术标准《水文测验规范》，建立健全各项水文测验的规章制度，由省水利主管部门颁发《测站任务书》，明确水文测站的勘测任务和技术要求。与此同时，测验设备也不断改进、提高水平，逐步引进应用测报新技术，从而提高测验工作效率和成果质量，在为国民经济建设服务中发挥应有的作用。

第一节 测验技术

一、水位观测

（一）水准基面

水位是反应水体、水流变化的重要标志，是水文测验中最基本的观测要素，也是推求流量的依据。为观测水位，逐步建设水尺、自记水位计等观测设备，并使水尺零点与水准基面之间建立联系。基本观测内容是水位随时间的变化过程，一般同时进行对水位有影响的风向风力、水面起伏度、流向等情况的观测。在堰闸等水工建筑物上下游观测水位的同时，要观测涵闸开启情况和流态。水文测验中的水位和河床、堤坝等高程，均依据统一的水准基面计算。水文资料中使用的基面有绝对基面、假定基面、测站基面和冻结基面 4 种，徐州水文测验中使用的几种水准基面及其沿革，分述如下。

绝对基面：以某一海滨地点特征海水面为准，并把此面高程定为零的基面。

故黄河口基面：江淮水利测量局以民国元年（1912）11 月 11 日下午 5 时故黄河口的潮水位，确定为故黄河口零点，又称江淮水利局零点。另有记述，该局后采用多年观测的平均潮水位确定新零点，其大多数高程测量均以新零点起算，但新、旧零点的高差和换用时间，尚无资料查考。河口原设的水准基点早已冲毁。以后在故黄河口高程系统内，存在江淮水利局惠济闸留点和蒋坝船坞西江淮水利局水准标两个并列的引据水准点。民国 17 年（1928），由导淮委员会予以统一。新中国成立后，淮河流域水准测量以淮阴码头镇东南的惠济闸西运河北堤上导淮 BM11 地上和地下两个标志作为故黄河口高程系统的引据水准点，地上标高程为 16.967 米。

黄海高程系：1957 年，中国人民解放军总参谋部测绘局和水利部共同根据青岛验潮站 1950—1956 年观测的潮水位资料，计算平均潮水位，作为黄海平均海平面，并以此确定为全国统一高程基准，定名为 1956 年黄海高程系，简称黄海基面，也曾称青岛零点，并在青岛观象山设置 1 个主水准点和 5 个副点，组成国家水准原点网。主原点以 1956 年黄海基面计算的高程为 72.289 米。

1985 年国家高程基准：1987 年 5 月，国家测绘总局发出通知，启用 1985 年国家高程基准。该基准是根据 1952—1979 年青岛潮水位站 28 年的实测资料，计算平均潮水位而确定。主原点以 1985 国家高程基准计算的高程为 72.260 米。

（二）观测

徐州最早的水位观测始于清康熙年间，黄河经常泛滥，为向下游地区传递水情，徐州老北门外设立水志（又称志桩）观测水位。民国 2 年（1913），徐州境内开始有运河水位的系统观测记录。临近解放的民国 25 年（1936）底，徐州境内仅有滩上集、窑湾（运河）水位站两处。抗日战争期间，水位站全部停测。民国 37 年（1948），观测水位的测站仅有 3 处。

民国时期，人工观测水位大多采用木质靠桩和直立式木质水尺。新中国成立初期，采用木桩和直立式搪瓷水尺观测。水尺零点，通过水准测量与水准基面相联系。1956 年，贯彻执行《水文测站暂行规范》以后，徐州水文测站的水准点设置、水尺零点高程测量等走向规范化，以切实保证水位资料的精度。

民国时期，测次较少，一般每日 6 时、12 时、18 时观测 3 次，洪水时期部分测站每日 6～18 时定时观测，夜间 24 时加测 1 次。

新中国成立后，测次普遍增加，观测成果足以反映水位变化过程；堰闸、水库站并根据闸门启闭和变动情况增加测次。在观测水位的同时，目测风向风力、水面起伏

6

度等影响水情的各种现象。堰闸和水库站同时测记闸门开启高度、孔数和流态等。

70 年代起，人工观测技术有很大发展，陆续改用钢筋混凝土结构的水尺靠桩；同时采用上海气象仪器厂生产的 HCJ1 日记型水位计和重庆水文仪器厂生产的 SW-40 型、SW-40-1 型或 SWY20 型水位计。90 年代，开始使用钢管水尺桩。

2000 年，浮子式遥测水位计开始在观测中试点使用。2005 年后，遥测水位计在重点水文站、水位站全面投入使用。2009 年，地表水水位基本实现遥测。2012 年，超声波水位计、雷达式水位计等新型水位计量设施在中小河流水文站、水位站投入使用，所有水位测站实现水位遥测遥报。实行遥测后，每月按规定进行人工观测校核。2018 年，水尺桩、水尺牌均采用 304 不锈钢材质，水尺牌通过铝铆钉装在水尺桩上。

二、流量测验

流量是单位时间内流过江河某一横断面的水量，是反映水资源和江河、湖泊、水库等水量变化的基本资料，也是河流最重要的水文要素之一。流量测验通常是选择不同水情，测取瞬时流量，同时观测水位，必要时还要观测比降等因素，建立流量与水位（或其他水力因素）间的关系，用实测的水位（水力因素）变化过程资料推算流量过程。

徐州地区最早的流量测验始于民国 2 年（1913），在窑湾设流量站，施测沂河流量。抗日战争爆发后，水文测验基本停滞。民国时期，常规实测流量采用流速仪法，较大的洪峰流量采用水面浮标法测流。测流时采用人工涉水或者租用木船，在每条垂线上使用测杆或抛锚固定木船，一条垂线测完后要起锚，再往下一条垂线固定后施测。此种方法费时较多，流速较大时较为困难。这一时期各站流量测次也比较少。

新中国成立后，水文站网得到迅速发展。在流量观测上，一般根据河道水流特性和推算逐日流量需要安排。1955 年，贯彻执行水利部颁发的《水文测站暂行规范》后，根据测站所在河道的不同水流特性和控制情况，分别规定测流次数。能用水位或其他水力因素与流量建立单一关系线的河道站，一般按水位变幅大致均匀布置测次，全年施测 20～30 次；受洪水涨落等影响的测站，平时每 10～15 天测流一次，每次较大洪水时加测洪水过程。堰闸站一般根据出流的水力因素（上、下游水位差，闸门开度等），分别按各种出流流态布置测次。绝大部分测站流量测验均以流速仪法为主，仅在特殊情况下，或在大洪水期无法用流速仪施测时改用水面浮标法测流。70 年代，重庆水文仪器厂生产的 LS68-2 型流速仪和 55 型、68 型旋杯流速仪改装成一转流速仪后，即停用深水浮标、浮杆法。

1957 年，徐州地区建设基本流量站 13 处。同时，测流方法有了改进，在测流断面上架设过河钢丝绳断面索系吊测船，实现横渡和定位，在岸上安装绞关以收放吊船过河索。1964 年后，徐州区域内水文站基本采用手摇水文缆道进行测流。此外，利用工作桥、公路桥用自制行车设备，以水文绞车进行桥上测流，先是在平车上固定水文绞车，后改为在电动三轮车上固定水文绞车。1975 年，徐州港上水文站建成多跨电动水

文缆道，为国内首创。

随着水文科技的发展，各类先进的流量测验仪器陆续在水文测验中推广应用。声学多普勒流速剖面仪（ADCP），是测量流速剖面的有效仪器。它克服了传统流速仪难以获得整个水层连续、高频的流速数据的缺陷，可以同时测定多个单元层的流速。2003 年，徐州水文局首次采用声学多普勒流速仪，改变流速仪法定位、定点测验的方法，只需安装声学多普勒流速仪的测船沿断面往返两个测回，就能将断面流量测出。2004 年，运河站国内首次建成时差法流量自动测验设施；2016 年，港上站也相继建成。2010 年，运河站建成 H－ADCP 流量自动测验设施。2015 年，新安站建成 V－ADCP 流量自动测验设施。2016 年，林子东泓量水堰定线完成。至 2018 年，境内基本站已全面实现电动缆道测流，部分中小河流水文站由于河道宽度较窄，仍采用手摇简易缆道。全市 9 处基本站及 17 处中小河流站点实现流量实时在线监测。

三、泥沙测验

徐州最早的泥沙测验始于民国 9 年（1920），江淮水利测量局在沂河窑湾施测悬移质含沙量。民国 26 年（1937）至民国 38 年（1949）徐州解放前夕，全市无泥沙测站。这一时期，测沙方法一般是在河中 1～3 条垂线上固定测船，用水桶或瓶器盛水取样后，过滤烘干，测记含沙量，但因测次较少，难以掌握泥沙变化过程。

50 年代，随着水文站网的迅速发展，施测悬移质输沙率和含沙量的测站增加较多。其中，徐州沟上集、华沂、新安、运河等站均施测含沙量。所采用的技术手段是，在施测流量的同时施测悬移质含沙量，用立式采样器在测沙的垂线和测点上取样，用过滤烘干称重计算含沙量。1955 年，贯彻《水文测站暂行规范》后，除测流同时在全部或部分测速垂线上施测含沙量外，还根据河流泥沙变化情况，在一条有代表性的垂线上施测单位水样含沙量。垂线上各测点水样，大都采用定比混合法混合后，过滤烘干称重计算垂线平均含沙量。河道站悬移质输沙率测次，汛期每月施测 4～5 次，非汛期每月施测 2～3 次。单位水样含沙量测次，以掌握河流含沙量变化过程为原则，一般每日 8 时取样一次，汛期每日取样 2～4 次；含沙量变化很小时，每隔 5～10 天取水样一次。60 年代，使用水文缆道测流后，一般测沙系在缆道测速后接着用瓶式采样器取样，少数站仍用测船在测沙垂线上取样。70 年代后，贯彻《水文测验试行规范》，对历年单断沙关系都是单一线符合间测要求的河道站和堰闸、水库站，实行悬移质输沙率的间测。

四、降水量观测

（一）站点

民国 4 年（1915）1 月 1 日，徐州有降水记录，这是境内发现最早的气象观测记录。民国 25 年（1936），全市观测降水量的测站有 5 处，抗日战争时期全部停测。新中国成立初期，根据防汛抗旱和水文分析需要，专门设立降水量站 7 处，委托当地农民或其他人员兼职观测。70 年代末，专门设立降水量站 16 处。2018 年，全市共有降水量站 238 个，其中国家基本降水量站 65 个，中小河流降水量站 65 个（其中 9 个专门设立），市防办设立的城市防洪降水量站 40 个，省防办设立的小水库站 68 个。

（二）时制与日界

近代降水量观测所用时制，多为东经 120°的北京标准时。1953—1954 年间，降水量观测曾用地方平均太阳时。在 80 年代后期夏季使用"北京夏令时"期间，徐州各项水文观测记录仍依据北京标准时不变。

计算日降水量的日分界时间，有过多次变动。民国 18 年（1929）以前，多以 0 时为日界；民国 19—20 年（1930—1931），有些站改以 8 时或 9 时为日界。1949—1953年，统一以 9 时为日界；1954—1955 年，以 19 时为日界；从 1956 年起，改以 8 时为日界（其中 1961 年、1962 年汛期一度以 6 时为日分界，非汛期仍以 8 时为日分界），沿用至今。

（三）人工观测技术

1955 年起，使用口径 20 厘米的标准式降水量器，配有玻璃盛水瓶和降水量杯。当时曾学习苏联经验，在降水量器周围附加白铁皮串连的防风圈装置，器口离地面 2 米。1958 年，停止使用防风圈，器口降至离地面 0.7 米。

降水量观测初期，一般每日只在日分界时刻观测 1 次，少数站每日定时观测 2 次。50 年代初期，日夜观测和记录分次降水量及其起讫时分。1956 年开始，改为按等时距分段观测，委托降水量站一般每日 8 时、20 时观测 2 次；报汛站根据报汛要求，汛期分别按 4 段、8 段或 12 段制观测，非汛期按 2 段制观测。2018 年，委托员陆续退出岗位，降水量观测均采用遥测自记，降水量站设在乡镇水利站或水库、河道闸坝管理所。

（四）自记技术

徐州降水量自记仪器从 50 年代中期开始陆续配备，为天津或上海气象仪器厂生产的日记型虹吸式自记降水量计，一次虹吸量为 10 毫米。1999 年，进行固态存储设备的长期记录降水量仪器的野外比测实验，配备翻斗式降水量计。2001 年，共有 18 处降水量遥测站。至 2018 年底，基本站、中小河流站、城区遥测站、小水库站共 238 处，全部安装遥测降水量采集设备，降水量遥测遥报。

五、地下水观测技术

1957 年，首先在新安、丰县设立地下水观测井。1958 年，增设运河水文站地下水观测井。1966 年，有新安、运河、解台闸、丰县、沛城、阿湖水库 6 处地下水井。地下水观测项目，主要有地下水水位、水温、水质等，并选择部分测井进行抽水试验。

地下水测井除初期有少数站利用民用水井观测外，1956 年以后均为专设测井，井管质料大多为水泥管或塑料管，少数站为钢管，井管直径约 10 厘米。地下水位和地下水温的观测时间和次数，逐日观测井每天 8 时测记 1 次；5 日观测井自每月 1 日开始，每隔 5 天在 8 时观测一次，暴雨后视地下水位变化机动加测。地下水的化学成分测验和水质污染监测分析，基本站每月取样 1 次，辅助站每季度取样 1 次，经现场物理性质鉴定后，送往化验室分析。1959—1967 年，各取样井只做天然水化学成分的分析。60 年代末至 70 年代初，水化学分析工作中断。1980 年后，各取样井同时做水质污染项目的分析。

1992 年，徐州市地下水观测基本井调整为 74 眼。其中，逐日井 51 眼，5 日井 23 眼；水温监测 19 眼；水质监测 33 眼。1998 年，受徐州市水利局委托，市域内共布设深层地下水监测井 128 眼，为基本井，监测项目包括水位、埋深、水温、水质。监测井多为生产井，采用人工观测，均为 15 日观测井。1999 年，调整为 111 眼。之后，因城镇化进程加快，部分深井被填埋。经过多次调整，截至 2018 年，深层地下水监测井为 67 眼。

截至 2018 年，全市地下水自动监测站 93 眼，人工监测浅井 12 眼，人工监测深井 67 眼，共计 172 眼。77 眼国家井采用压力式传感器记录地下水位，16 眼省级自动监测站采用浮子式记录地下水位，数据 4 小时一报。人工监测井使用测绳观测并记录。

六、蒸发观测技术

80 年代起，逐步使用南京水利水文自动化研究所研制的玻璃钢 E601 型蒸发器。蒸发量每日定时观测 1 次。观测时制和日分界时间与降水量观测基本相同。结冰期间停止观测，待冰融化后，观测结冰期的总蒸发量。

第二节　水文、水质调查

一、历史洪水调查

徐州的历史洪水调查工作是在 50 年代后才陆续开展起来的。

1958 年，高流河陈蛮庄站人类活动调查，记录清宣统元年（1909）六月二十六日洪水痕迹 1 处。1958 年 9 月，青口河两岸洪水痕迹调查 4 处，赣榆县塔山下游店子村洪水痕迹调查 4 处，完成新安流量站历史洪水调查报告。1959 年 7 月，受徐州专署水利局委托，华东水利学院水文调查队对兴庄河流域河道特征、历史洪水、地下水等进行水文调查，记录民国 3 年（1914）9 月洪水痕迹 2 处、1956 年 9 月 5 日洪水痕迹 8 处。1959 年 7 月，受江苏省水利厅委托，华东水利学院水文调查队对赣榆县夹谷山水利综合试验站流域自然地理、河道水文特征、水利工程等开展水文调查，记录民国 3 年（1914）7 月 19 日洪水痕迹 2 处。1959 年 8 月，受徐州专署水利局委托，华东水利学院水文调查队完成陈蛮庄流量站水文调查，调查范围：北起高流河上游南至陈蛮庄站，集水面积 110 平方公里范围内的干支河流及水库、水文情况，记录 1955 年 6 月洪水痕迹 5 处。1959 年 8 月，由华东水利学院水文系完成苏北堤河、复新河流域水文调查，调查内容为自然地理、河道情况、水文特征、水利工程等，记录 1958 年 6 月 29 日洪水痕迹 5 处。

1961 年 8 月，新沂县坝头水利试验站对当年 7 月 4—5 日洪涝灾害进行调查。1963 年，开展睢宁县龙河、田河当年 5 月 28—29 日暴雨洪涝情况调查。1963 年 9 月，窑湾灌区试验站对历史洪水进行调查并记录。1964 年 11 月，完成大兴镇水文站上游 11.5 公里至下游 5.5 公里水文调查，记录 1954 年洪水痕迹 1 处。1974 年 12 月，徐州专区水文站委托华东水利学院水文调查队对蔷薇河流域陇海铁路以南到小许庄地区，考察当年 8 月洪水暴发时，淮沭新河左堤（北岸）6 处决口洪水痕迹情况。

1990 年 9 月，开展新沂沭东地区当年 8 月暴雨洪水调查。1993 年 8 月 9—20 日和 9 月 3—20 日，徐州水文局和市防办两次组织有关人员到暴雨、洪水发生地实际勘测、调查。1993 年 8 月暴雨洪水调查结束后，徐州水文局马上组织人力，利用水文站实测资料和调查资料进行计算和分析，编写"沂沭泗流域'93·8'暴雨洪水调查与分析"成果。1994 年 1 月 18—27 日，对沂、沭、运河进行行洪障碍物的实地调查，调查人员不辞辛劳，足迹踏遍鲁南临沂、郯城、苍山和苏北邳州、新沂等县（市），采取查勘、访问、查阅资料等方法，查清降水量空白的乡、村降水量，通过水准实测洪痕高程，得到有关河段的最高洪水位，对没有流量站的重要河段和主要决口口门进行勘测，然后计算其过水流量，并对沂、运、沭河和邳苍分洪道的行洪障碍进行定量的调查。

二、暴雨洪水调查

1997 年 7 月 17 日，徐州市区遭遇特大暴雨。这场暴雨来势猛，强度大，降水量相对集中，日降水量 360 毫米，发生超百年一遇的暴雨洪水，市内低洼地区积水严重，最深积水达 1 米左右，工厂进水，民宅被淹，造成较大经济损失。不少机关、学校、企事业单位和居民区进水，迫使一些工厂停产，商店关门，局部地区交通中断，市区居民生活、生产秩序遭到严重破坏，人民生命财产受到严重影响。该次暴雨造成市区范围不同程度积水，面积达 37 平方公里，其中，建成区受淹面积为 18 平方公里，占建成区总面积的 30% 左右。云龙公园、体育场、王陵路、湖滨新村、酿造厂、煤建路、铜沛路、解放南路、南郊宾馆、晓市、顺河街一带等积水深度均在 1.30～1.65 米。市区几座立交桥不同程度受淹，交通一度中断，尤其是天桥立交积水深度达 2.80 米之多。

2010 年 9 月 7 日，徐州城区暴雨发生后，徐州水文局以最快的速度调动人员和测流设备组织 3 个小组，第一组赶赴奎河十里铺闸、故黄河李庄闸，第二组赶赴三八河，第三组赶赴荆马河和徐运新河进行测流。市区主要地区积水情况：解放路、和平路、三环东路等主要道路部分地段积水深达 0.30～0.60 米，最深处积水超过 1 米，不少小区也存在不同程度积水；第四人民医院解放路南段、马场湖居民区、十三中附近居民区、火车东站民政医院附近永安里居民区大面积积水，部分城区因暴雨积水深达 0.40 米；永安里巷因地势低洼，巷内积水特别严重，造成长约 100 余米最深积水高出排水管口 1 米多，无法通过排水管道正常排水；湖北路以北各小区都有积水（从银湖小区向西至湖滨小区，水深达 0.3～0.5 米）。由于市区部分道路和地下道的积水，汽车无法通行，造成大面积交通堵塞，堵塞时间达 2～3 个小时之久。

2012 年 5 月 10 日 16 时，一场突如其来暴雨袭击徐州市区。按照暴雨测验预案，3 个测流小组各自奔向断面，对城区受淹的地段进行调查，城区 8 处受淹，受淹最严重的是永安里，地面积水深 0.8～1.2 米。该次暴雨降水量平均 69.1 毫米，点最大 100 毫米。主城区 108 平方公里，降水总量 746 万立方米，产流量 522 万立方米。徐州水文局向市防指提供准确的水文数据，市区奎河、故黄河、荆马河翻水站、水闸全部开启，奎河以上 2 个小时排水完毕，故黄河、荆马河 7 小时自流放完。市区受淹调查：孟家沟三环路铁路桥下；民政医院；绿健集团马场湖五巷（水深 0.6 米）；竹林寺东路面（0.4 米）；地藏里（老房产处，0.2 米）；党校、六中、四院、矿务局；永安里（军供大厦东，0.8～1.2 米）；金鹰、金地、富国街 1000 米道路积水（0.3 米）；黄茅冈、段西、十八中、袁桥北站（翻水 5～7 小时）。

三、专题调查

（一）测站流域内水文调查

1958 年 6 月，完成小官庄流量站水文调查，调查范围为小官庄站上游，西起高流河东岸，北至阿湖水库，东至淋头河东岸分水界，该站下游南至入沂河口范围内水利设施情况。9 月，响水口以东部分进行水文调查，通榆公路以东河南北部分进行水文调查，岳庄站新沭河流域进行水文调查。年内，还进行朱稽河流域水利工程调查。1959 年 6 月，华东水利学院开展安峰山流域水文调查，昌梨水库流域地区进行水文调查。7 月 3 日，徐州专员公署水利局水文科完成塔山水库集水区自然地理特点及水利化后对水文因素变化的影响调查。8 月，华东水利学院水文调查队对徐州专区苏北堤河、复新河、大沙河流域进行水文调查；东海水利试验站开展水文调查。

1961 年 5 月，由江苏水利学院水文专业学生对复新河流域分水线、河道及水利工程的蓄水能力进行调查。6 月，徐州专员公署水利局水文科委托江苏水院调查小队对夹谷山小区水文地理开展调查。12月，赣榆水利综合试验站进行朱稽河流域补充水文调查。1962年1月，徐州专署水利局完成石梁河水库水文实验站附近水旱情况调查。1963年9月，徐州专区分站完成砂王水文站桃沟河两岸作物、沿河建筑物及排水渠道、汛期决口情况和故黄河罗王庄流量站上游水文调查。1979年11月，徐州专区水文局开展潘塘农田水利调查。1987年10月，完成丰县中心站复新河沙庄站以上流域水文调查。12月，沛县水文中心站进行沛城站以上流域水文调查。

（二）设站查勘水文调查

1959年，开展夹谷山站查勘。4月，朱堵集流量站断面向西迁移水文调查完成。同月，分别进行邳州分洪道站址查勘，小塔山水库站查勘，夹谷山水利综合试验站总控制断面查勘，小许庄站选址查勘。1960年3月，江苏省地质局水文地质队完成赣榆县夹谷山综合试验站水文地质工程勘察设计。1961年2月，石梁河水库水文实验站石梁河水库水文测验地点勘测。6月，江苏水利学院对石梁河水库南灌区勘测设站，进行石梁河水库水文实验水量泥沙平衡规划及查勘。石门头流量站勘测设站。查勘城头河、兴庄河闸流量站、安峰山水库站站址。1962年6月，徐州专署水利局委托江苏水利学院对石梁河水库入库区间水量、查勘区间建站条件进行水文调查。

四、水文地质调查

1961年8月，徐州专员公署水利局委托南京大学地质系，对江苏省新沂县骆马湖北岸地区农田水文地质勘测。受江苏省水文总站委托，1963年12月，江苏省地质局水文地质工程地质大队完成江苏省丰县太行堤河以南地区农田供水水文地质普查和太行堤河以南地区易溶盐土样分析、水样取样成果分析、井泉水化学分析、民机井调查及抽水试验、试坑渗水试验等，并取得相应成果。

五、水质调查

1973年，徐州水文局开展水化学监测工作，同时陆续完成一些专题调查报告。1975—1978年，陆续完成《沛县鸳楼公社中水调查》《沛县鸳楼公社氟的调查报告》《沛县鸳楼公社民用井及机井含氮的调查报告》《小塔山水库水对混凝土侵蚀的报告》《沛县10个民用井水质情况报告》《东海横沟泉水综合分析报告》《连云港市西盐河、玉带河、龙河、临洪河水质分析报告》《奎河下游（安徽段）的水质专题调查报告》和《奎河徐州段水质调查报告（1975—1978年）》。

1983年11月，编制完成《徐州、连云港市主要河湖库水水质调研评价报告》，根据原徐州、连云港市和徐州地区8县1977—1982年水质资料，经过调研和分析计算，编制徐州、连云港市地表水水质调研评价报告，为有关部门了解各水体水质变化和污染情况，为防止水源污染和改善水质提供科学依据。

1990年3—5月，受市水利局委托，水文部门开展并完成《徐州市运河水系工厂企业引水量及排污状况的测验报告》。1991年4月，组织对大运河不牢河段、故黄河和奎河沿岸工厂企业引用水源、引用水量和排污量进行实地测量调查和水质取样监测；1992年改为一年两次监测。2年共普查300多家工厂，取样600多个，实测工厂排污流量200多处，共查处超标排放的工厂107家，普查成果为"各厂矿企业引、排水量水质综合统计表"。通过开辟新的工作领域，徐州水文系统扩大服务范围，进行水质水量同步监测，参与水政执法工作，初步确立水文部门在水资源管理和保护工作中的地位和作用。1991年3—4月，徐州水文局组织实施主要城镇入河排污口普查，于次年8月完成《徐州市辖淮河流域入河排污口调研报告》。根据普查监测成果及1987—1991年主要河流水质监测资料，对徐州市淮河流域水系主要污染源及排放途径、污染物量等全面进行分析计算，初步摸清各污染物排放的时空变化特征。1991年8月，开展南四湖水质普查。1994年9月，完成全市区枯水期重点水域水质普查。省水文总站要求在全省开展特枯年份水质调查，调查范围包括基本站、辅助站、调水线路及城市供水水源取水口、大中型水库及湖泊、主要灌溉水源和主要纳污河道。普查期间，共取样58个，其中水质站网32个，新增普查点26个。1997年，为贯彻落实水利部淮委《关于开展入河排污口调查工作的通知》和执行省厅召开的排污口调查工作会议要求，对影响市区三河一湖水体的各企业、工厂进行调查，范围包括271家工厂、企业，其中重点污染源（日排污水超百吨）67家（淮委下达12家重点污染源均在列）。10月，完成《淮河流域入河排污口、重点污染源调查报告》。此后，淮河流域入河排污口调查监测工作变成每年例行监测任务。

2000年9月，按照淮委和省局要求，开展南水北调沿线水质普查，完成29个排污口、8个输水干线断面、12个入河一级支流断面的监测和水质分析。2006年4月，完成江苏省水功能区入河排污口调查。为开展江苏省主要水域纳污能力计算研究提供切实可靠的基础数据资料，根据江苏省水功能区入河排污口调查及监测方案要求，徐州水文局水质科组织技术力量开展全市排污口实地调查，共调查160个排污口，从中筛选出103个排污口进行监测。

第三节　测报方式改革

1999年11月，水利部国家防汛指挥系统建设项目领导小组办公室安排徐州作为国家防汛指挥系统示范区试点建设，开创徐州水文测报方式走向自动化的新局面。2001年9月，国家防汛指挥系统示范区徐州水情分中心通过验收投入运行，实现部分国家重要水文站的水位和降水量站的自动遥测，从2007年开始实现遥测资料用于报汛和资料整编。2014年，省局要求水文测报方式改革，实际上就是实现流量的自动报汛，最终实现用于资料整编。2015—2018 年，取得水文测报工作初步成果，结合《江苏省水文信息移动查询系统》人工置数的方法，实现部分水文站流量自动报汛和资料整编工作。所有水工建筑物推流站均已经具备自动测报条件，遥测资料可以用于资料整编。

至 2018 年，徐州市有国家基本水文站 9 处、测流断面 10 处，水位站 7 处，中小河流水文站 22 处，中小河流水位站 43 处。9 处基本水文站共 10 处测流断面，根据水文测站类型可分为闸坝站（可利用水工建筑物法推流）和河道站。其中，闸坝站 5 处，即丰县闸、沛城闸、蔺家坝闸、解台闸和林子（东泓）；河道站 5 处，即林子（西泓）、运河、刘集、港上、新安。

根据实际情况，已完成测报方式改革的站点如下。基本站：2018 年已完成水工建筑物站点 5 处，即丰县闸、沛城闸、蔺家坝闸、解台闸和林子（东泓）；落差指数法站点 1 处，即新安站。上述 6 个站点测报方式改革分析成果，省局予以批复，已应用于流量自动报汛。中小河流站：2018 年借大水时机，积极与当地闸坝主管部门或管理单位联系协调，按照率定堰闸流量关系的要求，在不影响泄洪的前提下，适当调整闸门开高、开宽，率定完成闸坝站的流量关系曲线。初步完成华山闸、苗洼闸、浮体闸、李庄闸、二堡、东王庄闸、薛桥、邳城闸、朝阳、四户、姚庄闸、沙集西闸、白塘河地涵、小滩河地涵等 17 处中小河流水文站堰闸流量关系曲线率定工作，配合人工补报闸门启闭信息，可以实现流量自动报汛。

测报方式改革实施过程：根据各测流断面的特性，影响因素的不同，实现水文站流量自动测报，可以使用不同的方法，即闸坝站、量水堰、H-ADCP、落差法。

闸坝站：徐州闸坝站有完善的闸上下游遥测水位，只要采集闸门开高、开宽就可利用率定的堰闸流量系数，实现流量的自动测报，同时实现流量入库，用于资料整编。对于安装闸门开高信息的站，直接利用其开高信息，适用于解台闸站。未安装闸门开高信息的站，2018 年，利用省局"手机报汛系统"和"江苏省流量自动计算报汛系统"，采用人工置数的方法，将开高、开宽信息输入，实现流量的自动报汛和资料整编，适用于丰县闸、沛城闸、蔺家坝闸等 3 站。2014 年，丰县闸水文站已利用丰县闸闸位控制信息实现闸门开启高度的采集，即闸门开高数据从闸管所本地闸控仪器 PLC 获取数字信号。2015 年，开始进行人工闸门启闭高度比测，从比测情况看，最大误差2 厘米。解台闸水文站于 2014 年利用闸管所闸门启闭信息进行试验，闸门启闭数据从闸管所本地闸控仪器 485 接口获取数字信号，2015 年开始进行人工闸门启闭高度比测，最大误差 2 厘米，2018 年实现流量自动报汛。沛城闸水文站 2017 年建成运行后，为抓住 2018 年百年不遇的洪水泄洪机遇，经过与闸管所协调，在行洪期间，根据定线要求，及时调节闸门开高，已率定出一条推流曲线。蔺家坝闸水文站于 2018 年利用"江苏省水文信息移动查询系统"，采用人工置数的方法，实现流量的自动报汛和资料整编。

量水堰：量水堰是水工建筑物推流方法的一种，上游水位和流量为单一的水位流量关系，利用上游水位就可推算出流量。林子（东泓）量水堰定线已经完成，可用于流量自动报汛和资料整编。

H-ADCP测流系统：运河水文站，为中运河上骆马湖重要控制站，过水面积较大，枯期流量较小，且受上游刘山、台儿庄等翻水站频繁调水影响，有时流向顺逆不定，流速较小，同时受频繁来往船只影响，流量测验工作十分困难。2015年，恢复H-ADCP测流系统，受船行波影响，流量变化幅度较大，测验效果不佳。

落差法：适用于林子（西泓）、港上、新安水文站，3站均安装上、下游比降水尺，根据实测流量资料，率定不同的相关曲线。各站由于受到的影响因素不同，成果精度也不一样。新安站相关关系较好，可以用于报汛，待进一步试验后再考虑用于资料整编；林子（西泓）、港上均受下游橡胶坝开关不定影响，关系较散乱。

第四节 应急监测

一、机构

50年代初期的三等水文站，除配备一名专职水文人员每日负责定时观测水位、降水量和水情报汛工作外，流量测验有主管的一等、二等水文站每月派员前往测站巡测。1981年，徐州因地制宜，以县为单位，在县城建立基地，组建水文中心站，采用大站带小站和驻测、巡测、调查相结合的模式。1986年7月，省水文总站制定全省水文勘测站队结合规划，在徐州地区规划组建7个水文勘测队。1992年，袁桥、合群桥、云龙湖水文阁等城市水文站点陆续建成，城区应急监测也由此开始形成。

2006年1月，徐州水文局主编完成《徐州市饮用水源地突发性水污染事故应急预案》，明确应急管理工作领导小组由徐州市水利局有关领导担任，突发性水污染事故应急监测机构由徐州水文局领导、水质科和站网技术科负责人担任。2013年8月，徐州水文局正式成立

2007年中运河洪水抢测 　　（2007年，刘沂轩 摄）

水文测报应急监测队。以局机关监测人员为主，成立邳睢新队、市区队、丰沛队3个分队。3支队伍分点包片徐州五县六区，建立协同应对、快速反应的应急处置机制，争取更快捷高效地向政府和水行政主管部门提供突发特殊水情、水污染事件应急处置的科学依据。2018年5月，以水资源科为主成立应急监测专项小组，下发《徐州水文局水文应急监测队管理暂行办法》，水文应急监测队（挂靠水资源科）正式成立。

二、水量应急监测

90年代以来，随着全市经济社会的不断发展，水量应急监测业务逐渐增多。1990—1992年，进行大运河不牢河段流量应急监测。2002年，开展蔺家坝船闸处的计量监测和不牢河沿线水质监测。2003年，按照省局部署，首次应用ADCP在淮沭新河二河闸应急测流。2013年10月，进行南水北调东线一期工程试运行应急监测。2014年8月，开展山东生态补水应急监测。2018年8月，分别进行"温比亚"台风城区站点应急监测、中小河流水文站流量监测。

三、水质应急监测

2002年12月和2003年初，开展南四湖应急生态补水水质监测，及时向省厅提供调水水质简报。2003年3月上旬，由于鲁南化肥厂、焦化厂污水下泄，致使徐州市地面水厂取水口发生突发性水质污染事故，水质科及时对事故进行跟踪调查，开展大量监测分析工作，编写水质简报30余份，为徐州市合理调度管理和应急保护取水口水质提供技术支持。2007年7月上旬，小沿河取水口遭受"万亩方"地区农田退水污染，氨氮浓度超标2倍多。徐州水文局水质科人员迅速响应，连续开展水质应急监测工作，科学指导排污，减轻面源污染对小沿河水源地的影响。2009年，邳苍地区省界河流先后发生两次突发性砷严重污染事故。徐州水文局迅速启动水质应急监测预案，第一次监测时间为1月14—30日，第二次监测时间为7月29日至8月13日，共监测邳苍分洪道东泓、黄泥沟、武河等省界河流10条，布设监测断面32处，取样监测27次。经调查，确定此次砷污染来自山东临沂新涑河，分别向徐州市政府、省厅、市水利局发送《水质污染快报》17份，及时上报砷污染情况，为政府相关部门协调处理省界污染提供技术支撑。2010年2月6日，徐矿集团旗山矿发生突水灾害事故，涌水量达1.38万立方米每小时。为保证矿井安全，徐州矿务集团启动抢险救灾预案，从韩桥矿出水口实施强排水。矿井水中含有大量的铁和锰，造成屯头河、老不牢河等水体铁、锰超标，徐州水文局组织开展20余天水质水量应急监测工作，为地方部门开展应急处置工作提供技术支撑。2012年5月2日，铜山区大彭镇大寨河发生车辆交通泄漏事故，造成大寨河苯污染。徐州水文局水质科第一时间启动水质应急预案，对大寨河进行3个月的跟踪监测，发布《水质快报》10期。2016年1月20—22日，徐州水文局对南水北调东线输水干线中运河及陶沟河、邳苍分洪道等支流开展水质应急监测，及时准确上报中运河南水北调出省水质及总氮变化情况。

四、应急预案与演练

1992—2014 年，徐州水文局每年汛前制定《徐州水文局水文测报应急监测预案》《徐州水文局水文测报应急监测演练方案》。机关相关技术人员和各监测中心进行汛前大练兵，学习应急监测知识，提高水文应急监测能力，为突发水事件的应急处置提供水量、水质、水文情报预报，为各级行政管理部门决策提供科学依据和技术支撑，保障地方经济社会全面、协调、可持续发展。

2013 年，徐州水文局应急监测队成立。徐州演练分成 3 个测区，即丰沛、徐州城区及邳睢新测区。成立应急监测领导小组，下辖 3 个水文测报应急监测演练队伍，由分管局长分别带队参加各测区的应急监测演练及汛期的应急水文监测工作。邳睢新队主要负责洪水走廊沂河港上站、大运河

2018 年 6 月，徐州市举行军地联合防汛演练　（徐州市防办供稿）

运河站、沭河新安站及邳苍分洪道林子、房亭河刘集闸站所有测洪预案的演练及修编。徐州城区队负责蔺家坝闸、解台闸，针对市区防洪要求增加巡测断面：奎河姚庄闸下公路桥、三八河徐海公路桥、荆马河东王庄闸上、故黄河李庄闸下公路桥和贾汪东排洪道、西排洪道测洪预案演练及修编。丰沛队负责丰县闸、沛城闸两个基本水文站，省界巡测断面：姚楼河、李楼闸、复新河闸、华山闸、大沙河地涵、杨屯河地涵、大屯闸、挖工庄闸、李集桥、韩坝涵洞、鹿口地涵、五段闸、七段闸、八段闸、沿湖地涵测洪预案演练及修编。

2018 年 5 月，徐州水文局应急监测队调整以水资源科为主，负责全区所有测洪预案的演练、修编及汛期应急水文监测工作。6 月，徐州水文应急监测队参加徐州市举行的军地联合防汛演练。

第五章 水文资料整编

水文资料整编是对原始的水文资料按科学方法和统一规格，整理、审查、复审、验收、汇编、刊印或储存等工作的总称。通过资料整编，可将各项原始资料用统一格式的简明图表，分别汇编刊印为《水文年鉴》《水质年鉴》《地下水资料》《小河站资料》《水文巡测资料》以及《水文特征统计资料》等，便于长期保存和供各有关单位使用。在整编工作过程中，还可发现和处理资料中存在的问题，去伪存真，保证整编成果的质量，为规划设计、防汛抗旱、水资源管理、水环境保护等提供准确可靠的科学依据。

第一节 资料整编方式

民国 11 年（1922）至民国 37 年（1948），由淮河等流域机构及省建设厅在《扬子江年报》《水利委员会汇刊》《江苏建设》等期刊上刊布水位、流量、含沙量、降水量、蒸发量等资料。另外，民国 24 年（1935）由中央研究院气象研究所编印《中国之雨量》；同年，全国经济委员会水利处编制《民国 22 年全国雨量报告》，翌年编制《民国23 年全国雨量报告》。

新中国成立后，华东军政委员会水利部组织南京水利实验处、长江水利工程总局和淮河水利工程总局，在南京成立水文资料整理委员会，对淮河、长江流域的历史水文资料进行广泛收集和系统整理，这是全国水文资料整编工作的开端。整编方法、内容及图表格式主要是参照前中央水利实验处拟订的水文资料整编表式和美国水文年鉴制定，整编项目有水位、流量、含沙量、降水量、蒸发量。1950 年 10 月，南京水利实验处等首先集中力量整编淮河流域 1949 年以前的历史水文资料，并于 1951 年汇编刊印 1912—1949 年《淮河流域水文资料》第一辑淮河中上游区第 1～3 册、第二辑淮河下游区第 1～3 册、第三辑沂沭汶运区第 1～3 册，共 9 册。徐州市淮河流域沂沭汶运区水文资料收录在该资料第三辑中，其中，第 1、2 册为水位资料，第 3 册为降水量、流量、泥沙资料。该资料中的江苏境内淮河流域原始资料后经治淮委员会辗转移交江苏省水文部门保管。

1950 年以来，各年水文资料的整编工作按照水利部统一规定，由各流域机构或省水利主管部门按流域、水系逐年汇编刊印为水文年鉴。1950 年，水文资料集中于淮委整编刊印；1951 年，集中于华东水利部；1952 年和 1953 年，集中于徐州一等水文站。1954 年起，水文资料实行在站整编，然后集中进行汇编、审查并刊印成册的办法。1954—1957 年，集中于淮委。

1954 年，中央气象局和中国科学院地球物理研究所将 1950 年以前徐州等站的降水资料加以整理，编入《中国降水资料》，其中有徐州等 8 个站点的降水资料。1958 年 4 月，水利电力部颁发《关于全国水文资料卷册名称和整编刊印分工规定》，将全国水文资料整编成果统一命名为《中华人民共和国水文年鉴，××流域水文资料》，并按流域、水系划区编列卷册号，沂沭泗运区资料由山东省水文总站汇刊成册，淮河中游区资料由安徽省水文总站汇刊成册，徐州境内淮河中游区水文资料分属第 5 卷第 3、4 册，沂沭泗运区水文资料分属第 5 卷第 7、8 册。

1964 年 8 月，水利电力部颁发《水文年鉴审编刊印暂行规范》，将全国水文年鉴册号按水系重新调整后，江苏省淮河流域水文资料分别列入淮河中游区（第 5 卷第 2、3 册）、淮河下游区（第 5 卷第 4 册）、沂沭泗运区（第 5 卷第 5、6 册）；长江流域水文资料分别列入长江下游干流区（第 6 卷第 6、7 册）、太湖区（第 6 卷第 19、20 册）；分工汇刊各册水文年鉴的水利主管机关无变动。

1976 年 6 月，《江苏省近两千年洪涝旱潮灾害年表》刊印，其中含有零星水文资料。徐州地区早期的水文资料多为与洪涝旱情灾害相联系的水情记述，散见于历代各县志、河渠志或水考中。水利电力部水管司和水利水电科学研究院根据北京故宫有关档案史料整理编纂的《清代淮河流域洪涝档案史料》，于 1984 年 3 月由中华书局出版，其中也有境内早期水文资料的相关内容。

原始水文资料经过各道整编工序，最后汇刊出版水文年鉴。徐州水文资料分属淮河流域的淮河中游区及沂沭泗运区。各年汇刊编印情况见表 5-1。

表 5-1 1912—1986 年列入徐州水文资料的水文年鉴一览表

年份	淮河中游区	沂沭泗（汶）运区	淮河流域	水文年鉴名称	汇刊编印单位
1912—1949	第一辑	第三辑共 3 册		淮河流域水文资料	南京水利实验处
1950			1～3 册	淮河流域水文资料	治淮委员会
1951		第 2 册		华东区水文资料	华东水利部

表5-1（续）

年份	淮河中游区	沂沭泗（汶）运区	淮河流域	水文年鉴名称	汇刊编印单位
1952		第1册		华东区水文资料	沂沭汶运水文分站
1953		第9、10册		华东区水文资料	沂沭汶运水文分站
1950—1953			《历年淮河流域水文资料补编》	华东区水文资料	治淮委员会
1954		第5、10册		华东区水文资料	治淮委员会
1955			第1~6册	华东区水文资料	治淮委员会
1956	第2、3册	第5册		华东区水文资料	治淮委员会
1957	第2册	第5册		华东区水文资料	治淮委员会
1958	第3、4册	第7、8册		华东区水文资料	安徽省、山东省水文总站
1959—1962	第7册	第7、8册		华东区水文资料	安徽省、山东省水文总站
1963	第3、4册	第7、8册		华东区水文资料	安徽省、山东省水文总站
1964—1986	第3册	第5、6册		华东区水文资料	安徽省、山东省水文总站

注：民国至1955年以前，徐州属沂沭汶运区，1955年汶河划入黄河流域，改称沂沭泗运区。

1987年起，水文资料不再汇刊成水文年鉴，改为整编审查后送山东省、安徽省水文总站，并由江苏省水文总站联网调出汇编建立水文数据库储存起来。自1992年起，徐州的水文资料不再参加邻省汇刊，全部在省内组织复审、验收、汇编后建立各卷册的江苏分册。

江苏省水文水资源勘测局自2006年起恢复水文年鉴刊印工作。1987—1988年的2年的水文资料江苏省内完成汇编、刊印（流域内水文年鉴没有进行复刊），1989—2005年的17年的水文年鉴陆续进行汇编、审查及刊印，2018年基本完成。

原始资料保管。1974年11月，水电部发出《关于加强水文原始资料保管工作的通报》，规定水文原始资料属永久保存的技术档案材料，应集中在省、市、自治区保管。徐州的水文原始资料都集中在江苏省水文水资源勘测局保管。

第二节　整编分工与刊布内容

一、资料整编组织分工

1956年以前，淮河流域的水文工作属江苏省治淮指挥部领导管理；1956年12月，江苏省治淮指挥部水文科并入省水利厅水文总站。1950—1957年，淮河流域的水文资料由治淮委员会组织审查和汇编刊印；1951—1952年，沂汶运区水文资料由华东水利部组织审编刊印。

水利部于1955年颁发《水文测站暂行规范》，明确规定水文测站在站要进行"随测算、随发报、随整理、随分析"的四随工作，水文资料开始由测站负责在站整理，各二等水文站（后改为中心水文站）负责整编和检查，然后由江苏省水文总站组织审查、汇编刊印。

1956年10月，水利部颁发《水文年鉴审编刊印须知》，统一规定水文资料整编报表和水文年鉴刊印格式及填制要求，提出水文年鉴汇编刊印前各阶段工作要求，明确各道工序的职责。1958年5月，江苏省水文总站根据水利部颁发的"超范"和"审刊须知"等规定，结合江苏省具体情况，制定《水文资料整编办法和说明》，明确从1958年起水文资料整编工作分工，由基层负责在站初编，委托站资料由中心站或负责管理的流量站代编；中心水文站负责集中整编和审查，江苏省水文总站负责资料复审和汇编刊印工作。1959年、1961年、1963年，江苏省水文总站又先后制定《水文资料整编补充规定》。

1964年8月，水利电力部颁发《水文年鉴审编刊印暂行规范》，对水文资料整编、审查、复审、汇编、刊印各阶段工作内容要求、组织分工、质量标准等级均做出具体规定。资料整编工作分工为测站整理，分站整编，总站审查；水文年鉴汇刊机关负责资料复审汇编和刊印。经过审查阶段以后的成果质量，应达到以下要求：项目完整，图表齐全；考证清楚，方法正确；规格统一，数字无误；资料合理，说明完备；表面整洁，字迹清晰。成果的数字、规格应达到平均大错错误率不超过1/20000，平均小错错误率不超过1/2000。1965年8月，江苏省水文总站结合省内具体情况制定《水文年鉴审刊规范补充规定》，明确一些具体的技术要求，使水文资料整编工作逐步走向制度化、规范化。

1974年11月，水利电力部颁发《水文测站试行规范》。1975年11月，水利部水利司组织制定《水文测验手册》（第1～3册）。江苏省水文总站于1978年制定新的《水文资料整编刊印及图表填制补充规定》，对全省水文资料整编方法、技术要求及各阶段工作内容，均做出具体规定。

1988年1月，水利电力部颁发部标准 SD244-87《水文年鉴编印规范》，增加整编方法、电算整编等内容，充实测站考证资料，调整刊印图表格式和精度指标，引进国际标准 ISO1100/2 水位流量关系检验及计算标准差等内容。1989年起，江苏水文资料整编工作全面贯彻执行新的编印规范，并在同年7月制定《〈水文年鉴编印规范〉补充规定》。

根据全省水文资料从1992年起全部实行电算整编的新情况，以及水利部水文司1993年3月下达的《水文资料汇编存贮供应方式改革意见》，从1992年起，省内水文资料不再参加邻省汇编，全部在省内组织复审、验收、汇编后建立各卷册的江苏分册。为统一全省水文资料整编的方法、规格，结合近几年省内实行电算整编的经验，江苏省水文总站于1993年10月又对原《〈水文年鉴编印规范〉补充规定》进行修订。

2011年，水利部根据水利行业技术标准编制计划，按照《水利技术标准编写规定》（SL1-2002）的要求，结合水文资料收集和整编十年来的变化情况，对《水文资料整编规范》（SL247-1999）进行修订和完善，并在2012年《水文资料整编规范》（SL247-2012）发布实施。

二、整编刊布的内容

徐州地区各类水文测站的资料经过整编、审查、复审、验收等阶段，列入水文年鉴刊布的项目有考证图表、水位、河湖水温、流量（含河道、水工建筑物）、含沙量（同流量）、降水量、蒸发量、气象、水化学及水质污染、地下水（含地下水位、水温及水化学、水质）等。

考证图表：1989年以前，新设站及公历逢五、逢零年份的水文站和水位站均编刊测站说明表和位置图。1989年起，新设的水文站及公历逢五年份的老站编刊测站说明表、测验河段平面图、水文站以上（区间）主要水利工程基本情况表、水文站以上（区间）主要水利工程分布图。新设的水位站及公历逢五年份的老站编刊测站说明表、测验河段平面图。测站基本水准点高程一年内变动超过50毫米的水位、水文站或测站迁移以及附近河流有重大改变的水位、水文站，公历逢零年份重新编刊测站说明表。

水位：1949年以前，刊布水位资料整编说明表、逐日平均水位过程线图、各月水位表及过程线图。1950年以来，编刊的图表有逐日平均水位表、逐日平均水位过程线图、洪水水位摘录表、月年统计表。通航河道在1960年以前，曾编刊过水位频率表；60年代以来，通航河道站改在逐日平均水位表内增加刊布"各种保证率水位"一栏。

流量（含河道、水工建筑物）：1949年以前，刊布流量实测成果表和逐日平均流量表。1950年以来，除刊布河道站的实测流量成果表和逐日流量表外，1953年起增刊洪水水文要素摘录表，1954—1955年一度增刊日平均流量过程线图，1956—1957年曾刊布流量综合过程线图，1957年起增刊闸坝流量实测成果表，1956—1960年一度刊布流量频率表，1961年起增刊闸坝引排水量统计表和水库水文要素摘录表。1965年以来，堰闸、水库测站刊布堰闸（水库）流量率定成果表。1976 年起，又增刊水电（抽水）站合并效率系数率定表。

含沙量（含河道、水工建筑物）：1949 年以前，刊布悬移质输沙率月年统计表和逐日平均含沙量表。1950 年以来，除刊布河道站悬移质输沙率和含沙量日表外，1955 年曾刊布逐日平均含沙量过程线图，1956—1957 年刊布过含沙量综合过程线图。

降水量：1949 年以前，刊布逐日降水量表和汛期降水量记录表。1955 年起，增刊年降水量等值线图和暴雨等值线图；1956—1960 年增刊汛期降水量分段记录表，1961年起改称分段降水量摘录表，1965 年起又改称降水量摘录表。1964 年起，增刊各时段最大降水量表（一）～（四）；1982 年起，改刊各时段最大降水量表（1）和表（2）。

蒸发量：1949 年以前，刊布蒸发量月年统计表。1950 年起，刊布逐日蒸发量表或逐月水面蒸发量表。1958—1964 年，部分蒸发测站曾增刊逐日平均气温表、逐日平均相对湿度表和逐日风向风速（力）表。1965—1966 年，改刊蒸发量辅助项目月年统计表。1967 年起，停刊辅助项目月年统计表。

地下水：1953 年起，刊布逐日平均地下水位表或地下水位表、地下水温表。1957年起，刊布地下水化学成分表。1981 起，地下水资料（含地下水位、埋深、水温）单独刊印成册。

水化学及水质污染：1959—1977 年，在水文年鉴内刊布河湖水化学分析成果表。1975 年起，进行河湖水质污染监测分析，并刊布水质监测分析成果表。1977 年起，由水利部治淮委员会负责汇编，单独刊印《淮河流域水质资料》，地下水资料由江苏省水文总站负责汇编，单独刊印《江苏省地下水资料》。1985 年起，水质资料整编由江苏省水文总站负责。

气象：1950—1955 年，刊布气温、相对湿度、风向风力（速）、气压、地温、草温、日照、能见度、云量等逐日表。1956 年起停刊。

截至 2018 年，徐州地区刊入逐年水文年鉴（含水质年鉴和单独刊印的地下水资料以及 1988 年起不再刊印水文年鉴后逐年电算整编）的主要项目资料有水位 10416 站（年），流量 5208 站（年），含沙量 3924 站（年），降水量 26612 站（年），蒸发量 1848站（年），河湖水质 2132 站（年），地下水位 33564 站（年），地下水温度 3120 站（年），地下水水质 1520 站（年），合计 88344 站（年）。

三、径流站、小河站资料的整编

1957 年，在平原、水网区选择有封闭集水区界的代表河流设立径流站，探求降雨径流关系，由中心水文站（或专区水文分站）每年对径流资料进行整编分析。1964年，江苏省水文总站对 1957—1960 年各径流站和径流实验站资料整编分析成果，组织审查后汇编成《江苏省径流站水文资料》专册刊印（油印本）。70 年代起，按水文分区设立的小河站，每年均由水文分站进行资料整编分析。1982—1988 年，小河站资料参加由江苏省水文总站组织的审查汇编工作，单独刊印为《江苏省小河站水文资料》。1989—2005 年，逐年的小河站资料仍分别由市水文分站负责整编分析，暂停刊印。本着水文资料共享的原则，江苏省水文水资源勘测局自 2006 年起恢复水文年鉴刊印工作。另外，对于 1989—2005 年的 17 年的水文年鉴陆续进行汇编、审查及刊印工作，2018 年全面完成水文年鉴的复刊刊印工作。

第三节　资料整编技术

一、水位资料整编

徐州境内淮河流域各水文测站的水位原采用"废黄河口基面"。

由于原沿用 1949 年以前的水准测量成果，多年未复测以及水准点高程变动等原因，同一水准面（或高程系）往往并不统一。50 年代初期，华东水利部和治淮委员会组织进行精密水准测量，确定统一的"废黄河口基面"（精高）。1953 年起，徐州境内水文测站刊布水文资料，陆续采用经精密水准复测后的统一流域性基面，在基面名称后面加注"（精高）"。

1955 年，根据水利电力部统一规定，各测站将 1954 年刊布水位资料所用的水准基面，各自予以冻结，作为本站专用基面，称为"冻结基面"。各测站因所用的基面高程一般都在本站最低水位或河床最低点以下，故称作"测站基面"。1956 年起，各站专用基面与废黄河口基面、黄海基面之间的高差值，均在《水文年鉴》刊布的逐日水位整编成果表头列出。

80 年代以来，省厅测量总队又陆续向水文部门提供经过复测、平差以及用黄海基面表示的各引据水准点高程。1985 年《水文年鉴》中，各测站基本水准点高程同时以"测站（或冻结）基面""废黄河口基面""黄海基面（1956 年黄海高程系）"3 种高程基准分别表示，以便换算和对照使用。1990 年起，水位刊印表表头上，江苏省统一刊布表内水位（测站或冻结基面高程）与黄海基面（1956 年黄海高程系）高程的高差。

2011 年起，水位刊印表表头上，江苏省统一刊布表内水位（冻结基面高程）与1985 国家高程基准高程的高差。省厅勘测设计院测量总队编印的《江苏省二、三、四等级水准成果表》第一册、第三册和省厅基本建设局编印的《水准成果表》第二册以及 1969 年补编的第二册附册，是各水文测站作为引据水准点并据以引测本站基本水准点的主要依据。

1950 年以来，日平均水位的计算系用不同方法计算而得，如一日内水位变化平缓，或变化虽较大，但观测或摘录时距相等时，采用算术平均法；如一日内水位变化在 0.11 米以上，水位观测或摘录时距不等时，采用面积包围法。1986 年起，徐州水文水位、流量、泥沙等资料均用计算机整编，电算整编后日平均水位均用面积包围法计算。资料整编刊印的逐日平均水位表上，分别统计各月的平均水位，月最高、最低水位以及年平均水位，年最高、最低水位等月年特征值。通航河道的测站在表内统计各种保证率水位。

二、流量资料整编

流量资料整编方法的关键环节是水位（或水力因素）与流量关系的建立以及定线方法的确定。50 年代起，在资料整编工作中，广泛吸取国外经验，结合国内河流特性，使整编技术有迅速发展。徐州地处淮河下游，境内河道经常受上下游过境水影响，随着水利建设的发展，各地陆续兴建大量堰闸涵管（隧洞）、水电站、抽水站等水工建筑物，使较多河、渠经常受到水工建筑物启闭调节和控制运用的影响。针对这些特点，各类水文站流量资料的整编方法，除根据测站特性、控制条件以及受河床冲淤、洪水涨落、变动回水等不同因素影响，分别采用单一曲线法（含临时曲线法）、落差校正法（含等落差法、定落差法、正常落差法、落差指数法）、连时序法、实测流量过程线法进行整编定线。

1956 年，江苏省水文总站组织力量，在一些有代表性的堰闸、涵洞测站进行大量水文测验的试验研究，通过资料分析，先后提出堰闸（涵管）在不同出流状态（水力因素与流量系数的关系）时的流量定线方法；编写并由水利电力出版社于 1958 年出版《堰闸水文测验及整编》技术书籍。60 年代以来，针对新建的电力抽水站开展水文测验的需要，通过测验分析，提出用水头（站上、下水位差）、电功率与合并效率系数建立关系定线推流的方法。上述方法都已汇编在水电部水利司 1976 年主编出版的《水文测验手册第三册资料整编与审查》一书内。80 年代以来，针对平原水网地区一些堰闸出现淹没堰流时水位差经常在 0.05 米以下的情况，采取拉长河段水尺间距以加大水位落差，并提出用逐步图解法在双对数纸上点绘水力因素与流量关系求解参数的整编方法。这些方法在《水工建筑物测流规范》和水利部水文司委托江苏省水文总站主编的《水工建筑物测流》一书中都有反映。

在徐州境内，流量定线推流方法早期采用临时曲线法、连时序法（港上、林子等河道站），后期采用国家基本站实测流量过程线法（刘集、港上、林子、新安等河道站）、闸坝系数法（丰县闸、沛城闸、蔺家坝闸、解台闸等），根据不同出流状态时水力因素与流量系数关系进行定线推流。2010 年，开展落差指数函数法，主要是港上、林子、新安站，用上、下游水位差与流量建立关系定线。

三、泥沙资料整编

1956 年执行《水文测站暂行规范》后，泥沙资料采用单位水样含沙量（代表垂线含沙量）与断面平均含沙量相关法整编。一般河道站都是通过逐日一次或多次施测单位水样含沙量（简称"单沙"）以及在测流时结合施测断面平均含沙量（简称"断沙"），采用单断沙关系曲线法建立单沙断沙关系曲线，将单沙过程转为断沙过程。

四、降水量、蒸发量资料整编

降水量包括雨、雪、雹等量，人工观测站根据实测值统计逐日水量；自记站按虹吸订正后的记录统计。1953 年前，降水量以每日 9 时为日分界；1954—1955 年，改以每日 19 时为日分界；1956 年起，统一以 8 时为日分界（其中，1961 年、1962 年汛期一度以 6 时为日分界，非汛期仍以 8 时为日分界）。水面蒸发量观测的日分界与降水量相同。

五、水质资料整编

1959 年，徐州水文主要监测河湖水化学成分，主要有酸碱度、侵蚀性二氧化碳、总硬度、总碱度、矿化度以及八大离子，河湖及地下水化学资料整编的方法和项目内容，均按《水文测验暂行规范》有关规定和江苏省水文总站编写的《水化学分析》及水化学资料整编补充规定进行。

1975 年，增加水质污染分析项目，有电导率、悬浮物、溶解氧、氨氮、亚硝酸盐氮、硝酸盐氮、高锰酸盐指数、化学耗氧量、生化需氧量、氰化物、砷化物、挥发酚、六价铬、汞、铁、磷；80 年代末，增加重金属和细菌类等项目监测。地表水及地下水质污染监测资料整编的方法和项目内容先后按照《淮河流域水质资料整编试行办法》《地下水观测试行规定》《水质监测规范》《地下水监测规范》《水环境监测规范》和省内有关补充规定进行。

1978—1984 年，地表水水质资料由淮委负责汇编，单独刊印《淮河流域水质资料》，执行《淮河流域水质资料整编试行办法》。1979 年 12 月，水利部水文局颁布《地下水观测试行规定》，地下水观测、整编按此规范要求执行。1984 年 12 月，水利部水文局颁布《水质监测规范》（SD127 - 84），自 1985 年 1 月 1 日起执行。1996 年 10 月 31 日，中华人民共和国水利部批准发布《地下水监测规范》（SL/T183 - 96），自当年 12 月 1 日起地下水监测、整编按此规范要求执行。1998 年，水利部批准发布《水环境监测规范》（SL219 - 98），水环境监测、整编按此规范要求执行，替代《水质监测规范》（SD127 - 84）。2006 年 3 月 1 日，执行《地下水监测规范》（SL183 - 2005）。2014 年 3 月 16 日起，执行《水环境监测规范》（SL219 - 2013）。

1996 年，水利部对各水环境监测机构开展计量认证考核工作。同年 3 月，江苏省水环境监测中心（包括徐州等分中心），首次通过国家计量认证考核，获得国家计量认证合格证书，并分别于 2001 年 10 月、2006 年 12 月、2010 年 3 月、2013 年 5 月、2016 年 8 月通过国家计量认证复查换证评审。徐州分中心水质资料整编严格执行江苏省水环境监测中心"质量手册""程序文件"等质量体系管理文件的相关要求。

1996 年开始，采用江苏省水环境监测中心镇江分中心开发的水质资料整编程序进行水质资料整编。2007 年开始，在采用原程序的基础上，同时采用省中心开发的水质数据库进行水质资料的整编和统计。2018 年，随着实验室信息化管理系统（LIMS）的推广应用，提升水质监测数据及信息收集的自动化处理水平，输出成果用于资料整编和统计。

六、整编资料的检查

60 年代，对水文资料整编成果进行合理性检查就已形成明确的制度。水文资料整编的检查主要包括单站合理性检查、表面统一检查与综合合理性检查三部分。单站合理性检查是利用本站资料进行的检查，内容包括本站各种水文要素变化过程的合理性检查，各种过程线的对照检查，历年同类关系曲线的对照检查等。表面统一检查是对整编成果图表中各有关项目的对照和各种图表相同或有关项目的对照，其目的在于消灭文字、数字、规格上不统一的现象，进一步消除资料中残存的错误，特别是较大的错误，检查内容包括各表的表头检查、规格符号检查、旬月年特征统计检查及附注检查等。综合合理性检查包括上、下游同一要素过程线的对照检查，水量、沙量平衡检查，相邻站逐日降水量、月年蒸发量对照等。

第四节　水文数据库

一、数据库建设

水文数据是国民经济建设重要的基本信息。1985 年，经水电部批准，在全国水文系统开始着手建设水文水资源信息预报服务系统，要求逐步达到水文测验、资料整编、刊印、存储、预报、计算、管理、服务等方面配套，中央、流域、省市以至基层形成系统。1990 年 12 月，水利部在北京召开全国水文数据库工作会议，部署全国分布式水文数据库的建库工作，江苏是第一批建库的省份。1991 年 3 月，《江苏省水文数据库建设规划纲要》发布，分近期和远期两个阶段完成基本水文数据库的建库工作。近期目标是，从 1991 年开始至 1995 年初步建成全省水文数据库，要求完成 1991 年以前历年水文年鉴中手算的各种逐日表、月年统计表和摘录表数据的录入、校对、装载入库；完成 1988—1995 年水文年鉴（含水质和地下水资料）电算整编成果数据的转储装载入库；实现省二级结点库与各水文水资源勘测局为主的数据通信联网。远期目标是，从 1996 年开始至 2000 年基本建成全省水文数据库，要求完成水文年鉴中手算的各种实测成果表数据的录入、校对和装载入库；完成 1989—2005 年水文、水质、地下水各项电算整编成果数据的转储装载入库。徐州市作为全省四个录入站点之一，完成第 5 卷第

3、5、6册共计17年历年水文年鉴数据的录入、校对和装载入库工作。

至1992年底，全省水文数据录入和装载入库工作已完成向国家防总报汛各站1991年以前历年水文年鉴中的水位、流量、降水量逐日表、逐潮高低潮位表和各时段最大降水量表等共4860站（年），数据量约6兆比特。向省防办报汛的各站历年资料录入也已完成部分工作量。同时，省水文总站完成测站编码表的录入工作；编制电算整编数据转储系统软件的水位、流量、降水量逐日表和降水量摘录表、各时段最大降水量表（1）（2）；完成VAX机ORACLE数据库管理系统由VMS4.X版本环境升至VMS5.2版本环境；完成入库数据标准结构设计和水文年鉴数据自动入库通用软件系统，建立专门的水文测站编码数据表结构；完成积累常用水文数据的数据库表结构的定义和合理化修正；编制水文数据库通用数据检索系统的设计，并开发网络应用功能，使所有远程公共分组数据交换网用户和以太网用户均可方便地在授权范围内查询水文数据库。

二、水文数据计算机网络建设

根据江苏省水文数据库建设规划，徐州水文数据计算机网络建设分两个阶段进行：第一阶段（1991年底前），水文总站机关的局域网体系结构选用DECnet，计算机为VAXⅡ、VAX3100、286、386等，要求水文总站办公楼内的计算机全部联入局域网，达到资源共享。有多台微机的勘测处有条件的亦可联成局域网，网络体系结构选用NOVELL。第二阶段（1992—2000年），全省水文数据计算机网络利用江苏省邮电部门的公共分组交换数据网（JSPAC）交水文总站与各水文水资源勘测处计算机互连，网络体系结构选用DECnet。此阶段分两步实施，第一步，利用各单位的拨号电话线，用异步拨号方式联网，总站VAX机按照多个单位同时联入的需要，选用专线同步方式入网，配置VAXP.S.I软件和同步通信板；第二步，各勘测处用专线异步或同步方式入网，速率根据各单位的实用情况选用1200～4800比特每秒。

1991年11月，水利部水文司批准立项的课题"江苏省水文数据计算机网络应用研究"，经过接近一年的努力，在水文数据库远程检索，电算整编水文资料的远程传输、计算和检查，水文情报的远程传输和检索，水文遥测数据的传输和检索以及用于水文管理上的电子信箱和文件的传送等5个方面的应用研究取得初步成果。1992年10月，水利部水文司受部科教司委托，组织进行现场测试鉴定，与会专家认为，江苏率先应用邮电部门的公共分组交换网，建设水文数据计算机网络，解决水文信息经济、快速、可靠地传递和处理的难题，加速全国水文信息网络的建设和水文信息实现优质服务。

1992年6月，省水文总站着手制定江苏省水文无线报汛通信网规划，该规划的通讯网由三级网络组成，一级网为省级网，主要为各地水文机构与省水文总站之间的水情通信，采用邮电部门的公用数据分组交换网进行水情、水文数据等远程通信；二级网为市级网，主要为各市水文机构与其下属的县城站之间的水情通信网；三级网为县级网。至1992年底，省水文总站VAX机已能通过网络与水利部水调中心（后称水利信息中心）、淮委以及省内徐州、盐城、镇江和常州等 8 个水文水资源勘测处的计算机联机，进行实时水情信息的远程传输，水文数据库已装载录入数据的远程检索，水文遥测信息集中收集检索，以及用于水位管理、办公自动化的电子信箱和文件的传递。

1995 年，省水文局为"多快好省"地做好水情信息的传递，对全省水情电报传送方式进行重大改革，在省与市、市与市之间采用计算机网络进行水情传输。徐州水文部门建设第一条公用数据分组交换网，采用 Bejing－Email 与省中心进行水情数据远程通信，应用 Proco 与市防指进行水情信息传输，大大提高水情传递速度和效率。1997 年，省水文局与各勘测处之间安装 X.25 专线；1999 年，又升级安装 DDN 专线，进一步提升水情信息传输的速度。

1999 年 11 月，水利部国家防汛指挥系统建设项目领导小组办公室安排徐州作为国家防汛指挥系统示范区试点建设。2000 年 6 月，示范区徐州水情分中心开始建设，并于 2001 年 9 月 7 日通过验收投入运行，测站到各监测中心采用 PATN 点对点通信，再采用以超短波为主，程控电话 PSIN 为辅的双信通道报汛机制，通过沛城闸和邳州 2 个集合转发站、大洞山和新安 2 个中继站将水情信息传输至徐州水情分中心。水情分中心的建成投运，提高了水文测验能力，实现了水文信息采集、存储、传输、处理和转发的自动化和信息数字化。

2001 年，通过江苏省苏北地区水资源配置监控调度系统工程专用通信网建设项目，徐州水文局与徐州市水利局之间建设一条 2 兆专用光缆通信数字电路，实现省内水利广域网数据通信。2006 年，全省采用实时水情信息传输处理技术。徐州市报汛编报方式主要采用《水文情报预报拍报办法》规定的方式进行编码。根据国家防总要求，从 2006 年 3 月起在全国范围内正式实施《水情信息编码标准》（SL 330－2005）和《实时雨水情数据库表结构与标识符标准》（SL 323－2005），同时原拍报办法废止。为适应水情信息编码变革，确保水情信息正常传输及省内外水情信息共享，省水文局针对要求和新标准及时开展实时水情信息传输处理技术研究，开发基于《水情信息编码标准》的实时雨水情信息传输处理系统。该系统接收信息电话、遥测遥报系统等 5 种途径传输来的报文，并汇总、分拣后再上传到省水情中心，同时接收省水情中心分发的报文，经翻译后入本地实时雨水情数据库。

第六章 水文情报预报与信息化

由于防治水害、兴修水利的需要，徐州地区很早就注重雨情、水情测报以及一些简单、初始的水文情报工作，现有文字可查考的，可以追溯到清末。但是，早期以"水尺桩"等人工记载水位，多为实时防洪专用，缺乏系统的水情记录，发展非常缓慢。抗日战争爆发后，报汛工作遭受严重破坏。因为战火延烧，至1949年，水文测报能正常运转的水文站仅有1处。新中国成立后，苏南、苏北人民行政公署分别成立防汛指挥机构。1953年，在省人民政府领导下，徐州地区成立防汛指挥机构。50年代水情测报站网蓬勃发展，60年代初国民经济调整时期曾一度减少，70年代初期又继续发展，到90年代中期以后站网趋于稳定。由于水利建设和经济建设事业发展的需要，水文预报工作从无到有，先后开展沂河港上站、沭河新安站、中运河运河站、房亭河刘集闸站、复新河丰县闸站和沿河沛城闸站水文预报，并进行一些相关内容的水情服务工作。随着经济社会发展，技术手段不断更新，水文观测自动化、数据采集多样化和信息化建设等发展较快，尤其是水文信息化，其发展目标是通过现代通信、计算机网络等先进的信息技术在全行业的普遍应用，充分开发应用与水有关的信息资源，直接为防洪抗旱减灾，水资源的开发、利用、配置、节约、保护等综合管理及水环境保护、治理等决策服务。作为国家信息化建设的重要组成部分，水文信息化能够充分利用现代信息技术，深入开发和广泛利用水文信息资源，实现水文信息采集、传输、存储、处理和服务的网络化与智能化，全面提升水文事业管理水平和各项活动的效率、效能。

第一节 水文情报

一、水情站网

1949年以前，徐州地区水文测站很少，大多已停止测验，水情报汛站更是寥寥无几。新中国成立之初，徐州地区水情站点仅有7处，主要分布在沂、沭、运干河上。50年代，开始水情站网的调整和增设，徐州地区的水情站网逐步适应防汛、抗旱和生产建设的需要。在此基础上总结实践经验，提出水情站网布设原则，以最经济的水情测报站数量达到能够控制和掌握所需水文情势的变化，满足水情服务和水文预报需要的目的。水情站通常在现有水文站网布局的基础上选定布设，同时考虑水情、雨情站网上的代表性和控制性，必要时增加现有重要水利控制工程观测站点，以满足国民经济各部门，特别是防汛抗旱、水利建设和工程管理运用对水情的需要，满足开展水文预报工作的需要。这一时期，水情站网发展较快。1950 年 6 月，苏北行署分别成立防汛指挥部，根据当地设置的水文站网和各级防汛指挥部门的需要，布设一批水情报汛站，其中部分重点站点配备专用无线电台发报水情。1954 年，淮河流域发生特大洪水，各水情报汛站在防洪中作用显著。1955 年以后，根据防汛抗旱和生产建设实际的不同要求，徐州地区水情站网分为常年站、汛期基本站和汛期辅助站三大类。常年站常年发报水情，汛期基本站汛期每天发报水情，辅助站只在水情、雨情达到或超过规定起报标准时发报。水情站拍报项目，一般有河道水位、涵闸上下游水位、流量、闸门启闭情况、抽水量、降水量、蒸发量、地下水埋深、土壤含水率等。

60 年代初，国民经济进行调整，致使 60 年代末至 70 年代初期间水情站一度减少；70 年代中期开始逐步恢复和发展。80 年代初期，为适应改革开放、经济迅速发展的需要，水情站网发展较快；到 90 年代中期，水情站最多时达 45 处，其中常年发报水情站 17 处，收报单位包括中央、流域、省、市、县防指等防汛部门 15 处。90 年代中期以后，结合站网实际优化调整，全区水情站总数稳定在 40 处左右。2008 年，徐州市区共有各类报汛站 52 处，其中向省级报汛 39 处。2011 年，徐州地区共有各类报汛站 63 处，其中向省级报汛 42 处。2018 年，徐州地区共有各类报汛站 69 处，其中水文部门测站 39 处，工程管理部门报汛站 30 处。报汛站中，向省级报汛 48 处，常年向国家防汛抗旱指挥部办公室报汛的有 9 处。

二、水情拍报方法

水利部制定颁发的水情拍报方法：1950 年 6 月 13 日，水利部颁发《报汛办法》共21 条，对水情拍报的有关问题做出统一规定。1951 年 4 月 30 日，水利部颁发《报汛办法》共 19 条及直接向中央报汛站一览表，对报汛时制、拍报办法及报汛站有关考证资料内容等做出具体规定，统一规定雨情、水情电码形式，电文由明码改为 5 字一组的密码。1954 年，水利部修改防汛办法后重新颁发，规定各报汛站的站号代码。1958年，水利部水文局提出《水情电报拍报办法（初稿）》，其中包含水文预报拍报办法。1963 年 2 月，水利电力部印发《旱涝水情电报电码形式及拍报规定（试行稿）》。随后，对水情拍报办法进行全面系统的修订。1964 年 12 月，水利电力部颁发《水文情报预报拍报办法》和《降水量水位拍报办法》，自 1965 年汛期开始执行。由于抗旱工作和为农业生产服务需要，1965 年 4 月又颁发《旱涝测报须知（初稿）》，统一全国旱涝测报的相关规定。1985 年 3 月，水利电力部颁发《水文情报预报规定》，自当年 6 月 1日起实行。随着计算机技术、网络技术、通信技术和数字技术的发展，水情信息的采集、传输、处理方式发生根本变化，《水文情报预报拍报办法》已经不能满足水文情报预报业务发展的需要。为推动水情工作的技术进步，统一技术标准，加强科学管理，更加适应防汛抗旱、水资源管理及国民经济建设的需要，为社会提供及时、全面的水文情报、预报服务，2004 年，水利部在认真总结执行《水文情报预报拍报办法》的实践经验和吸取国际先进经验的基础上，按照 1989 年 4 月实施的《中华人民共和国标准法》、2003 年 3 月实施的《水利技术标准编写规定》和 2000 年 6 月实施的《水文情报预报规范》，制定《水情信息编码标准》，并于 2006 年执行。

江苏省和徐州市制定颁发的水情拍报方法：70 年代以来，江苏省防汛抗旱指挥部每年在布置水情测报工作时，一般都要提出当年的"水情拍报工作要求和规定"。省防指针对江苏实际，于 1972 年制定《江苏省水情拍报办法补充规定》，1989 年补充修订。为统一抗旱水情工作需要，省防指于 1978 年制定《土壤墒情测报办法》。2007 年 1 月 25 日，徐州水文局制定《水情电报质量奖惩细则（试行）》，确保水情报汛质量。2013 年，为防御和减轻水旱灾害，规范水情预警发布工作，江苏省防汛抗旱指挥部办公室依据《江苏省水文条例》《江苏省防汛防旱应急预案》《水情预警发布管理办法（试行）》（国汛〔2013〕1 号），制定《江苏省水情预警发布管理办法（试行）》并颁布实施。

汛期划分和报汛时制：徐州地区汛期的起讫时间划分，执行淮河流域沂沭泗运区汛期报汛时间，一般为 6 月 1 日至 9 月 30 日。1972—1974 年，省防指规定全省各站汛期报汛时间一律为 5 月 1 日至 10 月 10 日；1975 年，规定沂沭泗运区各站汛期报汛时间改为 6 月 1 日至 10 月 10 日。1979 年，省防指根据水电部、邮电部联合通知，规定省内长江流域和淮河流域（包括沂沭泗运区）各站汛期报汛时间均为 5 月 1 日至 9 月 30 日。

全区各水情站的报汛时制：1953 年以前采用地方时，1953 年起按水利部规定统一采用北京时区标准时（东经 120°标准时）报汛，各水情站水（雨）情测报日分界为 9 时。1954 年起采用国标规定，改以 8 时（北京时）为日分界。1961—1962 年汛期，按国家防总规定，一度以北京 6 时为日分界。1963 年汛期开始，恢复以 8 时为日分界。1986—1991 年夏季，国家采用夏令时制期间，各水文站观测和报汛仍执行北京标准时。

三、水情拍报标准

定时雨情、水情拍报标准：一般规定为汛期每日 8 时发电上报前一日降水量和当日 8 时的水位和相应流量、闸门启闭等。区内主要河湖、闸坝的重要水情站由国家防汛抗旱总指挥部指定，汛期每日 6 时向国家防总增报一次水情电报。

时段雨情、水情加报标准：为掌握次暴雨降雨强度变化和河流洪水位涨落变化过程，规定 1 小时暴雨量达到或超过 30 毫米时，进行加报。时段加报根据不同段次要求进行。水位、流量达到规定的加报标准（一般超过警戒水位以上）时，应进行加报。

辅助水情站起报标准：汛期辅助报汛站（如解台翻水站）当工程抽水时，应加报抽水量及工程运行时间。非报汛站当日雨量超过 100 毫米时需进行报汛等。

四、水情传递与资料处理

新中国成立后，在历年防汛中，水文站的水情信息主要依靠邮电部门的通信系统传递至水情组。50 年代，徐州水情站将水情电报送到附近的邮电所拍报，再由收报邮电局派人将纸质电报送到收报单位。其后，随着有线电话线路的发展，部分报汛站利用本单位电话或租借电话向邮电局传报水情，但多数报汛站仍直接将水情电报送至邮电局发报。直至 1995 年，徐州水情信息主要由测站通过邮电部门拍报，邮电部门将纸质电报送至市防办水情组（水情组成员为徐州水文局职工）。

1995 年，省水文局对全省水情电报传送方式进行重大变革，在省与市、市与市之间采用计算机网络进行水情传输。徐州水文系统建设第一条公用数据分组交换网，可与省水文信息中心进行水情数据远程通信，与市防汛抗旱指挥部进行水情信息传输，提高水情传递速度和效率。测站主要通过无线对讲机及有线电话向水情组报汛，水情组将报文录入省水情传输系统后报送省局，与徐州防汛有关联的山东水情资料则由省局转至徐州水情组。90 年代末，测站水情信息通过有线电话自动入库。1997 年，省水文局与徐州水文勘测处之间安装 X.25 专线；1999 年，升级安装 DDN 专线，水情信息传输的时效进一步得到提高；2001 年，徐州水文局与徐州市防办之间建设一条 2 兆专用光缆通信数字电路，实现省内水利系统内部数据通信。

2001 年 9 月 7 日，国家防汛指挥系统徐连示范区徐州水情分中心通过验收投入运行，测站到各监测中心采用点对点通信，形成双信通道报汛机制，通过 2 个集合转发站、2 个中继站将水情信息传输至徐州水情分中心。水情分中心的建成投运，极大地提高了水文测验能力，实现了水文信息采集、存储、传输、处理和转发的自动化和信息数字化。2004 年，徐州水文信息采集查询系统建成，可查询徐州地区雨量、水位数据与过程。同年，查询系统链接至徐州市防办。2005 年，徐州市在全省首家实现水位、雨量遥测数据代替人工报汛。2006 年 3 月起，全省统一采用《水情信息编码标准》，同时启用省水文局开发的实时雨水情信息传输处理系统，徐州市在全省首家实现语音电话和手机短信报汛并自动通过该系统入库。

2007 年，徐州水文局自主开发水情值班预警系统，实现网络故障监控、遥测系统故障报警、水雨情分析与预警、手机 GSM 水情查询和报文接收、应用程序运行监控及短信群发功能，辅助水情值班工作。2012 年，自主开发遥测数据下载系统，提高遥测站数据下载工作效率。2013 年，根据省水文局《关于加强地下水监测信息报送工作的通知》，徐州水文局自当年汛期起开展地下水监测信息报送工作。2016 年，启用手机报汛管理系统，测站人员利用手机通过该系统向水情组报汛。2018 年，徐州市在全省首家利用流量自动报汛软件，依据理论线实现部分站点流量自动报汛。

第二节 水文预报

一、流域性河道预报

根据沂沭泗地区防汛抗旱工作需要，1959 年起编制沂沭运流域短期洪水预报方案投入使用。1972 年，为提高水文预报水平，江苏省革委会水电局委托华东水利学院举办水文预报进修班，徐州地区水文分站派 8 名技术人员参加，并根据沂沭泗水系的水情特点编制《沂沭泗流域水情预报方案》。1990 年，对《沂沭泗流域水情预报方案》进行修订，由淮委沂沭泗水利管理局水情处汇编成《淮河流域实用水文预报方案·沂沭泗部分》，其中沂河港上站、沭河新安站、中运河运河站预报方案由徐州水文局编制，主要预报洪峰流量、洪峰水位和洪峰出现时间等洪水要素，预报精度均在乙等以上。根据国家防办和淮委防办的指示精神，相继在 2000 年、2010 年对上述方案进行第二次、第三次全面修订，由沂沭泗水利管理局汇编成《淮河流域沂沭泗水系实用水文预报方案》（分上下两册）。

二、区域性河道预报

为满足防汛防旱、水资源及水利工程管理等需要，2000 年修订《淮河流域沂沭泗水系实用水文预报方案》时，增加复新河丰县闸站、沿河沛城闸站、房亭河刘集闸站水文预报方案，填补徐州区域性河道水文预报空白。2014 年，编制《徐州市中小河流预报方案》。2015 年，编制《不牢河解台闸水文预报方案》，方案达到乙等标准。2018年，编制《不牢河刘山闸水文预报方案》，方案达到乙等标准。

三、预报系统

20 世纪 60 年代至 90 年代，徐州水文预报作业方法全部依靠手工操作。60 年代以前，预报方法主要依靠相关图表查算，需要大量的人力，且预报发布时间周期长。60年代开始，水文预报技术从产流、汇流机制分析计算和理论研究入手，将国外的一些传统技术方法如单位线、洪水演算模型等引进、消化吸收并结合实际予以改进投入作业实践。徐州水文预报作业的主要参考依据是《沂沭泗流域水文预报方案》。

90 年代末，随着计算机的普及和信息处理技术及预报技术的发展，洪水预报开始进入"现代洪水预报"的新阶段。2000 年前后，采用计算机辅助计算进行预报，预报发布时效速度和精度得到提高。2010 年以后，网络和数据库等信息技术的广泛应用发挥作用，大批业务信息系统相继投入业务分析处理应用。2015 年，由北京金水信息技术发展有限公司开发的中小河流预警预报系统在江苏省水文系统推广使用，徐州水文局基于该系统构建沂河港上站、中运河运河站、房亭河刘集闸、沭河新安站等河道预报方案,实现人工干预下的系统预报作业。2016年,省局组织开发的江苏省雨水情分析评价系统面向全省推广使用,沂沭泗水利管理局开发研究的《骆马湖洪水预报调度系统》在徐州投入使用。

2018年7月,徐州水文局组织研发的徐州水文预警预报服务系统投入运行,提供的雨情信息模块与雷达动图结合功能和江苏省雨水情分析评价系统提供的实时雨水情分析功能、实时预报降雨区域功能等,共同作为中小河流预警预报系统的补充,辅助洪水预报。

第三节　水情服务

一、服务机构与服务方式

水情服务是指水文部门及时向社会有关方面,包括各级政府防汛防旱指挥机构、工业企业、交通航运、机关学校、城市建设公共事业单位、城乡居民提供水文情报与预报,使上述各部门和有关各方及时采取防范措施,有效避免或减轻洪涝、旱及水污染灾害。新中国成立后,徐州地区水文情报预报在为防汛抗旱、水利工程施工、调度运行、防治水污染及其他国民经济建设等服务方面,取得较好的经济效益和社会效益。2018年,按照《省水文局关于同意成立徐州水文局驻徐州市水务局水文服务处的批复》,以常驻徐州水务局的水情人员为主成立水文处;县级水文全面落实河长制成员单位、防办副主任单位;各县(市)区共计26家试点乡镇水利站签订"基层水文服务体系合作协议"。水情服务主要服务方式有水文测报、水文预报、水情调查与分析、雨水情简报(快讯)、墒情简报、水情短信息、移动信息平台查询服务等。至2018年,在全市历次防洪、除涝和抗旱工作中,水文情报预报结合实际和工程调度加以运用,水情服务的综合经济效益非常显著。

二、防洪除涝

1957年6月底至7月,由于冷暖气团长期相持于山东、江苏接壤地区,沂沭河和南四湖地区连续出现暴雨。7月6—25日的20天时间里,一般地区累计雨量达500～600毫米,20天的雨量接近常年的年雨量。沂沭泗水系出现新中国成立以来最大洪水,沂河、沭河连续出现六七次洪峰。南四湖汇集湖东、湖西同时来水,最大入湖流量约1万立方米每秒。由于洪水来不及下泄,南四湖周围出现严重洪涝。洪水汹涌下注,骆马湖水位急剧上涨,省、市防指根据水情预报,迅即开启出湖的皂河闸、杨河滩闸、嶂山闸,以腾空骆马湖底水。根据水情预报,骆马湖水位有可能达到23.30米,将超过设计防洪水位 23.00 米，省防指决定将骆马湖防洪水位由 23.00 米提高到 23.50 米；经省委、省政府批准，破中运河堤利用黄墩湖滞洪，滞洪后骆马湖实测最高水位 23.15 米。

1974 年 8 月 10—14 日，受 12 号台风倒槽和西北槽冷空气结合的影响，骆马湖地区和沂沭河流域遭遇特大暴雨。雨带自南向北推移，主要降雨集中在 8 月 11—13 日，3 天内骆马湖湖区面平均降水量 304 毫米，睢宁、邳州、新沂等县均超过 400 毫米。沭河大官庄以上面平均降水量 241 毫米。这次暴雨使沂河、沭河、中运河、房亭河和骆马湖均出现史上罕见的严重水情，其特点是来势凶猛、峰高量大、骤升骤落、历时较短。沂河临沂站 8 月 13 日晨流量自 79 立方米每秒起涨，14 日凌晨出现洪峰流量 1.06 万立方米每秒。14 日当天，经彭家道口分沂入沭最大分洪流量达 3130 立方米每秒；江风口闸向邳苍分洪道最大分洪流量 1550 立方米每秒；沭河上游决口漫溢 68 处。经水库拦蓄削峰，沭河大官庄站洪峰流量仍超过历史记载，达 5400 立方米每秒；沂河干流港上站最大洪峰流量 6380 立方米每秒进入徐州境内；老沭河新安站洪峰流量高达 3320 立方米每秒，大大超过老沭河安全行洪标准（设计标准 2500 立方米每秒）。15 日，中运河运河站出现最大洪峰 3790 立方米每秒，致使骆马湖水位猛涨。省防指根据当时气象预报和工情、水情，向省委、省政府提出加大嶂山闸泄量、新沂河超设计标准行洪、不向黄墩湖分洪的决策建议。基于及时准确的水情数据，经过科学分析、系统决策、合理调度，黄墩湖免于滞洪，沂、沭、运河安全行洪，确保骆马湖、新沂河大堤安全，取得抗洪抢险胜利。

1990 年，境内面平均降水量达 1076.6 毫米，超过 1956—2018 年多年平均降水量（836.6 毫米）28.7%。降雨分布东部明显大于西部，年降水量最大的是铜山，达 1289 毫米；新沂次之，年降水量达 1213 毫米，均超过常年值的 40%。降水偏多导致沂、沭、运河全面出现洪水，分沂入沭流量 2000 立方米每秒，全部南下，新安实测最大流量 1430 立方米每秒。在水文系统及时、准确的雨情、水情信息及洪水预报支持下，徐州市防汛指挥机构决定沂河中河岛不进行人员撤离，减小了经济损失。

1991 年，降水量接近常年，但时间分布不均，集中暴雨较多，5 月 22 日提前入汛。6 月 10—11 日，徐州市及沂沭河上游骤降暴雨，超过 50 毫米的暴雨区面积 1.85 万平方公里。此次暴雨导致洪水突发。沂河临沂站 11 日 16 时洪峰流量 3200 立方米每秒，与历年 6 月份同期比较仅次于 1953 年的 3350 立方米每秒；港上站 12 日 3 时相应洪峰流量 2050 立方米每秒。沭河大官庄站 11 日 21 时洪峰流量 2140 立方米每秒，经向新沭河东调最大流量 1700 立方米每秒；老沭河新安站洪峰流量 319 立方米每秒。这次洪水，在全市水情报汛站及时、准确测报的雨情、水情信息支持下，经科学调度，骆马湖嶂山闸未泄洪，新沂河河床内 30 万亩正在收割的小麦免遭损失。

1993 年，雨季到来迟于常年，总降水量不大，但降雨相对集中。8 月 4 日 14 时至 5 日 14 时，沂沭泗流域自西向东普降暴雨。主雨峰集中在 4 日 18 时至 5 日 6 时的 12

小时内，暴雨中心在沂河上游及邳苍地区，最大刘庄水库站 24 小时降雨 380 毫米。徐州市自西向东先后降雨，形成两个暴雨中心。西部沛城站 24 小时降雨 241 毫米，东部邳城闸 24 小时降雨 276 毫米，全市平均降水量在 150 毫米以上。导致南四湖、沂沭河、中运河及邳苍分洪道洪水并涨，上游客水压境，境内暴雨成灾。外洪内涝之下，各河均出现较大洪水，沂河临沂站洪峰流量 8100 立方米每秒，经彭家道口分沂入沭后，港上站洪峰流量 5370 立方米每秒；老沭河新安站洪峰流量 1390 立方米每秒；中运河运河站洪峰流量 1630 立方米每秒；邳苍分洪道林子站洪峰流量 1480 立方米每秒。这次洪水过程进入骆马湖洪水 26.75 亿立方米，其中，沂河来水 10.74 亿立方米，中运河来水 14.14 亿立方米；嶂山闸泄洪入海 23.17 亿立方米，经皂河闸南泄 1.84 亿立方米。在全市水情报汛站及时、准确测报的雨情、水情信息，为决策分沂入沭、沂水南下及骆马湖泄洪调度提供了技术支持。

2012 年 7 月 9 日，沂沭河上游及邳苍地区突降暴雨。7 月 10 日，沂、沭、邳（运河）三河同时出现汛情。汛情发生后，徐州水文局密切监视雨水情变化，掌握工情等有关情况，做好汛情分析、洪水预报和调度指令的传达工作，累计发出汛情实况信息 5000 余条，进行洪水预报 5 次，为防指和邳州、新沂防汛抗洪工作提供科学依据，使洪峰顺利进入骆马湖、新沂河和中运河，各河水位平缓回落，未发生重大险情和灾情。

三、抗旱

1978 年，春旱连夏旱，夏旱接秋旱。全市平均降水量 681.5 毫米，为历年平均值的 85%，属偏旱年份，降雨时空分布十分不均，东部少于西部，上半年明显少于下半年，最少的是新沂的高流站年降水量仅 442.2 毫米，而丰县的苗城集站达 1137.9 毫米。3—6 月降雨稀少，全区连续无雨天数高达 79 天，入汛较正常年推迟 10～15 天。降雨稀少造成湖库水位低落，水源紧缺。骆马湖最低水位 17.85 米，微山湖最低水位 30.55 米，南阳湖最低水位 32.59 米，均接近干涸状态。全区大部分河道断流，京杭运河不牢河段全线断航。全年航道水深不足 2 米的时间：解台闸上 137 天，刘山闸上 103 天。入秋以后，8 月底至 11 月底，降雨继续偏少，东部新沂等县旱情特别严重。在旱情发展的过程中，市防指根据水文部门提供的水情信息、旱情分析，充分发挥引调水工程作用，全年灌溉水量 15.2 亿立方米，缓解了灾情。

1988 年，全市出现史上罕见的大旱，雨量稀少，河湖断流干涸，地下水位大幅度下降，水资源严重短缺，工农业生产受到严重影响。上半年，全市性的降雨过程仅有两次，一次是 3 月中旬，全市平均雨量 39 毫米；另一次是 5 月上旬，全市平均降雨虽有 70 毫米，但分布不均，西部明显少于东部。全市平均年降水量 511 毫米，为 1956—2018 年多年平均值的 63.6%，是徐州市有实测降水记录以来最少的一年，属特旱年。降雨特少的丰、沛县分别为 375 毫米和 408 毫米，仅相当于常年值的 47% 和 51%。汛期来得迟，直至 7 月 13 日才出现全市性降雨过程。入汛以后，全市和沂沭泗流域上游地区降雨继续偏少。从降雨资料分析，相当于50—70年一遇，属特大干旱年。由于降水的稀少，使全区地表径流几乎处于枯竭状态，丰、沛、铜三县各中小河道全年干涸，邳、睢、新三县全年平均地表径流仅40毫米。沂、沭、运3条大河过境水量也大大减少，年径流量6.726亿立方米，为多年平均的9.2%。骆马湖汛期进库水量5.6亿立方米，仅为多年平均入湖量的7.7%，汛末蓄水比1987年同期少2亿立方米。上级湖全年处于干涸状态，下级湖汛前、汛后一直都在死水位以下，骆马湖7月13日最低水位20.62米。庆安、高塘、阿湖等中型水库汛后蓄水都比上年同期减少30%左右。为保证工农业生产和人民生活需要，徐州市分别从骆马湖、大运河、洪泽湖和下级湖引水，全市全年共计抽引外来水20亿立方米，引水抗旱缓解灾情，据统计挽回农业损失约6.8亿元。

　　2002年降水明显偏少，1—11月平均降水量546.7毫米，比多年同期平均降水量少33%；汛期（6—9月）平均降水量336.5毫米，较多年同期平均降水量偏少41%，比大旱年份1988年同期的314.7毫米略多，是50年代以来汛期降雨第二少的年份，为特大干旱年型。降雨分布不均，东多西少，西部丰、沛地区较东部地区降水偏少100毫米，汛期最大降水量510毫米（新沂市华沂站），最小降水量222毫米（贾汪耿集站），最大降水量是最小降水量的2.3倍。主要湖库蓄水一直处于不足状态。汛初南四湖上、下级湖水位均在死水位以下，上级湖水位32.67米，低于死水位0.33米；下级湖水位31.11米，低于死水位0.39米。由于前期蓄水偏少、降水不足、蒸发量大等诸多因素共同作用，7月16日上级湖开始干涸，此后一直处于干涸状态。下级湖于8月13日水位跌至30.00米以下，8月25日出现最低水位29.85米。骆马湖6月1日水位22.79米，至7月23日跌至年最低水位21.24米，此后因降水补给以及抽江淮水补湖，水位维持在21米以上。百年不遇的大旱给区域经济发展带来严重影响，特别是对南四湖湖区生态环境造成极为不利的影响。为保护南四湖生态环境，根据国家防总《关于实施从长江向南四湖应急生态补水的通知》要求，2002年12月8日至2003年1月6日，引长江水入下级湖，补水量1.1亿立方米，其中入上级湖0.5亿立方米。徐州水文局作为南四湖应急生态补水计量工作小组成员，承担选定计量控制断面、确定水位观测与流量施测方法、现场计量监测以及水情传输等工作，为合理安排补水进度、完成南四湖应急生态补水计量监测任务提供支持。2002年，翻水量之大，抗旱面积之多，均为历史同期之冠。为保证工农业生产和人民生活需要，徐州市分别从骆马湖、大运河、洪泽湖和下级湖引水，全市全年共计抽引外来水37亿立方米，引水抗旱缓解灾情，据统计挽回农业损失约15亿元。

第四节 水文自动化与信息化建设

一、水文自动化

(一) 水文测验技术变迁

新中国成立初期至50年代末，水位采用木桩或直立式搪瓷水尺人工观测，降水量采用直径为20厘米的雨量器（高出地面0.7米）人工观测，流量测验多采用手提流速仪。60年代初，水位站陆续采用浮子式日记自记水位计，雨量观测采用虹吸式自记雨量计（高出地面1.2米），流量测验利用手摇缆道流速仪。1974年，徐州水文分站在沂河港上水文站建成第一座多跨电动测流缆道，为国内首创，此后电动缆道逐步取代手摇缆道。进入21世纪后，移动ADCP、时差法、H-ADCP、V-ADCP等流量自动测验仪器相继在徐州水文系统使用，改变了流速仪法定位、定点测验的方法。

自记水位、自记雨量的出现，是徐州水文测验自动化的开端。2001年9月，国家防汛指挥系统示范区徐州水情分中心通过验收投入运行，进一步开创了徐州水文测报方式走向自动化的新局面，提高了水文测验能力，实现了水文信息采集、存储、传输、处理和转发的自动化及信息数字化，推动了全市水文信息数字化建设和江苏省水文测验技术现代化建设的步伐。2001年，徐州市共有15处水位遥测站、3处雨量遥测站。截至2018年，徐州市有水位遥测站83处，雨量遥测站238处（含小水库站），蒸发遥测站1处，墒情遥测站11处，地下水遥测站93处，移动ADCP测流设备16台，时差法测流设施2处，H-ADCP测流设施2处，V-ADCP测流设施1处，水工建筑物测流设施25处。

(二) 水文整编技术变迁

水文资料整编是将测验、调查和室内分析取得的各项原始资料，按科学的方法和统一的格式，进行整理、审查、复审、验收、汇编、刊印或储存等工作的总称。水文资料整编自新中国成立后起步，整编技术经历从无到有、由粗到精、由不完备到逐步完善的过程，整编方式也经历从人工到电算的转变。

新中国成立后，华东军政委员会水利部组织南京水利实验处、长江水利工程总局和淮河水利工程总局，在南京成立水文资料整编委员会，对淮河、长江流域的历史水文资料进行广泛收集和系统整理，这是全国水文资料整编工作的开端。由此开始直至70年代末属于探讨开路阶段，资料整编采用纯人工、纯手工整编方式，单站水文资料整编人均需时3~5个月。1977年3月，水电部水利司委托长办水文处主持，在汉口召开电子计算机整编水文年鉴经验交流会；7—9月，委托长办水文处在襄阳举办电子计算机整编水文资料短期训练班，省水文总站派员参加学习培训，为推动江苏省电算整编打下基础。1979年起，徐州、淮阴送交山东省汇编刊印的降水量资料在全省率先统一应用DJS-108机进行电算整编，电算整编起步。

此后，随着计算机的不断发展和通用程序的推广应用，其他水文项目陆续开始电算整编，电算整编技术逐步走向成熟，具体时间节点如下：1988年，徐州水文系统采用PC-1500机自编BASIC程序，对地下水资料进行整编。1989—1992年，基于省水文局小型计算机操作系统，将水位、降水量、蒸发量水文资料整编为省局上机操作。

进入90年代以后，随着电子计算机技术的普及应用，功能较强、使用方便的各类型机及配套的整编软件被推广使用，缩短了整编时间，提高了工作效率。1993—2003年，基于微型计算机DOS操作系统，进行水位、流量、泥沙、降水量、蒸发量、实测表等人工水文测验信息的水文资料整编，由"水流沙""实测表""降蒸"等程序组成，每个程序均是独立的。1997年，全省推广应用具有统一数据加工格式的整编程序，实现全省水文系统计算机各类资料整编成果的统一。

2004—2011年，省局组织开发水文测验信息管理系统，实现基于Windows操作系统包括水位、流量、泥沙、降水量、蒸发量、实测表等人工水文测验信息的水文资料整编目标，由"水流沙""实测表""降蒸"等程序组成。2008年，水文测验信息管理系统新增对遥测数据预处理功能，首度将遥测资料用于整编。徐州站区作为全省五家遥测设备试点之一参加试算，对新的资料整编软件、遥测资料用于整编存在的问题等提出解决方法及建议。

2012年，经过多次修改完善的"南方片资料整编程序"在徐州站区资料整编中得到全面应用。南方片"水文资料整汇编软件"（SHDP 2.0版本），由长江水利委员会水文局负责，长江中游水文水资源勘测局组织开发，主要功能有：在该系统平台下，实现整编数据录入、河道站水位流量含沙量整编、堰闸水位流量含沙量整编、潮水位整编、颗粒级配分析计算整编、降水量整编和固态存储水位降水数据处理以及汇编等模块。

2018年，"水文资料整汇编软件"由SHDP 2.0版本升级为SHDP 5.0版本，通过用户权限管理系统与SHDP 5.0系统结合使用，实现整编网络化。此前的电算整编属于单机版整编，数据库是孤岛，审查人员对资料校对、审查亦不方便；数据版本的问题未能得到解决，整编数据整合费时费力；资料整编经历测站整编、市局级集中审查、省局复审，阶段明显，历时长，难以保证时效性；提交的数据存在多源头，容易提交错误版本。"水文资料整汇编软件"（SHDP 5.0版）基于互联网，把各个站点的资料、整编人员、审查人员以及管理人员有机联系起来，构成集资料整编、资料审查、资料复审于一体的系统，对整编原始数据、整编成果，可以通过网络实时查询，体现出成果质量控制的关键环节——过程控制，提高整编成果质量和工作效率。

"水文资料整汇编软件"（SHDP 5.0 版本）由管理员对系统的使用者分配权限。用户权限共分为 3 级，第一级为系统管理员，负责二级及以下权限分配，并维护数据源信息；第二级为流域机构或省级水文管理单位，为省级管理员，负责三级权限分配，并维护所属省局测站信息，在 5.0 系统中将测站一览表信息上传至用户权限管理系统；第三级为市局（勘测局）级水文管理单位，按层级分为勘测局管理员和测站整编人员，勘测局管理员负责分配所属测站整编人员的编辑、查看权限，测站整编人员只在用户权限管理系统中注册，没有登入用户权限管理系统的权限。

二、水文信息化

（一）信息采集

新中国成立初期，徐州水文的水位、雨量、流量等水文要素基本采用人工观测、测量；60 年代初，水位、雨量站陆续采用自记设备，流量测验利用手摇缆道流速仪；以后随着自记设备的大规模推广应用，水位、降水信息实现自动采集、模拟记录。90 年代，水雨情信息的数字化采集技术迅速发展，进入 21 世纪后日臻完善。2001 年 9 月，实现水雨情信息采集、存储、传输、处理和转发的自动化及信息数字化。2018 年，实现地下水、墒情实时在线监测。

（二）信息传输

50 年代至 90 年代中期，水文站的水情信息主要依靠邮电部门的通信系统传递。1995 年，全省水情电报传送方式发生重大变革，采用计算机网络进行水情传输。2006 年，通过省水文局开发的实时雨水情信息传输处理系统，接收信息电话、遥测遥报系统等 5 种途径传输来的报文。2016 年，开发手机报汛管理系统，测站人员利用手机通过该系统向水情科报汛，报汛更加便捷高效。

（三）信息处理

50 年代，徐州水文的雨量、水位、流量等水文要素的记录、整理和计算全部依靠人工。2003 年，引进移动式 ADCP 流量测验技术，测流软件直接生成断面流量数据。此后，运河站时差法、解台闸和运河站 H－ADCP、港上站时差法、新安站 V－ADCP 和 2019 年建的流量自动测验设施相继建成，流量资料的记录、整理和计算逐渐摆脱人工。2008 年起，雨量整编开始采用遥测数据。2009 年，除林子、华沂（坝上）两站外，水位整编全部采用遥测数据，水位资料的记录、整理和计算基本摆脱人工。2015 年，雨量整编全部采用遥测数据，雨量资料的记录、整理和计算全部由计算机完成。2018 年，林子水位整编采用遥测数据。

（四）信息服务

作为重要的基础信息之一，水文信息在水利行业和国家经济社会的多个方面都有广泛应用。水文信息要以及时、准确的水文信息和分析预报成果在防汛抗旱中为决策提供科学依据，要为水资源配置、节约和保护等涉水事务的管理提供基础性服务。为努力实现这个目标，徐州水文信息服务经历从发送电报、电话问答等定点、定时、小信息量的被动服务为主，到进入 21 世纪后互联网、专网和短信等随时随地、大信息量、主动服务的跨越。

2001 年起，徐州水文通过 2 兆电信光路将遥测信息链接至防办，徐州市防办可通过监控页面查看实时雨水情信息；开通飞信、企信通、水情综合业务系统等 3 个发送平台，保证水情短信息服务的安全可靠；每日水雨情短信定时发送，汛期及遇特殊雨情加密发送；监视并即时传达沂沭泗地区水情、雨情和徐州地区墒情等信息，及时提供雨情、水情、墒情等统计分析服务。

2018 年 5 月，徐州水文局联合徐州市水务局整合徐州市区、铜山、邳州等地 130 余处遥测数据，实现水文、水利数据共享。7 月，徐州水文预警预报服务系统开发完成，实时显示水文要素信息；根据水雨情定制不同短信并进行 1 小时滚动发送，服务地方水利更有针对性和时效性。全年汛期共发送遥测报文逾 130 万份，人工报汛 3000 余份，编制水情报表 88 份、墒情报表 36 份、雨量等值线（等值面）分布图 56 份、水雨情及旱情即时分析 10 余次、水情预警预报 10 期，发送水情短信息 1.7 万余条。

第七章 水文实验研究

根据徐州地区水利特点和水文特性，徐州水文部门从1951年起开展各项水文实验工作。选择典型地区和具有代表性河流，设立径流、水面蒸发、泥沙、地下水和水资源实验站，结合进行平原河网化、河网区水文流量模拟等专项实验，针对水文特性，开展水文站网布设、水文测验方法等实验研究工作。江苏淮北地区地表水资源紧缺，随着地下水的开发利用，60年代初起设地下水试验站，旨在全面进行地下水动态观测，探求地下水变化规律和水文地质参数，计算地下水储量，为农业灌溉用水及其他供水提供有关资料。重点地区进行灌溉实验、土壤盐碱化的改良和防治及其井灌区水井合理布局的实验，为根治市域内旱、涝、碱灾害和确保农业生产丰收提供可靠的水文资料。80年代以来，联合多家机构建成水资源试验站，观测均质土壤不同埋深条件下，主要旱作物的降雨入渗补给量、灌溉补给量、土壤蒸发量、土壤蒸腾量和潜水蒸发量等因素，探求、研究零通量面的发生、运移和消失规律。同时，与国外有关研究机构进行交流，并合作进行一些课题的研究。期间，先后承担国家重点科技攻关项目的专题实验，积累大量实验数据和宝贵资料，撰写多篇科技论文，提交许多有价值的分析研究成果。

第一节 径流实验

一、行水测验与径流实验

1951年，华东水利部行水测验小组与新安一等水文站、苏北导沂整沭工程司令部配合开展沂沭河行水测验，以验证工程设计能力和探求河床糙率系数。在沂河的沟上集、华沂、窑湾3个水文站，沭河的新安站、大运河的运河站2个水文站施测汛期流量，在口头、滩上集、王场、猫窝水位站观测水位。1953年1月，提交《1951年沂沭河汛期行水测验初步研究报告》。

1959年，针对徐州市地处平原水网区，地势平坦，河网密布，流量站大都无封闭的集水界等特点，为探求降雨径流关系和汇流规律，在平原水网区设立径流试验站、径流站。具体有：在邳县设立赵墩径流试验站，目的在于探索圩区渠道渗漏系数、地下水对沟渠的影响、排水沟的排水模数、印证河网化规格标准，为开挖河网工程提供合理数据。在铜山县五孔桥建径流试验站，设站目的在于探索山丘区的降雨径流关系，为山区治理提供水文参数。1959 年在丰县华山、1962 年在新沂县窑湾镇均设立过径流试验站，因设站时间短没有获得完整成果。

1996 年、1998 年、2005 年，在中运河沿线上自省界下至骆马湖，于上、中、下游分别布设山头段、运河镇段、窑湾段河床糙率实验，并进行中运河糙率测验分析。2016 年，在徐州市区奎河姚庄闸、丰县复新河丰县闸设立径流试验站，为修订《江苏省水文手册》提供水文参数。

二、降雨与径流关系

70 年代起，按水文分区设立小河站、区域代表站，部分列入水文基本站网。测区汇水面积少于 200 平方公里的站称为小河站，用以代替以往的径流站。小河站在流域出口处设测流断面，流域范围内设配套雨量站，探求降雨与径流关系。

1976 年 6 月，在沛县沿河上游设高房集小河站，配套雨量站有华山、尹小楼、蚕桑场、鹿楼。1977 年 6 月，在高房集接壤处增设杨庄小区站，探求微山湖平原区降雨径流关系。1980 年 6 月，在睢宁县城东北设立樱桃园小河站，在测区内设梁集小区站，配套雨量站有魏集、胡庄、梁集，探求濉安平原坡水区阶梯河网降雨径流关系。同年 7 月，在徐州市南郊云龙湖上游军民河设茶棚小河站，配套雨量站有拉犁山、皇窝、桃园，是云龙湖水库的入库代表站，探求小汇水面积暴雨与洪水的关系。1987 年 6 月，在新沂县新墨河设新沂瓦窑小河站，探求邳苍地区降雨径流关系。以上水文测验成果等降雨径流测验分析成果，在全省暴雨洪水分析、水资源调查评价、《江苏省水文手册》和水文图集的编制中均得到广泛应用。

1992 年，徐州市郊茶棚、睢宁县樱桃园小河站撤销；1993 年，新沂市瓦窑小河站撤销；2002 年，沛县高房集、杨庄小河站撤销。

三、新测验技术试验

2005 年，在运河徐州市际断面安装时差法超声波流量测验系统并调试成功。技术应用初期，时差法超声波流量测验在运河水文站应用比较成功，后期遭雷击损毁，因维修成本过高而放弃维修。随着全市水文事业的发展、变化，对水文监测提出新的要求，2013 年，新安站二线能坡法安装调试，徐州水文局逐步开启新一轮的测报方式改革。截至 2018 年，完成丰县闸、沛城闸、蔺家坝闸、解台闸和林子（东泓）水工建筑物推流法，以及新安水文站落差指数法测验系统，并应用于流量自动报汛。

第二节　地下水实验

1960 年，在沛县西南敬安集设敬安地下水实验站，实验范围南起故黄河、东临微山湖、西北部以大沙河为界，河湖交汇形成一个三角扇形地带封闭测区。设站目的旨在全面进行地下水动态观测，探求微山湖湖西平原坡水区地下水变化规律，计算地下水储量，为农业灌溉用水及其他供水提供资料。重点地区进行灌溉实验、土壤盐碱化的改良和防治以及井灌区水井合理布局的实验，为根治该区旱、涝、碱灾害和确保农业生产丰收提供可靠资料。观测项目有：不同井深的地下观测井 40 眼，灌溉试验田 5 亩，流量测验、观测降水量、水面蒸发、土壤蒸发、测定不同土层深的土壤含水率和密度以及全套气象观测项目。经过 6 年的试验观测，提出分析报告，为湖西地区地下水的开发利用和地下水资源计算提供详细资料。1964 年，改为敬安水利实验站，1978年撤销。

1980 年 6 月，在丰县宋楼设毕楼地下水试验站（测区面积 6.05 平方公里），探求丰沛平原区水文地质参数和"三水"转化关系，并研究地下水开采区大埋深条件下水平和要素的变化规律。测区设地下观测室 1 处，3000 平方厘米观测筒 40 个，气象观测场 1 处，测流断面 1 处，土壤含水量测点 7 处，地下水观测井 40 眼。先后开展入渗测验方法试验，通过同心环、测筒、简易地中渗透计等方法进行试验，改革和探求土壤入渗和潜水蒸发的测验手段，并于 1981 年底提交成果报告。毕楼地下水实验站先后研究的课题为 10 项：潜水蒸发规律的研究，灌溉回归水的观测研究，土壤水分消增规律的研究，降水入渗补给观测研究，三水转换关系的研究，沟、塘、闸、井（回灌井）等地表水的拦蓄作用，地下水测验方法实验研究，小麦有效潜水蒸发试验，节水灌溉试验，回灌试验。

1982 年 7 月，徐州市水文分站设立周寨地下水实验站，为探求水量平衡各要素间的定量及其变化规律，研究水资源的计算方法和模型，为平原区的水资源计算提供方法和数据。测区共布设测流断面 1 处，雨量 3 处，水面蒸发 1 处，地下水 4 处，排井 6处（共 41 眼井），统测井 36 眼，水位 9 处，土壤水 3 处。

第三节　水资源实验

淮北平原地域辽阔，地势平坦，是全国重要的棉粮生产和能源生产基地，由于该地区水资源较为匮乏，严重影响和制约工农业生产的发展。为研究这一地区地表水、土壤水和地下水相互转化的机理，提高水文水资源计算参数的精度，为水资源评价及开发利用提供依据，由江苏省水文总站与水利部水利水电科学研究院水资源研究所、南京水文水资源研究所、河海大学等协作，徐州水文分站在铜山建成汉王水文水资源试验站（测区面积6.50平方公里），探求均质土壤不同埋深条件下，主要旱作物的降雨入渗补给量、灌溉补给量、土壤蒸发量、土壤蒸腾量和潜水蒸发量等因素，研究零通量面的发生、运移和消失规律。1986年5月开始观测，测区设39平方米蒸渗仪地下室1处、1平方米测筒10个（埋深为0.5米、1.0米、1.5米、2.5米、3.5米，共5组）、大型气象观测场1处、10平方米大型土壤蒸发测筒3处（埋深为1.0米、2.0米、5.0米）、蒸渗仪竖井1处、中子测水仪1台，探测孔30处、雨量点3处，测流测沙断面2处，地下水测井6眼。1986—1987年，测区逐步投入使用，并受徐州市水利局委托，进行小流域水土保持试验研究工作。

水利水电科学研究院分别于1987年10月和1990年12月完成《华北地区地表水与地下水相互转化关系研究总报告》《华北地区大气水、地表水、土壤水、地下水相互转化关系研究》2份报告。这2份报告均把毕楼、周寨和汉王实验站观测成果列入分析内容。1990年的报告关于潜水蒸发计算经验公式的4个公式中，即包括徐州水文局王晓赞提出的公式，该公式既适用于无作物条件，亦广泛应用于有作物条件下的潜水蒸发试验。

1991年8月，美国地质调查局等机构一行4人，到汉王实验站参观考察该站开展的试验研究情况并进行学术交流。1993年，水利部水文司与美国地质调查局在徐州签署"不同农业措施对土壤中化学物质转移的影响"课题研究的合作协议，并选定汉王实验站为主要试验场地。为充分认识土壤水及其水资源特性，在淮北平原汉王水文水资源实验站，对0.5～3.5米地下水位控制条件下和秸秆、地膜、无覆盖3种条件下的土壤水分、包气带储水量、潜水蒸发、土壤蒸发、降雨入渗等要素进行连续4年的观测，并结合水量平衡方程，对土壤水资源的要素特征进行实验研究。结果表明：同一深度的土壤含水量大小顺序为秸秆覆盖大于地膜覆盖大于无覆盖；覆盖条件下土壤含水量变化相对稳定；土壤包气带有类似于土壤水库的作用，可调节水量可观，土壤水可作为一种重要的水资源；随土壤包气带厚度加大，潜水蒸发和降水下渗逐步减少，土壤蒸发表现突出。研究认为，充分认识土壤水资源特征，对指导土壤水资源开发利用、农业生产等有重要意义，并形成书面报告《淮北平原汉王实验站土壤水资源特征试验研究（2008—2012年）》。

汉王实验站成立以来，先后承担国家"六五"第38项和"七五"第57项国家重点科技攻关项目的专题实验，积累了大量实验数据和宝贵资料，撰写多篇科技论文，提交许多有价值的分析研究成果。分析成果和论文多次获得徐州市政府、江苏省政府和水利部优秀论文和科技进步奖。根据实验资料，取得的成果有8项：《作物有效潜水蒸发试验》《应用地渗仪检验零通量面法的试验研究》《华北地区地表水与地下水相互转化关系研究》《华北地区大气水地表水土壤水—地下水相互转化关系研究》《污水灌

溉技术及地下水质研究》《地膜覆盖对土壤水分、土壤温度分布的影响及节水效益》
《不同农田管理技术下城市污水灌溉和农药化肥的使用所产生的污染物质在非饱和带中
的输移及对地下水的影响》《汉王实验基地土壤要素背景值及垂向分布规律（1996
年）》《污染河道对沿岸地下水环境影响规律的研究》《铜山县汉王乡二十五里沟小流
域水土保持效益分析》。

第四节 测验技术研究

一、平原水网区站网布设

平原地区有其独特的自然地理条件和水文特性，地势平坦、河网密布、水流串通、
流向不定、无自然封闭的集水区界，加之水利工程调节控制和水资源开发利用的影响，
主客水混淆，水账不清。平原地区长期以来无统一的水文站网布设原则和办法，影响
到水文工作的开展。1981 年，水利电力部水文司组织成立平原地区站网布设原则研究
协作组，协作单位有南方的江苏、浙江、湖北、上海、长委、珠委和北方的辽宁、河
北、安徽、山东、天津、内蒙古等省（区、市）及流域机构的水文部门，由江苏、辽
宁省水文总站牵头，开展协作研究工作。

1982 年，在南京召开第一次协作会议，商讨研究任务。1985 年，在苏州东山召开
第三次协作会议，考虑到南方平原水网区与北方平原区的自然条件和水文特性的差异，
分南方水网区和北方平原区 2 个专业组进行工作。在此背景下，江苏省水文总站确定 5
个试验区，加强水文巡测工作，增加布设配套站点，开展基本情况调查，搞好试验资
料分析和站网布设技术总结。总结提出，平原水网区站网的布设，应采取水量平衡原
则与区域代表原则相结合，以基本站网为点，水文巡测为线，区域代表片为面，点、
线、面结合的站网布设方法。在此基础上，由江苏省水文总站负责编写《平原水网区
水文站网布设和测验补充办法（讨论稿）》，经 1986 年在南京召开的第四次协作会、
1987 年协作组碰头会讨论，于 1988 年定稿。1990 年，按水利部水文司意见，增加北
方平原区内容，在无锡召开第六次协作会议，由江苏、辽宁省水文总站负责编写《平
原地区水文站网布设试行办法（送审稿）》。1992 年，水利部水文司在宁波召开评审
会议审定，作为《水文站网规划技术导则》（国家行业标准）的配套性技术文件，印发
各地试行。

二、测流及定位技术

1988 年 10 月，徐州水文分站开展京杭运河徐塘闸上游航道横向流速测验，包括流
势测验、流量测验、测区河床地形测量等内容。2003 年 1 月，首次采用 GPS 定位技术

应用于南水北调徐州段尾水导流工程。同年，按省局部署首次应用 ADCP 在淮沭新河二河闸应急测流。2007 年 6 月，沛县水文中心研制出架空缆索自动除垢加油装置，该除垢加油装置使用方便，一人即可操作，不需对架空缆索进行拆卸回收。2008 年，分别完成运河站（中泓）与分洪道林子站（西泓）测速垂线精简。运河（中泓）与林子（西泓）原测速垂线皆为 9 条，精简垂线后，运河站（中泓）测速垂线变为 2 条，林子站（西泓）变为 3 条，误差精度皆符合规范要求。

运河站（中泓）和林子站（西泓）缆道垂线精简报告于 2008 年 6 月 11 日获得省局批复，此后两站正式启用简测法测流。两个测站每年都会有不低于 20 次的常测法进行验证，结果误差精度皆符合规范要求。实践证明，精简后的垂线能很好地满足运河（中泓）与林子（西泓）2 个测站的日常流量测验工作。2010 年，《运河水文站中泓小缆道测速垂线精简分析》被评为 2008—2009 年度徐州市自然科学优秀学术论文二等奖。

2009 年，完成港上站与林子站流量测验的落差指数法分析，精度较高。2012 年，《沂河流量测验的落差指数法分析》一文在《治淮》杂志上发表，该文对沂沭泗流域内山溪性河道的流量测验工作有一定的借鉴和指导作用，同时为港上站与林子站的高洪流量测验提供有力的技术支撑。2017 年，完善丰县闸、沛城闸、蔺家坝闸、解台闸，林子东泓量水堰，运河 HADCP，林子西泓、新安、港上落差指数法的比测率定。2018 年，完成 17 处中小河流堰闸站水力因素与流量系数相关关系曲线率定。

三、堰闸、涵管测流技术

1954 年起，省水文总站组织各堰闸水文站进行堰闸测流技术的试验研究。按闸上下水位、闸门开启宽度和高度、出流流态等因素，以实测流量率定孔流和堰流的流量系数，并建立相关因素与系数的关系，据以推算流量过程，较好地解决堰闸水文测验的技术问题。1957 年，在总结各种类型堰闸测验经验的基础上，徐州水文局编写《堰闸水文测验与整编》，系统地阐述水位、流态、流量的测验和资料整编方法，1958 年由水利出版社列为"水文测站丛书"出版，后编入水利电力部水文司主编的《水文测验手册》和部颁标准《水文年鉴编印规范》等文件，在全国推广使用。

2005 年、2007 年，分别完成蔺家坝闸、解台闸水力因素与流量系数相关关系曲线率定。

根据江苏省国家水资源监控能力建设项目（2016—2018 年）取用水监控Ⅰ标段比测率定站点分布，徐州市在境内 6 个大型灌区、27 个重点中型灌区建设渠首取水自动监测站 91 个，并接入省水资源监控信息采集平台。其中，渠道型超声波时差法监测站 20 个，管道型监测站 45 个，泵站机组特性曲线推流 19 个，水工建筑物推流法监测站 6 个，水位流量关系曲线推流法 1 个。2018 年 6—7 月，徐州水文局完成各站断面测流，并形成初步灌区率定成果。

2018 年，完成水工建筑物站点 25 处，其中基本站 5 处，中小河流站 20 处，落差指数法站点 3 处，即港上站、林子站、新安站。上述 6 家站点测报方式改革分析成果形成报告上报省局。经省局批复，2019 年应用于流量自动报汛。

四、新仪器、新技术使用

1993 年 10 月，徐州水文部门首次联合使用测距仪、经纬仪用于永安街道、火花街道地籍勘查放样，改变以前用钢尺进行量距的传统做法，大大减轻劳动强度，提高了工作效率。1996 年 7 月，购置莱卡、拓普康全站仪，首次运用于地形测量，取代原来联合使用测距仪、经纬仪进行测量、放样及地形测量的模式，进一步提高工作效益。2001 年 7 月，测深仪用于六堡水库水下地形测量。11 月，徐州水文测绘中心开发数字化测图、测量断面新方法。2002 年，开发断面绘制程序，为全省水文部门采用，沿用至今。

第五节 水功能区保护研究

自 2004 年以来，徐州市地表水水功能区达标率一直处于全省偏低水平，2004—2009 年达标率基本低于 35%，2010—2016 年达标率为 40%～55%（均值法评价）和 24%～35%（测次法评价）。达标率偏低的原因，主要与徐州地区降雨量偏少、水体流动性差及排污问题相关。基于以上原因，2017 年 7—8 月，徐州水文局开展徐州湖西地区降雨对功能区水质影响分析实验研究，分别对 7 月 6 日、7 月 14—15 日、8 月 1 日 3 次降雨前后的水质开展连续监测，对沛县徐沛河、沿河、鹿口河、杨屯河等进行水质变化分析，研究降雨过程对水功能区水质的影响。在徐州市"水更清"行动计划开展的基础上，根据实验研究相关成果优化排水时机和水量调度等措施，提升水功能区达标率。2017 年，水功能区达标率显著提升为 71.8%；2018 年，保持稳步提高，上升为 84.1%。

2013—2014 年，开展省厅科技项目"农业面源污染对水功能区水质安全影响研究"的课题研究工作，研究成果获得江苏省水利科技进步三等奖。此次课题研究与河海大学水文水资源学院合作，基于 SWAT 模型构建复新河典型农业面源地区氮、磷负荷模型，利用多年实测水文资料对模型进行率定和验证，研究不同土地利用类型、降雨径流等条件下农业面源氮、磷输出量与水功能区水体中的氮、磷存量的相关性。

2017 年 5 月中旬，徐州水文局邀请徐州市水利局副局长蒋荣清、石炳武及相关专家领导，召开水功能区达标提升工作座谈会。会议提出加强水功能区监测成果分析和试验研究工作，建立信息联动机制，做好水质监测和预测预警工作。9—10 月，开展徐州市奎河调水试验研究，试验监测每周监测 1 次，监测项目为氨氮、高锰酸盐指数、总磷和化学需氧量 4 个项目，共监测 9 次，探究不同调水引流条件下水功能区断面水质的变化规律。

第八章 水文水资源分析计算

水文水资源分析计算是通过对水文测验和水文调查资料的综合分析，研究自然界水文现象的变化规律，正确分析水文水资源特征，并预测其未来可能发生的变化，为水利工程规划设计，水资源开发利用、管理和保护以及推动国民经济发展提供科学的水文分析成果。

徐州市水文分析计算工作始于民国时期，原导淮委员会曾对民国 20 年（1931）淮河洪水频率，淮河入洪泽湖最大流量、洪水总量及洪泽湖水位等，做过分析计算，为民国 20 年（1931）编制"导淮工程规划"和民国 22 年（1933）编制"导淮入海水道计划"提供依据。新中国成立后，随着水利水电建设的需要，水文分析计算技术得到迅速发展。徐州地区按照省水文总站统一部署，先后开展暴雨洪水分析、年径流分析、蒸发量分析等水文基本资料分析工作。50 年代后期起，徐州水文部门参与编制江苏省水文手册、水文统计、水文图集和有关水文专题报告。80 年代后期起，水文分析计算的内容日益广泛，为合理开发利用、管理保护水资源，开展水资源调查评价和水资源供需平衡预测等，徐州水文系统取得了一系列实用分析成果，获得多项科技成果奖。

第一节 区域水文分析计算

区域水文分析计算是对大量实测水文资料，通过系统分析和地区综合，解决无资料地区各项水文特征值移用的重要手段。50 年代后期起，徐州水文部门参与研究水文现象的变化规律，分析计算徐州地区各项水文要素的特征值，并将分析成果汇编上报省厅，以供编印《江苏省水文手册》《江苏省水文统计》《江苏省水文图集》和《江苏省水文特征手册》等，满足水利建设、防汛抗旱及工业、农业、交通、城建等基本建设工程规划设计的需要。

一、《江苏省水文手册》

1958 年，为适应群众性水利建设运动的迅速发展，徐州水文部门按照省水文总站的统一部署，依据水利电力部水利科学研究院制定的《水文手册编制提纲》，分析徐州地区的自然地理、气候概况、月年降水量、年蒸发量、年径流量、长短历时暴雨、洪枯水流量、悬移质泥沙、河湖水化学成分、地下水等，汇总上报省水文总站，以供编印《江苏省水文手册》。1959 年，省水文总站组织各地区水文部门修订《江苏省水文手册》，增加人类活动对年径流影响的分析、降水与地下水的关系、地下水与河沟水相互补给关系和圩区排水流量计算等内容。1976 年，省厅决定重新编制《江苏省水文手册》。按照此次《江苏省水文手册》修订的要求，徐州水文局将资料延至 1974 年，编制时吸取近年来设计暴雨洪水计算的经验，补充水网圩区排涝模数等调查资料。这一重修版《江苏省水文手册》，其中有多项分析计算采用电子计算机进行。

二、《江苏省水文统计》

1958 年，省水文总站组织各地区水文部门首次编印《江苏省水文统计》，徐州地区统计资料主要来源于历年刊布的《水文年鉴》，有少量降水量资料摘自地区气象部门。水文统计项目包括月年降水量、降水日数、水面蒸发量、平均水位、平均流量、洪枯水流量、长短历史暴雨等，并辅助统计少数站的气温、霜期、相对湿度等气象资料。1973 年，由省水文总站牵头，重新编印《江苏省水文统计》，此次统计增加水化学、年月平均地下水位和逐年各月引排水量的统计，各项资料统计截至 1971 年。1984 年刊印的《江苏省水文统计》为 1973 年《江苏省水文统计》的续编，各项资料自 1972 年统计至 1982 年，与 1971 年前的资料合并进行多年均值统计和极值排选。历年编印的《江苏省水文统计》均按流域分册刊印，徐州地区资料列入沂沭、淮河区刊印。

1958 年 9 月，徐州水文局开始编制出版《徐州地区水文统计》。1981 年 4 月，将自有记录以来截至 1980 年的水文资料统计整理后，分册出版《徐州地区水文统计》。该书共 3 册，第 1 册为降水量蒸发量，第 2 册为水位流量泥沙，第 3 册为大中型水库水位及蓄水量。同时，还编制出版了《徐州地区水情手册》。1993 年 4 月，编制出版《徐州市防汛防旱水情手册》；继续编制 1981—1991 年的《徐州市水文统计》，该书仍为 3 册，第 1 册为降水量蒸发量，第 2 册为水位流量泥沙，第 3 册为地下水位。

三、《江苏省水文特征手册》

1978—1980 年，省水文总站组织各地区水文部门，开展《江苏省水文特征手册》编制工作，该手册于 1980 年 4 月刊印。该手册汇编江苏省境内主要江、河、湖、库水文站及上游各流域有关水文站的水文特征。主要内容包括：河道特征及流域特征；主要测站的降水量、蒸发量、水位、流量、地下水多年均值和极值，各大流域重点测站逐年各月水位、流量及主要湖泊进出水量；50 年代以来历年洪、涝、旱、潮典型年简介及其水文特征等。该手册所使用资料截至 1977 年，极值统计到 1978 年。

四、《江苏省水文图集》

《江苏省水文图集》包括《江苏省可能最大暴雨图集》《江苏省暴雨洪水图集》《江苏省短历时暴雨图集》和《1981年江苏省主要河湖水质图集》，共4册。

《江苏省可能最大暴雨图集》：1975年8月河南发生特大暴雨，11月水利电力部在郑州召开全国防汛及水库安全会议，部署编制全国可能最大暴雨等值线图，作为核算全国水库保坝洪水的依据。1976年8月，由省水文总站（各地区水文部门参与）和省气象局气象台共同成立编制江苏省可能最大暴雨等值线图工作小组，开展图集的编制工作。该成果经淮河片、华东片和全国多次拼图会议的审查和协调，于1978年刊印《江苏省可能最大暴雨图集》。该图集主要内容包括自然地理、气象水文站网、暴雨普查、暴雨档案、典型大暴雨个例分析、历史暴雨洪水调查及文献考证概况、实测最大24小时点雨量统计参数、露点及可降水分析、可能最大24小时点雨量估算及等值线图、可能最大暴雨时面深关系使用说明等。该图集使用资料截至1976年。该图集反映了江苏省可能最大暴雨的自然规律，是江苏境内防洪安全复核的主要依据。1982年，该图集获江苏省水利科技成果二等奖。

《江苏省暴雨洪水图集》：根据水利电力部关于开展暴雨洪水分析计算的通知要求，省水文总站于1979年开始组织各地水文部门编制《江苏省暴雨洪水图集》。该图集以《江苏省水文手册》《江苏省可能最大暴雨图集》为基础，按照多种方法、综合分析、合理选定的原则计算暴雨洪水的各项参数，进行降雨产、汇流计算。1982年底，完成分析工作，提出各种历时设计暴雨和设计洪水的参数与图表。1983年，通过审查、协调、拼图、验收，并提出正式成果。1984年初，刊印《江苏省暴雨洪水图集》，图表内容主要为设计暴雨、设计洪水及使用说明。1985年，该图集获江苏省水利科技成果二等奖。

《江苏省短历时暴雨图集》：1984年，省水文总站组织各市水文部门开展《江苏省短历时暴雨图集》编制工作，图集资料截至1982年。该图集内容包括汇编短历时暴雨（时段为10分钟、60分钟、6小时、24小时）的天气成因及分布、短历时暴雨统计参数的分析、各种短历时暴雨之间的变化规律等分析成果。

《1981年江苏省主要河湖水质图集》：按照水利电力部关于全国水资源调查和分析评价工作部署，省水文总站于1982年组织各地区水文部门开展1981年江苏省主要河湖水质监测和普查资料整理分析汇编工作，收集环境保护部门的主要城镇废水量、污染事故等资料，在进行水质分析评价的基础上，编印《1981年江苏省主要河湖水质图集》。该图集内容包括水质监测站网、污染源分布、主要河湖水质综合评价、主要河湖水质单项评价等4部分，并附有水质监测站网分布图，主要城镇1981年废水量分布图，各县（市）1976—1980年农药使用量分布图，有机物污染年均值分布图，5项毒物污染年均值分布图，主要河湖1981年溶解氧、化学需氧量、氨氮、酚、氰化物、砷、汞、六价铬、氯化物 9 个项目单项评价的水质分布图。

五、《徐州市防汛防旱水情手册》

1972 年，为充分认识境内水情雨情特点，更好地利用现有水利工程，合理调度洪水和水资源，徐州水文局与徐州市防汛防旱指挥部办公室组织人员编制《徐州地区水情手册》。1993 年，在《徐州地区水情手册》的基础上，根据 20 多年的实用情况以及水利工程与水文特征的变化情况，重新编制《徐州市防汛防旱水情手册》。该手册吸收有关单位防汛手册或水情手册的长处，收集全市及邻近地区基本概况和主要水利工程情况，共分 13 部分，以表为主，辅以图文，对降水量、蒸发量、水位、流量和主要湖库的进出水量以及翻引水量等水文水资源要素进行统计分析计算，对水准基面、水文预报、重要水利工程运用原则、典型洪涝旱年以及有关防汛知识与法规文件做简明介绍，将"徐州市区防洪排涝工程与水文特征"编列专章。《徐州市防汛防旱水情手册》中大部分资料统计截至 1991 年，资料来源为《徐州地区水情手册》《徐州市水文统计》、历年《水文年鉴》、水文整编资料和水文报讯资料；编制方法采用水文统计分析计算的方法，资料单位、符号、精度和特征值一般采用《水文规范》的标准；水位采用"废黄河口基面"；经济社会及水利工程资料，均采用水利、建委、统计等部门的调查统计资料。

第二节　工程水文分析计算

徐州市工程水文分析计算的主要内容有暴雨洪水分析、年径流分析、河床糙率分析、输水损失分析等。境内大中型水利工程规划设计中的水文计算主要由省、市水利勘测设计部门承担。水文部门历次刊印的水文手册、水文图集和水文统计等，在全市水利规划及南水北调东线引水规划等水利工程设计的水文计算中得到广泛应用。

一、暴雨洪水分析

1950—1953 年，采用实际年型法估算防洪工程中的设计洪水，即某一典型大水年实际发生的洪水作为工程设计的依据。1950 年，省、地区水利部门配合流域机构根据1921 年、1931 年和 1950 年 3 年洪水资料，推算淮河 150 天可能最大洪水总量，作为设计洪水量，用作治理淮河的设计标准。由于实测水文资料系列短，对历史洪水缺乏深入调查研究，因此推求的设计洪水值偏小。

1955—1966 年，采用数理统计法开展暴雨洪水分析。1955 年，在编制淮河干流和沂沭泗水系规划中，省、地区水利部门配合治淮委员会，以实测流量资料，采用数理统计法直接推算设计洪水。1956 年，省水文总站组织各地水文部门采用频率计算法对历年水文资料进行系统的分析计算。1958 年，提出各种频率长、短历时的暴雨量及计算参数，不同地区降雨径流关系、洪峰流量等分析成果。1960—1965 年，结合排涝防渍工程设计，省水文总站组织开展全省、旱地降雨径流关系和徐淮平原区排涝模数验证计算，以实测水文资料为根据，采用总入流槽蓄演算法计算平原区的设计排涝模数。

1971 年以后，采用数理统计法、成因分析法等多种方法开展暴雨洪水分析。1971—1975 年，省水文总站在历次暴雨洪水分析基础上，组织各地区水文部门采用1974 年以前的实测水文资料，研究多个流域或地区的地理参数、暴雨参数与洪水参数之间的相互关系。通过降雨径流关系、推理公式、瞬时单位线、总入流槽蓄演算法和圩区排涝模数计算法等，进行产流、汇流计算，提出各种图表和参数等成果，在徐州地区农田基本建设、大中型水利工程的防洪复核与安全加固设计中得到应用。1976 年8 月，省气象局、省水文总站联合开展江苏省可能最大暴雨研究工作，次年底提出江苏省 24 小时可能最大暴雨等值线图、可能最大暴雨时面深关系等各项研究分析成果。

1978 年，水利电力部发文通知各省（市）开展暴雨洪水分析计算工作。徐州水文部门参与全省采用电子计算机优选暴雨洪水的各项参数和进行产流、汇流计算。产流计算采用双曲线数学模型拟合降雨径流关系，代替以往的次降雨径流相关曲线法；汇流计算中设计洪水向稀遇频率做线性外延；推理公式法对汇流时间做地区综合。1982 年底，完成各项分析，经全国专业性会议验收后，于 1984 年提出各种历时设计暴雨和设计洪水的参数和图表。

80 年代起，采用数学模型等多种方法开展暴雨洪水分析。

二、年径流分析

年径流是河流水文的基本特征。研究径流的年际年内变化规律，提出设计年径流及其分配过程，从而为径流调节计算和确定工程规模提供依据。

1971—1975 年，省水文总站组织采用月降雨径流关系法和水量平衡法等进行径流分析。此次分析提出江苏省年径流深等值线图、淮河片等片区月降雨径流关系图和各河流实测径流深及代表站多年径流深各月分配表等。1978—1984 年，水利部部署开展第一次水资源调查评价工作。徐州水文部门对全区年径流进行全面系统的统计分析，内容包括年径流还原计算、年月降雨径流关系、年径流系列特征值（均值、Cv、Cs）和径流的年内分配等。对平原水网区的径流还原及年径流估算开展专题研究，提出"用流域蒸发差值法进行平原水网区径流还原计算"的方法。该方法在全国水资源学术交流中得到认可。此次分析编制完成水文测站天然年径流特征值及各月天然年径流量统计表等 6 种成果表，绘制 1956—1979 年年平均径流深等值线图、变差系数等值线图等 4 幅。

三、河床糙率

河床糙率是河道规划、治理、水文计算的重要技术参数之一。省内沂沭泗运区多个水文站自 1950 年开始观测水面比降，每次测流后，采用曼宁公式计算河道糙率。1951 年，华东军政委员会水利部行水测验小组会同徐州一等水文站在全区开展行水测验，于 1953 年 1 月在《华东水利测验丛刊》第十集上登载《1951 年沂沭河汛期行水测验初步研究报告》。该报告提出 1950 年汛期新沂河各主要测站的河床糙率和 1951 年汛期沂沭河流域各河流的河床糙率的分析计算成果，为当时的导沂工程建设提供设计依据。1963—1966 年，省内各地采用巴甫洛夫公式计算河床糙率，计算成果在水文年鉴中刊布。1967 年至 70 年代初期，大多数水文站停止观测水面比降。

1978 年，为满足有关单位工程规划、设计洪水的需要，对徐州站区历年河床糙率资料进行整理分析。此次共收集分析资料 14 站，其中一站测点少而散乱无法找出平均水深与糙率的关系，13 站平均水深与糙率呈一定的变化规律，线型有正向（糙率随着平均水深增大而减小）、反向（糙率随着平均水深增大而增大）和弧形 3 种。

1996 年和 1998 年 8 月下旬，分别对中运河上游山头段、中游运河段和下游窑湾段进行糙率测验。1996 年糙率测验分析，行洪流量 1000 立方米每秒以下，中运河上游山头段主泓糙率在 0.015～0.020 之间，中运河中游运河镇段主泓糙率在 0.020～0.030 之间，中运河下游窑湾段全河段糙率在 0.030 左右。1998 年，糙率测验各比降断面的设置均用经纬仪控制，使断面与河道中心线成 90 度夹角，各比降断面之间的距离用水准仪和测距仪测量，长途水准接测按三等水准进行，水尺零高及断面水准用四等水准测量。此次糙率测验比降水位和测流同步观测，每隔 12～30 分钟观测一次，水尺读数观测至 0.001 米。中运河山头段实测流量 8 次，流量 849～1160 立方米每秒；运河段实测流量 7 次，流量 1040～1710 立方米每秒；窑湾段实测流量 10 次，流量 1000～1510 立方米每秒。由于测次较少，无法定线推流，采用实测流量计算糙率，共计算糙率 25 次。经定线分析，水位漫滩后，中运河上游山头段水位在 26.30 米以上，糙率为 0.034；中运河运河段水位在 26.50 米以上，糙率为 0.037；下游窑湾段水位在 23.70 米以上，糙率为 0.034。1996 年与 1998 年糙率分析成果基本衔接，分析成果供水利规划部门使用。

受徐州市水利局委托，2005 年再次对中运河进行糙率测验。此次中运河糙率测验分别在上游山头段、中游运河段和下游张楼段进行。水准测量从国家水准点按三等水准测量要求进行引测；水尺零高用四等水准测量，大断面测量采用全站仪施测，高程取至厘米；水位观测设备采用直立式搪瓷水尺，人工观测至毫米；上游山头段和下游张楼段采用走航式超声波 ADCP 河道流量仪测流，中游运河段借用运河站缆道测流。中运河山头段计算糙率 24 次，流量 827～2070 立方米每秒；运河段计算糙率 36 次，流量 712～2320 立方米每秒；窑湾段计算糙率 50 次，流量 538～2590 立方米每秒。

四、输水损失分析

针对江苏省苏北供水体制管理分散、用水粗放、浪费较为严重的现象，为优化省内水资源的有效管理和合理配置，提高供水保障水平，达到计划用水、计量用水和节约用水的目的，2000年4月22—26日，省水文局组织开展第一期中、里运河及不牢河、淮沭新河、灌溉总渠等7个河段输水干线输水损失水文测验工作。徐州水文局承担中运河运河站—山头段、不牢河刘山闸—解台闸段的测验任务，以便掌握沿程输水损失时空变化情况，从而为制定各县（市）用水计划、监督用水及水价改革提供科学依据。

第三节　水资源调查和评价

水资源调查和评价是对水资源的数量、质量、时空分布特征和开发利用条件的分析评定，是水资源合理开发利用、管理和保护的基础，也是国家或地方对水资源管理等有关问题的决策依据。

1981年，根据江苏省水文总站部署，徐州水文分站与徐州地区水利设计院联合开展全区1956—1979年的24年水文系列的水资源评价工作。1983年，为适应市管县新体制的需要，对系列成果进行调整和修改。1988年4月，编制《徐州市水资源总体评价及开发利用规划》，为编制全市水利规划提供成果。

1994—1995年，受各县（市）水利部门委托，相继开展市属6个县（市）的水资源评价工作。按照《江苏省县级（市、区）水资源开发利用现状分析工作提纲》的要求，睢宁县、铜山县、邳州市、新沂市、丰县、沛县等成立专门课题组。至1996年，先后编制完成《睢宁县水资源开发利用现状分析报告》《铜山县水资源开发利用现状分析报告》《邳州市水资源开发利用现状分析报告》《新沂市水资源开发利用现状分析报告》《丰县水资源开发利用现状分析报告》《沛县水资源开发利用现状分析报告》。通过对水资源开发利用现状的调查，结合以往资料和研究成果，进行系统分析和综合论证，对水资源总量、各行业用水水平及水环境状况做出初步评价。

2013年，新沂市编制《新沂市水资源现状调查评价报告》。该报告充分计算分析新沂市水资源量，根据对现有供水水源水量、水质及用水现状的调查分析，对新沂市水资源状况做出评价，提出建议。

第四节 暴雨强度公式修订和雨型分析

一、城市暴雨强度公式

城市暴雨强度公式是城市雨水排水系统规划和设计的重要依据，其正确性直接关系到城市基础设施建设的投资规模和可靠性。随着徐州市经济社会的发展、城市化进程的加快，城市化引起的气候、降水、下垫面等因素变化，城市产流、汇流特性发生变化，加剧城市雨洪灾害，洪水对城市威胁加剧。城市排水系统存在某些问题，暴雨导致洪水能冲毁道路、输电线路等设施，中断城市的运输、供水、供电等，影响城市的正常运转和市民的正常生活，给城市造成严重的损失，因此城市排水问题亟待解决。

徐州市采用的城市暴雨强度公式 $i=\frac{16.8+6.6\lg(T-0.175)}{(t+13.8)^{0.76}}$ 和 $i=\frac{18.604+11.148\lg T_E}{(t+15.101)^{0.801}}$（公式中 i 为降雨强度，t 为降雨历时，T 为重现期）建立于70年代末，囿于当时所使用的暴雨资料年限及当时暴雨资料类型、选样方法等局限性，该公式不易获得理想的精度，且已无法反映80年代以来气候与城市环境变化对降水的影响。采用新的暴雨资料整理、选样方法与先进的公式求参手段，需要重新编制适应城市暴雨现状的暴雨公式。

2012年，受徐州市防汛防旱指挥部委托，徐州水文局开展徐州市暴雨强度公式的修订研究工作。同年10月，研究成果《徐州市暴雨强度公式的修订报告》通过江苏省住房与城市建设厅在南京举行的专家评审会评审，由徐州市人民政府批准发布。

徐州市暴雨强度公式主要依据《室外排水设计规范（GB 50014-2006）》（2011年修订版）中所提出新一代城市暴雨强度公式的创新技术进行开发，参照《给水排水设计手册》第5册中的相关内容。具体方法如下。

资料选用：选定徐州市区及周边满足暴雨公式编制选样要求的徐州站、蔺家坝闸站和解台闸站3个雨量站点，对上述三站短历时雨量资料进行统计分析，徐州站极值的均值与面平均极值的均值基本一致，徐州站基本可以代表三站情况。1980—2010年，系列年降雨资料对长系列代表性良好，并且其更接近现状气象与下垫面情况，因此采用1980—2010年资料代表长系列资料进行暴雨公式推求。

计算降雨历时：具体为5分钟、10分钟、15分钟、20分钟、30分钟、45分钟、60分钟、90分钟与120分钟共9个历时，分析计算重现期按2年、3年、5年、10年、20年、30年统计。

取样方法：70年代以来刊布的暴雨资料均以年最大值法统计，以年最大值法统计的资料系列已远超年最大值法的最低需要，应用年最大值法取样的条件已成熟，因此徐州市暴雨选样采用年最大值选样法。

确定频率曲线：对选定的各历时降雨资料，分别应用皮尔逊-Ⅲ型分布、指数分布和耿贝尔分布3种频率分布曲线进行适线拟合，确定频率曲线；根据确定的频率曲线，得出降雨强度（i）、降雨历时（t）和重现期（T）三者关系，即 i-t-T 数据表。

公式推求：按照各种适线拟合模型推求的 i-t-T 数据表，采用四参数一步求解法（高斯-牛顿法）进行暴雨强度公式的推求，最终求得各公式拟合参数值 A_1、C、b（地区性参数）和 n（暴雨衰减系数）；将求得的各参数代入公式 $i = \frac{A_1 + C \lg T}{(t+b)^n}$ 推导出徐州市暴雨强度公式。通过拟合结果的比较分析来评判各种分布模式的适用性（徐州市各重现期暴雨强度公式误差情况见表8-1），最终确定将误差最小的耿贝尔分布曲线拟合的公式作为徐州市暴雨强度公式。徐州市暴雨强度总公式为：

$$i = \frac{10.798 + 9.81 \lg T}{(t + 12.563)^{0.6502}}$$

式中：i —— 降雨强度（毫米/分钟）；

t —— 降雨历时（分钟）；

T —— 重现期（年）。

徐州市暴雨强度分公式及误差统计（耿贝尔分布）见表8-2。

表8-1　徐州市各重现期暴雨强度公式误差表

线型	误差	重现期(年)							平均
		2	3	5	10	20	30	50	
耿贝尔分布	绝对均方差（毫米/分钟）	0.0379	0.0216	0.0222	0.0191	0.0141	0.0175	0.0312	0.0234
	相对均方差（%）	5.78	2.48	1.41	1.04	1.16	1.34	1.68	2.13
皮尔逊-Ⅲ分布	绝对均方差（毫米/分钟）	0.0633	0.0354	0.0388	0.0339	0.0194	0.025	0.0506	0.038
	相对均方差（%）	10	4.65	2.6	1.81	1.5	1.95	2.6	3.59
指数分布	绝对均方差（毫米/分钟）	0.0412	0.0316	0.0209	0.0112	0.0156	0.0222	0.0309	0.0248
	相对均方差（%）	6.77	4.11	2.23	0.92	1.19	1.55	2.05	2.69

表 8-2 徐州市暴雨强度分公式及误差统计（耿贝尔分布）

重现期 （年）	暴雨强度分公式（耿贝尔分布） （毫米/分钟）	绝对均方差 （毫米/分钟）	相对均方差 （%）
1	$i=\dfrac{10.798}{(t+12.563)^{0.6502}}$	—	—
2	$i=\dfrac{22.668}{(t+17.005)^{0.7686}}$	0.0045	0.52
3	$i=\dfrac{21.211}{(t+15.139)^{0.7216}}$	0.0052	0.58
5	$i=\dfrac{21.279}{(t+14.032)^{0.6904}}$	0.0057	0.65
10	$i=\dfrac{21.7275}{(t+12.892)^{0.6603}}$	0.0075	0.66
20	$i=\dfrac{22.6903}{(t+12.249)^{0.6394}}$	0.0104	0.84
30	$i=\dfrac{22.1651}{(t+11.319)^{0.6205}}$	0.0121	0.86
50	$i=\dfrac{23.4132}{(t+11.3385)^{0.6146}}$	0.0157	1.06

二、暴雨雨型分析

设计暴雨是城市排水管道系统设计的基础，除考虑一定历时内的平均雨强之外，暴雨的时程分布形态（设计雨型）也是一个重要的因素，它直接影响城市排水工程的投资预算和可靠性。根据中国《室外排水设计规范（GB 50014－2006）》（2011 年修订版），在进行城市排水管网设计时，雨水管网的设计排水量应通过当地的暴雨强度公式和设计雨型来计算。2017 年，徐州水文局受徐州市水利局委托，开展徐州市市区暴雨雨型研究工作，当年 7 月完成《徐州市区设计暴雨雨型研究报告》成果编制。该报告中暴雨雨型公式的格式、取样方式、计算结果精度达到国标《室外排水设计规范（GB 50014－2006）》（2011 年修订版）及《城市暴雨强度公式编制和设计暴雨雨型研究技术导则》规定的要求。徐州市暴雨雨型分析方法具体为：① 确定徐州市区暴雨雨型分析代表站为徐州站及其 1980—2015 年降水量原始观测资料。② 选取徐州站 1980—2015 年（36 年）逐年历时在 180 分钟、120 分钟、60 分钟以内的最大 4～5 场次暴雨，共计 162 场短历时暴雨过程，每场短历时降雨过程均按 1 分钟进行摘录，作为设计雨型研究的基础资料。③ 按照目估法和模糊模式识别法两种方法分析判断 60 分钟、120 分钟和 180 分钟 3 种历时暴雨过程的雨型模式。④ 采用芝加哥法雨型技术流程，确定芝加哥降雨过程线模型。⑤ 进行分析评价及小结，完成雨型分析成果综合。

第五节　水文水资源专题分析

一、典型年暴雨洪水分析——1997 年 7 月 17 日特大暴雨调查分析

1997 年 7 月 17 日，徐州市区突降特大暴雨，据市区 17 个雨量站观测记录，17 日 8 时至 18 日 8 时一日降水量为 300～361 毫米，暴雨中心位于云龙湖雨量站（湖北路 2 号原徐州水文局院内）周围。降水量为徐州市区有水文记录以来的最大值，为百年不遇的特大暴雨。

根据市区雨量站所观测到的雨量值，勾绘徐州市区降水量等值线图。经计算，降水量在 350 毫米以上市区笼罩面积 16.2 平方公里；降水量 300 毫米以上市区笼罩面积 151.3 平方公里；市区 270 平方公里的范围内，降水量都超过 250 毫米。

雨情分析：此次降雨以徐州市区为中心，降水量较大，市区周围渐小。根据袁桥水文站测报，暴雨过程从 17 日 9 时 30 分开始，18 日 0 时 30 分结束，历时 15 小时。主要有两次雨量较集中阶段，17 日 12 时至 14 时为第一阶段，2 小时降水 69 毫米；16 时至 21 时为第二阶段，5 小时降水 229 毫米。其中：10 时至 22 时 12 小时降水 322 毫米，最大点雨量 345 毫米（100 年一遇为 266.9 毫米）；13 时至 19 时 6 小时降水量 247 毫米，最大点雨量 250 毫米（100 年一遇为 229.6 毫米）；16 时至 19 时 3 小时降水量为 193 毫米，最大降水量 214 毫米（100 年一遇为 206.0 毫米）；17 时至 18 时 1 小时降水量 98 毫米（100 年一遇为 105.0 毫米）。

水情分析：徐州市区城市面积 270 平方公里，其中建成区面积为 72.1 平方公里。根据所设 17 个雨量站点测报平均降水量为 318.5 毫米，降水总计 8500 万立方米。其中，奎河水系袁桥闸以上汇水面积约 17 平方公里（包括故黄河东岸、南岸及三环西路部分地区），据测平均降水量为 345 毫米，计降水 586 万立方米，产水量约为 500 万立方米，奎河袁桥闸处最高水位一度达 32.48 米（18 日 1 时）；超过常水位 3 米；故黄河合群桥处最高水位一度达 37.15 米（17 日 22 时），超过常水位 1.05 米。如果按奎河袁桥历史最高水位 32.1 米，在下游无顶托情况下泄洪能力 28.5 立方米每秒计算，这次

暴雨所产水量需 52 小时排泄完，而实际在采取强排等措施后，在 19 日 6 时该区域积水即排除，历经 38 小时。

二、微山湖湖西地下水分析（1976 年）

70 年代，徐州湖西地区农业生产采取积极打井提取地下水的方法，扩大灌溉面积，地下水开采量逐年增加，地下水位较开采前呈明显下降趋势。特别是每年的五六月份集中用水期间，地下水位下降更为明显，农村不少饮用水井干枯，农用机井有的产生吊泵现象。丰县毕楼和沛县孟寨由于用水量较大，已形成季节性下降漏斗，漏斗中心最低地下水位埋深达 13 米，部分社队深感浅层地下水难以满足农业生产发展的需要，开始打深井，开采深层地下水。

为确保农田灌溉用水和控制地下水位不再继续下降，徐州地区井灌办公室在合理开发利用地下水方面做工作，制定地面-地下水统筹安排规划，采取井塘结合、建闸蓄水、单井回灌等一系列面上回灌措施，增加地下水回补量。徐州水文局根据地区井灌办公室提出的有关课题，并结合井灌建设中亟待解决的问题，设立地下水均衡场，对地下水均衡要素开展分析研究，进行单井回灌，研究回灌效果；用水文学的方法进行降雨入渗补给量和给水度计算；对深层地下水动态规律进行初步分析等。

三、淮北平原汉王实验站土壤水资源特征试验研究

为充分认识土壤水及其水资源特性，徐州水文部门 1993—1994 年开展淮北平原汉王实验站土壤水资源特征试验研究，在淮北平原汉王水文水资源实验站对 0.5～3.5 米地下水位控制条件下和秸秆、地膜、无覆盖 3 种条件下的土壤水分、包气带储水量、潜水蒸发、土壤蒸发、降雨入渗等要素进行连续 4 年的观测，并结合水量平衡方程，对土壤水资源的要素特征进行实验研究。结果表明：同一深度的土壤含水量大小顺序为秸秆覆盖大于地膜覆盖大于无覆盖；覆盖条件下土壤含水量变化相对稳定；土壤包气带有类似于土壤水库的作用，可调节水量可观，土壤水可作为一种重要的水资源；随土壤包气带厚度加大，潜水蒸发和降水下渗逐步减少，土壤蒸发表现突出。研究认为，充分认识土壤水资源特征，对指导土壤水资源开发利用、农业生产等有重要意义。

四、淮河流域用水定额合理性评估报告

2015 年 3 月，徐州水文局承担《淮河流域用水定额合理性评估报告》编制，项目组对江苏省淮河流域火力发电企业用水情况进行调查，对典型企业水平衡测试资料和用水合理性进行分析，分析徐州市重点工业用水情况，通过外出走访调查、查阅资料、分析研究等，历时 9 个多月完成。2015 年 12 月 29 日，成果通过专家验收。该报告对于进一步加强用水定额监督管理、严格落实用水效率红线，具有重要意义。

第九章　科技工作

新中国成立之前，水文专业人才不足，有相当一部分从事水文工作的人员来自土木、水利或其他专业，测站一部分工作人员从当地村民中挑选、招用。50年代以后，根据水文事业发展的要求，国家加强水文人才的培养，采取多种途径对水文职工进行业务培训，包括举办专业短期班、文化补习班，委托学校代培训，送大中专院校进修，推荐上职工大学，鼓励职工念电大、夜大、业大、函大等，提高学历水平，在专业上深造。60年代，徐州水文系统科技工作起步，主要为专业性成果。进入21世纪以后，徐州水文工作要为科技课题成果、科技服务成果、科技论文、信息技术成果和基础应用成果5个方面。科技成果涉及农业、水利、电力、城市建设等领域，由开始的专业研究，逐步向服务社会经济需求产研结合转变。测绘业务是水文科技工作的一项重要内容。水文测站设立、测验断面测量、地形测量、水库库容测量、河道冲淤变化监测、流量测验及水文调查等工作，都需要测绘专业知识。50年代以来，徐州水文局在开展水文测验工作的同时，抓住水利发展的机遇，服务地方水利部门，大力发展测绘事业，逐渐做大做强，多次赢得优秀测绘单位称号。2000年以后，徐州水文局着力加强科技服务人才引进和培养，逐步建立一支专业、严格、完善的科技服务队伍。

第一节　科技队伍

一、技术人员

江苏省水文系统技术人员原以技术级别定技术职称，80年代初，组织技术职称评定委员会评定技术职称。1982年，为做好徐州地区水文系统技术干部职称评定工作，经江苏省水文总站技术职称评定委员会同意，成立徐州水文系统职称评定小组。1988年9月，经省厅职称改革领导小组评审通过并报省职改办批准，毛宜诺被评定为徐州水文技术队伍中第一个高级工程师。

1994年，国家人事部、水利部印发《水利工程中、高级技术资格评审条件（试行）》，规定水利行业中、高级职称的相关资格条件和要求。随后，省厅根据此文件精神，印发《江苏省水利工程专业中、高级工程师资格条件（试行）》。1999年5月，省厅发布《江苏省水利工程专业技术职务任职资格推荐评审程序》，要求文件发布后全省水文系统的技术评定均按照此规定执行，各市水文分局将符合资格条件的技术人员名单报送给省水文局组织人事部门，由省水文局统一上报至水利厅，由省厅工程技术任职资格评审委员会组织资格评审。中级职称评审结果报水利厅职称工作领导小组办公室审批后公布，高级职称评审结果报省职称工作领导小组办公室审批后公布。

2000年以来，徐州水文局积极鼓励职工参加学历教育和职业培训，培养综合素质高、业务能力强的专业技术人才，先后有13人攻读工程硕士学位，10人参加第二本科学历学习，20人（次）参加测绘、水土保持、工程咨询等专业的职业培训。在职职工中，先后有高级工程师30人、测绘工程师17人、注册测绘工程师4人、注册咨询工程师8人、监理工程师8人、注册水土保持工程师1人，基本形成专业覆盖广、年龄结构合理、能打硬仗的专业技术队伍，为水文系统专业水平提升和能力建设提供了人才保障。

至2018年底，徐州水文局编制97人，在职在编91人。其中，技术干部55人，技术工人36人。技术干部中，高级职称30人，中级职称13人，初级职称12人。技术工人中，高级技师2人，技师15人，高级工12人，初、中级工7人。徐州水文局在职在编人员中、高级职称评获时间见表9-1。

表9-1　徐州水文局在职在编人员中、高级职称评获时间一览表

序号	姓　名	性　别	专业技术资格	取得时间
1	尚化庄	男	高级工程师	2002年12月
2	吴成耕	男	高级工程师	2002年12月
3	盛建华	男	高级工程师	2003年11月
4	李玉前	男	高级工程师	2004年11月
5	李　沛	男	高级工程师	2005年10月
6	万正成	男	高级工程师	2005年10月
7	徐庆军	男	高级工程师	2005年10月
8	高正新	男	高级工程师	2006年10月
9	刘远征	男	高级工程师	2008年10月
10	吉文平	男	高级工程师	2009年12月
11	刘沂轩	男	高级工程师	2011年10月
12	王文海	男	高级工程师	2011年10月
13	史桂菊	女	高级工程师	2012年12月
14	杨明非	女	高级工程师	2012年12月

表9-1（续）

序号	姓　名	性　别	专业技术资格	取得时间
15	郑长陵	男	高级工程师	2012年12月
16	唐文学	男	高级工程师	2012年12月
17	李传书	男	高级工程师	2012年12月
18	李　涌	男	高级工程师	2012年12月
19	宋银燕	女	高级工程师	2014年12月
20	范传辉	男	高级工程师	2014年12月
21	钱学智	男	高级工程师	2015年12月
22	周保太	男	高级工程师	2015年12月
23	周沛勇	男	高级工程师	2015年12月
24	张　警	男	高级工程师	2016年11月
25	李　超	男	高级工程师	2017年12月
26	孙　瑞	男	高级工程师	2017年12月
27	马　进	男	高级工程师	2017年12月
28	曹久立	男	高级工程师	2017年12月
29	杜珍应	男	高级工程师	2017年12月
30	李　倩	女	高级工程师	2018年10月
31	章　宁	男	工程师	1997年1月
32	文　武	男	工程师	2011年10月
33	陈　颖	女	工程师	2012年10月
34	王勇成	男	工程师	2012年10月
35	徐　委	女	政工师	2013年12月
36	房　磊	男	工程师	2013年11月
37	张小明	男	工程师	2013年11月
38	蔡文生	男	工程师	2014年12月
39	周　倩	女	工程师	2017年11月
40	吴成秋	男	工程师	2017年11月
41	刘田田	女	工程师	2018年11月
42	杨　春	男	工程师	2018年11月
43	俞琳琳	女	工程师	2018年10月

二、服务资质

1993年，徐州水文局取得"水文、水资源调查评价资质证书"，业务范围包括地表水水量监测、地下水水量监测、水质监测、水文调查、水文测量、水平衡测试、水

能勘测、水文情报预报、水质预测预报、地下水预测预报、水文测报系统设计与实施、水文分析与计算、地表水资源调查与评价、地下水资源调查与评价、水质评价。1996年，徐州水文局取得"建设项目水资源论证资质证书"，业务范围包括地表水、浅层地下水和农业、水利、纺织、皮革、造纸、冶金、医药、建材、木材、食品、机械、建筑业、商饮业、服务业。

1996年3月，江苏省水环境监测中心（包括徐州等分中心）通过国家计量认证考核，获得国家计量认证合格证书，取得向社会发布具有法律效力的公正数据资格，并分别于2001年10月、2006年12月、2010年3月、2013年5月、2016年10月通过国家计量认证复查换证评审。截至2018年底，徐州分中心通过计量认证的监测项目有：地表水41项，饮用水6项，污水及再生水19项，地下水24项，水生生物9项。

地表水项目：水温、酸碱度、溶解氧、高锰酸盐指数、化学需氧量、五日生化需氧量、氨氮、总磷、总氮、铜、锌、氟化物、硒、砷、汞、镉、铬（六价）、铅、氰化物、挥发酚、石油类、阴离子表面活性剂、硫化物、粪大肠菌群、硫酸盐、氯化物、硝酸盐氮、铁、锰、电导率、悬浮物、透明度、叶绿素、色度、钾、钠、钙、镁、游离二氧化碳、侵蚀二氧化碳、氧化还原电位。

饮用水项目：酸碱度、总硬度、硝酸盐氮、氯化物、氟化物、硫酸盐。

污水及再生水项目：酸碱度、悬浮物、化学需氧量、五日生化需氧量、氨氮、总磷、总氮、石油类、挥发酚、总氰化物、砷、汞、六价铬、铜、锌、铅、镉、锰、铁。

地下水项目：锰、铜、锌、挥发性酚类、高锰酸盐指数（耗氧量）、硝酸盐氮、亚硝酸盐氮、氨氮、氟化物、碘化物、氰化物、汞、砷、硒、镉、铬（六价）、铅、总大肠菌群、细菌总数、电导率、总碱度、重碳酸盐、碳酸盐、矿化度。

水生生物项目：浮游植物数量、浮游植物生物量、浮游动物数量、浮游动物生物量、底栖动物数量、底栖动物生物量、着生藻类数量、着生藻类生物量、大型水生维管束植物生物量。

2006年，徐州水文局取得水土保持方案编制、水土保持监测、水土保持监理资质。同期，展开水土保持方案编制、水土保持监测、水土保持设施评估等相关业务工作。

第二节　测绘能力

一、测绘资质

徐州水文局于1984年开始对外从事测绘服务工作，初期主要从事三等、四等水准测量、水利工程测量、地籍测量等基础测绘工作。1996年，江苏省测绘局发布《关于公布首批乙、丙、丁级〈测绘资格证书〉单位名单的通知》，徐州水文局被评定为乙级资质单位，测绘业务有控制测量、地形测量、三等水准测量、管线测量、地籍测量、水利工程测量等。测绘资质 2 年更换 1 次，至 2018 年 8 月徐州水文局测绘资质换证后，测绘业务范围有地理信息系统工程，包括地理信息数据采集、地理信息数据处理；工程测量，包括控制测量、地形测量、规划测量、建筑工程测量、变形形变精密测量、市政工程测量、水利工程测量、线路与桥隧测量、地下管线测量；不动产测绘，包括地籍测绘；海洋测绘，包括水深测绘、水文观测。为更好地服务河长制、湖长制和水资源管理，2017 年局党委提出测绘资质由乙级晋升甲级。2018 年 12 月，徐州水文局地理信息系统工程、工程测量、海洋测量（水文观测）取得 ISO 9001：2015 质量管理体系认证证书，ISO 14001：2015 环境管理体系认证证书，OHSAS 18001：2007 职业健康安全管理体系认证证书。

二、人才队伍

90 年代以来，徐州水文局先后组织 5 名职工参加武汉大学测绘专科、本科函授学习。2017 年，组织 15 名职工参加中国地质大学测绘本科专业学习。在长期测绘工作中，培养锻炼一大批测绘技术人员，至 2018 年，徐州水文局有注册测绘工程师 4 人、测绘中级工程师 17 人、测绘助理工程师 1 人。见表 9－2。

表 9－2　2018 年徐州水文局测绘技术人员一览表

序号	姓　名	专业名称	取得证书日期	发证机关
1	杜珍应	注册测绘工程师	2014 年 8 月	中华人民共和国人力资源和社会保障部
2	宋银燕	注册测绘工程师	2017 年 11 月	中华人民共和国人力资源和社会保障部
3	张小明	注册测绘工程师	2017 年 11 月	中华人民共和国人力资源和社会保障部
4	吴成秋	注册测绘工程师	2018 年 12 月	中华人民共和国人力资源和社会保障部
5	尚化庄	地矿地震测绘国土工程工程师	2005 年 12 月	徐州市专业技术人员职称工作领导小组办公室
6	吴成耕	地矿地震测绘国土工程工程师	2005 年 12 月	徐州市专业技术人员职称工作领导小组办公室
7	盛建华	地矿地震测绘国土工程工程师	2005 年 12 月	徐州市专业技术人员职称工作领导小组办公室

表9-2(续)

序号	姓　名	专业名称	取得证书日期	发证机关
8	万正成	地矿地震测绘国土工程工程师	2005 年 12 月	徐州市专业技术人员职称工作领导小组办公室
9	刘远征	地矿地震测绘国土工程工程师	2005 年 12 月	徐州市专业技术人员职称工作领导小组办公室
10	唐文学	地矿地震测绘国土工程工程师	2005 年 12 月	徐州市专业技术人员职称工作领导小组办公室
11	李玉前	地矿地震测绘国土工程工程师	2005 年 12 月	徐州市专业技术人员职称工作领导小组办公室
12	徐庆军	地矿地震测绘国土工程工程师	2005 年 12 月	徐州市专业技术人员职称工作领导小组办公室
13	郑长陵	地矿地震测绘国土工程工程师	2005 年 12 月	徐州市专业技术人员职称工作领导小组办公室
14	李传书	地矿地震测绘国土工程工程师	2005 年 12 月	徐州市专业技术人员职称工作领导小组办公室
15	周光明	地矿地震测绘国土工程工程师	2005 年 12 月	徐州市专业技术人员职称工作领导小组办公室
16	蔡文生	国土工程师(测绘专业)	2018 年 11 月	徐州市人力资源和社会保障局
17	孙　瑞	国土工程师(测绘专业)	2018 年 11 月	徐州市人力资源和社会保障局
18	曹久立	国土工程师(测绘专业)	2018 年 11 月	徐州市人力资源和社会保障局
19	范传辉	国土工程师(测绘专业)	2018 年 11 月	徐州市人力资源和社会保障局
20	杨　春	国土工程师(测绘专业)	2018 年 11 月	徐州市人力资源和社会保障局
21	吴成秋	国土工程师(测绘专业)	2018 年 11 月	徐州市人力资源和社会保障局
22	李文阔	国土助理工程师(测绘专业)	2018 年 11 月	徐州市人力资源和社会保障局

三、测绘技术与设备

80 年代初期，徐州水文部门均使用常规测量仪器，即经纬仪、水准仪、钢尺、小平板等测绘仪器。90 年代初，徐州水文部门首次联合使用测距仪、经纬仪用于永安街道、火花街道地籍勘查放样，改变以前用钢尺进行量距的传统做法，大大降低了劳动强度，提高了工作效率。90 年代末，随着科学技术的发展，测绘仪器设备亦有进步，购置徕卡、拓普康全站仪，首次运用于地形测量，取代原来联合使用测距仪、经纬仪进行测量、放样及地形测量的模式，配置数字化仪、绘图仪、电子平板等测绘设备。1997 年，测深仪用于云龙湖水库水下地形测量，取代传统的水深测量方式。2000 年以来，测绘技术高速发展，不断引进各种高质量、高水平的先进设备。2001 年 11 月，徐州水文开发数字化测图、测量断面新方法。2004 年开始使用 GPS 进行控制测量和单基准站 RTK 测量，2007 年开始使用 GPS 网络 RTK 进行测量。自 2012 年以来大多数测量项目均采用 GPS - RTK 进行测量。截至 2018 年，共有 17 套不同的 GPS 测量系统。

80 年代，测量成果均为手工绘制，后期引进全站仪测图系统后，徐州水文局引进基于常州测绘绘图软件，测绘精度和工作效率大幅提升。2012 年，引进 2 套南方 CASS 9.1。2015 年，在新沂参与农经权项目时引进 CASS 农经权专用版本。2018 年底，将原有的 CASS 软件升级为 10.1 版本，并增加数量，拥有 6 套 CASS 10.1 绘图软件。另外，组织人员开发测量数据转换计算程序、河道断面自动成图程序，提高工作效率，提高出图质量。2018 年徐州水文局主要测绘设备情况见表 9 - 3。

表 9 - 3　2018 年徐州水文局主要测绘设备一览表

序号	设备名称	品牌型号	数量
1	水准仪 S1 级精度以上	AT - G6	3
2	水准仪 S1 级精度以上	AT - B4	2
3	水准仪 S05 级精度以上	DS05	2
4	水准仪 S05 级精度以上	DNA	1
5	水准仪 S3 级精度以上	Sprinter 250M - CN	1
6	水准仪 S1 级精度以上	Sprinter 250M	2
7	水准仪 S1 级精度以上	MS05	2
8	水准仪 S1 级精度以上	Sprinter 250M	1
9	水准仪 S1 级精度以上	Sprenter 250M - CN	1
10	全站仪:2 秒级精度以上	徕卡 TS06	4
11	全站仪:2 秒级精度以上	GPT - 3002LN	1
12	全站仪:2 秒级精度以上	TC1800	1
13	全站仪:1 秒级精度以上	徕卡 TS09 - 1	1

表9-3(续)

序号	设备名称	品牌型号	数量
14	全站仪:0.5秒级精度以上	TCR1201+R1000	1
15	全站仪:1秒级精度以上	南方 NTS-342R	1
16	GPS	Hiper Gb	2
17	GPS	LEGACY-E	1
18	GPS	Hiper GD	1
19	GPS	R8-004	2
20	GPS	华测 X90	11
21	验流计	FLOWQUEST2000	1
22	水位计	HCJ1	1
23	水位计	WFH-2A	1
24	声速仪	FLOWQUEST2000+	1
25	测深仪	中海达 HD-27T	1
26	地下管线探测仪	PDL8000	1
27	地下管线探测仪	RD8000	1
28	无人机测量系统	大疆 M600	1
29	地理信息处理软件	Idata 数据工厂	1
30	地理信息处理软件	CASS 农经权	1
31	地理信息处理软件	南方 CASS 10.1	6
32	地理信息处理软件	地理信息数据平台软件 V1.0	1
33	地理信息处理软件	南方 CASS 9.1	1
34	地理信息处理软件	Pinnacle1.0	1
35	地理信息处理软件	Haida 海洋成图软件 4.2	1
36	地理信息处理软件	瑞得数字测图系统 5.0	1
37	地理信息处理软件	清华三维平差软件 2000	1
38	其他仪器设备	HP450c A0 幅面以上绘图仪	1

四、测绘成果

徐州水文局测量一直服务于水利、国土、住建、交通等国家重点基础设施建设，为国民经济建设做出积极贡献。2000年以前，主要测量项目为河道测量，由于不同年代对河道的治理要求不一样，不少河道测量过数次，中运河、故黄河、大运河、邳苍分洪道、沂河、沭河、复新河、大沙河等大中型河道地形图测量及断面测量均由徐州水文局测量完成；同时，参与徐州市泉山区、鼓楼区、云龙区及丰县、沛县、邳州市等地籍调查测量。之后，先后承担徐州市新城区建设、南水北调、中小河流治理、尾水导流、饮用水源地、地面水厂、城市供水及河长制、水利工程管理范围划定、徐州市河湖和水利工程管理范围划定抽检项目。见表9-4。

表9-4 徐州水文局完成的主要测量项目一览表

序号	时间	项目具体情况
1	1984年9—10月	完成中运河大王庙至房亭河口段19公里纵横断面测绘和1：5000地形图调绘
2	1984年11月	开展故黄河丁万河分洪道10公里河道纵横断面施工测量和测区带状地形图测绘
3	1986年	完成蔺家坝至解台闸30多公里徐州市自来水管线测量
4	1987年1月	完成邳州市境内邳苍分洪道35公里河道两侧大堤每100米测一横断面，每500米测河道大断面，局部测1：1000地形图，测区调绘1：5000地形图
5	1988—1989年	完成徐洪河续建工程从沙集至大庙约104公里地形图及横断面测量
6	1990年9月	完成房亭河大庙站至土山镇河道测量，共计24公里
7	1991年11月	对云龙湖水库进行地形图测量，为云龙湖水库防洪标准提高到100年一遇提供依据
8	1992年12月	组织大批人员去睢宁县古邳镇进行镇区地形图测量
9	1993年12月	组织13人去无锡进行公里自来水管线线路测量。这是徐州水文测量队第一次走出徐州
10	1993年4月	徐州水文局全体人员投入到徐州市泉山区地籍调查和地籍测绘任务
11	1994年4月	前往河北省沧州市黄骅港进行潮流量和泥沙测量，在宣惠河和漳卫新河设置测流断面，计算潮流量，称取沙包，整理泥沙资料，绘制泥沙潮流分布图，并进行描图，提供给河海大学
12	1994年	沂沭泗流域洪水东调南下工程开工后，承担徐州境内的沂、沭、邳、运流域性河道的施工测量任务。其中，3—5月完成中运河东陇海铁路桥至骆马湖28公里的河堤纵横断面测量，每100米测一中泓横断面，每500米测一河道大断面，测区1：2000地形图修测，以及险工段1：500地形图测绘和水工建筑物调查等

表9-4（续）

序号	时间	项目具体情况
13	1995年4—12月	完成郯苍分洪道、沂河、沭河、中运河上段（省界至东陇海铁路桥）的纵横断面图、导线图测量和地形图调绘
14	1995年	承接规划局东甸子至铜邳交界的公路测量任务，测量范围为公路两侧150米
15	1996年	进行郑集河扩大工程及其湖西顺堤河35公里拓宽工程测量
16	1997年	对规划中的徐沙河89公里进行纵横断面测量和1∶5000带状地形图测量
17	1998年	对故黄河睢宁段68公里进行横断面测量和地形图测量
18	1999年	对老沭河进行横断面测量和地形图测量
19	2000年	对中运河徐州段进行横断面测量和地形图测量
20	2001年	完成邳州市西迦河10公里地形图测量
21	2002年	完成丰县大沙河1∶5000地形图测量
22	2003年	完成云龙湖养殖场、高塘水库、阿湖水库、南水北调沙集二站、东调南下杨屯河、铜山闫河、新运河、琅溪河、郭集沟等1∶2000地形图测量及断面测量
23	2004年	完成新城区故黄河、大龙湖水库、琅河、闫河、顺堤河等河道1∶2000地形图及断面测量
24	2005年	完成崔贺庄水库、故黄河等1∶1000带状地形图测量和断面测量
25	2006年	完成三八河、沂河、故黄河（三环西路桥—汉桥）、丁万河等河道共计160公里1∶1000带状地形图测量和断面测量、东调南下二期湖西大堤加固工程测量
26	2008年	完成尾水东调工程的运河地涵水下地形、沂河通航河道与断面、配套设施上的桥与大沟闸30多个地形图测量工作外，整个线路上需要更新开挖或开宽河道约100公里拆迁线放样测量
27	2011年	完成丰、沛尾水水资源化利用工程测量项目，共完成地形图测量25平方公里、断面300公里、水准测量300公里，另外完成沿线小地形测量
28	2012—2015年	随着国家加强中小河流治理，徐州水文局共承担徐州市境内730公里河道测量项目，为中小河流治理提供规划依据

表9-4（续）

序号	时间	项目具体情况
29	2012 年	完成淮河流域洼地测绘（故黄河洼地）1∶5000 地形图测量 122 平方公里，完成 D 级 GPS 控制测量 14 点，F 级 GPS 加密点控制测量 22 个，四等水准 75 公里
30	2013—2015 年	完成徐州市骆马湖备用水源地项目测量及放样工作，完成徐州毛庄至骆马湖 90 公里水准测量，导线控制桩布置和测量，完成长 90 公里、宽 300 米的取水线路测量，完成骆马湖取水口 30 平方公里水下地形图测绘
31	2015—2017 年	徐州水文局与江苏省工程勘测研究院合作完成新沂农经权测量项目，完成北沟镇、双塘镇、阿湖镇 38 个村 2.5 万户 18 万亩承包地的确权登记
32	2017 年	完成徐州云龙湖水库管理范围划定项目
33	2018 年	完成沛县河道和水库管理范围划定项目
34	2018 年	完成徐州市河湖和水利工程管理范围划定项目第三方抽检项目

五、获奖项目

1992 年 9 月，徐州市第一届测量比赛在云龙湖南岸云泉山庄举办。该次比赛共有 21 个参赛队。徐州水文局取得地形图测绘取得第三名，测角获取第四名，团体取得第五名，水准测量取得速度第一。徐州水文局李明武、杜珍应、周光明在徐州市南水北调工程建设测量项目中表现突出，分别在 2009 年、2010 年被徐州市国家南水北调建设办公室表彰。2012 年 5 月，徐州市测绘地理信息工作会议召开。徐州水文局作为乙级测绘资质持证单位参加会议，被授予 2012 年度优秀测绘地理信息持证单位二等奖。2014 年 11 月，徐州水文局承担的"淮河流域洼地地形图测绘（Ⅳ标段）"项目获得由徐州市国土资源局和徐州市地理信息学会颁发的二等奖。2018 年 10 月，徐州水文局承担的"国家地下水监测工程（水利部分）江苏省监测站高程引测及坐标测量"项目获得由徐州市国土资源局和徐州市地理信息学会颁发的三等奖。

第三节　教育培训

一、业务培训

七八十年代起，徐州水文局针对水文基本业务开展多期培训班学习，加强技术人才的培养，为建立优秀的水文业务技术队伍打下良好的基础。另外，扬州水利学校和华东水利学院的大中专毕业生分配至各地水文站工作，水文系统专业人才的平均学历也得到相对提升。

1982 年，徐州水文局组织单位职工开展外语学习班，学习参加人数近 30 人。1983 年 11—12 月，徐州水文局吴成耕在郑州参加水利电力部水文局举办的"全国泥沙测验理论研习班"学习，并获得结业证书。1985 年 9—12 月，徐州水文局选送吴成耕参加水电部委托扬州水利学校举办的第三期水资源训练班，并获得结业证书。1986 年 8 月，省水文局下发《关于开展水文测工中级技术培训的通知》，规定此次培训的重点是 2～5 级技工，徐州水文局派员参加。同年 9 月，徐州水文局选送职工参加省水文总站在南京举办的 ALTOS-68000 微机电算整编培训班。

进入 90 年代，省水文局开始水文岗位技能的考核，针对不同级别的水文勘测工人开始相应的培训学习，通过考核颁发对应的工人技术职称。1996 年初，徐州市法制局举办行政执法人员训练班，徐州水文局全体领导成员和主要骨干参加培训，学习行政法、赔偿法等一系列法律法规，并通过结业考试获得执法证。从 1996 年起，每 3～5 年组织 1 次水质科技人员参加中国水利水电科学研究院举办的内审员培训，并取得相应证书。1996 年和 2011 年，江苏水文系统两次在徐州水文局举办全省生物监测培训班，由水质科陈玲主讲，江苏省所有分局派两名技术干部参加，徐州水文局水质科全员参加培训。1996—2001 年，环保部组织多期环境影响评价上岗培训班，徐州水文局派员参加培训，并取得证书。1999 年 3 月，徐州水文局举办水环境监测规范、水质采样规范培训班，全局 60 余人参加培训。

进入 21 世纪以后，水文的现代化技术应用日趋显著，各项基础设施和测量测验仪器也步入更为高端先进的序列，各部门对高端人才的需求更加突出，伴随着水文现代化科技的日新月异，对各项业务人才的培训也更加频繁。

2003 年，省水文局在徐州水文局举办 GPS 培训班，徐州水文局派技术骨干参加培训。同年 12 月，徐州水文局派员参加省水文局在无锡举办的遥测及水情数据库应用技术学习培训。2004 年 9 月，徐州水文局派员参加水利部水土保持监测中心举办的水土保持监测技术培训班，并获得结业证书。2006 年 3 月，徐州水文局举办地下水整编软件培训班，各业务科室、各监测中心派技术骨干参加；举办《水情信息编码标准》及水情信息电话使用培训班，各业务科室、各监测中心约 15 人参加。2008 年 4 月，徐州水文局举办水文测报自动化培训班，内容涉及遥测管理、水文测报、水文报汛等知识，机关各科室技术人员及各监测中心技术骨干共计 30 余人参加。2009 年 4 月，徐州水文局开展消防安全知识培训，特邀市消防支队人员授课，局机关全体职工参与培训。

2004—2012 年，水利部组织多期全国水资源评价上岗培训，徐州水文局技术干部 30 余人分期参加培训并取得证书。2007 年 6 月，徐州水文局举办《生活饮用水卫生标准》、13 项生活饮用水卫生检验方法国家标准培训班，水质科全员参加培训。2008 年 4 月，徐州水文局举办《实验室资质认定评审准则》《管理手册》《程序文件》技术培训班，水质科全员参加。2011年2月12—18日，徐州水文局举办为期7天的测量技能培训，内容涉及水准测量、全站仪、GPS使用、数据处理、草图绘制、内业处理等知识，机关各科室及各监测中心青年职工、技术骨干共计30人参加。2012年6—7月，徐州水文局派员参加省水文局在无锡举办的2012年全省水文勘测技师培训班，培训结束后有6人通过技师等级考核。2013年6月，徐州水文局组织局机关在职职工约30人，邀请专家就"PPT在水文工作中的应用"等内容进行培训。7月，徐州水文局组织13人参加省测绘局组织的测绘监理从业资格证考试培训。2014年2月，徐州水文局举办测绘新仪器新技能培训，内容涉及华测GPS、徕卡电子水准仪及全站仪使用、数据处理、内业处理等知识，机关各科室、各监测中心年轻职工、技术骨干近20人参加。同月，组织19人参加2014年度注册咨询工程师执业资格考试。2014年，全省水文系统开展首批"511人才培养工程"，徐州水文局通过民主测评和公示，推选刘远征参加培养学习。2015—2018年间，水文测验领域累计培训42人次，水文现代新技术应用领域累计培训58人次，水文、水资源调查领域累计培训20人次，水质、水环境监测领域累计培训24人次，水土保持领域累计培训9人次。2018年3月，徐州水文局开展安全生产主题教育培训，邀请消防总队教员胡青龙举办专题讲座，进行安全设施现场操作及模拟体验，局机关全体职工、各监测中心技术人员约60人参加培训。徐州水文局历来重视业务技能培养，多年来先后组织多次测量测绘等专项技术竞赛。从2018年开始，拟定每年五一节前，徐州水文局举办综合业务技能竞赛，各机关科室、监测中心派选手参赛，将竞赛与日常工作相融合，培养多专业技能的多面手，以达到以赛促学、比学赶超的目的。

二、学历学位教育

1983年9月至1985年7月，李家振、王爱民、魏东敏、路基康等参加河海大学函授陆地水文专业为期3年的专科学习，并获得毕业证书。1987年9月至1990年7月，吴成耕、盛建华、李玉前等参加河海大学函授陆地水文专业为期3年的专科学习，并获得毕业证书。1995—1997年，徐州水文局与扬州水利学校联合举办水文水资源专业为期2年的中专班，全局30余人参加学习，并取得毕业证书。2000年以来，徐州水文局有12名在职职工分别参加河海大学、中国矿业大学、南京林业大学的工程硕士研究生学习，并取得学位证书。2002—2005年，徐州水文局推荐周光明、刘俊生等参加武汉大学土地管理和测量专业为期3年的专科学习，并获得毕业证书。2006年，省水文局委托河海大学举办2007级水文水资源专业专升本函授班，徐州水文局2名在职职工参加学习，并获得本科学历证书。2017—2018年，省水利厅与河海大学联合举办面向水利行业推荐考核择优入学学历教育函授班，开设专业为水利工程、水利水电工程、水文水资源工程，徐州水文局分别从基层测站职工中推荐职工参加学习。

第四节 科技活动

一、水文水资源研究

1986年，由江苏省水文总站与水利部水利水电科学研究院水资源研究所、河海大学、南京水文水资源研究所协作，徐州水文分站在汉王水文水资源实验站开展"四水转化"实验研究，4月，与水利部水利水电科学研究院水资源研究所、南京水文水资源研究所进行国家"六五"第38项、"七五"第57项国家重点科技攻关项目的专题实验。1990年9月，同河海大学合作开展"不同农田管理技术下城市污水灌溉和农药化肥的使用所产生的污染物质在非饱和带中的输移及对地下水的影响"研究。1993年，水利部水文司与美国地质调查局在徐州签署"不同农业措施对土壤中化学物质转移的影响"课题研究合作协议，汉王实验站被选为主要试验场地。2008—2012年，河海大学王景才、夏自强等人在汉王实验站对土壤水资源的要素特征进行实验研究。

二、水质水生态研究

1958年，开展水化学监测方法研究，徐州专区汪润尘、张德玉的《水质透明度的简易测定（定量）法》被江苏省水文总站《水文化学技术文件》收录。

1980—1983年，丰县水利局和徐州市毕楼地下水实验站共同完成"丰县复新河丰城闸以上盐碱化监测实验资料分析"研究工作。1983年1月，徐州地区水文分站完成《总硬度、总碱度测定方法和质控试验成果报告》。根据水利部水文局通知和1982年9月11~12日在北京召开的《实验室分析质量控制》协作组会议精神，将天然水化学和污染水化学中的主要测定项目18项分配给全国各省水文系统化验室进行质量控制试验，徐州地区水质监测组接受总硬度和总碱度的质控试验任务，为全国水文系统编制水质分析手册提出科学依据。1984年，徐州水文系统承担"徐州市湖西平原地区地下水开采条件"课题研究。1989年，承担"睢宁梁集污灌试验""睢宁县地下水普查"等水文科研项目。

1990—1992年，与淮委水保局合作，对大运河不牢河段开展自然流态和向上调水状态下的水质试验研究，为南水北调工程东线调水做模拟实验。1991年，完成《徐州市地面水厂取水口水质状况初步评价》。1992年8月，完成《徐州市辖淮河流域入河排污口调研报告》。1993年1—9月，水质化验室与汉王实验站联合开展对酸雨的监测和化验工作，完成省水文总站交给的试验任务；11月，汉王实验站和河海大学重点实验室（水资源开发利用专业实验室）联合实施中美合作研究课题。

2003年10月，完成水利部下达的总氮、总磷精密度偏性试验，编制精密度偏性试验报告，上报水利部水质中心。2006年5—6月，开展纳污能力室内衰减试验研究，根据水文〔2006〕46 号《关于开展水质降解系数试验研究工作的通知》，对袁桥、林子西及小沿河取水口 3 个站点进行室内试验研究。2017 年 9 月，承担"徐州市水生态文明试点建设监测评估"项目，并通过淮河流域水资源保护局组织的专家评审。

三、城市暴雨研究

2012 年 6 月，受徐州城乡建设局委托，徐州水文局承担徐州市暴雨强度公式的修订研究工作，研究成果《徐州市暴雨强度公式的修订报告》于 2012 年 10 月通过江苏省住房与城市建设厅在南京举行的专家评审会评审，由徐州市人民政府批准发布。2017 年，徐州水文局受徐州市水利局委托，开展徐州市市区暴雨雨型研究工作，并于 2017 年 7 月完成《徐州市区设计暴雨雨型研究报告》成果编制。

四、规划研究

1984 年 7 月，徐州水文分站、徐州市环境保护局、徐州市环保所共同编制《徐州市奎河水源保护规划》。1986 年 5 月，徐州水文分站和徐州市环境监测站共同编制完成《淮河流域徐州市区水资源保护规划》。2013 年，徐州水文局组织有关专业技术人员编制《徐州市地下水压采方案》，为全市地下水保护、水资源优化配置及最严格的水资源管理制度的实施提供技术支持，先后完成丰县、沛县、邳州市、新沂市、铜山区的地下水压采方案。2013 年 4 月，受徐州市水利局委托，按照《江苏省水资源保护规划技术大纲（试行）》的要求，徐州水文局于 2016 年 12 月编制完成《徐州市水资源保护规划（报批稿）》。2016 年，根据徐州市委、市政府和省厅工作部署和要求，徐州水文局与水利部门成立"双控"方案编制小组，结合市水利水务发展实际和发展需求，编制《徐州市水资源消耗总量和强度双控行动方案》，先后完成丰县、沛县、邳州市、新沂市和铜山区的双控行动方案。2017 年，受徐州市水务局委托，完成《徐州市区省级水功能区达标整治实施方案》，同时完成《睢宁县省级水功能区达标整治实施方案》《邳州市省级水功能区达标整治实施方案》《新沂市省级水功能区达标整治实施方案》《丰县省级水功能区达标整治实施方案》《沛县省级水功能区达标整治实施方案》。2018 年，受地方政府委托，编制完成《徐州市水文事业发展规划（2018—2020）》。

第五节 科技成果

一、科技课题与成果

1978 年，徐州地区水文分站的"徐州淮海地区三麦灌溉调查实验研究"获得江苏省科学大会颁发的江苏省科学大会奖，"连续多跨自动化缆道"和"徐州微山湖湖西地区地下水动态规律分析及浅层地下水开采资源计算"获得省科技成果奖。1984年，徐州水文局的"徐州市湖西平原地区地下水开采条件"课题获得江苏省水利厅科技成果二等奖。1989年，徐州市水文分站、江苏省水文总站和水利部南京水文水资源研究所的"徐州汉王站水文水资源实验研究"，获得江苏省政府颁发的省科技进步四等奖。1994年，徐州水文局和铜山水利局共同完成的"铜山县现状水资源调查评价分析报告"，获得江苏省水利厅颁发的科技成果三等奖。

2013年，徐州水文局尚化庄、盛建华、李涌参与的"骆马湖洪水资源化调度研究"获得水利厅颁发的科技成果二等奖。2015年，徐州水文局完成的"农业面源对水功能区水质安全的影响研究"课题获得省水利厅科技成果三等奖。2017年，徐州水文局尚化庄参与完成的"气候变化条件下江苏省旱灾风险评估及预警技术研究"课题获得省水利厅科技成果二等奖。2018年，徐州水文局刘沂轩参与完成的"徐州矿井水综合生态治理技术及开发利用模式研究与应用"获得省水利厅科技成果二等奖。见表9-5。

表9-5 1978—2018年徐州水文系统课题成果一览表

序号	完成时间	自动化课题成果	立项单位	承担单位
1	1978年	连续多跨自动化缆道		徐州地区水文分站
2	1978年	徐州淮海地区三麦灌溉调查实验研究		徐州地区水文分站
3	1978年	徐州微山湖湖西地区地下水动态规律分析及浅层地下水开采资源计算		徐州地区水文分站
4	1984年	徐州市奎河水源保护规划		徐州水文分站 徐州市环保局
5	1984年	徐州市湖西平原地区地下水开采条件		徐州水文分站
6	1986年	淮河流域徐州市区水资源保护规划	淮委省环保局	徐州水文分站
7	1986年	铜山县汉王乡二十五里沟小流域水土保持效益分析	徐州市水利局	徐州水文分站
8	1987年	华北地区水资源评价和开发利用研究	国家科委水电部	水科院水资源所 南京水文水资源研究所 江苏省水文总站 徐州水文分站

表9-5(续)

序号	完成时间	自动化课题成果	立项单位	承担单位
9	1989年	徐州汉王站水文水资源实验研究		徐州水文分站 江苏省水文总站 水利部南京水文水资源研究所
10	1990年	应用地渗仪器检验零通量面法的试验研究		水科院水资源所 南京水文水资源研究所 江苏省水文总站 徐州水文分站
11	1991年	不同农业措施对土壤中化学物质转移的影响	水利部水文司 美国地质调查局	徐州水文分站
12	1992年	徐州市辖淮河流域入河排污口调研报告		徐州水文水资源勘测处
13	1993年	不同农田管理技术下城市污水灌溉和农药化肥的使用所产生的污染物质在非饱和带中的输移及对地下水的影响研究		河海大学 徐州水文水资源勘测处
14	1994年	铜山县现状水资源调查评价分析报告		徐州水文水资源勘测处 铜山水利局
15	1997年	地模覆盖对土壤水分、土壤温度分布的影响及节水效益		河海大学 徐州水文水资源勘测处
16	1999年	作物有效潜水蒸发试验		徐州水文局
17	1996年	汉王实验基地土壤要素背景值及垂向分布规律		河海大学 徐州水文水资源勘测处
18	2002年	淮北平原汉王实验站土壤水资源特征试验研究		河海大学 徐州水文局
19	2002年	污染河道对沿岸地下水环境影响规律的研究		河海大学 徐州水文局
20	2005年	徐州市"十一五"水文事业发展规划报告		徐州水文局
21	2013年	徐州市暴雨强度公式修订报告	徐州市城乡建设局	徐州水文局
22	2013年	徐州市地下水压采方案	徐州市水利局	徐州水文局

表9-5(续)

序号	完成时间	自动化课题成果	立项单位	承担单位
23	2015 年	农业面源对水功能区水质安全的影响研究	江苏省水利厅	徐州水文局
24	2016 年	沛县节水型社会建设"十三五"规划	沛县水利局	沛县水利局 徐州水文局
25	2016 年	徐州市水资源保护规划报告	徐州市水利局	徐州水文局
26	2017 年	徐州市水功能区达标整治方案报告	徐州市水利局	徐州水文局
27	2017 年	徐州市区设计暴雨雨型研究报告	徐州市水利局	徐州水文局
28	2018 年	徐州市水文事业发展规划（2018—2020）		徐州水文局

表 9-6　1978—2018 年徐州水文系统获奖课题成果一览表

序号	课题名称	获奖名称	授奖单位	获奖时间	主要完成单位或个人
1	徐州淮海地区三麦灌溉调查实验研究	江苏省科学大会奖励	省科学大会	1978 年	徐州专区水文分站
2	连续多跨自动化缆道	科技成果奖	省科学大会	1978 年	徐州专区水文分站
3	徐州微山湖湖西地区地下水动态规律分析及浅层地下水开采资源计算	科技成果奖	省科学大会	1978 年	徐州专区水文分站
4	徐州汉王站水文水资源实验研究	省科技进步四等奖	江苏省政府	1989 年	徐州水文分站 江苏省水文总站 水利部南京水文水资源研究所
5	徐州市湖西平原地区地下水开采条件	省水利科技成果二等奖	江苏省水利厅	1984 年	徐州水文分站
6	铜山县现状水资源调查评价分析报告	省水利科技成果三等奖	江苏省水利厅	1994 年	徐州水文水资源勘测处 铜山水利局

表9-6(续)

序号	课题名称	获奖名称	授奖单位	获奖时间	主要完成单位或个人
7	骆马湖洪水资源化调度研究	省水利科技成果二等奖	江苏省水利厅	2013年	尚化庄、盛建华、李涌
8	农业面源对水功能区水质安全的影响研究	省水利科技成果三等奖	江苏省水利厅	2015年	徐州水文局
9	气候变化条件下江苏省旱灾风险评估及预警技术研究	省水利科技成果二等奖	江苏省水利厅	2017年	尚化庄
10	徐州矿井水综合生态治理技术及开发利用模式研究与应用	省水利科技成果二等奖	江苏省水利厅	2018年	刘沂轩

二、科技服务成果

80年代初期，徐州水文系统对外开展科技咨询有偿服务，开始时服务主要为测量项目，后期服务范围逐渐扩大。1991年4月，组织对大运河、故黄河和奎河三大水系沿岸工厂企业进行引用水源、引用水量和排污量进行实地测验调查和水质取样监测；1992年起，改为一年两次入河排污口监测。1993年，完成《徐州纸板总厂取水水源论证报告》，该报告为徐州水文局第一个水资源论证报告项目。1996年，开始编制水质监测简报。2003年开始，编制徐州市水功能区通报，按月、季度、年度分别编制，截至2018年，共编制293期。1997年，开始开展淮河流域"零点行动"入河排污口水质监测。1999年，受徐州市水利局委托，编制1998年《徐州市水资源公报》，以后每年编制，截至2018年共完成21期。

至2000年，徐州水文系统接洽科技服务规模以上项目28项，其中，完成测量项目11项，水文测验1项，规划方案2项，水质监测项目6项，水资源论证报告8项。2001—2005年，"十五"期间接洽科技服务规模以上项目79项，其中，完成测量项目34项，水资源论证项目15项，水土保持项目2项，防洪影响评价项目3项，水质监测项目25项。2006—2010年，"十一五"期间接洽科技服务规模以上项目151项，其中，测绘项目45项，水资源论证项目36项，水土保持项目12项，防洪影响评价项目27项，水质监测项目31项。2011—2015年，"十二五"期间接洽科技服务规模以上项目303项，其中，测绘项目46项，水资源论证项目68项，水土保持项目56项，防洪影响评价项目67项，水质监测项目43项，节水评估项目3项，遥测系统维护项目4项，水平衡能力测试项目 2 项，水文测报项目 4 项，各类规划项目 10 项。2016—2018 年，接洽科技服务规模以上项目 146 项，其中，测绘项目 31 项，水资源论证项目 27 项，水土保持项目 39 项，防洪影响评价项目 15 项，水质监测项目 28 项，排污口设置项目 2 项，水文测报项目 1 项，地下水监测项目 2 项，规划项目 1 项。

2003 年，受徐州市水利局委托编制 2002 年度《徐州市深层地下动态监测年报》，至 2018 年共编制 17 期。另外，在编制年报的基础上编制《深层地下水动态监测季报》，共编制 72 期。2004 年 1 月 5 日，与垞城电厂签订水土保持方案编制合同，这是徐州水文局承担的第一个水土保持技术咨询服务项目。通过该项目的锻炼，拓展徐州地区水土保持技术咨询业务的市场，培养一批优秀的水土保持方案编制技术人才。

三、论文发表

1958 年 9 月，徐州水文职工王溪民开始在《水文工作通讯》上发表关于吊艄滑轮渡河测流的论文《吊艄滑轮渡河测流经验介绍》，此后，徐州水文系统积极开展各类学术研究。1958—2000 年，徐州水文职工共发表论文 17 篇，其中，关于水文测验方面的论文 2 篇，防汛抗旱方面的论文 3 篇，水文特征与成因分析方面的论文 7 篇，水环境方面的论文 3 篇，水文计算方面的论文 1 篇，水文现代化方面的论文 1 篇。80 年代初期，徐州水文举办《徐州水文科技》期刊，水文职工踊跃投稿，期刊共办 13 期，于 1993 年停刊。

2001—2005 年，徐州水文职工共发表论文 16 篇，其中，关于水文特征与成因分析方面的论文 1 篇，水文水资源方面的论文 5 篇，水环境方面的论文 10 篇。2006—2010 年，徐州水文职工共发表论文 38 篇，其中，关于新技术应用方面的论文 6 篇，水环境方面的论文 11 篇，水文水资源方面的论文 10 篇，信息管理方面的论文 2 篇，防汛抗旱方面的论文 1 篇，水文测验方面的论文 3 篇，水土保持方面的论文 2 篇，水文计算方面的论文 2 篇，水文站网方面的论文 1 篇。2011—2015 年，徐州水文职工共发表论文 52 篇，其中，关于水环境方面的论文 18 篇，水文水资源方面的论文 13 篇，水文计算方面的论文 12 篇，信息管理方面的论文 1 篇，新技术应用方面的论文 5 篇，水文站网方面的论文 1 篇，水土保持方面的论文 1 篇，水文现代化方面的论文 1 篇。2016—2018 年，徐州水文职工共发表论文 73 篇，其中，关于水环境方面的论文 15 篇，水文计算方面的论文 8 篇，水文水资源方面的论文 9 篇，水土保持方面的论文 9 篇；测绘方面的论文 1 篇，水文特征与成因分析方面的论文 2 篇，生态环境方面的论文 1 篇，城市供水方面的论文 1 篇，信息管理方面的论文 2 篇，新技术应用方面的论文 17 篇，水文站网方面的论文 1 篇，水文管理方面的论文 6 篇，水文测验方面的论文 1 篇。见表 9 - 7。

表 9 – 7　1958—2018 年徐州市水文系统发表科技论文一览表

序号	论文或著述名称	分　类	刊物名称	作者姓名	外单位合作者	发表日期
1	吊艄滑轮渡河测流经验介绍	水文测验	水文工作通讯	王溪民		1958 年 9 月
2	沂沭河 1974 年 8 月暴雨洪水简介	防汛抗旱	水文	王溪民		1985 年 6 月
3	梯级河网调蓄和排涝能力的分析研究	防汛抗旱	江苏水利	毛宜诺		1988 年 5 月
4	骆马湖水系的水文特性	水文特征与成因分析	水文	王溪民		1990 年 5 月
5	新沂沭东地区 1990 年 8 月暴雨洪水调查报告	防汛抗旱	徐州水文科技	郑长陵		1991 年 2 月
6	潜水蒸发规律及计算方法探讨	水文特征与成因分析	徐州师范学院学报（自然科学版）	王晓赞	孔凡哲	1991 年 10 月
7	温度变化对土壤水运动及土壤水与潜水水分交换的影响	水文特征与成因分析	水科学进展	李明武	夏自强　郭必芳　蒋洪庚　李琼芳	1995 年 6 月
8	徐州汉王地区土壤环境要素背景值研究	水文特征与成因分析	水科学进展	王　磊　万正成	刘　凌　夏自强　姜翠玲	1995 年 6 月
9	污水灌溉中氮化合物迁移转化过程的研究	水环境	水资源保护	王　磊　万正成	刘　凌　夏自强　姜翠玲	1995 年 12 月
10	汉王实验基地土壤要素背景值及垂向分布规律	水文特征与成因分析	河海大学学报	万正成　王　磊　郑文兰	姜翠玲　夏自强　刘　凌	1996 年 2 月
11	地膜覆盖对土壤温度、水分的影响及节水效益	水文特征与成因分析	河海大学学报	赵胜领	夏自强　蒋洪庚　李琼芳	1997 年 4 月

表9-7（续）

序号	论文或著述名称	分 类	刊物名称	作者姓名	外单位合作者	发表日期
12	奎河污灌区的氮、磷污染	水环境	环境科学	万正成　王 磊	姜翠玲　夏自强　刘 凌	1997 年 5 月
13	利用土壤水吸力计算潜水蒸发初探	水文计算	水文	王晓赞	孔凡哲	1997 年 6 月
14	污水灌溉土壤及地下水三氮的变化动态分析	水环境	水科学进展	赵胜领　王 磊 万正成　郑文兰	姜翠玲　夏自强　刘 凌	1997 年 6 月
15	沂河港上站电波流速仪测流与缆道测流比测分析	水文测验	水利水文自动化	周沛勇　王光烈 李明武		1998 年 11 月
16	农作物有效潜水蒸发试验研究	水文特征与成因分析	徐州师范大学学报（自然科学版）	王晓赞		1999 年 3 月
17	创新——通向水文现代化的快车道	水文现代化	江苏水利	仝太祥		2000 年 12 月
18	有作物条件下潜水蒸发计算方法的实验研究	水文特征与成因分析	中国农村水利水电	王晓赞	孔凡哲	2002 年 3 月
19	河流保护与管理综述	水文水资源	水资源保护	尚化庄	谭炳卿　孔令金	2002 年 9 月
20	沂河徐州境内段行洪能力初步分析	水文水资源	徐州市第四届青年学术年会论文集	郑长陵		2002 年 11 月
21	徐州市城市环境地质问题及对策分析	水环境	江苏地质	刘沂轩	熊彩霞　刘 明	2003 年 3 月
22	徐州市地下水质状况评价及污染趋势分析	水环境	江苏环境科技	李玉前		2003 年 12 月
23	徐州城区水环境状况评价及污染趋势分析	水环境	治淮	万正成　王文海 刘沂轩		2004 年 2 月
24	城市污水灌溉对地下水水质的影响分析	水环境	江苏环境科技	万正成　李明武 王 磊		2004 年 3 月

表9-7(续)

序号	论文或著述名称	分类	刊物名称	作者姓名	外单位合作者	发表日期
25	张集水源地地下水质状况及保护措施	水环境	煤炭科技	万正成 王磊		2004年3月
26	南水北调东线大运河徐州段水环境质量评价	水环境	江苏煤炭	李玉前		2004年4月
27	徐州市地下水质状况评价及防治措施	水环境	治淮	李玉前		2004年4月
28	徐州市城市化进程与水资源开发利用战略研究	水文水资源	水资源保护	刘沂轩 万正成 徐庆军	刘勇	2004年9月
29	南水北调东线工程徐州段水环境问题分析及防治对策	水环境	治淮	万正成 刘沂轩	石炳武	2005年6月
30	城市化进程与水资源可持续利用的对策研究	水文水资源	地下水	刘沂轩 徐庆军	王猛	2005年7月
31	徐州市地下水污染成因分析及防治对策	水环境	能源技术与管理	高正新 刘沂轩 徐庆军 李玉前		2005年8月
32	浅谈水利系统水环境监测机构计量认证管理	水环境	能源技术与管理	万正成	刘芳	2005年12月
33	提高徐州市水资源承载能力的对策	水文水资源	治淮	刘沂轩 高正新 李明武	徐志敏	2005年12月
34	中跨控制水文缆道在入海水道海口水文站的应用	新技术应用	治淮	高正新 张警	孙宜保	2006年6月
35	徐州市区水环境问题及对策	水环境	能源技术与管理	李明武 陈玲		2006年6月

表9-7(续)

序号	论文或著述名称	分类	刊物名称	作者姓名	外单位合作者	发表日期
36	基于地下水埋深效应的地温突变判据	水文水资源	江苏大学学报(自然科学版)	李明武 赵胜领	傅志敏 周志芳	2006年9月
37	时差法超声波流量计在运河水文站流量测验中的应用	新技术应用	中国水利学会 2006 学术年会暨 2006 年水文学术研讨会论文集(水文水资源新技术应用)	李明武 刘远征 高正新 周沛勇		2006年10月
38	国家防汛指挥系统徐州分中心遥测系统不可靠环节浅析及对策	信息管理	江苏水利	李明武 刘远征	司存友	2006年11月
39	GIS在铁路交通中的应用研究	新技术应用	中国水运(学术版)	杜珍应	王娟	2007年3月
40	GPS RTK 技术在水利工程控制测量中的精度分析	新技术应用	煤炭技术	杜珍应		2007年5月
41	浅析国家防汛指挥系统工程示范区徐州水情分中心建设与实践	信息管理	治淮	刘远征 周沛勇		2007年5月
42	徐州深层地下水开发利用中存在的环境地质问题及成因分析	水环境	地下水	刘远征 王涛 刘沂轩		2007年5月
43	2005年徐州地区暴雨、洪水及淹涝综述	防汛抗旱	治淮	吉文平 李传书 杨明非 李明武		2007年7月
44	徐州市环境水文地质问题成因分析及对策	水环境	能源技术与管理	吉文平 文武	朱伟	2007年8月
45	河渠渗漏补给规律和计算方法的探讨	水文水资源	地下水	吉文平		2007年9月

表9-7(续)

序号	论文或著述名称	分 类	刊物名称	作者姓名	外单位合作者	发表日期
46	徐州市水资源问题及对节水型社会建设的思考	水文水资源	江苏水利	刘远征 李明武		2007年9月
47	Surfer 8.0在地下水监测管理中的应用	新技术应用	能源技术与管理	刘沂轩 周保太	熊彩霞	2007年12月
48	河渠渗漏补给量计算方法的探讨	水文水资源	江苏水利	吉文平		2007年12月
49	南水北调东线京杭运河徐州市区段水环境现状及污染防治对策	水环境	治淮	范传辉		2008年2月
50	新安水文站水位～流量关系单值化处理分析	水文测验	江苏水利	郑长陵		2008年3月
51	徐州市市区中水回用可行性分析	水环境	江苏水利	范传辉 陈颖		2008年4月
52	徐州市市区中水回用战略分析	水环境	能源技术与管理	范传辉 陈颖		2008年4月
53	徐州地区开发建设项目水土保持监测探讨	水土保持	治淮	钱学智		2008年8月
54	水文自动测报系统设计环节对其可靠性的影响	水文测验	徐州建筑职业技术学院学报	刘远征 文武		2008年9月
55	徐州市水资源开发利用现状及可持续利用研究	水文水资源	地质灾害与环境保护	刘沂轩	徐智敏 孙亚军 朱宗奎	2008年9月
56	基于GSM的遥测水情值班系统的设计与实现	新技术应用	江苏水利	刘远征		2008年11月
57	浅析水土流失对水库的危害及防治措施	水土保持	治淮	钱学智		2009年2月

表9-7(续)

序号	论文或著述名称	分类	刊物名称	作者姓名	外单位合作者	发表日期
58	徐州市水资源问题与可持续利用探讨	水文水资源	现代农业科技	陈 颖 范传辉 王文海		2009年2月
59	沂河河流泥沙变化浅析	水文计算	江苏水利	唐文学 尚化庄		2009年2月
60	徐州城市饮用水源地水质安全保障评价及保护措施	水环境	能源技术与管理	李玉前		2009年2月
61	南水北调东线工程徐州段农业面源污染现状及对策	水环境	治淮	范传辉 陈 颖 孙 瑞		2009年3月
62	南水北调实施后徐州市水资源利用问题及对策	水文水资源	治淮	钱学智		2009年5月
63	区域水资源安全度评价研究	水文水资源	地下水	马 进	王成芳	2009年5月
64	徐州城市化进程对区域降水变化影响分析	水文计算	人民长江	刘沂轩 李明武 马 进		2009年9月
65	徐州市农业面源污染现状分析及防治对策思考	水环境	环境科技	范传辉 陈 颖 文 武		2009年12月
66	南水北调东线工程徐州段水环境问题与防治对策	水环境	治淮	范传辉 陈 颖 文 武		2010年1月
67	农村饮用水安全问题现状及对策分析	水环境	现代农业科技	陈 颖 范传辉 孙 瑞 文 武		2010年1月
68	浅谈徐州城市防洪报汛站网建设与发展构想	水文站网	治淮	孙 瑞	宋 波	2010年5月

表9-7（续）

序号	论文或著述名称	分类	刊物名称	作者姓名	外单位合作者	发表日期
69	煤矿矿井水综合利用问题分析与对策研究	水文水资源	能源技术与管理	范传辉 陈颖 孙瑞 李倩		2010年6月
70	运河站多年降水、蒸发特性分析	水文水资源	江苏水利	唐文学		2010年8月
71	浮标法与流速仪法流量测验在沂河堰上水文站的比测分析	水文测验	江苏水利	唐文学 刘沂轩		2010年11月
72	农村城镇化进程中水资源现状及可持续发展对策	水环境	现代农业科技	范传辉 陈颖		2011年2月
73	农业生产对水环境的污染现状及治理对策	水环境	现代农业科技	陈玲 李倩		2011年2月
74	浅论徐州市城市分质供水的可行性	水环境	能源技术与管理	陈玲 李倩		2011年6月
75	应用4-氨基安替比林法测定水中挥发酚的经验总结	水环境	能源技术与管理	陈玲 万正成		2011年8月
76	城市化背景下徐州市水资源可持续利用策略研究	水文水资源	治淮	李涌 范传辉		2011年12月
77	沛城闸站降水量、蒸发量特性分析	水文计算	科技风	史桂菊 董鑫龙 吴成耕		2011年12月
78	徐州地区多年降水特征及变化趋势分析	水文计算	中国水运（下半月）	唐文学 王勇成		2012年2月
79	浅谈水文信息传输网络的安全管理	信息管理	2012年2月建筑科技与管理学术交流会论文集	唐文学		2012年2月

表9-7（续）

序号	论文或著述名称	分 类	刊物名称	作者姓名	外单位合作者	发表日期
80	新沂市区短历时暴雨量设计	水文计算	科技传播	郑长陵 史桂菊		2012年3月
81	邳州市农村地下饮用水水质安全状况评价与分析	水环境	治淮	万正成 周沛勇 刘沂轩		2012年3月
82	徐州市城市水文现状与发展	水文水资源	河南科技	史桂菊 李德俊 郑长陵 陈卫东		2012年3月
83	徐州湖西地区降水量特性分析	水文计算	科技传播	史桂菊 钱学智 董鑫隆 吴成耕 尚化庄		2012年5月
84	新安水文站长历时暴雨量频率分析	水文计算	科技创新导报	郑长陵 史桂菊		2012年5月
85	沂河徐州下游段东调南下工程治理效果分析	水文水资源	水利建设与管理	郑长陵 周沛勇		2012年6月
86	架空缆索遥控自动除垢加油器的研制	新技术应用	水文	董 建 董立丰 刘沂轩		2012年6月
87	TCA2003全站仪在NHS水库大坝外观变形监测中的应用	新技术应用	中国水运（下半月）	李 涌		2012年7月
88	沂河流量测验的落差指数法分析	水文计算	治淮	李明武 王勇成 唐文学		2012年7月
89	邳苍地区突发砷污染事故调查分析及思考	水环境	能源技术与管理	张 警 唐文学 万正成		2012年10月
90	模糊数学评价法在水质评价中的应用	水环境	治淮	陈 颖 周 倩		2013年1月
91	徐州市水功能区质量评价与保护对策	水环境	治淮	杨明非 王文海		2013年1月

表9-7(续)

序号	论文或著述名称	分 类	刊物名称	作者姓名	外单位合作者	发表日期
92	新时期水利文化建设的实践与思考	水文水资源	治淮	徐 委		2013年1月
93	徐州市铜山区水资源与水环境现状及对策	水环境	现代农业科技	陈 颖 孙金凤		2013年1月
94	睢宁县农村地下饮用水源地安全分析	水环境	现代农业科技	周保太 周 倩		2013年1月
95	创新新形势下水文宣传工作途径的探讨	水文水资源	江苏水利	徐 委		2013年2月
96	睢宁站降水量特性研究	水文计算	河南科技	周光明 吴成耕 周保太 钱学智		2013年3月
97	无线数传电台在水情遥测中的应用	新技术应用	数字技术与应用	房 磊 孙 瑞 孙金凤		2013年4月
98	徐州市雨量与蒸发站网建设现状及优化调整建议	水文站网	现代农业科技	周光明 吴成耕 史桂菊		2013年4月
99	提高徐州市洪水资源利用途径对策研究	水文水资源	能源技术与管理	周保太		2013年4月
100	城市热岛效应对降水量的影响	水文水资源	水利信息化	孙永远 李传书		2013年6月
101	江苏徐州城市饮用水源地安全评价及保护对策	水环境	人民长江	陈 颖 范传辉 孙 瑞		2013年6月
102	小流域控制站在开发建设项目水保监测中的实践与应用	水土保持	水利建设与管理	钱学智 张 警	朱振华	2013年7月
103	以徐州市为例谈城市地表水饮用水源评价及保护	水环境	能源技术与管理	陈 颖 范传辉 孙 瑞		2013年8月

表 9-7（续）

序号	论文或著述名称	分　类	刊物名称	作者姓名	外单位合作者	发表日期
104	徐州市区水资源现状及对策	水文水资源	现代农业科技	蔡文生　陈颖　杨春		2014 年 1 月
105	徐州城区饮用水安全现状分析及建议	水环境	治淮	尚化庄　房磊		2014 年 1 月
106	不同行业水资源论证报告书编制的重点	水文水资源	治淮	尚化庄　房磊		2014 年 3 月
107	基于层次分析法的徐州市节水型社会评价研究	水文水资源	治淮	孙瑞	余莹莹　汪永进　梁森	2014 年 4 月
108	徐州市农田水利现代化建设发展模式研究	水文现代化	江苏水利	马进	余莹莹　汪永进　梁森	2014 年 4 月
109	全站仪在水文大断面测量中的应用	新技术应用	科技创新导报	陈磊		2014 年 5 月
110	老沭河口头站 2012 年水情分析	水文计算	科技创新与应用	陈磊　张警　郑长陵		2014 年 5 月
111	新供水格局下缓解徐州市水资源短缺的构想	水文水资源	治淮	钱学智　周沛勇　徐峰		2014 年 5 月
112	沂河港上站断面水位流量关系分析	水文计算	科技传播	周保太　周德胜		2014 年 5 月
113	浅析现代水文信息技术在水情遥测中的应用	新技术应用	科技信息	孙金凤　戴鹏程		2014 年 5 月
114	骆马湖汛期分阶段限制水位分析研究	水文计算	水文	尚化庄　盛建华	朱建英　马余良　罗俐雅	2014 年 6 月
115	睢宁县农村地下饮用水水质安全状况评价与分析	水环境	现代农业科技	宋银燕　仝倩　李超		2014 年 7 月

表9-7(续)

序号	论文或著述名称	分类	刊物名称	作者姓名	外单位合作者	发表日期
116	徐州丰沛平原区深层地下水降落漏斗演变特征与成因机理研究	水文水资源	华北水利水电大学学报(自然科学版)	刘沂轩	熊彩霞	2014年10月
117	污泥重金属潜在生态风险评价技术分析	水环境	中国资源综合利用	李超	李敏 宋兴伟	2014年11月
118	张集水源地岩溶发育及岩溶地下水富集特征	水文水资源	地下水	刘沂轩 曹久立		2014年11月
119	模糊综合评价法在京杭运河徐州市区段水质评价中的应用	水环境	治淮	李倩 陈颖 范传辉		2015年1月
120	2012年沂河华沂站水情分析	水文计算	现代农业科技	周沛勇 钱学智 张警 郑长陵		2015年3月
121	徐州市农村地表水环境问题与对策建议	水环境	治淮	陈颖 李倩 张婷婷		2015年3月
122	关于徐州市重大水环境突发事件预防处置的思考	水环境	地下水	钱学智		2015年3月
123	港上水文站不同重现期洪水位算法探讨	水文计算	江苏水利	吉文平 李传书 高正新 吴成耕 王勇成		2015年8月
124	骆马湖浮游藻类调查与水质评价	水环境	治淮	张小明 李超 李倩		2016年1月
125	云龙湖水质污染状况及治理措施	水环境	治淮	李超 张小明 周倩		2016年1月
126	徐州市暴雨强度公式修订研究	水文计算	治淮	孙瑞 房磊		2016年5月
127	房地产建设项目水土保持方案研究	水土保持	水利规划与设计	邓科	李帆 许倩 霍中元	2016年5月

表9-7（续）

序号	论文或著述名称	分　类	刊物名称	作者姓名	外单位合作者	发表日期
128	水土保持措施在公路项目路基工程防治区的应用研究	水土保持	江苏水利	马　进	李　帆　韩　诚　刘红升	2016 年 7 月
129	丰县地下水资源现状与压采可行性	水文水资源	科技展望	杨　春　蔡文生　邢益成		2016 年 8 月
130	主成分分析法在中运河徐州段水质评价中的应用	水环境	能源技术与管理	李　倩　张小明		2016 年 8 月
131	土壤源热泵建设对孔隙地下水影响分析及建议	水文水资源	能源技术与管理	曹久立　刘沂轩		2016 年 8 月
132	高尔夫球场的水土流失预测方法——以徐州龙襄高尔夫球场为例	水土保持	农业灾害研究	马　进　邢　亚	李　帆	2016 年 9 月
133	徐州市田间持水量实验成果与分析	水文计算	江苏水利	孙　瑞　刘田田		2016 年 10 月
134	电厂水土流失监测指标的选用	水土保持	农业灾害研究	马　进　邢　亚	李　帆	2016 年 10 月
135	输水管网水土保持植物措施设计	水土保持	水利建设与管理	马　进		2016 年 11 月
136	新沂市骆马湖饮用水水源地达标建设方案研究与探讨	水文水资源	治淮	万永智　万正成　李　超		2016 年 12 月
137	基于多时相遥感数据的矿区地表植被与土壤变化监测	水土保持	地矿测绘	刘沂轩　杜珍应　曹久立	刘　誉	2016 年 12 月

表9-7（续）

序号	论文或著述名称	分类	刊物名称	作者姓名	外单位合作者	发表日期
138	电厂送出工程水土流失监测方法与分析	水土保持	水利规划与设计	马进	李帆	2017年1月
139	基于DInSAR与概率积分法的铁路变形监测与预测	测绘	测绘通报	刘沂轩	郑美楠 邓喀中 赵晨亮 冯军	2017年1月
140	邳州市降雨分布规律与趋势分析	水文特征成因与分析	现代农业科技	杨春 吴成秋 蔡文生		2017年2月
141	沛县"十三五"节水潜力分析与计算	水文计算	能源技术与管理	曹久立 刘沂轩 李倩		2017年2月
142	南水北调东线工程受水区城市水资源配置研究	水文水资源	江苏水利	杨明非	黄炜	2017年3月
143	基于SBAS技术的概率积分法矿区沉降量提取模型	水文计算	煤炭科学技术	刘沂轩 杜珍应 曹久立	耿智海 杨俊凯	2017年3月
144	公路项目主体工程设计的水土保持分析与评价	水土保持	工程建设与设计	马进		2017年4月
145	水文遥测设备常见故障分析与维护	水文测验	治淮	刘田田 钱学智		2017年4月
146	徐州市水功能区达标情况和影响因素浅析	水环境	治淮	周倩		2017年4月
147	基于多分辨率层次分类的机载LiDAR点云滤波方法	水文计算	测绘科学技术学报	刘沂轩	张杰 孙蒙 贺清清 魏纪原	2017年5月
148	浅谈徐州市房地产建设项目水土保持方案编制	水土保持	科技创新与应用	吴成秋 周倩		2017年5月

表9-7(续)

序号	论文或著述名称	分类	刊物名称	作者姓名	外单位合作者	发表日期
149	徐州市云龙湖水质评价及污染原因分析	水环境	水资源保护	万永智	张双圣　刘喜坤　强　静　刘汉湖	2017年5月
150	徐州市奎河水质变化趋势分析	水环境	江西农业	周　倩		2017年6月
151	应用灰色关联法评价张集地下水水质状况	水环境	能源技术与管理	李　倩　陈　颖		2017年6月
152	徐州市小沿河水源地水质现状及保护对策研究	水环境	治淮	李　超	戴媛媛	2017年7月
153	灰色关联法在徐州市地下水水质评价中的应用	水环境	地下水	陈　颖　李　倩		2017年7月
154	融合 D-InSAR 和 Offset-tracking 技术的矿区沉降信息提取	信息管理	河南理工大学学报（自然科学版）	刘沂轩　杜珍应　曹久立	杨俊凯　范洪冬	2017年8月
155	丰县地下水超采区评价及压采可行性研究	水文特征成因与分析	水资源开发与管理	曹久立	路清华　史赛赛	2017年9月
156	云龙湖水库汛限水位调整的分析	水文计算	农业灾害研究	刘田田　房　磊　邢　亚	刘融融	2017年10月
157	徐州市推进全国水生态文明城市试点的探索与思考	生态环境	能源技术与管理	李　超　张小明		2017年10月
158	数字城市框架下供水管网 GIS 系统建设实践	城市供水	城镇供水	曹久立	史赛赛　余　洪	2017年11月
159	房亭河徐州邳州调水保护区达标整治方案初步探讨	水文水资源	治淮	万永智		2017年12月

表9-7(续)

序号	论文或著述名称	分类	刊物名称	作者姓名	外单位合作者	发表日期
160	灰色关联法在徐州市小沿河水源地水质评价中的应用	新技术应用	治淮	李倩 陈颖 张小明		2017年12月
161	微山湖氟化物污染现状及饮水安全对策	水环境	治淮	张小明 周倩		2017年12月
162	徐州市实施最严格水资源管理制度的实践探索与思考	水文水资源	治淮	李超	张潇	2017年12月
163	徐州市深层地下水化学特征及水质变化分析	水环境	人民长江	李倩 张小明		2017年12月
164	基于全面河长制的水文监测服务能力建设初探	信息管理	江苏水利	徐委 万永智 李波		2018年3月
165	水利工程项目中"3S"测绘技术实践应用	新技术应用	西部资源	曹久立 邓科 俞琳琳		2018年3月
166	无人机航测在山区水利测绘中的应用要点	新技术应用	西部资源	吴成秋 杨春 李文阔		2018年3月
167	新时期离退休职工管理服务工作的创新与思考	水文管理	办公室业务	徐委 万永智 李波		2018年4月
168	GNSS在现代水利工程测绘中的应用	新技术应用	西部资源	尚化庄 孙瑞 文武		2018年4月
169	GPS-RTK测量技术在水利工程测绘中的应用	新技术应用	西部资源	唐文学 范传辉 曹久立		2018年4月
170	基于SWAT模型的复新河流域非点源污染研究	水环境	灌溉排水学报	王文海	宋兰兰 郝庆庆	2018年4月

表9-7(续)

序号	论文或著述名称	分　类	刊物名称	作者姓名	外单位合作者	发表日期
171	三维激光扫描技术在水利工程地形测绘中的应用	新技术应用	西部资源	蔡文生　尚化庄　邓科		2018年4月
172	水利工程中GPS测绘新技术的发展及作用	新技术应用	西部资源	刘远征　钱学智　孙瑞		2018年4月
173	加强基层水文职工人文关怀和心理疏导的探讨	水文管理	办公室业务	徐委	张翠红	2018年4月
174	水生态修复技术在徐州小沿河水源地保护中的应用	新技术应用	安徽农业科学	尚化庄　李玉前	王小赞	2018年6月
175	GPS高程测量及在水利测绘工程中的应用	新技术应用	工程技术研究	杨春　刘远征　蔡文生		2018年6月
176	工程测绘中激光雷达测绘技术的应用探析	新技术应用	工程技术研究	范传辉　曹久立　吴成秋		2018年6月
177	基于地面三维激光扫描下精细地形测绘的分析	新技术应用	工程技术研究	刘远征　文武　钱学智		2018年6月
178	空间数据的挖掘技术及其应用研究	新技术应用	工程技术研究	杜珍应　唐文学　邓科		2018年6月
179	规划监督测量在现代城市建设中的应用	新技术应用	能源技术与管理	钱学智　吴成秋　刘远征		2018年6月
180	无人机航测在水利工程勘测中的应用探讨	新技术应用	能源技术与管理	孙瑞　尚化庄　范传辉		2018年6月
181	无人机航拍技术在城市环境综合整治中的应用	新技术应用	能源技术与管理	邓科　文武　杨春		2018年6月

表9-7（续）

序号	论文或著述名称	分类	刊物名称	作者姓名	外单位合作者	发表日期
182	江苏省中小河流水文监测系统工程建设实践与探析	水文站网	江苏水利	邢亚	陈晶晶 周敏 焦芳芳	2018年7月
183	港上水位台连通管淤积量计算分析	水文计算	农业灾害研究	邢亚 万永智 吴成秋 左光祥		2018年7月
184	GM(1,1)模型在丰县地下水水位预测中的应用研究	新技术应用	地下水	万永智	张雯 张双圣 王慧 陆朋飞	2018年7月
185	水位台冲淤设备在林子水文站的成功应用	新技术应用	江苏水利	邢亚 刘田田	陈晶晶 焦芳芳	2018年8月
186	地质构造对徐州市区岩溶地下水控制作用研究	水文水资源	工程技术研究	刘沂轩 文武	熊彩霞	2018年8月
187	关于行政事业单位办公室管理创新的思考	水文管理	经贸实践	陆琳琳 徐委		2018年8月
188	徐州市城市地质调查驱动因素及关键问题分析	水文水资源	西部探矿工程	刘沂轩	熊彩霞	2018年9月
189	新形势下创新水利基层党建工作的思考与探索	水文管理	治淮	徐委		2018年9月
190	徐州市区地质构造与岩溶塌陷分布的关系分析	水文计算	工程技术研究	刘沂轩 文武	熊彩霞	2018年9月
191	煤矿下伏采空区地质灾害治理探究	水文水资源	西部探矿工程	刘沂轩	熊彩霞	2018年10月
192	办公室管理工作的优化与完善	水文管理	企业改革与管理	陆琳琳 李波		2018年10月

表9-7(续)

序号	论文或著述名称	分 类	刊物名称	作者姓名	外单位合作者	发表日期
193	打造党员"真人秀"创新先进典型宣传新模式	水文管理	办公室业务	徐 委	张翠红	2018年11月
194	五日生化需氧量(BOD5)测定影响因素浅析	水环境	治淮	范传辉 万正成 崔景光		2018年12月
195	徐州市"七湖"城市景观水体水质评价及分析	水环境	治淮	张小明 万正成		2018年12月
196	中水回用于电厂循环冷却水系统的研究	水环境	治淮	陈 颖 范传辉 万永智 李 倩		2018年12月

四、信息技术成果

1988年,徐州水文局测验股尚化庄利用PC1500、Basic程序编制地下水资料整编程序,处理地下水资料并进行电算整编。2000年,局测验科副科长刘远征开发河道断面成图程序,该程序可根据参数配置自动绘制不同比例的断面图;同年还开发完成徐州电子测量处理系统,根据地籍工作和河道测绘行业处理需求,开发完成徕卡TC1800、Topcon、尼康(450,350,352)等极坐标测量数据计算,同时生成南方测绘和常州测绘成图数据格式,并能提取断面数据生成基于Autocad格式绘制断面数据,生成断面图。2002年,局测绘队杜珍应根据测绘内业需要开发"测量工程程序",该程序对全站仪下载数据处理、检查、校核提供直观的视图,极大地提高了测绘行业数据处理能力。2003年,杜珍应根据水利断面成图需要,编制A3断面程序,提供标准的河道断面图,获得水利行业的高度认可。2007年,局科技开发科科长刘远征开发水情值班预警系统。该系统结合徐州水文信息采集系统,运用数据库、网络和可视化技术,开发出日常水情值班业务化应用程序。该系统实现网络故障监控、遥测系统故障报警、水雨情分析与预警、手机GSM水情查询和报文接收、应用程序运行监控及短信群发功能,并具有一定的智能化处理和提醒功能,能够有效辅助值班人员工作,提高部门工作效率。2012年,局水情科科长刘远征开发遥测数据入库处理软件。随着中小河流建设的推进,遥测数据库中数据量大,不方便下载,借此契机开发遥测数据库中数据下载系统,方便基本站数据下载,大大加快了工作进度。2014年,徐州水文局组织人员开发档案管理系统。2018年,刘远征开发地下水遥测信息入库监控系统,监控地下水遥测数据是否正常入库,该系统能够有效辅助值班人员工作,提高了工作效率。

五、基础应用成果

(一) 基建

2011 年开始，中小河流水位站、水文站建设稳步推进，高正新等人在中小河流站点的基本建设过程中探索新方式和新方法，获得 1 项实用新型专利、1 项水文施工技术。

实用新型专利：一种美观耐用的水文缆道（2012 年）。该实用新型专利发明人为吉文平、高正新、吴成耕、陈卫东、邢益成、马进。该实用新型专利属于水文测验技术领域，美观耐用，可用于水文测验水文缆道。它包括主支架、卷扬机、主索和工作索；主支架上部设有上支架，主支架下部设有下支架；工作索绕在上、下支架之间；主索绕在上支架上端，主索另一端绕在卷扬机上；主支架呈圆柱筒状，在主支架上端由上至下设有 3 个直径依次增大的球体；主支架上下端分别开设有检修口，主支架一侧面设有检修爬梯；上、下支架固定在主支架内部并与检修口相对。此项专利外观精美，与城市河道景观带相协调；主支架能防止其内部工作器件遭到锈蚀，减少对水文缆道上油保养的费用并且提高水文缆道的安全性；主支架上设置检修孔和检修爬梯，便于检修。

水文施工技术：水位台冲淤设备。水位信息是重要的水文要素，江河湖泊的水位遥测主要通过建设水位自记台，并在自记台内安装水位装置及远程传输装置来实现。水位观测平台连通管是水位台测井同需监测水体的连接通道。为使自记台在低水位时仍能发挥作用，自记台内连通管埋设高程通常较低，这使得连通管在使用过程中经常遇到淤积、堵塞问题，致使水位装置无法正常运行。根据河道特性及连通管尺寸的不同，连通管一般 5 年内就会形成淤积。淤积后，水位计灵敏性将降低，甚至完全淤塞后，失去水位测量功能。连通管的淤积问题已成为现阶段水位台正常工作的最大障碍与最棘手问题。徐州水文局致力于水文测报方式改革，为解决连通管淤积这一难题，在多次试验的基础上制作出一种自记台连通管的冲淤设备。2017 年，高正新、邢亚、马进等人在林子水文站试验成功。该设备自下而上由不锈钢蝶阀、传动轴、传动扳手等部件组成，需与便携式抽水泵配合使用。该设备的工作原理为：通过传动扳手关闭蝶阀，隔断自记井与河道水体，向自记井内注水形成高水头差，随后打开蝶阀，利用水头差将连通管内的淤泥排出。在设备未启用时，蝶阀处于完全打开状态，设备各部件都位于测井井盖之下，不会影响正常的水文测报。整套设备造价远小于传统清淤方法，并可反复使用，便携式抽水泵更是可以多处使用。该设备应用于淮河流域马兰闸、官庄闸等省界断面水资源监测站网建设江苏徐州部分工程。

（二）地下水监测

2017 年，刘沂轩等人在国家地下水监测工程建设过程中，结合实际生产发明触底式测深装置、便携式地下监测井扰动装置两项实用新型专利，编制地下水监测站施工技术指导视频和编写《地下水监测井钻探工艺与施工技术》一书。

触底式测深装置：发明人为刘沂轩、曹久立、李沛、杜珍应、李倩、李文阔。该实用新型专刊是一种触底式测深装置，主要解决一些特定情况下的底部深度测量，装置由尺式电缆（测绳）将触底信号及时反馈给测量人员，使测量人员准确掌握测深装置是否触底，从而得出测量数值。主要利用材料的物理特性实现测深功能，结构简单可靠、维护方便、易操作，自然条件下不受诸如温度、压力、电源等外部因素影响（不适宜非自然条件下电解质浓度较大的水环境）。

便携式地下监测井扰动装置：发明人为刘沂轩、曹久立、李沛、尚化庄、熊彩霞、史赛赛、杜珍应、李文阔、李倩。该实用新型专刊是一种便携式地下水监测井专用洗井扰动器，包括：尺式电缆，电动机，密闭壳，密封圈，底封板和筒体保护罩；尺式电缆与固定安装在密闭壳内的电动机电性连接；筒体保护罩底部裙边设有锯齿；电动机上的电机转轴的自由端安装有扰动钻头；距离扰动钻头 30～40 厘米处的电机转轴上固定安装有螺旋叶。该扰动器可用于对地下水监测井底部的淤积物进行扰动，使井底部淤积物处于漂浮状态，以便于通过管式潜水泵将淤积物抽至地面，达到洗井的目的，避免常规洗井方法安装大型设备、监测井间的转场困难等。该装置适用小口径的地下水监测井（直径 30 厘米以下），经济实用，操作简单，携带方便。

摄制国家地下水监测工程（水利部分）地下水监测站施工技术视频教材和编写《地下水监测井钻探工艺与施工技术》：主编为刘沂轩、曹久立、李沛。主要内容包括钻探的基本理论与概念，钻探设备与材料材质，金刚石钻进，钢粒钻进，冲击回转钻进，硬质合金钻进，岩（矿）芯及土样的采取，钻孔弯曲，钻孔冲洗与护壁堵漏，孔内事故的预防与处理，施工技术与成井工艺，机台管理与安全生产技术，施工质量控制等。该教材主要有以下特色：在钻探工程技术相关教材的基础上，偏重地下水监测井的施工技术与管理；体现水文地质学和地下水监测站网规划相关的专题内容；从地下水监测井的角度对成井工艺进行详细阐述，特别对新材料（如 PVC‐U）在施工中存在的问题及其解决办法进行介绍；显著区别于同类用书对地下水监测井施工管理及监督检查所进行的阐述。

（三）架空缆索自动除垢加油装置

董立丰、董建等人在每年缆道的维护过程中，研究出一种自动除垢加油装置，并申请专利 1 项。该发明涉及钢丝缆索的除垢加油装置，尤其是架空缆索自动除垢加油装置。该除垢加油装置有 1 个中空的箱体，架空缆索从箱体中穿过，在钢丝缆索两边，顺序安装有导向轮、加油套、张紧轮及爬绳轮；在加油套上部的箱体内安装有储油室，储油室底部与加油套连通，储油室内存有机油，可以源源不断地供应加油套加油；爬绳轮一侧，顺序与变速齿轮组及电机连接，电机顺序与接收器及供电的电瓶电连接。使用时，接收器接到指令后，启动电机带动爬绳器即顺着钢丝缆索行走，进行除垢或加油。该除垢加油装置使用方便，省时，省事，经济，1人即可进行操作，不需对架空缆索进行拆卸回收即可方便彻底地进行缆索除垢、加油处理。

第十章 水文管理

　　清康熙二十三年（1684），河道总督靳辅向朝廷奏报徐城黄河的水势、水位，其依据即在黄河夺淮期间所设立的徐城水志。据考证，徐城水志设于今徐州主城区故黄河南岸庆云桥东侧牌楼附近，用于观测水位向下游驰报水情，是当时下游各减水闸坝启闭分洪、济运的依据。清同治三年（1864）起，各地海关陆续在一些港口、商埠开展水位观测。民国18年（1929）7月，国民政府在南京设导淮委员会，水文工作由该委续办。新中国成立初期，全国分6个大行政区，除华北地区外，各大区水文工作实行水利部、大区和省三级管理，以大区水利部门管理为主的体制。这一时期，上级水利部门在徐州设立水文机构。之后，随着经济社会的发展和水利机构的设置、变更，水文工作的主办机构和管理体制多次更迭。60年代始，根据国家、全省的统一部署，徐州水文系统开展一系列制度和法规建设工作。90年代后，随着改革开放的深入，依法治国不断深化，各项制度和法规逐步健全、完善起来，依据这些规章制度、法律法规，各项业务和内部管理不断加强，并取得显著效果。徐州水文部门成立以来，较为注重业务生产工作，宣传工作、文化建设等相对薄弱。根据水文现代化发展要求，加强精神文明建设、树立水文行业社会形象、提升水文行业影响力，已成为越来越重要的工作内容。自90年代开始，徐州水文部门与相关行业的兄弟单位联合举办纪念活动，每年通过布置展板、发放资料、现场法律咨询等各种形式，参与"世界气象日""世界水日""中国水周""水法日""测绘宣传日"等系列活动，宣传行业知识，增强社会曝光率。

第一节　机构演变

　　1952年5月，华东军政委员会水利部新安一等水文站迁至徐州，改称华东军政委员会水利部徐州一等水文站。1953年1月，转为中央水利部直接管辖，改称沂沭汶运水文分站。1953年，苏南、苏北行署合并建省，成立江苏省水利厅，厅内设置水文分站。1954年2月，中央水利部将沂沭汶运水文分站及所属测站，分别移交山东省沂沭汶泗治淮指挥部和江苏省治淮总指挥部领导。1956年6月，省水利厅水文分站改组为水文总站。同年12月，省治淮指挥部水文科并入省水利厅水文总站。1957年5月，全省按流域、水系设立运河、大浦、淮阴、泗洪、盐城、扬州、南通、镇江、苏州等9个水文站，作为省水利厅水文总站派出机构，管理所辖水系内的水文站。1958年9月20日，省水利厅根据水利电力部关于水文测站管理体制下放的精神，将各中心水文站下放专区管理，在专署水利局内设立水文科（股）。

1962年9月，徐州专区中心水文站成立，为省水利厅水文总站派出机构。1963年7月，江苏省人民委员会发文通知全省水文站网归省水利厅领导。同年9月，省编制委员会批复同意省水利厅恢复成立水文总站，统一管理全省国家水文站网工作。盐城、徐州、淮阴、扬州、南通、镇江、苏州等7个专区恢复成立中心水文站，作为省水利厅水文总站的派出机构。12月，国务院批转水电部《关于改变水文工作管理体制的报告》，同意由各省（区、市）水电厅（局）代管。1964年3月4日，省人民委员会转发国务院上述文件，水文体制改为部属建制，由省水利厅代管。原江苏省水利厅水文总站改称水利电力部江苏省水文总站，各专区中心水文站改称江苏省水文总站××专区分站，其人员编制、经费、基建器材，列入中央计划和中央预算。在以水电部为主的水文管理体制下，1964年3月，徐州专区中心水文站改称江苏省水文总站徐州专区分站。

1970年11月28日，省革委会生产指挥组通知，将各专区水文分站及所属水文测站下放给所在地区水电局领导。徐州专区水文分站下放至水利部门领导。1975年12月，水利与电力分开，成立省水利局，各地区水利局先后恢复水文分站。

1980年6月，江苏省机构编制委员会根据水利部关于水文管理体制的意见，发文批复同意全省水文站网及各地区（市）水文分站恢复由省水利厅统一管理，省设水文总站，各地区（市）设水文分站。徐州专区水文分站负责徐州地区的水文工作。1981年，徐州专区水文分站根据自身发展需要，经省水文总站同意，按照行政区划，成立丰县、沛县、邳北、邳南、新沂、睢宁、铜山7个监测中心，对业务管理工作做出重新划分和调整，由各县监测中心属地管理，进行大站带小站和驻测、巡测、调查相结合的试验。成立县级水文监测机构的主要效益表现为：弥补专区分站管理范围大、应急反应能力低、人员较分散、与地方行政靠不上等不足；实现水文管理和地方行政管理的无缝衔接，提高水文职工的归属感、责任感，有利于水文工作更直接服务于地方经济社会发展，有利于地方协助解决水文发展和职工实际困难；有利于推动大水文理念的确立，有利于现代化水文体制机制的建立和推进，有利于地方对水文工作的支持，渠道畅通；有利于提升水文监测覆盖面的扩大，落实最严格水资源管理制度；有利于各类水文法规、制度在地方的贯彻执行，加强水文行业管理。1981年11月，省水利厅水文总站下发《关于分站机构设置的批复》，同意徐州地区水文分站将测验、后勤、政办、科技组改为测验股、综合股、分析计算股、人秘股及水质监测组。

1983 年 3 月，为适应市管县的新体制，江苏省机构编制委员会下发《关于同意调整省属水文站网体制的批复》，将徐州、淮阴、盐城、扬州、南通、苏州、镇江地区水文分站名称改为徐州、淮阴、盐城、扬州、南通、苏州、镇江市水文分站。1984 年 3 月，省编制委员会批复同意江苏省水利厅水文总站改称江苏省水文总站，为水利厅直属处级事业单位。1985 年 2 月，江苏省水文总站下发《关于分站机构设置的批复》，同意各地分站设置政秘股、测验股、分析研究股、后勤股、水质监测站。1987 年 3 月，省计经委和劳动局联合发文批复，同意从 1987 年起，将徐州、淮阴等水文分站的劳动工资计划和人员编制划归省水利厅统一管理，划拨基数以 1986 年年报数为准。

1991 年 12 月，根据省水利厅文件，徐州市水文分站更名为江苏省徐州水文水资源勘测处。1992 年 6 月，原各市水文分站正副站长任水文水资源勘测处正副主任。9 月，江苏省水文总站发布《关于各水文水资源勘测处内设机构更改名称的通知》，要求自 1992 年 10 月 1 日起，原勘测处机关设置的各股一律改为科，级别不变，仍为股级；各勘测处机关科室的设置，以较大站区 4～5 个、较小站区 3～4 个为宜，原则上暂不增设新的机构，有关技术咨询、综合经营可不作为行政科室建制，列为经济实体；各勘测处机关股改科后，各科室的设置要报总站批准。原股长改为正、副科长，由各处办理任命手续，报总站备案。1997 年 4 月，省水利厅下发《关于同意成立扬泰、淮宿水文水资源勘测局及水文水资源勘测处更名为水文水资源勘测局的批复》，同意将徐州等 11 个省辖市勘测处更名为江苏省××水文水资源勘测局。按照这一通知精神，江苏省徐州水文水资源勘测处更名为江苏省徐州水文水资源勘测局。1998 年 5 月，省水利厅发文明确徐州等 11 个水文水资源勘测局为相当于副处级全民事业单位。8 月，省水文局通知，徐州等 7 个水文水资源勘测局内设综合科、测验科、水情水资源科、水质监测科。综合科负责人设一正职二副职，其他设一正职一副职，正职为副科级干部。1999 年 2 月，徐州水文水资源勘测局内部机构新设置为测验科、水情水资源科、水质科、综合科。

2004 年 6 月 10 日，江苏水文水资源勘测局所属 11 个水文水资源勘测局更名为江苏省水文水资源勘测局××分局。徐州水文水资源勘测局更名为江苏省水文水资源勘测局徐州分局。至 2018 年底，徐州水文局设有办公室、站技科、水质科、水资源科、规划建设科、水情科 6 个科室，以及丰县、沛县、城区、邳州市、新沂市、睢宁县 6 个水文水资源监测中心。全市共有在职在编水文职工 91 人，其中，高级职称 30 人，中级职称 13 人，高级技师 2 名，技师 15 人。

1958—2018 年徐州水文局历任负责人见表 10-1。

表 10 – 1　1958—2018 年徐州水文局历任负责人一览表

任职时间	单位名称	职务	单位负责人
1958.9—1961.7	徐州专署水利局水文科	科长	刘家同
1961.7—1962.6	徐州专署水利局工管科	副科长	卢纪勇
1962.6—1964.3	徐州专署水利局中心水文站	副站长	卢纪勇
1964.3—1972.7	徐州专区水文分站	站长	卢纪勇
1972.7—1976.1	徐州地区水电局水文站	站长	卢纪勇
1976.1—1978.3	徐州地区水电局水文站	站长	王　晋
1978.3—1980.6	徐州地区水利局水文站	站长	孙福春
1980.6—1983.3	徐州地区水文分站	站长	孙福春
		副站长	关　垣
1983.3—1984.12	徐州市水文分站	站长	孙福春
		副站长	毛宜诺
1984.12—1986.8	徐州市水文分站	党支部书记　副站长	李学文
		党支部副书记　副站长	毛宜诺
		党支部委员	李家振
1986.8—1995.5	徐州市水文分站	党支部书记　站长	李学文
		党支部副书记　副站长	毛宜诺
		党支部委员	李家振　韩曙光　仝太祥
1995.6—1996.2	江苏省徐州水文水资源勘测处	党支部书记　主任	李学文
		副主任	王光烈　李明武
		党支部委员	仝太祥　韩曙光　王光烈　李明武
1996.2—1998.6	江苏省徐州水文水资源勘测处	党支部书记　主任	李学文
		副主任	王光烈　李明武　徐　坚

表10-1（续）

任职时间	单位名称	职务	单位负责人
1998.6—2001.9	江苏省徐州水文水资源勘测局	党支部副书记 副局长（主持工作）	李明武
		副局长	尚化庄
		局长助理	吴成耕
		主任工程师	王光烈
		党支部委员	吴成耕 韩曙光 尚化庄 李 沛
2001.9—2004.3	江苏省徐州水文水资源勘测局	党支部副书记 副局长（主持工作）	李明武
		副局长	尚化庄 吴成耕
2004.3—2007.1	江苏省水文水资源勘测局徐州分局	党支部书记 局长	李明武
		副局长	尚化庄 吴成耕
2007.2—2011.10	江苏省水文水资源勘测局徐州分局	党总支部书记 局长	李明武
		副局长	尚化庄 吴成耕
		党总支部委员	尚化庄 吴成耕 刘沂轩 唐文学
2011.10—2012.8	江苏省水文水资源勘测局徐州分局	党总支部书记 局长	陈卫东
		副局长	尚化庄 吴成耕
		党总支部委员	尚化庄 吴成耕 刘沂轩 唐文学
2012.8—2017.1	江苏省水文水资源勘测局徐州分局	党总支部书记 局长	陈卫东
		副局长	尚化庄 吴成耕 刘沂轩
		党总支部委员	尚化庄 吴成耕 刘沂轩 唐文学
2017.2—2018.5.15	江苏省水文水资源勘测局徐州分局	党总支部书记 局长	李 沛
		副局长	尚化庄 吴成耕 刘沂轩
		党总支部委员	尚化庄 吴成耕 刘沂轩 唐文学

表10-1（续）

任职时间	单位名称	职务	单位负责人
2018.5.15—2018.12	江苏省水文水资源勘测局徐州分局	党委书记　局长	李　沛
		副局长	尚化庄　吴成耕 刘沂轩
		党委委员	吴成耕　刘沂轩 刘远征　唐文学

第二节　制度建设

　　1962年10月1日，中共中央、国务院下发文件，批转水电部党组《关于当前水文工作存在的问题和解决意见的报告》，对国家基本站网的规划、设置、调整、裁撤的审批权收归水利电力部，基本站一律收归省、市、自治区水利厅（局）直接领导，水文测站职工列为勘测工种等事项做出明确批复。

　　从1989年5月至1996年9月，江苏省政府、水利部、江苏省水利厅先后颁布下发《江苏省保护水文测报设施暂行规定》《水文管理暂行办法》《关于新建水利工程有关水文观测设施用房等问题的通知》《关于印发"江苏省贯彻〈水文管理暂行办法〉实施细则"的通知》等一系列政策文件。

　　2007年4月25日，《中华人民共和国水文条例》颁布，自2007年6月1日起施行。中国水文发展史上第一部法规由此诞生，为顺利开展水文工作提供法律保障。2009年2月13日，经江苏省第十一届人民代表大会常务委员会第七次会议通过的《江苏省水文条例》颁布，于2009年3月22日施行，2002年1月21日江苏省人民政府发布的《江苏省水文管理办法》同时废止。上述两个条例的颁布实施，对水文事业发展和行业管理工作进行了规范，并设立一系列新的法律制度。

　　由于条例多从全国、全省角度出发，对全局性的问题阐释较多，因而对水文管理的规定一般都比较原则化。为全面贯彻落实国家和省水文条例，迫切需要结合徐州市水文工作实际制定一部操作性较强的地方性规范性文件，规范全市水文管理工作，发展水文事业，提升水文服务于经济社会发展的能力。2018年1月，徐州水文局成立《徐州市人民政府关于加强水文工作的实施意见》编制工作领导小组。在深入调查研究、认真总结实践经验、系统征求社会各方面意见的基础上，起草实施意见，并报市政府办公室审核。市政府办公室收到文稿后，高度重视，对照有关法律、法规，并征求相关部门意见，逐条进行审核，会同市水利局数次对该实施意见进行认真细致的修改。2018年4月，市政府印发《关于进一步加强水文工作的意见》，于2018年4月15日起施行。

第三节 水文业务管理

一、站网管理

民国 36 年（1947）2 月，水利委员会颁发《水利委员会所属各机关水文测站组织规程》，对水文总站、水文站、水位站的工作任务、人员编制等均做出明确规定。

新中国成立后，水利部于 1951 年发布《各级水文测站之名称及业务》，明确水文总站、水文实验站、一等水文站、二等水文站、三等水文站、水位站、雨量站、临时站等八类站点的名称及其业务内容。50 年代初期，江苏省内各级水文测站一般均实行工作月报（包括本月工作完成情况和下月工作计划等）、年度工作计划、汛期工作总结及年度工作总结等制度，规定领导站对所属测站负责工作布置、指导和督促检查，特别是汛前和汛期工作检查。1955 年，水利部颁发《水文测站暂行规范》，在《基本规定》一册中明确水文测站性质和工作要求。1956 年 6 月，水利部颁发《水文测站暂行组织简则》，包括水文测站的类型和等级、水文测站的基本任务和工作内容、水文测站人员编制和仪器设备配置等。1958 年 9 月 20 日，省厅根据水利电力部关于水文测站管理体制下放的精神，将各中心水文站下放专区管理，在专署水利局内设立水文科（股）。

1963 年 12 月，省厅对全省水文测站制定和颁发《测站任务书》，自 1964 年 1 月 1 日开始执行。1964 年水文体制改为水电部部属建制后，水电部江苏省水文总站根据有关文件，结合省内的实际情况，于当年 5 月制定印发《江苏省水文站网管理工作暂行条例》，使各级水文机构在站网管理方面做到有章可循，对加强全省水文工作的统一管理，起到积极作用。同时，将《水文测验暂行规范》的主要内容，缩编成 100 条的《贯彻水文测验规范检查簿》，由各级水文测站按月对照检查，促进水文职工学习、贯彻规范，提高测验成果质量。

1970 年，江苏省革委会生产指挥组通知，将各专区水文分站及所属水文测站下放给所在地区水电局领导，徐州专区水文分站下放至水利部门领导。水利部在 1974 年颁发的《水文测验试行规范》总则中，规定对测验人员、测站任务的要求。为加强站网管理，江苏省水文总站每年汛前下达年度水文站网调整计划（包括水文巡测计划），指导和督促及时做好站网的增设、撤销、迁移、改级等工作。1978 年，江苏省水文总站结合站网调整充实情况，根据《水文测验试行规范》规定，重新制定各类水文测站的《测站任务书》，由省厅颁发，自 1980 年 1 月起全面贯彻执行。

1981 年，根据水利部的部署，江苏省水文总站下发《站队结合试点协作组会议纪要》，并决定先在徐州、盐城、苏州地区进行站队结合试点，随后逐步推广。水文勘测站队结合是水文基层组织和站网管理方式的改革。徐州市水文分站针对本地区水文特点，因地制宜，以县为单位，在县城建立基地，组建水文中心站，进行大站带小站和驻测、巡测、调查相结合的试验。80年代初期，已建立适合站区特点、适应水文监测与水资源评价要求的站队结合模式的10个县（市）水文中心站，其中，赣榆、东海、临洪3个水文中心于1983年划归连云港市水文分站管理，睢宁、铜山、丰县、沛县、邳南、邳北、新沂7个水文中心站仍属徐州。1985年，邳南、邳北水文中心站合并为邳州水文中心站。此后，由各监测中心管理区域内站点水文测验。站队结合的主要作用有：①推进点、线、面结合的水文站网布局，实行站队结合的分站和中心站，随着测验方式的改革，进一步发展水文巡测、调查，提高水文站网密度，扩大资料收集范围。②加强站网管理，提高测报质量。中心站实行岗位目标管理责任制，进一步明确岗位职责，测站管理和委托站管理工作都得到加强。③拓宽水文服务范围，扩大水文服务效果。实行站队结合后，中心站可统一调度人员，优化人员结构，做到驻测、巡测与调查相结合，拓宽服务范围。④带动测验、调查、分析相结合，促进试验研究工作的开展。站队结合的分站和勘测队，可集中使用人力，发挥水文部门人员、技术资料和设备优势，开展水文科技咨询服务。⑤解决大部分职工的后顾之忧，稳定水文专业队伍。

80年代中期，江苏省水文总站开始对测站管理改革进行探索，一些站区制定和试行岗位责任制、经费承包和目标管理等各种形式的规章制度，如测报质量奖惩和外勤津贴浮动制度，委托站基本津贴加质量奖励办法等。面广量大的水文委托观测员是水文队伍的重要组成部分，鉴于多年来委托站津贴过低、测报质量下降等问题，1986年省水文总站印发《关于加强水文委托站管理工作的意见》和《江苏省水文委托站管理办法（试行）》，并实行委托站基本津贴加质量奖励的办法，对提高委托站测报质量取得明显效果。2011年，省厅出台的《江苏省水文系统水文委托观测员管理暂行办法》中又制定新的委托员观测管理办法。2016—2018年，由于地下水、墒情等监测站逐步由人工监测过渡为自动遥测，加之部分委托员年龄过大等原因，徐州水文局陆续辞退一大批委托员。

1987年9月，水电部颁发《水文仪器设备的配置和管理暂行规定》，江苏省水文总站结合实际情况，逐步付诸实施。鉴于水文站测报设施和仪器设备时有被盗窃、毁坏的事件发生，1989年5月30日，江苏省人民政府发布苏政法〔1989〕75号通知，颁发《江苏省保护水文测报设施的暂行规定》，要求各级地方人民政府和有关部门贯彻执行。

1990年，在总结水文系统以往开展评比活动的基础上，省厅印发《关于在全省水文系统进一步开展"争先创优"评比竞赛活动的通知》。该通知提出具体意见，按测验和整编、水文服务、站网管理以及精神文明建设等四大项进行检查、评分，其中站网管理工作要求建立健全以岗位责任制为中心的各项管理制度。基层测站实行以五定

（定任务、指标、经费、质量、奖惩）为主要内容的岗位责任制，并根据完成工作任务的好坏、劳动纪律、安全生产等指标进行考核，与测站野外工作津贴、增收节支奖金以及第一线技干上浮工资等挂钩浮动发放。争先创优活动每年由江苏省水文总站组织力量，对照标准要求，逐一检查评分，获各分站中前三名和站区水文站第一名的单位，由省厅在全省水文工作会议上进行表彰，授予争先创优先进单位、先进个人荣誉，并给予物质奖励。1992 年 11 月，水利部发布《重要水文站建设暂行标准》和第一批重要水文站名单（江苏省 34 个站），付诸实施后，水文站网管理和水文站建设得到加强。

2000 年，徐州水文局开始进行水文自动测报系统建设，建成遥测站 21 处。根据遥测站点多、分布广、路程远的特点，实行市局、监测中心、测站三级管理，合理划分管理节点；完善遥测管理制度，签订遥测维护管理责任状，汛期 24 小时值班，做到值班有记录，操作有记录，重大操作需两人在场。分中心建有值班日志台账，记录每日网络设备运行、遥测数据入库情况，测站有定期检查台账。2005 年，按照省厅《关于撤销李楼闸水文站，同时恢复沙庄雨量站的通知》，从 2005 年 5 月 1 日起，撤销李楼闸水文站，同时增加沙庄雨量站的报汛工作。年内，按照省厅《关于撤销沙集西闸水文站的通知》，撤销沙集西闸水文站。2010 年，根据水利部统一部署，江苏省水文局编制《江苏省中小河流治理规划水文设施建设规划》。2011—2012 年，徐州水文局编制完成《徐州中小河流水文监测系统实施方案》。2014 年，编制完成《徐州市中小河流水文预报方案》。按照规划，徐州水文局逐步实施徐州市中小河流水文监测系统一期、二期工程。2018 年，徐州区域内建成中小河流站 74 处，其中，水文站 22 处、水位站 43 处、雨量站 9 处。

2015 年，徐州市开始进行基层服务体系站网建设。徐州水文局在调整充实、建立健全基层水文站网的基础上，实施新建、搬迁部分监测站点至水利工管单位和乡镇水利站，以水利工管单位和乡镇水利站为依托，对中小河流站和委托站实行管理，由市、县水利局列入其工作职责范围。依据现有站网基础，共迁建 13 处水文测站，新建 8 处水文测站。徐州市率先基本建成邳州市、丰县、贾汪区中小河流站和委托站基层服务管理新体系。2016 年底，二期基层服务体系建设共迁建 18 处雨量站，其中，新建 4 处。水文基层服务体系二期工程新增建设的遥测站于 2017 年 1 月 1 日正式投入使用。二期工程的实施完成，标志着徐州水文局水文基层服务体系建设在徐州站区完成全面覆盖，为融合发展赋予了新内涵。

2018 年，徐州市国家地下水工程井开始运行，按照《水利部关于印发国家地下水监测工程（水利部分）运行维护管理办法》《江苏省地下水自动监测站运行管理办法》，监测站管理实行属地管理制，徐州水文局统一负责所辖区域内监测站的运行与维护管理。每天有专人负责查阅监控地下水运行维护软件数据库，填写自动监测站日志；一旦发现信息中断，在 24 小时内查明原因，并及时恢复；属于设备故障的，3 个工作日内恢复。将当日数据与前一日数据进行比较，差值超过 1 米的站点进行标注并注明原因。每季度巡查 1 次辖区内监测站点，并定期维护；巡查时填写巡查记录表。每半年进行 1 次人工与自动监测对比观测，误差较大的需要对设备进行校核。每年至少安排 1 次维护性抽水，每 5 年进行 1 次洗井，特殊情况应及时洗井。

二、行业管理

随着改革开放的进一步深入，1991 年 10 月，水利部颁发《水文管理暂行办法》。该办法明确规定：水利部是全国水文行业主管机关，省一级水行政主管部门是所辖范围的水文行业主管机关，其所属水文机构负责实施具体管理。该办法要求建立水文和水资源评价资格认证制度，建立水文数据和水资源评价成果审定制度；明确水文经费渠道，实行公益服务和有偿服务相结合的原则；加强站网管理，保护测验设施；加强水文工作全面规划等。该办法的贯彻实施，为加强水文行业管理提供了依据。

为加强江苏省水文行业管理，根据《中华人民共和国水法》和水利部发布的《水文管理暂行办法》，结合省内实际情况，由江苏省水利厅制定和印发《江苏省贯彻〈水文管理暂行办法〉实施细则》，细则共 6 章 37 条。其中，规定水文机构在本辖区内的主要职责是：贯彻执行《水文管理暂行办法》及其他有关法律、法规；负责水资源勘测、水质监测、水资源调查评价工作的归口管理；负责水文资料的审定、裁决和汇总管理；承担水文站的规划、勘测、设站、水文测验、资料整编、水文情报预报、水文特性分析计算及水资源调查评价等工作，向各级政府和全社会提供优质水文服务；具体进行水文专业规划与计划的编制和实施工作，促进水文科技发展；负责省水利厅授权的其他水文行业管理工作。实施细则第九条明确规定：根据水利部颁发的《水文、水资源调查评价资格认证管理办法》，省水利厅对全省从事水文、水资源调查评价工作的单位实行资格审查认证制度。经过审查，取得水文工作资格认证的单位才能承担规定范围内的水文工作任务。甲级证书，经省水利厅审查后报水利部审批和颁发，乙、丙级证书，由省水文机构负责审查，报厅审批颁发。没有取得资格证书的单位、个人不得从事水文和水资源调查评价工作。

1991 年，省厅以苏水文〔1991〕4 号文件印发并经水利部以水文〔1991〕10 号文件转发《关于新建水利工程有关水文观测设施、用房问题的通知》。该通知明确规定：①基本建设必须为工程管理运行创造条件。今后，凡新建水利工程，其设计应考虑为工程管理运行所必需的水文观测基础设施（如水文测流缆道、自记水位计台等）、报汛通信设备、水文管理用房、职工宿舍等。工程概预算中，应包含上述水文设施的投资。②改建、扩建和加固工程，应比照新建工程的办法，在编制工程概算时，增列必要的水文基础设施费用。③水文基础设施设计及概算，由负责该工程设计的单位统一编报。此项措施为水文站网的建设、管理和水文事业的发展，提供必要的物质条件。

2017 年 11 月底，省水文局为推进水文工作，决定在全省范围内选取一批试点测站进行测站环境改造，徐州水文局新安水文站、林子水文站被选做试点。徐州水文局党总支迅速做出工作部署，由站网科负责组织编制《徐州林子、新安站测验环境改造项目实施方案》，方案经局长办公会多次讨论研究，报省局批复后实施。在 2018 年 3 月试点的基础上，党总支提出《徐州水文测站测验环境标准化建设项目实施方案》指导要求，并由第五党支部负责牵头编制实施方案。7 月，方案通过徐州水文局内审，报省局批复。成立建设领导小组，李沛任组长，尚化庄、吴成耕、刘沂轩任副组长，刘远征、吉文平、李波、陈磊、唐文学、李涌、郑长陵、周保太、董鑫隆、张警任小组成员。实施方案包括测站观测设施、外观设计、站容站貌、管理制度等内容。8 月，局党委结合《徐州水文测站测验环境标准化建设项目实施方案》的开展情况以及徐州水文局积分考核工作，提出徐州水文精细化管理概念，制定《徐州水文局精细化管理实施方案》，由第五党支部负责《徐州水文局精细化管理》的进一步编制工作。

新安水文博物馆　　　　　　　　　　　　　　　　　　（2018 年，万永智 摄）

2018 年初，徐州水文局开展导入 ISO 9001 质量管理体系、ISO 14001 环境管理体系、OHSAS 18001 职业健康安全管理体系等工作，并任命内审员，制定内审、管理评审计划。至年末，各项审核项目均达到质量管理、环境管理、职业健康安全管理三体系认证标准，徐州水文局成为全省水文系统首家顺利通过三体系认证的单位。该体系可以规范徐州水文局水文监测、工程测绘业务流程，有效控制风险，形成经营有序、管理规范化的模式。同年，徐州水文局实施三级双重管理体制。该制度具体为，按照《省水文局关于同意成立徐州水文局驻徐州市水务局水文服务处的批复》，徐州水文局成立水文处；县级水文系统全面落实河长制成员单位、防办副主任单位；各县（市）区共计 26 家试点乡镇水利站签订"基层水文服务体系合作协议"。

第四节　经费管理

一、水文经费管理

1952年5月，江苏省水文经费由华东军政委员会水利部按水文分区分别划拨，由流域机构与地方分管。1953年，苏南、苏北行署合并建省，成立江苏省水利厅，下设各市水文分站，由中央人民政府水利部直辖，经费划拨渠道随之做出相应改变。1956年6月起，江苏省水利厅下文将水文分站改称水文总站，水文经费由省水利厅统一拨付，徐州水文经费由省水文总站拨付。1963年7月，省人民委员会同意全省水文站网收归省水利厅领导，徐州专区中心水文站及所属测站由省水利厅水文总站统一管理，其水文经费统一由省水利厅拨付。1969年4月，中国人民解放军水利电力部军管会通知，将水利电力部所属各省（市、区）水文总站及基层水文测站的管理下放给各省（市、区）革委会领导，水文经费由省水电局拨付。1970年11月，江苏省革委会生产指挥组通知，徐州专区水文分站及所属水文测站下放给所在地区水利局领导，其水文经费由省水电局下达经费指标，地区水利局掌握使用。1980年6月，江苏省编制委员会同意全省水文站网恢复由省水利厅统一管理体制后，全省水文经费由省水利厅核拨，徐州水文经费由省水文总站下达，省财政厅拨给。之后，经费划拨渠道正常化，一直没变。

二、水文经费项目

（一）水文事业费

水文事业费：一直在水利事业费财政科目下列支，主要包括人员经费和业务费。新中国成立初期，在水文职工生活和测验设施标准要求均比较低的情况下，水文事业费主要用于发展水文事业，在该阶段水文事业费用于人员经费和业务费大约各占50%。主要水文仪器如经纬仪、水准仪、平板仪、流速仪等均由上级主管部门配发或调拨。1958—1962年，徐州中心水文站下放专区水利部门管理，其中1959年部分水文测站陆续下放所在县水利部门管理，在这期间水文经费不单独核算。1964—1968年，水文站网收归水电部建制，水文事业费由水利电力部直接核拨，全省每年一般在0.5万～1.5万元之间。1969年5月，水文管理体制下放，水文中心站再度撤销，水文业务并入水利电力局管理，水文经费不单独核算。1976年，恢复成立省水利局水文总站，1980年恢复由省水利厅水文总站统一管理体制，徐州分站恢复由省水文总站管理下达经费。1976—1980年，水文事业费逐年有所上升，1976年为106万元，1980年为133万元，其中人员经费约占水文事业费的40%。1988年以来，水文事业费年增幅较大，1992年达597万元，人员经费占水文事业费的比重也不断增至70%～80%左右。2003年，实行部门预算后，人员经费按实际发放标准核定，日常公用支出按定额核定，至2015年一直保持在人均1万元左右。2015年，财政下达水文事业费1169.25万元，人员经费占水文事业费的90%。2016年，财政下达水文事业费1271.37万元，2017年财政下达水文事业费1656.43万元，2018年财政下达水文事业费2213.84万元。

地下水观测和水质监测费：1978年，北方地下水工作会议明确规定，水利部门的地下水观测费在农田水利费内解决。同年，水电部和财政部联合通知，要求各地财政部门和水利部门从1979年起，应把水质监测工作所需经费在水利事业费年度预算中安排，列为预算支出科目第94款水利事业费中第82项。从1980年起，随着水文业务范围的扩大，开始增加地下水观测和水质监测专项经费。1980年5月，水利部下达《关于加强地下水观测研究工作的意见》，指出地下水观测工作经费由农田水利补助费中解决。自1980年起，省水文总站从水利事业费项下拨给水质监测费，至2003年，平均每年3万～5万元。2004年以后，根据部门职责，财政不再下达水质监测经费，所需经费在水文事业费中列支。

技术改造费：自1979年起，水利电力部为改变水文技术装备落后情况，专项批拨水文站网技术改造经费，主要用于水文测验缆道化，水位、雨量自记化等技术改造，测报自动化试点和大型仪器设备购置等。1979年，由水电部专项下达水文站网技术改造经费80万元，经省财政调剂后实拨76万元，其中，徐州6万元左右。1980年起，切块下放地方财政，因江苏为财政包干先行试点省份，省财政不另专项安排水文技改经费。

（二）防汛费

1964年3月，财政部、水电部下发的《水利事业计划、财务和物资管理暂行办法》中明确规定：水文部门向各级防汛部门报汛的费用在防汛费内解决。专用站按服务对象，经费分别从工程投资、工程管理费、企业管理费、勘察设计费内解决。防汛费主要用于水文情报预报的汛情传递电话电报、通信线路的架设维修、租用电台、汛期巡测及特大洪水年水文设施遭受毁坏后的整修与重建。1992年后，每年水文防汛费均由省财政厅逐一下达。1995年9月，徐州市城乡建设委员会下发《关于对〈合群桥水文站经费问题的报告〉的批复》，合群桥水文站工程原报预算31.66万元，经审定，同意对该工程等补助10万元，从防汛经费中列支。

（三）基本建设费

水文站自1964年收归水利电力部建制后，开始有专项水文基建经费。1964—1968年，水利电力部共拨给省基建费55.42万元，由省水文总站集中管理，平均每年11万元，主要用于部分测站站房建设和仪器设备的购置。60年代末至70年代初，测站管理体制下放，基建费分散管理。1987年4月，国家计委、财政部、水电部联合发出经国务院同意的《关于加强水文工作的意见的函》，对于解决水文工作困难和经费不足问题，提出请各省（市、区）在水利水电基建费中，每年划出一定数额投资拨给水文部门用于发展水文事业。1991年9月，省水利厅通知明确新建水利工程的设计，应考虑为工程管理运行所必需的水文观测基础设施、水文管理用房、职工宿舍等，工程概预算中，应包括上述水文设施的投资。

2011年以来，根据江苏省水文局要求，徐州水文局按基本建设程序，单独编报基本建设项目可行性研究报告、项目建议书、项目初步设计报发改委审批。2011年12月5日，江苏省水文局批复中小河流一期工程徐州水文局工程概算1679.81万元，其中，建筑工程概算962.88万元，仪器设备及安装工程491.50万元，独立费145.44万元，预备费79.99万元。同年，徐州水文局分两期实施沂沭泗河水系重要省界断面水资源监测8处水文站改造项目（江苏徐州部分），淮河流域马兰闸、官庄闸等省界断面水资源监测站网建设江苏徐州部分建筑工程，批复投资分别为664.45万元、255.59万元。2013年1月24日，江苏省水文局批复中小河流二期概算1150.54万元，其中，测验河段基础设施工程138.69万元，水位观测设施工程937.57万元，站房54.00万元，其他临时工程20.28万元。建设23处水文站及附属设施。两期中小河流工程的建设，为徐州地区的中小河流防洪除涝提供及时、准确的决策依据和技术支撑，同时为水资源开发、利用、保护和管理提供服务。2015年12月14日，江苏省发展和改革委员会批复江苏省水文基本站达标建设徐州部分总投资概算1335.75万元，其中，建筑工程747.20万元，设备及安装193万元，临时工程57.03万元，独立费180.92万元，征地、占地及青苗赔偿98.70万元，预备费58.90万元。2017年，省发展改革委下达《关于省水环境监测中心徐州 淮安 南通分中心设施及装备达标建设工程可行性研究报告（含项目建议书）的批复》，同意建设徐州分中心实验室。后因铜山城市规划建设，变更方案。

（四）专项补助费

从1978年开始，水电部在直属水文基建经费中安排一定数额补助地方水文基建项目，重点推动各地水文勘测站队结合基地建设。水电部水文局为支持各地水文部门加强水文试验研究，推动站队结合试点，自1981年起，每年给各省（市、区）水文部门下达专项补助经费。

（五）水利工程运行与维护费

从2008年开始，省财政每年均下达水利工程运行维护费，用于水文设施的运行维护。2015年，下达87万元；2018年，下达111万元。

（六）水资源费

从 2010 年开始，省财政下达水资源费，用于水资源监测管理、水质化验仪器运行维护。2012 年下达 22 万元，2013 年下达 100 万元，2014 年下达 34 万元，用于水资源费、水质化验室运行维护、苏北地区供水监测及资料整编支出。2015—2018 年，每年地方水资源监测及管理专项经费各下达 70 万元。

三、财务管理制度

徐州水文局系统经费管理主要是按照上级主管部门的政策规定和规章制度进行管理使用，同时也结合全局工作实际情况制定细则和实施办法，进行规范和管理。

新中国成立初期，江苏省各水文站的经费、仪器、设备均由华东水利部统筹安排，由流域机构与省分管。淮河流域机构管理的水文测站，水文经费和仪器设备由淮河水利工程总局管理；苏南、苏北水利部门管理的测站，经费和仪器设备由主管水利部门管理，1957 年起由省水利厅统一管理。1964 年，收归水电部建制后，水电部江苏省水文总站根据财政部、水电部下发的《水利事业计划、财务和物资管理暂行办法》和水电部下发的《水文测站管理条例草案》及《水文站主要仪器设备配备意见》，于当年 5 月制定《江苏省水文站网财务管理暂行办法》《江苏省水文仪器设备物资管理暂行办法》，加强对水文经费、器材设备的管理。1967 年至 70 年代初期，水文管理体制下放，财务、器材工作由地、县管理。

1981 年，水文体制恢复省管后，省水文总站于 6 月 27 日重新制定颁发《江苏省水文站网财务管理暂行办法》，对全省水文事业费、防汛费、基建费的预算管理、资金管理、经费结报、财务管理权限划分、财经纪律和财务监督，以及有关会计业务处理做出具体规定。全省水文系统的财务管理分成总站、分站两级，总站按二级机关会计单位办理，分站按三级机关会计单位办理，基层站、队为报销单位。水文事业费（包含防汛费）的领拨和结报，采取按年编报年度预算、按季编造用款计划、分月拨给经费、月终报送简报、定期会审结报的办法。基建费的领拨和结报，采用专项审批拨款、逐项办理结报、定期填送报表的办法。同年，省水文总站重新制定颁发《江苏省水文仪器设备物资管理暂行办法》，对全省水文仪器设备的领用、财置、调拨、借用以及管理养护、检修、报损等做了明确规定，各级水文站做到领用、借用按制度，使用、保养按规定，切实管好、用好、养好各项仪器设备物资。90 年代至 2017 年，徐州水文局依据省厅、省局制定的财务相关规定要求，对本单位财务进行管理，对专项资金使用及预算执行管理、差旅费管理、创收服务激励等方面制定相应的管理办法。2018 年，徐州水文局制定完善《徐州水文局财务报销流程》《专项资金使用及预算执行管理办法》《徐州水文局合同管理办法》《财务事项审批管理办法》《公款借款管理办法》等，强化内控管理，严格差旅费、劳务费、评审费等报支手续审核。

第五节　人事管理

一、人力资源管理

（一）在职在编人员管理

根据江苏省水文局统一部署，按照精简、高效、公开、平等、竞争、择优原则和科学设岗、双向选择等形式，于2002年、2006年、2009年实施3次内部人事制度改革，通过聘用制度转换事业单位的用人机制，逐步实现事业单位人事管理由身份管理向岗位管理转变。每次内部人事制度改革都按照定责、定岗、定员的要求科学制定"三定"方案，在实施过程中严格按照方案规定的程序规范操作，确保改革实现预期目标。为保证聘用制度的实际效果，调动各类人员的积极性，加强聘后管理，分别制定工作人员岗位目标考核办法。对不同岗位人员以德、能、勤、绩为主要考核内容，重点突出工作实绩和效益，实施分类量化考核，坚持平时考核与年终考核相结合，考核结果作为工资分配和晋级、增资、续聘、解聘及奖惩的主要依据。2012年3月，根据江苏省水文局水文〔2012〕42号《关于做好全省水文系统岗位设置实施工作的通知》，研究确定徐州水文局岗位设置实施方案和岗位设置说明书。2013—2014年，根据岗位设置实施方案，对全局在职职工进行岗位设置申报。

2018年9月，根据省水文局水文〔2018〕73号《省水文局关于印发〈江苏省水文水资源勘测局岗位设置管理工作实施办法〉的通知》和水文〔2018〕75号《省水文局关于开展2018年专业技术岗位竞聘工作的通知》，结合徐州水文局实际情况，组织符合专业技术岗位申报人员进行公开岗位竞聘，并将竞聘结果和个人申报材料上报省水文局人事科审批。干部配备按照管理权限分别实施。从2019年开始，股级干部由徐州水文局负责选拔任命，报主管部门备案；副科级及以上干部由主管部门选拔任命。人员录用、人员年度考核、职工退休按国家和上级主管部门规定执行。

（二）委托人员管理

1986年2月，江苏省水文总站为加强委托站规范化管理，印发《关于加强水文委托站管理工作的意见》《江苏省水文委托观测站管理办法（试行）》。1997年，江苏省水文总站印发《关于对水文委托员辞退后实行生活补助有关问题的处理意见》，对辞退的委托员给予一次性生活补助或定期生活补助。徐州水文水资源勘测处根据规定，将此类问题上报省水文总站审批。

2011年，省水文局印发《江苏省水文系统委托观测员管理暂行办法》，此办法要求加强全省水文委托员的管理，更好地维护水文委托员的合法权益，构建和谐稳定的劳动关系，保证水文事业可持续发展。徐州水文局根据这一办法规定，与水文委托员签订非全日制劳动合同，与超过法定退休年龄但不满65周岁的水文委托员签订劳务合同，与超过65周岁的水文委托员解除劳动合同关系。

2018年以来，随着水文技术不断革新，现有测站都改为遥测站点，数据为网络传输，不再需要人工观测数据，徐州水文局开始对站点委托人员与超过法定退休年龄满60周岁的水文委托员解除劳动合同关系，对不超过法定退休年龄不满60周岁的水文委托员签订看管协议。

（三）劳务派遣人员管理

为解决人才紧缺、基层水文测站等岗位用工短缺问题，2001年起，经江苏省水文局同意，陆续招用临时人员到基层水文测站从事水文业务、科技服务及服务保障等工作，与他们签订劳务合同，按规定缴纳养老、医疗、失业、工伤、生育保险和公积金。

2011年起，根据江苏省水文局《江苏省水文系统水文委托员管理暂行办法的通知》和《中华人民共和国劳动合同法》，编制外临时用工改为劳务派遣，由劳务派遣公司与劳务人员签订合同，由劳务派遣公司统一缴纳养老、医疗、失业、工伤、生育保险及公积金，其经费由徐州市陆源科技有限责任公司支付给劳务派遣公司，后因其撤销，改为由徐州市金河水文水资源技术服务中心支付费用，派遣人员福利仍由徐州水文局发放。

2018年8月23日，为规范劳务派遣人员管理，激励劳务派遣人员工作积极性，促进各项工作的全面发展，根据《中华人民共和国劳动法》《中华人民共和国劳动合同法》《中华人民共和国劳动合同法实施条例》等相关法律法规规定，结合单位实际，制定《徐州市金河水文水资源技术服务中心劳务派遣人员管理办法》，明确劳务关系双方的权利和义务，规定招聘录用的基本条件与程序、培训与考核定级、薪酬福利待遇、续聘与辞退等内容。

二、工资、社保、福利

（一）工资

自新中国成立初至1985年，徐州水文系统实行等级工资制。1985年，国家对机关事业单位工资进行改革。新的工资制度是以职务工资为主要内容的结构工资制。工资的构成由职务工资、基础工资、工龄工资、奖励工资4个部分组成。1992年，根据江苏省水文总站水文〔1992〕字第08号《关于水文系统执行野外地质勘探工资标准的通知》，徐州水文系统人员开始执行地质勘探工资标准。1993年，机关事业单位现行工资制度进行改革，从当年10月起，徐州水文专业技术人员执行专业技术职务等级工资，在工资结构上，主要分为技术职务工资和岗位津贴两个部分；管理岗位人员执行职务等级工资制，在工资结构上，主要分为职务工资和目标管理津贴两部分；技术工人执行工勤技术等级工资制，在工资结构上，主要分为技术等级工资和岗位津贴工资两部分。津贴部分全额拨款单位按工资构成中占30％计算。单位根据职务与技术职称制定岗位系数，然后按系数发放工资。自1993年10月1日起，工资标准每两年调整一次，工资标准调整后津贴相应提高。

2006年，机关事业单位工资再一次进行改革。工资结构发生变化，主要由岗位工资、薪级工资、绩效工资、津贴工资组成。岗位工资：专业技术人员正高级专业技术岗位人员，分别执行一至四级岗位工资标准；副高级专业岗位人员，分别执行五到七级岗位工资标准；中级专业岗位人员，分别执行八至十级岗位工资标准；助理级专业岗位人员，分别执行十一至十二级岗位工资标准；科员级专业岗位人员，执行十三级岗位工资标准。薪级工资：工作人员按照个人套改年限、任职年限和岗位等级，结合工作表现，套改相应的薪级工资，每年递增一级。津贴补贴：包括艰苦行业补贴、野外勘测工作津贴、水质化验有毒岗位津贴。绩效工资：国家对事业单位绩效工资分配实行总量调控和政策指导。事业单位在上级主管部门核定的绩效工资总量内，按照规范的分配程序和要求，采取一定系数分配形式和办法，自主决定本单位绩效工资的分配。绩效工资分配以工作人员的实绩和贡献为依据，合理拉开差距。

2010年1月1日起，根据有关政策实施绩效工资，包括基础性绩效和奖励性绩效两部分，其年度总量由省人社厅核定。2012年，徐州水文局制定绩效工资实施方案，经职工代表大会审议通过并报上级部门审批后执行。2013年以后，全局绩效工资每年均按省人社厅核定的绩效工资总额发放。月度绩效奖、年度绩效奖人均控制标准：月度绩效奖按人均1500元控制；年度绩效奖按人均1万～1.5万元控制，预留绩效工资总量的3％～5％用于各类专项奖励。2015年，江苏省人力资源和社会保障厅通过苏人社发〔2015〕208号文件转发《人力资源社会保障部财政部关于调整野外地质勘探工作人员基本工资标准的通知》，从2014年10月1日起，提高基本工资标准，同时将部分绩效工资纳入基本工资。2017年8月，徐州水文局制定《徐州分局创收服务激励实施办法》（苏徐水文〔2017〕49号），办法制定激励总量分成两部分，约各占50％。一部分用于平时创收活动直接参与人员；另一部分年底结算后平衡、统筹安排，对象是为创收服务做出贡献及提供支撑保障的所有人员。在弥补单位绩效工资总量120％控高线的缺口后，在创收结余中按不高于20％的比例提取激励资金，提取的激励资金总量，控制在人均1.5万元以内。2018年停止执行《徐州分局创收服务激励实施办法》。

（二）社会保险

医疗保险制度：从单位设立到1989年，徐州水文局在职和离退休人员享受公费医疗待遇。从1990年开始至今，徐州水文局在职和退休人员享受徐州市医疗保险待遇。

养老保险制度：2015 年，国务院印发《国务院关于机关事业单位工作人员养老保险制度改革的决定》（国发〔2015〕2 号），徐州水文局按上级主管部门规定从 2014 年 10 月 1 日起，实行社会统筹与个人账户相结合的基本养老保险制度，基本养老保险费由单位和个人共同负担。

失业保险：从 1999 年开始，徐州水文局按徐州市社保部门规定缴纳在职在编人员失业保险。

（三）福利

根据有关规定，每年在职工福利费中列支困难职工家庭、职工遗属困难补助。

2018 年 6 月，江苏省水利厅工会印发《关于贯彻落实〈江苏省总工会关于贯彻落实全国总工会基层工会经费收支管理办法的实施细则〉的意见》（苏水工〔2018〕16 号），文件规定：①节日慰问品为每年每人 1800 元，分 3 次发放。②生日慰问蛋糕券为每年每人 400 元。③会员生病住院，应予看望慰问。住院未经手术的给予不超过 1000 元的慰问金，住院并手术的给予不超过 2000 元的慰问金。④工会会员去世时，给予不超过 3000 元的慰问金；会员直系亲属（本人的配偶、父母和子女）去世时，给予不超过 2000 元的慰问金。⑤会员本人及家庭因大病、意外事故等原因致困时，可参照会员生病住院一次性给予 1000～2000 元慰问金。会员本人及家庭因家庭变故等原因致子女就学（国内本科及以下年级）困难的，可给予帮扶助学金，义务教育阶段每学年可给予不超过 1000 元的助学金，非义务教育阶段每学年可给予不超过 2000 元的助学金。

三、住房保障

自 1998 年开始，徐州市进行住房制度改革，对 1998 年 11 月 30 日后参加工作的新职工，单位为其逐月缴存的住房补贴纳入住房公积金统一管理，补贴基数与住房公积金缴存基数相同。公有住房按房改方案出售给职工，同时按月发放住房公积金（月工资总额的 5%～12%）、老职工提租补贴（月工资总额的 4.9%～6.1%）、新职工住房补贴（月工资总额的 12%）。老职工住房面积未达标的，差额部分一次性发放住房补贴。

2016 年，根据徐州市公积金管理中心发布的《关于调整市级机关租金补贴和逐月住房补贴比例的通知》，在规定范围的"新职工"逐月住房补贴缴存比例执行 22%，老职工提租补贴比例执行 15%。

2018 年 11 月，徐州市机关事务管理局、市住房保障和房产管理局、徐州市住房公积金管理中心、市财政局、市人力资源和社会保障局联合发布《关于调整市级机关租金补贴和逐月住房补贴政策的通知》，规定从 2019 年 1 月 1 日起，老职工租金补贴由 15% 调整为 20%，新职工逐月住房补贴由 22% 调整为 24%，离退休人员租金补贴由 15% 调整为 20%。

第六节　科技服务

一、水文服务管理

徐州水文服务管理，主要是执行国家、省水利厅和省水文总站的有关规定和标准，并结合徐州水文实际情况制定实施细则，对水文服务工作进行规范和管理。

按照省厅对水利改革的部署，为推动水文改革的深化和事业的发展，1984年7月，省水文总站制定《江苏省水文技术对外服务各项收费标准及分成使用试行办法》。1988年以来，为进一步加强对水文技术咨询有偿服务的管理，根据水电部的有关规定，江苏省水文总站制定《江苏省水文技术对外服务收费标准》，江苏省水利厅以苏水文〔1989〕01号文报省物价局备案，并在全省颁发试行。该收费标准对收费的范围、原则、办法、标准等都做较明确的规定，改变以前有偿服务界限不清、收费混乱的状况，统一收费标准。同时，修订《江苏省水文技术对外服务暂行管理办法》，办法中对有偿服务的范畴、收费原则及标准、收入的分配和使用以及财务管理的要求，均做出具体规定。有偿服务毛收入扣除直接和间接成本后的纯收入，不得少于毛收入的30%，同时强调对有偿服务收入加强财务管理，无论是通过银行转账或收取现金，应统一由单位财务部门（人员）出具由财政部门制发的统一票据，并按规定分户立账、分项核算和编制财务报表，纳入行政事业财务管理工作的正常轨道。1988年底，全省水文技术对外服务已列入江苏省第三批省以上收费项目，使水文科技咨询服务工作正规化。

1992年4月，下发《国家物价局、财政部关于发布中央管理的水利系统行政事业性收费项目及标准的通知》（价费字〔1992〕181号），其中明确各级水文部门为工农业、交通运输业、地质矿产、环境保护等行业和企事业单位生产经营和创收活动提供的各种专项服务（包括提供水文资料、报汛、水质化验等），可以本着自愿互利的原则开展有偿服务。水文专业有偿服务费的具体标准暂由省级物价部门会同财政部门制定。1994年11月，江苏省物价局、财政厅、水利厅转发水利部关于《水文专业有偿服务收费管理试行办法》的通知。2002年5月，根据上级部门的相关规定，结合徐州水文工作实际情况制定《徐州水文水资源勘测局水文科技咨询有偿服务管理实施细则》，并于2006年8月、2009年8月两度对该实施细则进行修订和完善。实施细则对服务项目的组织机构、业务管理、收支标准、财务管理和保障措施等做了明确的规定。2014年起，上述规定不再执行。

二、有偿经营管理

2000年后，为更好地开展综合经营和水文科技咨询服务，水文系统设立了多家公司。具体为：①徐州市润彭科技咨询有限公司，2004年2月成立，为集体所有制，法人吴成耕。2015年8月，该公司在徐州工商行政管理局泉山分局办理公司注销业务。②徐州市金河水文水资源技术服务中心，2005年成立，注册资本100万元，公司法人吉文平。③徐州市陆源科技咨询有限公司，成立于2005年，为集体所有制，法人尚化庄。该公司于2015年8月在徐州工商行政管理局泉山分局办理公司注销业务。④徐州市文润工程水文勘察服务有限公司，成立于2015年，法人为查茜，注册资本为50万元。该公司于2018年在徐州工商行政管理局泉山分局办理公司注销业务。

三、经营服务项目

1984年起，徐州水文分站根据站区特点，先后为有关单位完成"大运河徐塘闸段水流情况分布验证试验研究"，大运河（徐州段）、丁万河、邳苍分洪道、沂河河口等河道地形测量及徐州市自来水公司管道线路测量等项目的咨询服务。至1988年，共创收28.7万元。

90年代后，先后为有关单位完成徐州纸板总厂取水水源论证项目、"世行贷款农溉项目"水质监测评价、彭城电厂二期工程取水水源及弃水对水环境的影响论证、市区水质监测和冲污水费收取等综合经营项目。

2004年1月5日，徐州水文局与垞城电厂签订水土保持方案编制合同，该项目为全局第一例水土保持技术咨询服务项目。2013—2016年，徐州水文局对外完成经营项目主要分为水质监测项目、水资源论证项目、水土保持项目、测绘测量项目、防洪影响评价等。2017—2018年，徐州水文系统转变服务观念，树立高质量发展，规避各类风险，以服务融合促发展，以保证职工政策性福利为基础，全面压缩"小报告，大消耗""低回报，高风险"的创收服务项目。

表 10 - 2 2013—2018 年徐州水文局服务项目创收统计表　单位：万元

年份	水质监测项目收入	水资源论证项目收入	水土保持项目收入	测绘项目收入	防洪评价项目收入	水文监测项目收入	达标整治方案收入	其他综合项目收入	合计
2013	96.00	200.70	124.32	16.80	186.00	23.00		288.01	934.83
2014	189.88	541.00	200.90	583.89	389.10	110.00		482.77	2497.54
2015	103.42	212.60	281.30	368.80	246.00	43.00		276.09	1531.21

表10-2（续）

年份	水质监测项目收入	水资源论证项目收入	水土保持项目收入	测绘项目收入	防洪评价项目收入	水文监测项目收入	达标整治方案收入	其他综合项目收入	合计
2016	99.92	294.50	269.56	311.41	271.80	33.00	45.00	246.02	1571.21
2017	427.15	206.00	383.45	150.85	229.76	197.38	153.00	374.78	2122.37
2018	159.26	313.30	156.00	308.50	98.20	64.00	98.00	87.14	1284.40
合计	1075.63	1768.10	1415.53	1740.25	1420.86	470.38	296.00	1754.81	9941.56

第十一章 党群工作

　　50 年代以来，水文事业发展的实践证明，各项工作不断迎来发展的光明前景、水文现代化的实现，关键在于党的领导。在省水利厅党组、省水文局党委的坚强领导下，徐州水文局党的建设不断加强，从支部、总支到党委成立，领导班子建设逐渐完善；积极分子被吸收入党，基层党组织力量壮大起来；政治功能不断增强，全面从严治党得到进一步落实；工会、共青团、妇委会等群团组织的桥梁与纽带作用进一步发挥，党员干部职工的凝聚力、向心力进一步增强，营造出风清气正、团结奋斗的良好政治生态。从 90 年代起，为适应水文事业不断发展的要求，全市水文系统逐步加强精神文明建设、文化建设和水文宣传工作，内强自身素质、外树水文行业良好的社会形象，为水文事业全面可持续进步提供强大动力支持。文明单位创建是单位发展的软实力，是推进各项工作的重要基础。徐州水文局坚持物质文明建设与精神文明建设两手抓，精神文明创建、思想文化建设等成效突出，从而推动各项事业的全面协调发展。

第一节 党的建设

一、组织建设

　　1958 年，徐州专署水利局内设水文科，主管全区水文业务工作。同年 10 月，徐州专区水利局党组建立，徐州水文分站为其所属基层党支部之一。60 年代到 80 年代，这一段时间内水文归属管理权在地方与省管之间来回变动，直至 2017 年底，徐州水文局组织关系一直保留在水利局。2017 年 12 月，江苏省水文局党委正式将全省水文系统各市水文机构党组织关系上收，统一管理。

　　随着水文事业不断发展，水文党员队伍迅速发展壮大，从党支部、党总支到党委成立，徐州水文系统的组织建设不断增强。1980 年 6 月恢复省水利厅管理后，于 1985 年 1 月成立徐州水文局党支部，李学文任党支部书记，毛宜诺为副书记。2007 年 1 月，中共徐州水文局党总支（筹）召开党员大会，选举产生局第一届党总支委员会，同时选举成立机关党支部、邳新睢党支部、丰沛铜党支部、离退休党支部。2017 年，徐州水文局党总支换届选举，撤销机关党支部、邳新睢党支部、丰沛铜党支部，保留离退休党支部，改变原来机关科室之间、基层中心之间的横向设置模式，实行一个科室对应一个监测中心，两两结合，纵向组建6个党支部，机关与基层的联系更加密切，有利于压力责任的传导。2018年5月，经省厅党组、省局党委批准，徐州水文局成立党委并产生第一届党委委员，李沛、吴成耕分别当选为书记、副书记。1978—2018年徐州水文局中共组织领导班子情况见表11-1。

2018年，在全局动员投身社会能力提升的过程中，在湖西、邳州、睢宁等测绘工地上探索实践临时党支部建设。在临时党支部协调下，在各支部配合下，业务和思想工作均取得积极效果。

表11-1　1978—2018年徐州水文局中共组织领导班子情况一览表

党组织名称	成立时间	书记	副书记	委员		
徐州专区水文分站党支部	1978年	孙福春	李学文（1979年）	关垣		
徐州市水文分站党支部	1985年1月	李学文	毛宜诺	李家振		
徐州市水文分站党支部	1989年4月	李学文	毛宜诺	李家振	韩曙光	仝太祥
徐州水文水资源勘测局党支部	1999年1月		李明武			
徐州水文局党总支	2007年1月	李明武	刘沂轩	吴成耕	尚化庄	唐文学
徐州水文局党总支	2012年6月	陈卫东	刘沂轩	吴成耕	尚化庄	唐文学
徐州水文局党总支	2017年3月	李沛	刘沂轩	吴成耕	尚化庄	唐文学
徐州水文局党委	2018年5月	李沛	吴成耕	刘沂轩	刘远征	唐文学

二、主要工作

（一）纪检监察

2000年以来，随着党中央对反腐败工作的日益重视，省水利厅、省水文局纪检监察工作逐步规范严格，从组织机构、监察人员队伍建设等方面一步步充实、健全。2001年7月，省水利厅、省水文局先后批复徐州、连云港、盐城等11个水文局设立监察室，与综合科合署办公。同年9月，省水文局任命韩曙光为徐州水文局监察室主任。之后，党的十七大、十八大将党风廉政建设不断推上新高度，"党与腐败水火不相容"、监督的"无禁区、全覆盖、零容忍"等思想和理念深入人心，同时更加突出强化监督，旗帜更鲜明，态度更坚决，为纪检监察工作指明方向。自此，徐州水文局纪检监察力量不断得以充实、加强。2017年6月，局党总支明确查茜任纪检监察员。2018年5月，徐州水文局党总支召开党员大会，成立第一届党委会，吴成耕当选副书记、纪检委员。

（二）思想建设

2000年之前，徐州水文局对党的政策、理论方针宣传，因条件所限，局限于组织职工集中学习、交流学习心得体会等单一形式。2000年以后，随着经济社会发展，信息时代影响遍及各行各业。徐州水文局对党的方针、路线宣传紧跟时代形势与需要，通过"走出去""请进来"，以讲座、培训班以及寓教于乐形式的文体竞赛等活动进行。

2001年6月底，局党支部组织全体在职及离退休党员赴台儿庄抗日烈士纪念馆参观学习，组织全体党员学党章、重温入党誓词等系列纪念中国共产党成立80周年纪念活动。另外，参加全省水文系统"为水利建功，为党旗增辉"演讲比赛活动，5名职工提交演讲稿。全体在职职工均参加省局举办的"爱党爱国爱水文"知识竞赛。通过丰富多样的形式在党员干部中宣传党的政治理论思想，为迎接党的十六大召开营造良好的政治氛围。2005年7—8月，党中央在全体党员中开展先进性教育活动。徐州水文局党支部按照总体部署，开展寓学于实践的特色活动，受到徐州市水利局党委的充分肯定与认可。

2007年，党的十七大顺利召开。徐州水文局组织机关全体人员参加徐州市水利系统学习贯彻十七大精神专题报告会，报告邀请徐州师范大学校长徐放鸣教授做讲解，对于宣贯学习党的十七大精神，进一步解读大会精神内涵具有重要作用。2011年8月，徐州水文局党总支认真按照上级党组织的部署要求开展创先争优活动。活动创新载体、亮点突出，台账精细全面，徐州水文局于2012年七一前夕在市水利局党委召开的2010—2012年创先争优表彰大会上受到表彰。2014年3月，为更好地宣传贯彻党的十八大精神，根据统一部署，徐州水文局党总支召开党的群众路线教育实践活动动员大会，对党的群众路线教育实践进行全面部署。徐州市水利局党委第六督导组成员到会指导。

2015年8月，徐州水文局党总支承办全省水文系统党内法规知识竞赛第二赛区竞赛活动。泰州、南通、淮安、盐城、南京、宿迁、连云港、扬州分局等8支参赛队伍以及各家领队、观摩人员近120人在现场观摩。通过检验考核党内法规知识水平，促进党员干部进一步增强党纪法规知识学习，增强规矩纪律意识，提升党性素养。2016年7月，徐州水文局党总支联合宿迁、连云港分局，在淮海战役烈士纪念塔同上"两学一做"学习教育情景党课，3家分局党员干部共计120余人共同观看情景党课，深受教育。2017年6月，徐州水文局党总支牵头主办苏北片区水文党建文化交流活动。徐州、宿迁、连云港、淮安、盐城分局等5家单位负责人、党务干部齐聚一堂，通过开展创新党建工作交流座谈、党建工作图片展等形式交流基层党组织建设工作经验。与会人员还前往徐州淮海战役烈士纪念馆参观学习，一同面向党旗重温入党誓词。同年9月底，徐州水文局党总支开展"喜迎十九大 永远跟党走"主题党建文化活动，向即将召开的党的十九大，向新中国成立68周年，献上水文人特殊的贺礼。通过与结对共建单位丰县首羡镇李药铺村、云龙湖水库管理处等一同上情景党课、开展创新党建工作交流座谈、开展主题文艺演出等形式，喜迎党的十九大召开，以寓教于乐的形式宣传党的路线方针政策，把全体党员干部职工的思想与行动统一到党中央的决策部署上来。12月，党的十九大召开后，局党总支邀请党的十九大代表、徐州市排水管网养护管理处下水道四班班长马静，为全体党员干部职工宣讲党的十九大精神。

2018年，徐州水文局党委抓住庆祝改革开放40周年、新中国成立69周年等契机，开展"奋进新时代 颂歌献给党""致敬改革路 砥砺新征程""不忘初心 牢记使命"等大型主题党建、团建活动。全局累计300余人次参与到上述党建文化活动中，策划编排舞蹈、相声、大合唱等30余个节目。其中原创作品舞台剧《改革创新一脉相承 水文精神一脉相传》、快板《江苏水文明天更美好》、相声《那些年那些事》等作品都是对党的十九大精神以及习近平新时代中国特色社会主义思想的贯彻宣传，党员干部自编自演多个主旋律作品，表达对党、对国家的热爱，促进党员干部交流十九大精神以及习近平新时代中国特

局党委开展"奋进新时代 颂歌献给党"主题党建文化活动
（2018年7月，局办公室供稿）

色社会主义思想的学习体会、心得成果。12月，局党委组织全体在职党员赴河南林州红旗渠干部学院，举办"不忘初心 砥砺前行"红旗渠精神专题培训班。

（三）结对共建

徐州水文局党委广泛开展与水利兄弟单位、社会其他行业等结对共建活动，通过"支部结对""党建搭桥"开展联建联创，形成徐州水文党建独特的工作模式，收到丰硕的工作成果。

在局党委层面：2017年7月，徐州水文局党总支与丰县首羡镇李药铺村党支部签订共建协议，先后投入12万元资金用于建设该村文化休闲设施；主汛期暴雨洪水期间，第一时间派人前往李药铺村实地调查水情、雨情和受淹情况，为他们改造田间沟渠，改善排水排涝环境出谋划策；夏天送清凉，冬日送温暖，节日去慰问，不定期地去看望孤寡老人和困难住户，真正和帮扶对象面对面接触，切实履行帮扶共建责任。在全局举行的多次党建文化活动中，李药铺村党支部受邀参加演出，选送歌曲、戏曲、唢呐等节目，交流党建工作经验。

在党支部层面：2017 年 9 月，第一党支部与徐州市水利局下属单位云龙湖水库管理处党支部；2018 年 2 月，第三党支部与徐州市排水管网管理处下水道四班党支部，先后分别签订共建协议，为双方单位交流合作创造良好的机会和平台，形成"资源共享、党建共做、优势互补、协调发展"的基层党建工作新格局。通过季度、半年、年度定期工作交流座谈，重要时间节点联合开展党建主题文化活动，交流互鉴党建工作成果等，形成学习上常交流、工作上多研究、活动上勤沟通、资源上互共享的有利局面，促进共建双方融合发展。

第二节　群团组织

一、工会

与党组织关系一样，水文工会管理一直归属地方水利局工会。1985 年 4 月，第一届市水利职工代表大会召开，成立第一届工会委员会，5 月，徐州市水文分站工会成立，李家振任工会主席，章吉林、范荣达任工会副主席。徐州市水文分站工会成立以来，重视抓好工会自身建设，李家振、韩曙光等分别于 1989 年、1993 年当选市水利局工会委员。积极参加市水利局工会 1985 年、1989 年、1993 年、1997 年举办的全市水利系统职工运动会，比赛项目有田径、象棋、自行车慢骑、篮球、足球、乒乓球等，并取得不错的成绩，展现了水文队伍良好的自身形象。

2000 年后，随着工会建设不断加强，工会的组织建设进一步规范。2012 年 8 月 8 日，徐州水文局召开工会委员会换届选举大会，吴成耕、周光明、郑长陵、查茜、郭伯祥 5 人当选新一届工会委员，吴成耕任工会主席，周光明任工会副主席。2017 年 6 月 28 日，徐州水文局召开工会委员会换届选举大会，刘沂轩、杜珍应、李超、查茜、郭伯祥 5 人当选新一届工会委员，刘沂轩任工会主席，杜珍应任工会副主席。在积极参加市水利局工会开展的相关活动的同时，局工会发挥桥梁纽带作用，组织职工广泛开展歌咏比赛、文艺联欢活动、送温暖献爱心公益活动等，活跃职工业余生活，丰富文化建设内涵。12 月，徐州水文局工会隶属关系正式上收至江苏省水文局工会统一管理。2018 年 2 月，徐州水文局工会创新人文关怀工作方法，在职工中开展"重病大家帮"活动，全局职工自愿签署"重病大家帮"协议。2018 年，在关爱离退休职工的工作中，局工会推出"四个一"活动，即"一月一联系，一季一走访，一节一聚会，一年一慰问"。

二、共青团

1984 年 11 月，徐州市水利局团总支成立，徐州市水文分站李家振任兼职副书记。1985 年 6 月，徐州市水文分站团支部成立，韩曙光、王爱民、周丽丽组成支部委员会，韩曙光任团支部书记。1987年6月，徐州市水文分站团支部换届选举，吴成耕为团支部书记，盛建华、周丽丽为团支部委员。1989年8月，徐州市水文分站团支部换届选举，吴成耕为团支部书记，盛建华、郭伯祥为团支部委员。徐州市水文分站团支部重视团的建设工作，在物资匮乏的年代，在青年职工中定期开展象棋、乒乓球、扑克牌等竞赛活动，团结带领团员青年爱岗敬业、奋发进取、建功立业。

2000年以来，事业单位人才引进实行公开招聘制度，高校优秀的大学毕业生陆续踏入水文行业，一批年轻的新鲜血液加入共青团干部队伍。2003年12月，经党支部推荐，团支部大会通过，刘沂轩为团支部书记。2012年8月，局第四届团支部委员会换届选举，李波为团支部书记，吴成秋、陈磊为支部委员。2015年6月，徐州水文局团支部获得徐州市五四红旗团支部称号。2017年6月，徐州水文局第五届团支部委员会换届选举，徐委为团支部书记，万永智、吴成秋为团支部委员。新时代团支部班子，思想活跃，工作热情高，干劲足，围绕全局中心工作，带领团员青年投身志愿服务、扶贫帮困、交通协勤等文明有礼实践活动之中，为徐州市文明城市建设、为徐州水文局单位形象塑造贡献力量。2017年12月，省水文局第一届团代会在南京召开，标志着全省水文系统团组织关系正式上收省水文局统一管理。全省水文系统近百名青年团员参加会议，徐州水文局团支部书记徐委当选省水文局团委委员。

徐州水文局团支部有计划有重点地将团员中的优秀分子积极向党组织推荐，并协助党组织对入党积极分子进行考察培养，为党的事业不断输送新鲜血液和有生力量。2000—2018年，先后有28名团员向党组织递交入党申请书，其中，22名团员经考察培养顺利加入党组织。一批团员青年、年轻党员在防汛水文测报、水资源监测、水文对外服务、大型党建文化主题活动等工作中独当一面，争做排头兵和突击队，涌现出江苏省水利技术能手、全国水利技术能手、全国五一劳动奖章等荣誉获得者。

第三节　文明创建与文化建设

一、精神文明创建

1985年，全省水文工作会议上，省水文局向全系统发出开展"双先"竞赛活动的号召，徐州市水文分站积极响应。6月，开展"创建先进集体 争当先进个人 建设文明水文站"竞赛活动，结合站区实际以中心站、股为单位创建先进集体，以水文测站为单位创建文明站，中心站评选先进职工及委托观测员、分站表彰先进个人。7月，出台《建设文明水文（测）站细则》，至此，文明测站创建工作被摆上重要工作日程。1990年11月，港上水文站被授予全国水文系统先进水文站。1998年，徐州水文局按照省水文局统一部署，在创建达标水文站的基础上积极开展文明测站、文明科室、文明职工创建活动。

2000年，根据省水文局要求结合本单位工作实际，制定创建方案，持续深入开展达标水文站、文明水文站创建活动。5月，沛城、运河、新安水文站被省水文局授予文明水文站，港上、汉王、林子、丰城闸、刘集闸、蔺家坝、沙集西闸水文站被省水文局授予达标水文站。2004年，根据省水文局印发的《江苏省水文系统创建文明测站评选实施细则》，全局进一步健全文明测站创建组织，制定创建工作计划，将文明创建与水文测站日常管理有机结合，相互促进。2006年2月，丰县水文监测中心作为徐州水文局县级水文机构，被县级文明委命名表彰为2003—2004年度文明企事业单位。2012年，新沂水文监测中心、邳州水文监测中心分别被授予新沂市文明单位、邳州市文明单位称号。

2004—2005年，在创建省局文明测站的基础上，按照部水文局《关于做好全国水文系统文明水文站推荐工作的通知》要求，徐州水文局从思想觉悟高、政治素养强、业务技能全面精准、工作质量优良可靠、劳动纪律规范严明、管理制度全面合理等方面强化文明测站创建。2004年下半年，在创建省级和全国文明测站的同时，徐州水文局把创建江苏省水利系统文明单位摆在精神文明建设重要位置，扎实开展创建活动。抓学习、强业务、树道德，全面建设一支高素质干部职工队伍，努力打造文明单位新形象。经过全局职工共同努力，机关作风显著转变，内部管理水平显著提高。2005年3月，省水利厅授予徐州水文局2003—2004年度全省水利系统文明单位荣誉称号。2005年，徐州水文局重视文明创建内涵拓展与不断深化，拓展省级、市级青年文明号等文明创建载体，进一步深化文明创建工作深度与广度。2006年8月，徐州水文局新沂水文水资源监测中心获得省级机关青年文明号称号，并一直保持此项荣誉至今。2014年3月7日，徐州水文局水情科被授予2013年度徐州市青年文明号，综合得分在机关事业类排名第二。

2009年，徐州水文局提出创建江苏省文明单位工作目标，制定创建计划和实施方案，在全省水文系统中作为首批单位创建江苏文明单位在线风采展示平台，创建平台网页设计精美，信息维护认真及时，受到徐州市文明委检查组的充分肯定与赞誉，彰显水文行业团结协作、文明活力的社会形象，成为对外宣传、展示徐州水文形象的重要窗口。徐州水文局2012年、2016年、2018年先后被江苏省文明委授予2010—2012年度江苏省文明单位、2013—2015年度江苏省文明单位、2016—2018年度江苏省文明单位称号。

2010年，徐州水文局在做好系统内文明创建工作的同时，积极参与地方文明创建，通过发挥水文防汛防旱等重要支撑作用，服务徐州地方经济建设发展。坚持党风廉政建设，筑牢思想道德防线；加强文化建设，丰富水文文化内涵；注重加强职工教育学习培训，提高队伍整体素质；开展志愿服务、公益宣传等文明实践活动，为徐州市创建全国文明城市贡献力量。2010年4月，在徐州市政府召开的创建全国文明城市

工作推进大会上，徐州市精神文明建设委员会授予徐州水文局2006—2008年度徐州市
文明单位称号。2012年、2015年、2018年，徐州水文局先后被授予2009—2011年度
徐州市文明单位、2012—2014年度徐州市文明单位、2015—2017年度徐州市文明单位
称号。1977—2018年徐州水文系统获得集体荣誉情况见表11-2。

表11-2　1977—2018年徐州水文系统获得集体荣誉一览表

序号	单位名称	荣誉称号	授奖单位	授奖时间
1	沛城水文站	全国水文战线学大庆学大寨先进单位称号	水利部	1977年
2	港上水文站	全国水文系统先进水文站	水利部	1990年11月
3	港上水文站	全省水文系统先进个人	省水利厅	1991年5月
4	徐州水文水资源勘测处	全省水文系统先进集体	省水文局	1995年3月
5	铜山水文中心站	全省水文系统先进集体	省水文局	1997年5月
6	沛城水文站	文明水文站	省水文局	2000年5月
7	运河水文站			
8	新安水文站			
9	港上水文站	达标水文站		
10	汉王实验站			
11	林子水文站			
12	丰城闸水文站	达标水文站		
13	刘集闸水文站			
14	蔺家坝水文站			
15	沙集西闸水文站			
16	新沂水文水资源监测中心	2000年度省级机关青年文明号	共青团省机关工委	2001年2月
17	徐州水文局	第三届省水文勘测工技能大赛优秀组织奖	省水利厅	2001年12月
18	徐州水文局	全省水利系统2001年度先进单位	省水利厅	2002年2月
19	丰县水文站	2003—2004年度文明企事业单位	丰县委员会	2006年2月
20	徐州水文局	2005年度徐州市防汛先进集体	徐州市防汛防旱指挥部	2006年3月

表 11-2（续）

序号	单位名称	荣誉称号	授奖单位	授奖时间
21	徐州水文局	2004—2005年度全省水文系统办公室先进集体	省水文局	2006年9月
22	徐州水文局	2005—2006年度全省水利系统文明单位	省水利厅	2007年1月
23	徐州水文局水质科	全省水文系统2005—2006年度先进集体	省水利厅	2007年5月
24	铜山水文中心站	2006—2012年度水资源管理工作先进单位	铜山县（区）政府	2007年7月至2013年
25	徐州水文局	2007年度全市水利工作先进集体	市水利局	2008年1月
26	丰城闸水文站	2007年度文明测站	徐州水文局	2008年6月
27.	沛城闸水文站			
28	蔺家坝水文站			
29	林子水文站			
30	港上水文站			
31	运河水文站			
32	新安水文站			
33	徐州水文局	2007—2008年全省水利系统文明单位	省水利厅	2008年12月
34	徐州水文局	南水北调东线徐州段工程2008年度工程建设先进集体	市南水北调建设领导小组	2009年3月
35	徐州水文局	2007—2008年度全省水文系统先进集体	省水文局	2009年4月
36	徐州水文局	庆祝新中国成立60周年水利职工篮球精神文明奖	市水利局	2009年10月
37	徐州水文局	2006—2008年度徐州市文明单位	市精神文明建设指导委员会	2009年11月
38	徐州水文局	庆祝新中国成立60周年水利职工歌咏比赛特别奖	市水利局	2009年10月
39	徐州水文局	2006—2008年度徐州市文明单位	市精神文明建设指导委员会	2010年4月

表11-2(续)

序号	单位名称	荣誉称号	授奖单位	授奖时间
40	徐州水文局	2009年度全省水利先进单位	省水利厅	2010年6月
41	新沂水文水资源监测中心	2009年度省级机关青年文明号	省水文局	2010年12月
42	徐州水文局	2009—2010年度全省水利系统文明单位	省水利厅	2010年12月
43	徐州水文局科技开发科	全省水文系统创建党员示范窗口(科室)	省水文局	2011年2月
44	徐州水文局	庆祝建党90周年暨纪念三八妇女节女职工诗歌朗诵比赛优秀奖	市水利局	2011年3月
45	沛县水文水资源监测中心	2008—2011年度沛县文明单位	沛县精神文明建设指导委员会	2012年2月
46	铜山区水文水资源监测中心	2008—2011年度铜山区文明单位	铜山区精神文明建设指导委员会	2012年2月
47	徐州水文局	庆祝建党91周年暨纪念三八妇女节女子广播操比赛三等奖	市水利局	2012年3月
48	新沂水文水资源监测中心	2008—2010年度新沂市文明单位	新沂精神文明建设指导委员会	2012年5月
49	徐州水文局党总支	2010—2012年度创先争优先进基层党组织	市水利局	2012年6月
50	徐州水文局	2009—2011年度徐州市文明单位	市精神文明建设指导委员会	2012年11月
51	徐州水文局	2011—2012年度全省水利系统文明单位	省水利厅	2013年3月
52	徐州水文局	2012年度保密工作先进单位	江苏省水利厅保密委员会	2013年4月
53	徐州水文局	测绘地理信息工作先进单位	徐州市国土资源局	2013年2月
54	徐州水文局	2010—2012年度江苏省文明单位	江苏省文明委	2013年11月
55	徐州水文局	全省水文系统"内强素质 外树形象 赢得尊重"征文优秀组织奖	省水文局	2014年11月

表11-2（续）

序号	单位名称	荣誉称号	授奖单位	授奖时间
56	徐州水文局	2012—2014年度徐州市文明单位	市精神文明建设指导委员会	2015年11月
57	徐州水文局	2013—2015年度江苏省文明单位	江苏省文明委	2016年11月
58	新沂水文水资源监测中心	江苏省工人先锋号荣誉称号	江苏省总工会	2018年4月
59	徐州水文局	2015—2017年度徐州市文明单位	市精神文明建设指导委员会	2018年12月
60	徐州水文局	2016—2018年度江苏省文明单位	江苏省文明委	2019年12月

二、文化建设

文化是单位发展的软实力。徐州水文局坚持发挥文化引领作用，特别是中共十七届六中全会《中共中央关于深化文化体制改革 推动社会主义文化大发展大繁荣若干重大问题的决定》发布以后，徐州水文文化建设不断加强。

2006年，重视水文对外形象塑造，结合徐州市文明单位创建工作需要，制作徐州水文宣传画册，全面展示水文党建、防汛测报、服务民生等方面工作业绩。2007年，承办四省五市水文协作会议，制作设计徐州水文宣传彩页、展板等，向山东省、安徽省、河南省等水文单位展示徐州在水文基础设施建设、人才队伍培养等方面的工作特色。2009年10月，局党总支精心组织职工开展庆祝新中国成立60周年歌咏比赛、组织青年职工开展篮球比赛，以职工喜闻乐见的形式歌颂新中国成立60周年，见证中华人民共和国"一甲子"的辉煌业绩。

2013年，开展"提升执行力"大讨论活动，通过讨论进一步强化全系统干部职工责任意识、执行意识、大局意识、效率效能意识，促进工作作风转变。组织全局职工40余人撰写心得体会，交流思想，并汇编成册在全局干部职工中学习交流。2015年，以新安水文站建站100周年为主题，建成集百年水文、科普知识、对外服务、基础设施建设等内容为一体，以水文老物件、视频、LED等多种形式展示的新沂市水文博物馆，多角度、全方位展现水文发展历史。新沂市水文博物馆受到地方政府高度重视，同时被挂牌为新沂市青少年科普教育基地和新沂市节水教育基地。同年7月，拍摄制作《专注小数据 服务大民生》宣传片，对全市水文"十二五"期间的工作成绩、发展情况做全面介绍。9月，开展"喜迎十九大 永远跟党走"主题党建文化活动，全局党员干部职工积极响应，踊跃投身到首次在单位层面组织的这一大型活动中，既负责活动策划，又负责组织协调；既负责节目创作编排，又亲自登台表演，成功打造出独具水文特色的相声、诗朗诵、舞蹈等节目，锻炼一大批年轻的党建文化建设骨干人才，在全省水文系统打响品牌，形成良好的示范引领作用。

2017年，为进一步加强先进典型选树工作，经徐州水文局党总支研究，每年评选爱岗敬业先锋、业务创新先锋、青年模范先锋、道德模范先锋、文化建设先锋各一名。同年9月，首届徐州水文局年度先锋人物评选正式开始，通过部门推荐、网络投票、综合评选等，万正成、宋银燕、陈磊、董鑫隆、徐委5人分别被评为爱岗敬业先锋、业务创新先锋、青年模范先锋、道德模范先锋、文化建设先锋。2018年4月，全体年轻党务干部在井冈山学习培训期间，以陈磊一家三代水文人为故事原型，创作出剧本《马列精神一脉相承 水文精神薪火相传》；5月拍摄出视频作品；7月该作品在省水利厅党建沙龙活动中展播；12月该作品被搬上舞台，打造出舞台剧，党务干部亲自饰演其中的角色，获得一致好评。同年7月，"声、悦、韵、恋、梦、魂"6个文体小分队正式命名成立，即水之恋器乐队、水之声歌唱队、水之悦书画队、水之梦曲艺队、水之韵舞蹈队、水之魂运动队。吸引全局三分之二的职工加入器乐、舞蹈、书画、运动等文体队伍。每个文体分队联合所属支部每两月一次分工负责开展党建文化活动，激活职工队伍活力，丰富水文文化内涵。

三、水文宣传

（一）法规宣传

2005年3月22日，徐州水文局邀请徐州电视台、《徐州日报》、《彭城晚报》等多家媒体共同宣传"世界水日""中国水周"。2009年3月，局长李明武就《江苏水文条例》贯彻实施接受徐州电视台记者采访；在市区故黄河岸边，合群桥水文站旁，现场请来舞狮队表演；设立水质化验操作演示台，水文职工向过往市民百姓发放水文知识宣传单，收到良好的宣传效果。2009年3月22日，徐州水文局参加由徐州电视台、市水利局组织，市政府、人大、政协等领导参加的世界水日、中国水周"水·使命 共享"主题电视晚会。

（二）报刊宣传

1991年起，《彭城晚报》《都市晨报》《中国水利报》、省水利厅网站、水利部水文局网站陆续登载介绍徐州水文局各方面工作的信息、文章和报道等。1997年，"7·17"暴雨洪水致使徐州市区遭受严重损失，水文防汛测报第一时间提供准确及时的雨情信息，为防汛指挥决策提供重要依据和技术支撑。7月19日，徐州水文局副局长吴成耕接受新闻媒体采访。

2017年2月16日，《中国水利报》以《江苏徐州水文局春节期间保障群众春节期间吃好水》为题，报道徐州水文局的春节期间骆马湖水源地监测专项行动。11月，徐州水文局陈磊获得第六届全国水文勘测技能大赛第一名。局党委高度重视加大对陈磊先进事迹的挖掘与宣传,《都市晨报》、《江河潮》杂志、《中国水利报》、江苏省委主办的《工作与学习》杂志等媒体对陈磊先进事迹进行广泛宣传,展示新时期水文人良好的素质与形象,进一步提升水文社会知名度。

（三）网络宣传

2012年4月,徐州水文信息网站平台（www.xzswj.com）上线。网站的上线,加强了水文系统与社会各界的信息交流与沟通,全方位宣传徐州水文,展示徐州水文的行业形象。2018年,徐州水文局打造互动多样宣传模式,建设信息交流平台;创建徐州水文微信公众号,向社会推送水文信息,把新闻宣传工作贯穿到水文服务的全过程;通过多种形式的新闻宣传活动,宣传水文工作取得的成绩,宣传水文部门为提升经济社会发展推出的新举措、新进展,深入广泛宣传相关政策法规等。

（四）阵地建设

2017年,徐州水文局拓展宣传阵地,增强发声渠道。与徐州《都市晨报》进行深化合作,定期宣传水文系统党建创新工作经验、徐州水文服务全面"河长制"、水生态文明建设等工作,扩大水文影响力。每年多次在徐州报业集团、《都市晨报》、"徐州快哉网"等新闻媒体专栏报道徐州水文服务地方社会发展的各项举措,起到良好的宣传效果。同年,成立6个文艺小队,打造文化品牌,宣传水文文化,定期开展丰富多样的文化宣传活动。

（五）宣传成果

2017年9月,联合共建单位李药铺村、云龙湖水库管理处成功主办"喜迎十九大,永远跟党走"文艺演出,向党的十九大,向新中国成立68岁周年,献上水文人特殊的贺礼。2018年2月,由徐州报业传媒集团、徐州市作风办联合主办,《都市晨报》承办的"2017为民办实事·市民口碑榜"评选结果揭晓,徐州水文局获优秀奖。7月,联合共建单位下水道四班、李药铺村、云龙湖水库管理处主办"奋进新时代,颂歌献给党"主题党建文化活动,

庆祝改革开放40周年主题活动

（2018年12月,局办公室供稿）

向党的生日献礼。12月，在改革开放迎来40周年之际，局团支部联合宿迁、连云港、淮安等水文分局成功主办"致敬改革路 砥砺新征程——庆祝改革开放40年主题活动"，通过主题文艺演出、团员青年交流座谈、图片展览等形式，共话片区水文事业改革发展40年的成果，表达水文职工拥护改革开放的心声，激发解放思想勇担当的斗志。

第十二章 融合发展

水文业务的发展始终与水利的发展、经济社会的发展密切相连，根据经济社会发展不同时期的需求，水文服务的对象和工作重点也在不断发生变化。60 年代，开展水文情报预报和水文水利计算；70 年代，服务于水资源开发利用和水环境保护；80 年代，开展水文实验，探寻水的运动规律，大量开展测绘业务，成为省水文系统首家乙级测绘资质单位；90 年代后，随着计算机、网络信息技术的发展，水文服务时效、质量、水平进一步提升。城市水文是为城市建设、发展和改善城市居民生活环境质量提供水文科学依据的综合性边缘学科，随着国家城市化进程的加快，水文工作的重要性日益凸显。经过近 30 年发展实践，徐州水文事业取得了一定成绩，为全市的经济发展、城市建设和改善居民生活质量做出了应有贡献，开展城市水情、水资源、水质监测，为徐州市防洪排涝提供科学依据，为水环境和供水安全提供技术支撑与信息服务，为居民生活提供方便和安全服务。水文作为水利事业发展的重要组成部分，各县水文负责人均同时为县防办副主任，水文为防办提供水雨情测报、水资源管理、水利专项规划、水利工程测量等方方面面做好服务。这一切，充分显示了水文业务与水利融合、与社会融合、与城市建设融合，更好地推动经济社会发展的重要意义与广阔前景。

第一节 传统项目

一、水文测报数据支撑防汛科学调度

2004 年起，徐州水文通过 2 兆电信光路将遥测信息链接至防办，徐州市防办可通过监控页面查看实时雨水情信息；开通飞信、企信通、水情综合业务系统等 3 个发送平台，保证水情短信息服务的安全可靠；每日水雨情短信定时发送，汛期及遇特殊雨情加密发送，平均每年发送服务短信 2 万余条。

二、水资源监测掌握河湖水质健康动态

徐州水文对接最严格水资源管理制度要求，布设水资源水文监测站网，对市县行

政区域边界、重要河湖节点、水功能区、水源地加强监测，全面开展水量、水质、水生生物和入河排污口等监测。开展城区污水处理厂尾水、入河排污口监测，实现水功能区全覆盖监测，为控制入河排污总量、掌握水质动态提供服务。作为污水处理厂尾水排放水质的第三方检测单位，定期对城区8个污水处理厂10处出水口尾水进行水质监测，编制监测简报；对各县市区进行入河排污口调查，对67个入河排污口进行监测；开展徐州市截污导流工程入河排污口水质水量监测等；对全市水功能区进行水质监测，编制水功能区月报、季报、年报，为最严格水资源管理制度的实施提供技术支撑；投身市政府提出的"水更清"行动计划之中，每月1次对市区故黄河、奎河、大龙湖等水体进行水质监测评价，每周1次对云龙湖进行水质监测评价，每月2次对骆马湖水生态进行监测。

三、南水北调量质同步监测

2013年5月、10月，2014年5月，南水北调一期江苏段工程先后3次进行试通水、试运行工作；2014年8月，进行南水北调南四湖生态应急调水；2015年4月20日至6月20日，南水北调工程调水出省；2015年12月19日至2016年5月13日，南水北调工程向山东供水，徐州水文局先后出动1000余人次，组建水位、流量、水质采样、水质化验、数据上报、后勤保障等6个工作小组，完成水文监测任务。试通水、试运行、生态应急调水及调水出省期间，全局累计布设流量、水质断面100余个，测流2500余次，化验水样1500余个，发布水位、流量等水文监测数据信息1200余条，水质数据5200余条。

四、水利工程技术咨询

1995—2015年，受市水利局委托，徐州水文系统参与沂沭邳、韩中骆、中小河流治理，南水北调工程，徐州市"三重一大"等一大批国家、省、市重点水利水务工程建设。自90年代以来，陆续开展建设项目水资源论证、防洪影响评价、水文水资源调查评价、建设项目水土保持方案编制、水土保持监测及监理、水土保持验收评估、工程测量、地下水监测、水质第三方公正监测等大量技术咨询服务工作，为水利防汛抗洪、水资源管理、水利水务工程建设等收集水文资料。

第二节 城市水文

随着城市建设迅速发展，人口密度不断增加，城市"热岛效应"越发明显，异常天气明显增加。城市水文站网的布设、提高监测城市降水量的能力、及时准确地掌握城市降水量的时空分布、为政府相关部门提供水文信息，成为水文系统的重要工作内容。1982 年 7 月 21 日，徐州市区 24 小时降水量 248.5 毫米，当时还没有设立城市水文站网，无法给出水文预报，市区大部分被淹，损失严重，给生产、生活带来很大困难。

90 年代初，江苏省水文水资源勘测局开始发展和实践城市水文工作。1991 年，徐州水文局在《中国水利报》发表《城市呼唤水文，水文需要进城》的文章，引发强烈反响。在徐州市政府的支持下，徐州水文局与市建委、水利局协作，以为徐州市防汛调度、城市供排水、水环境保护等提供便捷有效的水文信息服务为宗旨，1992—1995 年在徐州市区主城区陆续投资近 100 万元，先后建设袁桥、合群桥和水文阁等水文站，建设市建委、市水利局、下淀、翟山、乔家湖、李庄、大孤山、丁楼、矿务局、市政养护处、云龙湖、南望、黄山垅、电化厂、天齐庙等 15 个雨量站、3 个水位站和 1 处蒸发站。

1997 年 7 月 17 日，徐州市区发生百年不遇大暴雨，24 小时降水量 374.5 毫米，降水量超过 200 毫米的范围达 152 平方公里，城市水文站的监测信息发挥作用，分析预报出在当时的工情和强排能力下 48 小时可排市区地面积水量，为市政府组织的防洪调度与抗灾、救灾提供了可靠信息，降低了洪涝造成的损失，彰显城市水文工作的重要作用。暴雨过后，及时开展市区水文调查测量和水文分析，形成一套全面、完善、翔实的水文资料，为日后的市政建设、城市防洪规划制定等提供科学依据。

随着城市社会财富的积聚、政府机构的调整改革、城市的扩大，城市对水文的要求越来越高。2000 年，国家防汛指挥系统徐州示范区徐州水情分中心建成，为城市水文现代化创造条件和打造平台。利用水情分中心的网络、通信、系统资源对城市水文站网升级改造，城市水文的服务内容拓展到城市防洪、排水、水环境、水资源、规划设计和城市景观等多个方面。截至 2018 年，徐州市城区设有基本水文站 2 处，雨量监测点 32 处，水环境监测点 31 处，地下水站 38 处，蒸发站 1 处；中小河流建设 5 个水文站、7 个水位站，省界断面水文站 3 处。徐州水文局对徐州市区各类水体全覆盖、水文要素全监测，统一信息采集平台，对雨量、水位、流量等水文信息实现自动化测报。

徐州是历史文化名城、淮海经济区中心城市，尤其需要良好的水环境。2000 年后，徐州整修和美化云龙湖、故黄河、奎河等，开挖和建设大龙湖、九龙湖、九里湖、金龙湖。这些河湖水环境的好坏直接影响到城市的形象和市民的生活质量。徐州城市水文在城市河湖沿线设置水质监测站点，准确掌握水质、水量情况，提供定期分析评价，优化调水方案，为水环境保护提供服务。获取安全饮用水是人类生存的基本需求，城市水源地是保障城市供水的基础。徐州城区用水主要供水水源有地下水和地表水厂两部分。为保证居民的安全用水，徐州城市水文在水源地设置水质监测点，定期发布水质公报，为城市安全用水提供科学技术支撑。

2013 年，对全市 10 座主要下沉式立交桥安装 20 处水尺，为城市防汛决策提供信息支撑。在云龙区绿地小区新建排涝站、遥测站，为泵站运行提供实时水雨情信息，改变每逢暴雨小区排水不畅、积水严重影响几万户居民出行和安全的状况。城区南部云龙湖由东、西、南湖相连而成，水文阁坐落在云龙湖东北角，其大型电子广告牌每天滚动播放水温、水位、气温、天气预报、安全提醒事项和水文行业介绍的公告，加强市民对水文的了解，为沿湖游玩的市民提供安全保障。

第三节　与水利融合

进入新时代后，根据习近平总书记提出的"节水优先、空间均衡、系统治理、两手发力"的16字治水方针，徐州水文及时调整思路，规范水文业务发展，研究新的体制机制。

2017年7月28日，市水务局到徐州水文局调研工作，为更好地谋划水务水文工作，双方达成共识，通过"八个一"（构建"一家人"关系、确定一个高水平服务目标、编制一个规划、合作一批项目、筹备一个会议、下发一个文件、对接一项资金、组织一些活动）工作加强彼此融合，实现互利共赢。徐州水务水文融合发展新思想、新实践自此正式启动。8月，徐州市水务局、徐州水文局联合提出新时代徐州市水务水文融合发展，新型三级双重体制、机制。徐州水文编制《徐州市水务水文融合发展实施方案》，上报省水文局。《徐州市水利水文融合发展实施方案》明确新时期市县镇三级双重管理体制，即：在市水利局设水文处，全面参与业务工作；各县水文监测中心为县防办、县河长办成员单位，参与县区防汛、河湖管理工作；各镇水利站增挂水文监测中心牌子，与县水利局实行水文监测工作双重管理。该方案提出从市、县、镇三级层面全面明确水文水利一家人的关系，加强交流、信息共享等；为助推徐州水利河长制管理工作继续在全国保持领先，徐州水文充分发挥自身优势为徐州河长制管理工作做出贡献，在全市河长制管理河道实现100%水文监测全覆盖、全服务，详细制定全覆盖河道水文监测方案名录，包括覆盖率、监测范围、内容、频次等指标，夯实河长制管理所需监测数据基础；建立徐州市水文信息综合服务平台，将水功能区、河长制、水生态、防汛防旱、水资源管理等信息有效融合；通过综合服务平台，更高效、更精确、更全面地提供水文服务产品，诸如为市、县、镇三级防汛防旱及时提供雨水情信息、洪水预报，为水资源"三条红线"（即开发利用控制红线、用水效率控制红线、水功能区限制纳污红线）管理、河长制、水生态、地下水监测等提供预测预警、科学调度服务。10月，市水利局下发《关于徐州水务水文融合发展"八个一"工作任务分解表》，推动"八个一"工作内容一一落实。

2018年，三级管理体制落地。徐州水文局按照《省水文局关于同意成立徐州水文局驻徐州市水务局水文服务处的批复》，成立水文处；县级水文部门全面落实河长制成员单位、防办副主任单位；各县（市）区共计26家试点乡镇水利站签订基层水文服务体系合作协议。

第四节　与社会融合

立足水务水文融合发展，徐州水文局开展党建融合、行业融合、区域融合等社会融合新实践，统筹服务与融合，兼顾平衡与发展，取长补短，共同进步。

2017年，徐州水文局党委与丰县首羡镇李药铺村签订共建协议，为李药铺村脱贫攻坚贡献水文力量。9月，局第一党支部与云龙湖水库管理处签订共建协议，为提高国家5A级风景区云龙湖的水环境、水生态质量协同做好分内工作。2018年2月，局第三党支部与徐州市排水管网养护管理处下水道四班签订共建协议，互相了解、体验对方的工作内容，学习借鉴彼此长处。4月19日，徐州水文局与中国矿业大学资源学院召开科技创新工作座谈会并签署全面合作协议，共建校外实习基地、卓越工程师培养基地，发挥双方学科优势和技术优势，融合开展科研合作与人才培养。

第十三章 人 物

　　50 年代以来，徐州水文广大职工严格要求、敬业爱岗、刻苦学习、细心钻研、不断开拓、努力奋进，为收集水文资料、探求水文规律和测验方式、研究水资源特征及开发利用情况、服务经济社会发展做出了巨大贡献。更有人为此献出了宝贵生命，诠释了可歌可泣的奉献精神！在平凡的工作岗位上创造不平凡业绩的同时，也涌现出一大批水文专业人才、科技人才、文化建设人才，先后有一批先进典型人物分别受到国家有关部门，江苏省水利、水文等机构，以及徐州市政府和相关单位的表彰和奖励。

第一节 人 物 传 略

　　陈金堂（1941—1962）　江苏铜山人。1958 年参加工作，1962 年调铜山五孔桥径流站工作，任工程员。1962 年 9 月 1 日晨 5 时许，铜山县普降暴雨，山洪暴涨，由于风雨大，水流急，陈金堂在徐州专区五孔桥径流站测流时被山洪冲走，不幸牺牲，享年 21 岁。1963 年 3 月 27 日，省民政厅授予陈金堂烈士称号。

　　陈金堂恪尽职守，在暴雨洪水逼近威胁面前，不顾个人生命安危坚守防汛水文测报本职岗位，诠释了水文人认真、求实、负责、奉献的职业精神。为收集水文资料，他献出年轻宝贵的生命，引发水利水文人的深度思考，为后人树立模范榜样，彰显舍身忘我、无私奉献的高尚情操，塑造出水文人良好的社会形象。

　　杜宗山（1938—1964）　安徽宿县人。1956 年参加工作，徐州专区小王庄水文站助理技术员。1964 年 9 月 2 日，睢宁小王庄水文站附近突降雷暴雨，杜宗山冒雨观测水位，并准备施测流量，不幸遭雷击而因公殉职，享年 26 岁。

　　张棣华（1963—2015）　江苏邳州人。1983 年 11 月参加工作。1992 年参加江苏省水文勘测工技能竞赛，获总分第一名。1997 年参加江苏省水文勘测工技能竞赛，获内业、外业及总分第一，被授予江苏省机关事业单位技术能手称号。1998 年荣获全国水利行业技能竞赛二等奖，被授予全国水利技术能手称号。2002 年获得水利部全国水利行业技能竞赛三等奖，再次被授予全国水利技术能手称号；2002 年荣获江苏省有突出贡献的技术能手称号。2012 年入选全省水利系统首批"111 人才工程"高技能人才培养对象。

　　自参加工作以来，张棣华把一生都奉献给水文事业。在业务上，笃实好学，刻苦钻研；在工作中，勤勉严谨，任劳任怨；在辅导他人时，循循善诱，诲人不倦。工作期间，数次担任江苏省水文高级工及技师培训班指导老师，多次辅导江苏省参加全国水文大赛的选手，并多次担任江苏省水文大赛裁判，为江苏水文勘测技能研究及人才培养等作出重要贡献。2015 年 7 月因病逝世，享年 52 岁。

第二节　人物简介

　　张德玉（1930.8—）　江苏东台人。1949 年 8 月参加工作，1990 年 9 月离休。1949—1972 年，先后参加苏北建设学校、苏北治淮水利工程技术人员、淮河水利学校水文班、华东水利学院水文高级班学习。1956—1990 年，先后在运河水文站、徐州水利学校、连云港石梁河水库水文站、华沂闸水文站、水情组工作。1972 年 5 月至 1973 年 5 月，任运河水文站负责人。1979—1985 年，先后任水情组组长、测验股副股长。1983 年 4 月，获全国水文系统先进个人称号。

　　甄宗君（1952.12—）　江苏沛县人。1975 年 11 月参加工作，2012 年 12 月退休。1991—2002 年，任沛县水文中心站副站长。2003—2008 年，任沛县水文中心站站长、监测中心主任。2002 年获水文勘测技术职称，2004 年获水文高级技师职称。1997 年 9 月，参加江苏省人事厅水利厅组织的水文勘测工技能大赛，获江苏省技术能手称号。

　　戴家起（1954.5—）　江苏新沂人。1970 年 3 月参加徐州水文局新沂水文监测中心工作，2012 年 5 月退休。1997 年 9 月，参加江苏省人事厅、水利厅组织的水文勘测工技能大赛，获江苏省技术能手称号。2001 年，获江苏省第三届水文勘测工技术竞赛全能第五名、浮标测流单项第一名、内业操作单项第一名，获江苏省人事厅、水利厅颁发的江苏省技术能手称号。

　　鲍志彬（1958.2—）　辽宁沈阳人。1980 年参加徐州水文局睢宁中心站工作，2008 年 2 月退休。鲍志彬自幼酷爱艺术，在沈阳文化宫学画后拜中国美协会员、辽宁美术出版社孙福兴为师。1998 年，参加三峡大坝坝微设计比赛，获入围奖。1999 年，参加南京有线电视台台标设计比赛，获入围奖。2005 年，参加湖北省第七届运动会会徽设计比赛，获三等奖。2011 年，参加庆祝建党 90 周年全国水文书画大赛，作品《水文阁》获三等奖。现为徐州市美术家协会会员、中国艺术创作研究院中国油画研究院副研究员。

　　李修奎（1966.9—）　江苏邳州人。1986 年 12 月参加工作，徐州水文局邳州水文监测中心职工，水文勘测高级技师。1997 年 9 月，参加江苏省人事厅、水利厅组织的水文勘测工技能大赛，获 江苏省技术能手称号。

祝因强（1969.8—）　江苏丰县人。1995 年参加工作，现任丰县水文监测中心夹河闸水文站站长，水文勘测高级技师。1997 年，参加徐州市水文勘测工大赛获个人全能第二名。2001 年，参加徐州市水文勘测工大赛，获个人全能第一名。2001 年，参加江苏省水文勘测工大赛，获个人水准测量单项第一名，和个人全能第一名。2001 年，被江苏省人事厅、水利厅评为江苏省机关事业单位技术能手称号。2002 年，被水利部评为全国水利技术能手。2012 年，被评为"111 人才工程"高技能人才。

张小明（1984.10—）　安徽安庆人。2010 年 7 月参加工作，硕士研究生学历，高级工程师，国家注册测绘师，注册环评工程师，注册一二级建造师，现任徐州水文局水质科科员。张小明勤恳敬业、率先垂范，长期坚守在水质监测岗位，先后撰写水资源论证、水源地达标建设等报告 80 余份。

陈　磊（1985.2—）　江苏新沂人。现任徐州水文局新沂水文监测中心副主任、第五党支部书记，水文勘测高级技师。2012 年 5 月，参加江苏省第四届水文勘测技能竞赛，获得二等奖，被授予江苏省机关事业单位技术能手、江苏省五一创新能手称号。2011 年，被评为 2010—2011 年度全省水文系统先进个人。2015 年，被评为首届江苏水利好青年。2016 年，被评为首届徐州最美水利人；参加江苏省第五届水文勘测技能竞赛，总成绩第一，获得特等奖；被评为江苏省技术能手、江苏省水利系统十大工匠。2017 年 1 月，被授予省水利系统十大工匠称号；4 月，被授予江苏省五一劳动奖章。2018 年，获得全国五一劳动奖章，享受国务院政府特殊津贴。

陈磊荣获全国五一劳动奖章　　　　　　　　　　（万永智　摄）

董 建（1986.1—） 江苏丰县人。2008年7月参加工作，现任徐州水文局丰县水文监测中心副主任。2014年，获首届江苏省机关事业单位工勤人员技能创新大赛创新奖。2016年，参加江苏省人事厅水利厅组织的水文勘测技能大赛，获得江苏省人事厅授予的江苏省水利技术能手称号。

第三节　人物表录

表 13-1　徐州水文系统获全国、省表彰（荣誉）先进个人一览表

姓　名	荣誉（称号）	授奖单位	授奖时间
陈金堂	烈士（称号）	省民政厅	1963年3月
杜宗山	因公殉职	省水文总站	1964年9月
张德玉	全国水文系统先进个人	水利部	1983年4月
盛建华	全省水文系统抗洪测报先进个人	省水利厅	1991年
尤文德	全省水文系统先进个人	省水利厅	1991年5月
李　沛	1993—1994年度全省水文系统先进个人	省水利厅	1995年3月
万正成	江苏省水利厅系统首届青年论文评比活动获二等奖	中国共产主义青年团江苏省水利厅委员会	1996年8月
吴成耕	江苏省水利厅水利系统首届"十佳青年"及新长征突击手标兵	中国共产主义青年团江苏省水利厅委员会	1997年4月
张棣华	江苏省水文勘测工大赛全能总分前六名	省水利厅	1997年9月
戴家起	江苏省水文勘测工大赛全能总分前六名	省水利厅	1997年9月
甄宗军	江苏省水文勘测工大赛全能总分前六名	省水利厅	1997年9月
张棣华	全国水文勘测工技能大赛第二名	水利部	1997年11月
李玉前	1997—1998年度全省水文系统先进个人	省水利厅	1999年5月

表13-1(续)

姓　名	荣誉(称号)	授奖单位	授奖时间
李　沛	1997—1999年度全省水文系统先进个人	省水利厅	2000年5月
吴成耕	1999—2000年度全省水文系统先进个人	省水利厅	2001年3月
万正成	1999—2000年度全省水文系统先进个人	省水利厅	2001年3月
李　沛	全省水利系统优秀青年	省水利厅	2001年3月
查　茜	全省水文系统"为水利建功 为党旗增辉"演讲比赛二等奖	省水文局	2001年6月
祝因强	第三届省水文勘测工技能大赛第一名	省水利厅	2001年12月
张棣华	全国水利技术能手	水利部	2002年9月
祝因强	全国水利技术能手	水利部	2002年9月
吉文平	2001—2002年度全省水文系统先进个人	省水利厅	2003年4月
高正新	2003—2004年度全省水文系统先进个人	省水利厅	2005年5月
万正成	2003—2004年度全省水文系统先进个人	省水利厅	2005年5月
万正成	淮河流域入河排污口调查及监测工作先进个人	水利部淮河水利委员会	2005年1月
马庆楼	全省水文系统2005—2006年度先进个人	省水利厅	2007年5月
文　武	全省水文系统2005—2006年度先进个人	省水利厅	2007年5月
李　波	全省水文系统2005—2006年度先进个人	省水利厅	2007年5月
李玉前	2007—2008年度全省水文系统先进个人	省水文局	2009年4月

表13-1（续）

姓　名	荣誉（称号）	授奖单位	授奖时间
赵　强	2007—2008 年度全省水文系统先进个人	省水文局	2009 年 4 月
吴成耕	2007—2008 年度全省水文系统先进个人	省水文局	2009 年 4 月
吉文平	2009 年度全省水文系统先进个人	省水利厅	2010 年 4 月
李明武	2009 年度全省水文系统先进个人	省水利厅	2010 年 4 月
唐文学	全省水文系统创建党员示范岗	省水文局	2011 年 2 月
刘沂轩	2010 年全省水文系统十佳青年科技标兵	省水文局	2011 年 2 月
刘沂轩	2010 年度省水利厅系统优秀青年论文三等奖	省水利厅	2011 年 2 月
刘沂轩	全省水文系统优秀共产党员	省水文局	2011 年 6 月
杜珍应	全省水文系统优秀共产党员	省水文局	2011 年 6 月
刘远征	全省水文系统优秀共产党员	省水文局	2011 年 6 月
唐文学	全省水文系统优秀共产党员	省水文局	2011 年 6 月
鲍志彬	全国水文系统书画作品展三等奖	省水文局	2011 年 8 月
陈　磊	2010—2011 年度全省水文系统先进个人	省水利厅	2012 年 6 月
文　武	2010—2011 年度全省水文系统先进个人	省水利厅	2012 年 6 月
陈　磊	江苏省机关事业单位技术能手	省水利厅	2012 年 5 月
陈　磊	江苏省第四届水文勘测技能竞赛优胜个人	省水利厅	2012 年 5 月
陈　磊	江苏省机关事业单位技术能手	江苏省人力资源和社会保障厅、江苏省水利厅	2012 年 5 月

徐州市水文志 (1912—2018)
280

表13-1（续）

姓　名	荣誉（称号）	授奖单位	授奖时间
陈　磊	江苏省第四届水文勘测技能竞赛二等奖	江苏省人力资源和社会保障厅、江苏省水利厅	2012 年 5 月
陈　磊	2010—2011 年度水文系统先进个人	江苏省水利厅	2012 年 6 月
陈　磊	江苏省五一创新能手	江苏省总工会	2012 年 7 月
赵　强	全省水利行业技术工人技能创新大赛三等奖	江苏省水利厅	2013 年 6 月
周沛勇	2012 年度全省防汛防旱先进个人	江苏省防汛防旱指挥部	2013 年 7 月
刘沂轩	作品《穿越洪水》获第三届江苏水利新闻摄影作品水利人物类二等奖	江苏省水利信息中心	2014 年 9 月
唐文学	全省水文系统"内强素质 外树形象 赢得尊重"征文优秀二等奖	省水文局	2014 年 11 月
万永智	全省水文系统"内强素质 外树形象 赢得尊重"征文优秀三等奖	省水文局	2014 年 11 月
徐　委	全省水文系统"内强素质 外树形象 赢得尊重"征文优秀三等奖	省水文局	2014 年 11 月
徐　委	全省水文系统职工优秀文艺节目二等奖	省水文局工会	2014 年 12 月
吉文平	江苏省 2014—2015 年度水利"五小"成果三等奖	江苏省水利厅	2015 年
徐　委	《水文人 水文梦》获全国水利系统"中国梦 劳动美 促改革 迎国庆"主题征文比赛三等奖	全国水利系统总工会	2015 年 1 月
董　建	首届江苏省机关事业单位工勤人员技能创新大赛创新奖	江苏省水利厅	2015 年 4 月
吴成耕	全省水文系统"在党为党、在岗有为"征文比赛一等奖	中共江苏省水文水资源勘测局委员会	2016 年 5 月
吉文平	第二届"五小"成果三等奖	江苏省水利厅	2016 年 12 月

表13-1(续)

姓　名	荣誉(称号)	授奖单位	授奖时间
陈　磊	江苏水利好青年	江苏省水利厅	2015 年 8 月
	江苏省技术能手	江苏省人力资源和社会保障厅	2016 年 1 月
	江苏省五一创新能手	江苏省总工会	2016 年 1 月
	江苏省第五届水文勘测技能竞赛特等奖	江苏省总工会、江苏省人力资源和社会保障厅、江苏省水利厅	2016 年 1 月
	十大水利工匠	江苏省水利厅	2016 年 12 月
	江苏省五一劳动奖章	江苏省总工会	2017 年 4 月
	全国第六届水文勘测技能竞赛第一名	第五届全国水利行业职业技能竞赛组织委员会	2017 年 11 月
	全国第六届水文勘测技能竞赛内业操作单项奖	第五届全国水利行业职业技能竞赛组织委员会	2017 年 11 月
	江苏省最美水利人	江苏省水利厅	2018 年 2 月
	江苏省岗位学雷锋标兵	省委宣传部、省文明办	2018 年 3 月
	全国五一劳动奖章	中华全国总工会	2018 年 4 月
	2018 年度国务院特殊津贴	国务院	2019 年 1 月

表 13-2　徐州水文系统获徐州市表彰(荣誉)先进个人一览表

姓　名	荣誉(称号)	授奖单位	授奖时间
李　沛	优秀共青团员	徐州水文分站	1983 年 5 月
盛建华	徐州水文系统先进个人	徐州水文分站	1986 年
盛建华	徐州水文系统先进个人	徐州水文分站	1987 年
盛建华	徐州水文系统先进个人	徐州水文水资源勘测处	1992 年 6 月
李玉前	徐州水文系统先进个人	徐州水文水资源勘测处	1992 年 6 月
万正成	1990—1991 年度徐州市优秀学术论文三等奖	徐州市科学技术协会	1992 年 1 月

表13-2（续）

姓　名	荣誉（称号）	授奖单位	授奖时间
盛建华	1994年度徐州水文系统先进个人	徐州水文水资源勘测处	1995年3月
万正成	1994年度徐州水文系统先进个人	徐州水文水资源勘测处	1995年3月
盛建华	徐州水文系统先进个人	徐州水文水资源勘测处	1996年
李玉前	徐州水文系统先进个人	徐州水文水资源勘测局	2001年4月
戴春增	优秀共产党员	市水利局	2001年6月
吉文平	优秀共产党员	市水利局	2001年6月
刘远征	优秀共产党员	市水利局	2001年6月
李明武	优秀共产党员	市水利局	2002年6月
仝太祥	优秀共产党员	市水利局	2002年6月
李跃环	优秀共产党员	市水利局	2002年6月
万正成	徐州环保科技论坛优秀论文三等奖	市环保局	2004年1月
吴成耕	优秀共产党员	市水利局	2005年7月
刘远征	优秀共产党员	市水利局	2005年7月
杜珍应	优秀共产党员	市水利局	2005年7月
万正成	第三届徐州科技论坛优秀学术论文二等奖	徐州市人民政府	2005年11月
王文海	第三届徐州科技论坛优秀学术论文二等奖	徐州市人民政府	2005年11月
李玉前	2004—2005年度徐州市自然科学优秀学术论文三等奖	徐州市人民政府	2006年12月
李明武	2007年度全市水利工作先进工作者	市水利局	2008年1月
吉文平	2006—2007年度优秀共产党员	中国共产党徐州市水利局委员会	2008年6月

表13-2(续)

姓 名	荣誉(称号)	授奖单位	授奖时间
吴成耕	2007—2008年度优秀党务工作者	中国共产党徐州市水利局委员会	2008年6月
周光明	南水北调东线徐州段工程2008年度工程建设先进个人	市南水北调建设领导小组	2009年3月
李明武	南水北调东线徐州段工程2008年度工程建设先进个人	市南水北调建设领导小组	2009年3月
杜珍应	南水北调东线徐州段工程2008年度工程建设先进个人	市南水北调建设领导小组	2009年3月
董立丰	2008年度科技工作先进个人	丰县人民政府	2009年3月
李明武	南水北调东线徐州段工程2009年度工程建设先进个人	南水北调工程建设领导小组	2010年2月
杜珍应	南水北调东线徐州段工程2009年度工程建设先进个人	南水北调工程建设领导小组	2010年2月
李明武	2008—2009年度徐州市自然科学优秀学术论文二等奖	徐州市政府	2010年1月
刘远征	2008—2009年度徐州市自然科学优秀学术论文二等奖	徐州市政府	2010年1月
王勇成	2008—2009年度徐州市自然科学优秀学术论文二等奖	徐州市政府	2010年1月
刘远征	2008—2009年度徐州市自然科学优秀学术论文三等奖	徐州市政府	2010年1月
文 武	2008—2009年度徐州市自然科学优秀学术论文三等奖	徐州市政府	2010年1月
尚化庄	2008—2009年度徐州市自然科学优秀学术论文三等奖	徐州市政府	2010年1月
房 磊	2008—2009年度徐州市自然科学优秀学术论文三等奖	徐州市政府	2010年1月
范传辉	2008—2009年度徐州市自然科学优秀学术论文三等奖	徐州市政府	2010年1月
陈 颖	2008—2009年度徐州市自然科学优秀学术论文三等奖	徐州市政府	2010年1月

表13-2(续)

姓　名	荣誉(称号)	授奖单位	授奖时间
文　武	2008—2009年度徐州市自然科学优秀学术论文三等奖	徐州市政府	2010年1月
徐　委	纪念建党90周年征文比赛二等奖	市水利局	2011年6月
刘沂轩	纪念建党90周年征文比赛三等奖	市水利局	2011年6月
孙金凤	"读党史、忆党恩、跟党走"读书竞赛考试一等奖	市水利局	2011年7月
李玉前	2009—2010年度徐州水文系统先进个人	徐州水文水资源勘测局	2011年8月
吴成耕	2010—2012年创先争优优秀共产党员优秀共产党员	市水利局	2012年6月
刘沂轩	2010—2012年创先争优优秀共产党员优秀共产党员	市水利局	2012年6月
唐文学	2010—2012年创先争优优秀共产党员优秀共产党员	市水利局	2012年6月
杜珍应	2010—2012年创先争优优秀共产党员优秀共产党员	市水利局	2012年6月
盛建华	2011—2012年度防汛防旱先进个人	徐州市防汛防旱指挥部	2013年1月
唐文学	2011—2012年度防汛防旱先进个人	徐州市防汛防旱指挥部	2013年1月
刘俊生	见义勇为行为获赠"见义勇为 智擒盗贼"锦旗	丰县村民	2013年9月
吴成耕	淮河流域洼地地形图测绘(Ⅳ标段)二等奖	徐州市国土局	2014年11月
吉文平	优秀共产党员	徐州市水利局	2016年6月
吴成耕	全省水文系统"在党为党、在岗有为"征文比赛一等奖	徐州市水利局党委	2016年11月
陈　磊	首届徐州市"最美水利人"	徐州市水利局	2015年2月

表 13 – 3 徐州水文局优秀和先锋人物简录

姓 名	性别	籍 贯	所在单位	职务职称	主要成果	荣誉(称号)
仝太祥	男	江苏睢宁	徐州水文局	已退休,曾任徐州水文分站党支部支部委员、睢宁水文中心站站长;高级工程师	文字功底、文学基础好,酷爱书法,多年来参加省、市水利及水文系统组织的书法、演讲等比赛并取得一定成绩,为单位精神文明建设贡献力量	书法作品《念奴娇·追思焦裕禄》获全国水利系统离退休干部庆祝新中国成立70周年系列活动优秀奖
李传书	男	江苏铜山	徐州水文局水资源科	高级工程师	2018年初,在徐州水文局启动测报方式改革关键时刻,勇于担当,敢挑重任,不顾年龄偏大、体力透支,冒高温酷暑积极与地方水利泵站、闸管所协调沟通,为实现开闸放水测流定线创造条件,推进测报方式改革工作稳步实施	徐州水文局2018年度业务创新先锋人物
万正成	男	江苏铜山	徐州水文局	副总工程师;高级工程师	2017年主持并参与技术服务项目16个,其中多个项目为创新型项目。紧急、关键时刻仍然冲锋在前,执行力强,开拓,创新,大局意识强。作为"一区一策"项目总技术负责人,恪尽职守,带头表率,第一个编制出高质量模版,在省、市推广交流,得到省厅领导的肯定,受到单位表彰	徐州水文局2017年度爱岗敬业先锋人物
董鑫隆	男	江苏沛县	徐州水文局沛县水文监测中心	主任;高级技术工人	热心公益,多年来坚持义务献血并受到有关部门奖励表彰。执行力强,大局意识强,2017年在全市率先开展河长制县级骨干河道水质监测,与地方融合发展意识强、成果显著,全年科技服务创收200余万元,实现县级机构历史性突破	徐州水文局2017年度道德模范先锋人物

表13-3（续）

姓 名	性别	籍 贯	所在单位	职务职称	主要成果	荣誉（称号）
宋银燕	女	江苏邳州	徐州水文局水质科	第一党支部书记，副科长；高级工程师	2014年，通过自学取得单位亟须的全国注册土木工程师（水利水电工程水土保持）资格证书，同年取得全国注册咨询工程师执业资格证书。2017年，取得全国注册测绘师资格证书。被同事赞誉为"学霸""考霸"，为单位测绘资质升级及能力建设作出贡献。	徐州水文局2017年度业务创新先锋人物
马 进	男	江苏沛县	徐州水文局规划建设科	第二党支部书记，副科长；高级工程师	从事水文基础设施建设管理工作多年，坚持高标准严要求。2018年，配合淮委水文局完成省界断面工程建设，工程作为模板在系统内推广	徐州水文局2018年度青年模范先锋人物
孙 瑞	男	江苏铜山	徐州水文局水情科	第六党支部书记，副科长；高级工程师	致力于推动测报方式改革，2018年为水情科经受"8·18"特大暴雨洪水考验，实现全省首家流量自动报汛做出贡献。2018年，奔赴西藏参与江苏水文援藏及雅江白格堰塞湖水文预报工作，受到援建单位、部水文司发文表扬	2018年7月，获得江苏省首届水文情报预报技术竞赛个人、集体三等奖；徐州水文局2018年度爱岗敬业先锋人物
徐 委	女	江苏新沂	徐州水文局办公室	专职党务干部，团支部书记；高级政工师	文学基础好，参加省、市水利及水文系统演讲征文等活动，不断提高对外宣传工作质量与水平，主策划徐州水文局多次大型党建文化活动，为单位精神文明建设贡献力量	徐州水文局2017年度文化建设先锋人物
陆琳琳	女	江苏南京	徐州水文局睢宁水文监测中心	副主任，政工师	擅长舞台表演，开创徐州水文局小品、相声表演先例，丰富单位文化建设形式与内涵	徐州水文局2018年度文化建设先锋人物
邓 科	男	甘肃会宁	徐州水文局水资源科	工程师	2018年，参加徐州水文局承担的水利工程测量、农经权及确权划界等重要工作，不断学习新知识新技术，并注重将新知识新技术转化为生产力，提高绘图质量和效率	徐州水文局2018年度道德模范先锋人物

附　录

一　法律法规

江苏省水文条例

（2009 年 1 月 18 日江苏省第十一届人民代表大会常务委员会第七次会议通过）

第一章　总　则

第一条　为了加强水文管理，规范水文工作，发展水文事业，为开发、利用、节约、保护水资源和防灾减灾服务，促进经济社会的可持续发展，根据《中华人民共和国水法》、《中华人民共和国防洪法》和《中华人民共和国水文条例》等法律、行政法规，结合本省实际，制定本条例。

第二条　在本省行政区域内从事水文站网规划与建设，水文监测与预报，水资源调查评价，水文监测资料汇交、保管与使用，水文设施与水文监测环境的保护等活动，应当遵守本条例。

第三条　水文事业是国民经济和社会发展的基础性公益事业。省人民政府应当将水文事业纳入国民经济和社会发展规划，并将水文事业所需经费列入本级财政预算，予以保证；设区的市、县（市、区）人民政府应当根据当地经济社会发展的需要，从资金等方面支持和促进本行政区域水文事业的发展。

第四条　省人民政府水行政主管部门主管全省的水文工作，其直属的水文机构（以下简称省水文机构）具体负责组织实施管理工作。

省水文机构派驻到设区的市的水文机构（以下简称市水文机构）在省水行政主管部门和当地人民政府的领导下，具体负责组织实施派驻地的水文管理工作，同时接受当地水行政主管部门的指导。

从事水文活动的其他单位，应当接受水文机构的行业管理。

第五条　县级以上地方人民政府应当加强水文现代化设施建设，鼓励和支持水文科学技术的研究、推广和应用，培养水文科技人才。

第二章　水文规划与站网建设

第六条　省水行政主管部门应当根据国家水文事业发展规划、流域水文事业发展规划和本省经济社会发展需要，组织编制全省水文事业发展规划，征求省有关部门意见后，报省人民政府批准实施，并报国务院水行政主管部门备案。

设区的市水行政主管部门应当根据全省水文事业发展规划和本地经济社会发展需要，组织编制本行政区域的水文事业发展规划，经征求省水行政主管部门意见后，报本级人民政府批准实施。

第七条　水文站网建设实行统一规划。省水文机构应当根据全省水文事业发展规划，组织编制全省水文站网建设规划，报省水行政主管部门、发展和改革部门批准后，作为水文站网建设的依据。

省水文机构应当根据经济社会发展需要及水文情势变化，适时调整全省水文站网建设规划，并报原批准机关批准。

全省水文站网的设置情况由省水文机构向社会公布。

第八条　水文站网建设应当纳入基本建设计划，按照国家固定资产投资项目建设程序组织实施。

新建、改建、扩建水利工程需要配套建设或者更新改造水文测站的，应当将水文测站的建设或者更新改造经费纳入工程建设概算。直接为水利工程提供服务的水文测站，其运行管理经费应当在水利工程维护经费中安排。

设区的市、县（市、区）因本行政区域经济社会发展需要设立的专用水文测站，其建设和运行管理经费由本级人民政府承担。

第九条　国家重要水文测站的设立和调整，由省水行政主管部门报国务院水行政主管部门直属水文机构批准。其他国家基本水文测站的设立和调整，由省水行政主管部门批准，并报国务院水行政主管部门直属水文机构备案。

第十条　设立专用水文测站，不得与国家基本水文测站重复；在国家基本水文测站覆盖的区域，确需设立专用水文测站的，应当报经省水文机构批准；属于流域管理机构审批的，由省水文机构报流域管理机构批准。

申请设立专用水文测站应当具备下列条件：

（一）具有开展水文监测工作必要的场地和基础设施；

（二）具有必需的水文监测专用技术装备和计量器具；

（三）具有相应专业的技术人员。

专用水文测站由设立单位建设和管理；设立单位无能力管理的，可以委托水文机构管理。

撤销专用水文测站，应当报原批准机关批准。

第十一条　因重大工程建设确需迁移国家基本水文测站的，建设单位应当在建设项目立项前向省水行政主管部门提出申请，由省水行政主管部门审查批准或者转报国务院水行政主管部门直属水文机构、流域管理机构批准。水文测站迁移所需费用由建设单位承担。

建设单位提出申请时，应当提交由具有相应水文水资源调查评价资质的单位编制的论证报告。论证报告应当包括迁移位置、监测环境、应急监测措施、对比观测方案、经费预算等内容。

迁移国家基本水文测站的，有关水文机构应当采取应急措施，保证水文监测工作在迁移期间的正常开展。

第三章　水文监测与情报预报

第十二条　从事水文监测的单位应当遵守国家水文技术标准、规范和规程，保证监测质量。

任何单位和个人不得漏报、迟报、错报、瞒报水文监测数据，不得伪造水文监测资料。

第十三条　水文机构应当加强对江河湖库、地下水等水体的水量、水质的监测，为防汛防旱、水资源管理与保护、水生态修复、水环境应急治理提供及时、准确的监测资料。

市水文机构可以委托符合规定条件的单位或者个人承担雨量、水位等水文监测项目。受委托的单位或者个人应当按照委托事项和要求从事项目监测。

第十四条　水文机构应当加强对水功能区水质状况的动态监测，编制水功能区水质监测简报；发现重点污染物排放总量超过控制指标，或者水功能区水质未达到水域使用功能对水质要求的，应当及时报告有关人民政府及其水行政主管部门，并向环境保护行政主管部门、供水主管部门和渔业行政主管部门通报。

第十五条　水文机构应当加强对饮用水源地水量、水质的监测，编制饮用水源地水文情报预报；发现被监测水体的水量、水质等情况发生变化可能危及饮用水安全，或者可能发生突发性水污染事件的，应当加强跟踪监测和调查，并及时将监测、调查情况报所在地人民政府及其水行政主管部门、环境保护行政主管部门和供水主管部门。

第十六条　水文机构应当加强水文巡测和调查分析工作，建立健全水文监测应急机制，加快水文自动监测和快速反应能力建设，完善监测手段，提高公共服务水平。

第十七条　县级以上地方人民政府应当加强水情、雨情、旱情等信息监测系统和洪水预警预报系统建设。承担水文信息采集和情报预报任务的水文测站，应当及时准确地向县级以上地方人民政府防汛防旱指挥机构和水行政主管部门提供实时水情信息及水文情报预报。

水文机构为编制水文情报预报需要使用其他部门和单位设立的水文测站的水文资

料时，有关部门和单位应当及时提供。

第十八条 水文情报预报实行向社会统一发布制度。

重要水文情报预报、重要洪水情报预报、灾害性洪水情报预报和旱情分析预报，由县级以上地方人民政府防汛防旱指挥机构发布；其他水文情报预报和洪水情报预报，由县级以上地方人民政府防汛防旱指挥机构、水行政主管部门或者水文机构发布。禁止其他单位和个人向社会发布水文情报预报。

广播、电视、报纸和网络等新闻媒体应当按照规定和要求及时向社会播发、刊登水文情报预报，并标明发布机构名称和发布时间。

水行政主管部门依法发布水文情报预报，环境保护行政主管部门依法发布水环境状况信息，应当按照国家规定加强协调配合。

第十九条 无线电、通信管理部门应当按照国家有关规定为水文监测工作提供通信保障。任何单位和个人不得挤占、干扰或者破坏水文机构使用的无线信道和有线通信线路。

第四章 水资源调查评价

第二十条 水行政主管部门应当根据经济社会发展需要，遵循客观、科学、系统、实用的原则，按照国家标准组织开展水资源调查评价工作。

水资源调查评价包括水资源基础资料的收集整理和分析、水资源数量评价、水资源质量评价、水资源利用现状及其影响评价、水资源综合评价等内容。

第二十一条 全省和跨设区的市的水资源调查评价工作由省水行政主管部门会同有关部门组织，具体工作由具有水文水资源调查评价甲级资质的单位承担。其他水资源调查评价工作由设区的市水行政主管部门会同有关部门组织，具体工作由具有水文水资源调查评价乙级以上资质的单位承担。

第二十二条 全省和跨设区的市的水资源调查评价成果由省水行政主管部门组织审定，其他水资源调查评价成果由设区的市水行政主管部门组织审定。

第二十三条 从事水文水资源调查评价的单位应当符合法律、行政法规和国务院水行政主管部门规定的条件。

第五章 水文资料汇交与使用管理

第二十四条 水文监测资料实行统一汇交制度。从事水文监测的单位应当按照下列规定汇交监测资料：

（一）国家基本水文测站的当年监测资料由市水文机构整编后，于次年一月底前向省水文机构汇交；

（二）其他从事水文监测的单位的当年水文监测资料由监测单位整编后，于次年二月底前向所在地市水文机构汇交。

第二十五条 省水文机构应当妥善存储和保管汇交的水文监测资料，并建立水文数据库和水文信息共享平台，为公众查询和获得水文监测资料提供便利。

基本水文监测资料应当依法公开，但属于国家秘密的除外。

国家机关决策和防灾减灾、国防建设、公共安全、环境保护等公益事业需要使用水文监测资料和成果的，应当无偿提供；其他情形需要使用水文监测资料和成果的，按照国家有关规定收取费用，并实行收支两条线管理。因经营性活动需要提供水文专项咨询服务的，应当签订有偿服务合同。

第二十六条 编制重要规划、进行重点项目建设和水资源管理等使用的水文监测资料应当完整、可靠、一致。

第六章 水文设施与监测环境保护

第二十七条 任何单位和个人不得侵占、毁坏水文站房、水文缆道、测船码头、监测场地、监测井、专用道路、水文通信设施等水文监测设施，不得擅自使用、移动水文监测设施。

国家基本水文测站的水文监测设施设备因水毁、雷击、山体滑坡、风暴潮等遭受破坏的，当地人民政府和水行政主管部门应当及时组织修复，确保其正常运行。

第二十八条 国家依法保护水文监测环境。任何单位和个人都有保护水文监测环境的义务。

水文监测环境保护范围按照不小于以下标准的原则划定：

（一）测验河段：省管以上河道的水文测验断面上、下游各一千米，其他河道的水文测验断面上、下游各五百米；

（二）测验设施：测验操作室、自记水位计台、过河缆道的支架（柱）及锚碇等周边以外二十米；

（三）水文观测场：水文观测场地周边以外十米，观测场周边十米以外有障碍物的，障碍物与观测仪器的距离不得少于障碍物顶部与仪器口高差二倍。

第二十九条 市水文机构应当会同水文测站所在地的县级人民政府水行政主管部门，提出水文监测环境保护范围的具体方案，报县级人民政府确定，并在保护范围边界设立地面标志。

第三十条 禁止在水文监测环境保护范围内从事下列活动：

（一）种植高秆作物，堆放砂石、煤炭等物料，修建建筑物、构筑物，停靠船只；

（二）取土、挖砂、采石、爆破和倾倒废弃物；

（三）在监测断面取水、排污或者在过河设备、气象观测场、监测断面的上空架设线路；

（四）设置坝埂、网箱、鱼罾、鱼簖等阻水障碍物；

（五）其他对水文监测有影响的活动。

第三十一条 水文监测人员在河道、公路、桥梁上进行水文监测时，应当按照国家有关规定设置警示标志，过往船只、车辆应当减速慢行或者避让，公安、交通等部门和海事管理机构应当予以协助。

水文监测专用车（船）执行防汛抢险、突发性水污染事件测报等紧急任务，通过公路、桥梁、船闸时，有关单位应当优先予以放行，并按照规定免收过路、过桥、过闸费。

第七章　法律责任

第三十二条 违反本条例规定的行为，《中华人民共和国水文条例》已有处罚规定的，从其规定。

第三十三条 违反本条例第二十七条第一款规定的，由水行政主管部门责令停止违法行为，限期恢复原状或者采取其他补救措施，并可以按照下列规定处以罚款：

（一）侵占监测场地、专用道路、测船码头等水文监测设施的，处以二千元以上一万元以下罚款；

（二）毁坏水文站房、水文缆道、监测井、水文通信设施等水文监测设施的，处以一万元以上五万元以下罚款；

（三）擅自使用、移动水文监测设施的，处以一千元以上五千元以下罚款。

第三十四条 违反本条例规定，从事本条例第三十条所列活动的，由水行政主管部门责令停止违法行为，限期恢复原状或者采取其他补救措施，并可以按照下列规定处以罚款：

（一）种植高秆作物，停靠船只，或者设置网箱、鱼簖、鱼箔等阻水障碍物的，处以二百元以上一千元以下罚款；

（二）修建建筑物、构筑物，设置坝埝，或者堆放砂石、煤炭等物料的，处以五千元以上一万元以下罚款；

（三）取土、挖砂、采石、爆破和倾倒废弃物的，处以二千元以上五千元以下罚款；

（四）在监测断面取水、排污或者在过河设备、气象观测场、监测断面的上空架设线路的，处以二千元以上一万元以下罚款。

第八章　附　则

第三十五条 本条例自 2009 年 3 月 22 日起施行。2002 年 1 月 21 日江苏省人民政府发布的《江苏省水文管理办法》同时废止。

水文监测环境和设施保护办法

（2011 年 2 月 18 日中华人民共和国水利部令第 43 号）

第一条　为了加强水文监测环境和设施保护，保障水文监测工作正常进行，根据《中华人民共和国水法》和《中华人民共和国水文条例》，制定本办法。

第二条　本办法适用于国家基本水文测站（以下简称水文测站）水文监测环境和设施的保护。

本办法所称水文监测环境，是指为确保准确监测水文信息所必需的区域构成的立体空间。

本办法所称水文监测设施，是指水文站房、水文缆道、测船、测船码头、监测场地、监测井（台）、水尺（桩）、监测标志、专用道路、仪器设备、水文通信设施以及附属设施等。

第三条　国务院水行政主管部门负责全国水文监测环境和设施保护的监督管理工作，其直属的水文机构具体负责组织实施。

国务院水行政主管部门在国家确定的重要江河、湖泊设立的流域管理机构（以下简称流域管理机构），在所管辖范围内按照法律、行政法规和本办法规定的权限，组织实施有关水文监测环境和设施保护的监督管理工作。

省、自治区、直辖市人民政府水行政主管部门负责本行政区域内的水文监测环境和设施保护的监督管理工作，其直属的水文机构接受上级业务主管部门的指导，并在当地人民政府的领导下具体负责组织实施。

第四条　水文监测环境保护范围应当因地制宜，符合有关技术标准，一般按照以下标准划定：

（一）水文监测河段周围环境保护范围：沿河纵向以水文基本监测断面上下游各一定距离为边界，不小于五百米，不大于一千米；沿河横向以水文监测过河索道两岸固定建筑物外二十米为边界，或者根据河道管理范围确定。

（二）水文监测设施周围环境保护范围：以监测场地周围三十米、其他监测设施周围二十米为边界。

第五条　有关流域管理机构或者水行政主管部门应当根据管理权限并按照本办法第四条规定的标准拟定水文监测环境保护范围，报水文监测环境保护范围所在地县级人民政府划定，并在划定的保护范围边界设立地面标志。

第六条　禁止在水文监测环境保护范围内从事下列活动：

（一）种植树木、高秆作物，堆放物料，修建建筑物，停靠船只；

（二）取土、挖砂、采石、淘金、爆破、倾倒废弃物；

（三）在监测断面取水、排污，在过河设备、气象观测场、监测断面的上空架设线路；

（四）埋设管线，设置障碍物，设置渔具、锚锭、锚链，在水尺（桩）上拴系牲畜；

（五）网箱养殖，水生植物种植，烧荒、烧窑、熏肥；

（六）其他危害水文监测设施安全、干扰水文监测设施运行、影响水文监测结果的活动。

第七条 国家依法保护水文监测设施。任何单位和个人不得侵占、毁坏、擅自移动或者擅自使用水文监测设施，不得使用水文通信设施进行与水文监测无关的活动。

第八条 未经批准，任何单位和个人不得迁移水文测站。因重大工程建设确需迁移的，建设单位应当在建设项目立项前，报请对该水文测站有管理权限的流域管理机构或者水行政主管部门批准，所需费用由建设单位承担。

第九条 在水文测站上下游各二十公里（平原河网区上下游各十公里）河道管理范围内，新建、改建、扩建下列工程影响水文监测的，建设单位应当采取相应措施，在征得对该水文测站有管理权限的流域管理机构或者水行政主管部门同意后方可建设：

（一）水工程；

（二）桥梁、码头和其他拦河、跨河、临河建筑物、构筑物，或者铺设跨河管道、电缆；

（三）取水、排污等其他可能影响水文监测的工程。

因工程建设致使水文测站改建的，所需费用由建设单位承担，水文测站改建后应不低于原标准。

第十条 建设本办法第九条规定的工程，建设单位应当向有关流域管理机构或者水行政主管部门提出申请，并提交下列材料：

（一）在水文测站上下游建设影响水文监测工程申请书；

（二）具有相应等级水文水资源调查评价资质的单位编制的建设工程对水文监测影响程度的分析评价报告；

（三）补救措施和费用估算；

（四）工程施工计划；

（五）审批机关要求的其他材料。

第十一条 有关流域管理机构或者水行政主管部门对受理的在水文测站上下游建设影响水文监测工程的申请，应当依据有关法律、法规以及技术标准进行审查，自受理申请之日起二十日内作出行政许可决定。对符合下列条件的，作出同意的决定，向建设单位颁发审查同意文件：

（一）对水文监测影响程度的分析评价真实、准确；

（二）建设单位采取的措施切实可行；

（三）工程对水文监测的影响较小或者可以通过建设单位采取的措施补救。

第十二条　水文测站因不可抗力遭受破坏的，所在地人民政府和有关水行政主管部门、流域管理机构应当采取措施，组织力量修复，确保其正常运行。

第十三条　在通航河道中或者桥上进行水文监测作业时，应当依法设置警示标志，过往船只、排筏、车辆应当减速、避让。航行的船只，不得损坏水文测船、浮艇、潮位计、水位监测井（台）、水尺、过河缆道、水下电缆等水文监测设施和设备。

水文监测专用车辆、船只应当设置统一的标志。

第十四条　水文机构依法取得的无线电频率使用权和通信线路使用权受国家保护。任何单位和个人不得挤占、干扰水文机构使用的无线电频率，不得破坏水文机构使用的通信线路。

第十五条　水文监测环境和设施遭受人为破坏影响水文监测的，水文机构应当及时告知有关地方人民政府水行政主管部门。被告知的水行政主管部门应当采取措施确保水文监测正常进行；必要时，应当向本级人民政府汇报，提出处置建议。该水行政主管部门应当及时将处置情况书面告知水文机构。

第十六条　新建、改建、扩建水文测站所需用地，由对该水文测站有管理权限的流域管理机构或者水行政主管部门报请水文测站所在地县级以上人民政府土地行政主管部门，依据水文测站用地标准合理确定，依法办理用地审批手续。已有水文测站用地应当按照有关法律、法规的规定进行确权划界，办理土地使用证书。

第十七条　国家工作人员违反本办法规定，在水文监测环境和设施保护工作中玩忽职守、滥用职权的，按照法律、法规的有关规定予以处理。

第十八条　违反本办法第六条、第七条、第九条规定的，分别依照《中华人民共和国水文条例》第四十三条、第四十二条和第三十七条的规定给予处罚。

第十九条　专用水文测站的水文监测环境和设施保护可以参照本办法执行。

第二十条　本办法自 2011 年 4 月 1 日起施行。

二　重要文件

关于进一步加强水文工作的意见

（徐政办发〔2018〕46 号）

为深入贯彻落实《中华人民共和国水文条例》和《江苏省水文条例》，进一步加强我市水文设施建设与管理，加快水文事业发展，推动水文现代化建设，提高水文工作与服务水平，增强水文的公共服务功能，结合我市实际，提出意见如下：

一、进一步提高对水文工作重要性的认识

水文是国民经济和社会发展的基础性公益事业，是水利建设与管理的重要基础和技术支撑，在防洪、防旱、供水、水生态文明、经济建设等领域都发挥着重要作用。通过多年的不懈努力，我市已建成水文、水资源、水环境监测站点 460 多处，基本形成了项目齐全、布局合理、功能完备的水文站网格局，不仅为地方政府防汛防旱、抢险救灾决策指挥和水资源管理提供了科学依据，也为城建、交通等涉水基础设施建设提供了技术支撑，社会经济效益显著。

为深入贯彻新发展理念，着力解决洪涝灾害、水资源短缺、水环境污染和水土流失等影响我市经济发展和生态建设的突出问题，必须高度重视和积极发挥水文的基础作用。目前我市水文工作中还存在一些困难和问题，主要表现在基础设施落后，现代化水平不高；水文站网布局有待进一步优化，重复建设现象依然存在；水文管理体制尚待进一步理顺，服务功能还需进一步拓展等。各地应从保防洪供水民生安全、树立绿色发展理念、推进生态文明建设的大局出发，按照《中华人民共和国水文条例》和《江苏省水文条例》有关规定，切实采取有效措施，促进水文事业持续、协调发展，更好地为我市经济社会发展服务。

二、全面提升水文管理与服务水平

要围绕防汛防旱、水资源管理、生态环境保护、工程管理以及经济社会发展的需要，进一步加强水情、雨情、旱情、水质等信息监测系统和洪水预警预报系统建设，优化水文站网布局，加强专用站网建设，提升各类水文站网的整体功能，提高预测预警能力和应急监测能力，不断提高水文信息采集、传输和处理自动化水平。在抓好基础设施建设的同时，积极开展水文基础研究，应用推广新技术、新设备，加快全市水文信息采集与传输、水文综合数据库、洪水预警预报、水资源监测管理、水环境监测评价、水土保持等应用服务系统建设，提高水文工作的现代化水平。

各地和市有关部门要支持水文机构行使行业管理职能，由水文机构统一管理水文资料的收集、汇总、审定。从事水文活动的其他单位应当按照管理权限向有关水文机构汇交监测资料，并接受水文机构的行业管理。水文机构应加快推进全市各类水文信息整合，充分发挥水文部门的信息资源与专业技术优势。各地要结合经济社会发展和水文改革的要求，积极探索镇级基层水文管理体制与机制建设，加快建设一支管理有序、人员精干、技术先进、反应快速、专业齐全、层次合理的高素质、高效能水文队伍。

三、切实加强水文设施和监测环境保护

各地要按照《中华人民共和国水法》《中华人民共和国防洪法》《中华人民共和国水文条例》《江苏省水文条例》及水利部、省政府的有关规定，加强水文设施和监测环境保护。各类水文监测站点的管理和保护范围，由市水文机构会同水文测站所在地的县级水行政主管部门，提出具体方案报县级人民政府确定。任何单位和个人不得侵占、

毁坏或擅自移动水文测站的测验断面、测验设施、通信设施、照明设备以及标志、场地、道路等。未经批准，任何单位和个人不得迁移国家基本水文测站。因重大工程建设确需迁移国家基本水文测站的，或因工程建设影响水文测报功能的，建设单位应当在建设项目立项前，报请对该站有管理权的水行政主管部门批准后实施，搬迁、改建费用由建设单位承担。

四、着力强化对水文工作的组织领导

各地和市有关部门要进一步加强对水文工作的领导，把水文事业纳入水利发展规划和经济社会发展规划，把水文机构列为同级防汛防旱指挥机构成员单位。各地要加大对水文事业的支持力度，从水利建设基金、水资源费等专项经费中安排一定的经费，用于服务本地区的站网建设、水文预报、水资源和水环境监测、评价等。水文机构要根据本地区社会经济发展规划，科学布设水文站网，积极做好水文情报预报、最严格水资源管理"三条红线"考核等各项水文服务工作，充分发挥水文信息的社会效益，为我市经济社会发展提供优质服务。

徐州市水利水文融合发展的实施方案

（2017 年 8 月 22 日）

为积极贯彻落实厅党组提出的"六大水利"发展思路，服务"两聚一高"，7月28日，徐州市水利局卜凡敬局长率队调研水文工作，在听取徐州水文工作情况汇报后，双方进行了深入座谈，卜局长总结提出做好水利水文融合发展的"八个一"方面工作，助推徐州水利水文事业再上新台阶。为落实好八个方面的工作，经局中心组成员认真研讨，局领导班子研究，现制定如下实施方案。

一、明确水利水文一家人关系

水利水文源于一家，从历史上单一的"治水降魔兴利"到如今的"多元兴水为民"。面对新形势，可从三个层面更进一步增进"一家人"情谊。

一是市级层面。（1）设立水文处。依托目前在水利局办公的水情、水质等技术人员，在水利局设"水文处"，组建一批水文预测预报、水情服务、水质监测、水资源管理、水利测绘等技术队伍，建立水利水文工作快速落实及人才培养的体制机制，统一组织协调、落实水文服务水利的具体事项。（2）交流活动。一是人才交流，组织有理想、有追求的青年，有计划地安排到市水利局相关业务处室进行锻炼。二是积极参与水利局工会、妇委会、团委组织的相关活动。三是积极参与水利学会、水文水资源学会等技术交流活动。（3）结对共建。水利局机关党委与水文局总支建立党建、文明创

建正常交流机制。水利局、水文局所属党支部也可以结对共建，探索新组织形势下的党建工作，水文服务地方、服务水利的新途径、新方法。（4）工作考核。参加市水利局对各县（区）水资源、河长制、水生态、水环境等方面的考核及各县（市）水文工作的考核工作。（5）信息共享。加快推进水文信息综合服务平台建设，将水利系统中自建各类监测站及我局所有监测站的水文监测各类信息进行资源整合，由水文统一提供高标准、高质量的水文社会信息。（6）水文宣传。积极参与水利重要活动，加大水文服务宣传力度。

二是县级层面。为更好贴近、服务地方水利工作，做到统一指挥、统一行动。明确各县级水文机构为各县防指、河长制成员单位，各县水文机构负责人为防办副主任。

三是镇级层面。各镇水利站增挂水文中心站牌子，与县水利局实行双重管理。水利站具体负责监测人员、测验环境及安全生产的管理，各县（市）水文监测中心负责水文监测的规划、建设、指导、培训、资料整编等。

二、确定一个高水平的服务经济社会的目标

徐州市是全国40个严重缺水城市之一，但更是全国首批节水型城市、江苏省第一个"全国水生态文明城市"，全国水生态文明试点建设第一个验收的城市。近几年来，徐州市水利局不断开拓创新、攻坚克难，巧抓机遇，深入开展水管理、水安全、水环境、水节约、水生态和水文化6大体系建设，实现了从"一城煤灰半城土"到"一城青山半城湖"的飞跃，实现了水资源可持续利用，取得了生态环境和社会经济效益双丰收。

水文作为水利的尖兵和耳目，水利的基础，牢固树立"以服务水利为核心，围绕经济社会做贡献"的理念，以服务为抓手，充分发挥技术支撑优势，全面参与到徐州经济建设中来。

首先，"河长制"正在全国迅速、全面推行，徐州作为"河长制"实践的前沿，其"河长制"管理新模式已陆续在全国推广。为助推徐州水利"河长制"管理工作继续在全国保持领先，徐州水文也应充分发挥自身优势，为徐州"河长制"管理工作做出贡献，在全市"河长制"管理河道实现100％水文监测全覆盖、全服务，详细制定全覆盖河道水文监测方案名录，包括覆盖率、监测范围、内容、频次等指标，夯实"河长制"管理所需监测数据基础。

其二，建立徐州市水文信息综合服务平台。将水功能区、河长制、水生态、防汛防旱、水资源管理等信息有效融合。通过综合服务平台，更高效、更精确、更全面地提供水文服务产品，诸如为市、县、镇三级防汛防旱及时提供雨水情信息、洪水预报，为水资源"三条红线"管理、河长制、水生态、地下水监测等提供预测预警、科学调度服务。

三、做好一个规划

规划是统筹协调、谋定后动做好各项工作的前提和保障。首先，我局高度重视并已启动《徐州市"十三五"水文发展规划（纲要）》，该规划将依据省水文规划和市水利规划目标，着重通过各类站网规划、测报能力规划、管理方式规划、水文科技规划、监测能力建设规划、人才培养规划等方面，不断增强水文服务能力，围绕水利中心工作，重点做好防汛防旱、水生态、水资源管理、"河长制"管理、水利工程建设等方面的技术支撑。

其次，对 2017 年水文工作计划进行适当调整。围绕全面河长制、水功能区、水生态建设等重点工作进行谋划，更好服务水利工作。

四、合作一批项目

多年来，我们在共同职责防汛防旱工作中经历了亲密无间的合作，共同铸造了防汛防旱的安全屏障，为促进徐州经济社会的发展做出了贡献。近几年来，随着我国经济的转型和人民物质文化水平的提高，对水资源管理、水环境、水生态等提出了更高的要求，为水利水文更深入合作提供广阔的空间。为此，我局不断加强自身监测能力建设，完善服务项目，提高服务精度，诸如积极推进中小河流建设实现水文测报全覆盖，升级换代水质监测设备实现监测项目增至 89 项，争取率先完成水文系统唯一测绘甲级资质实现水利工程建设前期精准勘测等……能力的增强意味着服务的提升，双方在现有广泛合作的基础上，还可以从以下几个方面进行更深入的合作：

（一）水文基础设施建设方面

一是根据"河长制"管理工作需要，加快推进"河长制"管理河道水文监测设施建设。

二是积极争取市级经费，对现有国家、省级水文站点进行功能性升级改造，充分发挥国家水文基础设施在服务地方方面的效益。

三是共同推进水文测报方式、管理方式的改革，借助物联网技术构建水文参数监测系统实现对区域水文参数的远程实时监测，借助云计算技术构建水文大数据平台应用等，共同打造全国第一个基于物联网和云计算的水文信息综合服务平台。

四是共同推进市级、县级、镇级监测站点的建设。随着城市化进程及其他人类活动的影响，导致降水、产汇流、径流、水质等水文要素发生改变，水文生态失去平衡，局部灾害性天气增加致使防洪抗涝压力剧增。如何掌握城市化、工业化、现代化背景下的水文变化规律，只有从数据中找答案、找途径，完善市级、县级、镇级监测站点建设积累水文大数据显得尤为重要。

（二）水文技术服务方面

为水利服务是水文工作的天职，多年来水文人一直秉承并坚持不断提高服务水平，拓展服务范围，全方位做好水文服务工作。

一是工程测绘方面。工程测绘一直为我局重要技术服务优势之一，也是目前全省水文系统资质最高单位；多年来，我们每年一直坚持高质量、高效率、低收费的原则，承担了大量工程建设前期勘测、施工放样、质量检测，沉降监测等测绘任务；

并先后通过市场竞争承担"新沂市农村土地经营权确权测绘项目""淮河流域洼地治理项目（Ⅳ标段）""徐州市云龙湖水库管理范围划定项目"等工程项目，通过市场的历练，测绘技术能力极大提高；为进一步增强市场竞争力，以更高质量的测绘成果满足水利需要，我局正在积极申报测绘资质升至为甲级（届时我局将成为徐州市第四家甲级测绘单位），我们有信心也有能力为水利建设提供全方位、高质量的测绘服务。

二是技术报告方面。我局拥有相关规划、论证、洪水影响评价、河湖健康评估、水土保持监测、水土保持方案编制等资质和能力，其中水土保持监测为甲级资质，多年来我们承担了大量上述技术报告的编制工作，为水行政许可提供了可靠的技术依据；但随着国务院对资质的管理，相关技术报告编制不再有资质要求，对我局技术咨询服务造成较大影响，可以通过水利专项任务下达规避。

三是水文科技研究方面。我局高度重视水文科技研究工作，拥有全省唯一的水文实验站，先后开展"四水转换"、农业面源对水功能区水质安全影响、水资源承载能力等方面研究，取得了丰硕的成果。建议借此条件围绕河长制、功能区达标等方面开展机理、规律研究，助推我市河长制、水资源、水环境、水生态科学保护治理中提供技术支撑。

（三）水文监测方面

水文工作的重要内容是做好各种水文要素的监测、收集、应用，传统水文偏重对区域或流域性重要河道水位、流量，降水、蒸发的量的监测，现代水文扩展至地下水、水环境、水生态、水土流失等方面的监测，进而到今天更加注重量质同步监测、水环境全覆盖监测，诸如供水时量质监测、降雨时量质监测、降雨后河道量质监测等；大量的监测数据是水文技术支撑的基础，但目前大量的监测数据还没有充分发挥其作用，还没能第一时间成为政府和水利部门决策依据，诸如各种专题监测报告的编制工作目前仅在市级层面开展，县（市）还没有开展此项工作，但在今年7月份环保部督查时，对专题监测报告提出较高要求，要求各种涉水的专题监测报告应作为常规性技术报告由水行政主管部门提供，作为政府决策的重要依据，由此足以说明专题监测报告的重要性。常规性专题监测报告诸如《水功能区（质）监测季报》《水功能区（质）监测年报》《水资源公报》《地下水监测季报》《地下水监测年报》《水土保持监测季报》《水土保持监测年报》《年度雨水情分析报告》等。

五、准备一个会议

为实现徐州水利水文工作的高度融合，适时在全省率先召开市级水文工作会议暨徐州市水文工作会议，统一思想、统一认识、统一部署，实现市、县、镇三级联动，水利水文一体，形成"水利干大事，水文服务事干大"的发展格局。

首次徐州市水文工作会议召开宜在市财政落实一定人头缺口经费，乡镇水文中心站得到落实，河长制河道全覆盖监测工作得到一定推动等方面取得阶段性成就的前提下召开。届时全市、县、镇三级水利干部参加，宜可邀请厅领导、市领导及省局领导参加。

六、下发一个文件

下发一个加强水利水文工作的文件，是召开首次水文工作会议的重要工作之一，通过此文件理顺水利水文融合工作机制，明确水利水文一家人关系，部署水利水文重点合作领域，确定水利水文联合考核内容等。经过充分商议酝酿后达成一致意见后由市政府下发，或由市水利局、水文局联合下发，市政府批转。

七、对接一项资金

根据《江苏省水文条例》第三条"设区的市、县（市、区）人民政府应当根据当地经济社会发展的需要，从资金等方面支持和促进本行政区域水文事业的发展"，目前全省水文系统执行的差额预算、财政预算不能完全满足水文事业发展的需要，需要各市水文部门通过提供水文技术服务获得差额资金弥补事业费不足，我局亦是如此。多年来市、县水利局在项目上给予了大力支持和帮助，但尚有部分经费缺口，随着国家政策的调整，市场竞争压力愈来愈大，获得的经费也呈直线下降趋势，经费已经成为困扰徐州水文事业发展的桎梏。

按照对接一项资金的思路，宜从以下三方面帮助解决水文事业费不足问题：一是通过增加市级财政预算解决，实现从无到有，然后逐年增加。二是适度提高水文技术服务费用标准，现行所有费用标准都是基于10年前工作量和物价水平确定，对比当前工作量和物价水平都已翻了几番，某些费用只够成本支出，如深层地下水监测费用为18万/年，包括监测设备费、委托人员费、报告编制费等，2000年初始地下水监测井120眼，平均委托费360元/（年·眼），设备更新维护费约4万/年，报告编制费3万/年，至2016年仅平均委托费已达1200元/（年·眼）（计14.4万元/年）；另外水功能区监测经费20万/年，10年后的今天仅工作量已增加至原来的八九倍。三是固定专题监测报告编制为县（市）区水利部门必须开展的常规工作，并作为最严格水资源管理制度考核内容，诸如《水资源公报》《地下水监测年报》《水土保持监测年报》《水质监测年报》等。

八、组织一些活动

活动是增进水利水文友谊的重要抓手，通过活动我们可以共谋水利水文发展大计，共享水利建设成果，共展水利人风采，充分展示水利水文融合发展的新局面。为充分组织好相关活动，宜从四个方面共同努力：

一是调研类。开展水文服务水利工作情况调研，查漏补缺，为水利提供更全面、更优质、更快捷的服务。

二是科研类。依托水利学会、水文水资源学会等平台，结合新形势下水利水文前沿工作，开展一批水利水文科研课题研究。

三是宣传类。开展水利水文新闻信息宣传写作培训、摄影培训，赴水利景点、基层水文站开展新闻写作、摄影采风活动。

四是文体类。发挥双方工青妇组织纽带作用，结合春节、三八节、五四青年节等节点开展文娱联欢、登山健身、球类竞技等一系列活动。

附：　　　　　**表 1　徐州水务水文融合发展"八个一"工作任务分解表**

序号	项目	目标任务	实施时间	牵头单位	责任处室、单位
一、构建水务水文"一家人"关系	市级双管	在现有市防办水情科基础上，市水务局增设"水文处"或"水文办公室"，扎口协调管理水文预测预报、水情服务、水质监测、水资源管理、工程测绘等方面技术服务工作	2017年12月	人事处	防办、水资源处
		工作同考核。作为市水利水务工作考核小组成员单位参加对各县（区）水资源、水生态、水环境等方面考核及各县（市）水文工作考核	2017年12月	水资源处	河长办、防办
	县级双管	各县级水文机构为各县防指、河长制成员单位，各县水文机构负责人为防办副主任	2018年6月	防办	河长办、各县（市）、铜山区、贾汪区水务局
	镇级双管	在各县（市）、铜山区、贾汪区试点乡镇水利站增挂"水文服务站"牌子，其他乡镇建立水文联络员队伍，负责协调辖区内水文站点管理工作，参与水文监测组织实施	2018年12月	农水处	各县（市）、铜山区、贾汪区水务局
二、确定一个高水平服务目标	河长制	调整完善市级河长制河湖水质监测断面，实现市级河长制河湖水质监测全覆盖，试点开展跨县、区断面水质水量同步监测工作	2018年6月	河长办	水资源处、防办
		组织开展县级"河长制"骨干河道水质监测工作	2018年6月	河长制	各县（市）、铜山区、贾汪区水务局
	水文信息平台	编制徐州市水文信息综合服务平台建设方案并组织实施	2018年6月	信息化建设处	防办、水资源处、河长办
		对各县（市）水务自建水雨情监测站信息进行整合，接入水文局统一平台	2018年12月	防办	各县（市）、铜山区、贾汪区水务局
三、编制一个发展规划	规划编制	编制《徐州市水文事业发展规划》	2017年12月	规划办	防办、水资源处

表1（续）

序号	项目	目标任务	实施时间	牵头单位	责任处室、单位
四、合作一批项目	水文设施建设	对现有国家、省级水文站进行升级改造，水位雨量实时遥测，缩短流量测定时间	2018年9月	防办	
		根据防汛防旱、水资源管理、河长制及城镇发展需要，优化水文站网布局，增设必要的水文站、水位站、雨量站、水质站等	2018年9月	防办	河长办、水资源处、各县（市）、铜山区、贾汪区水务局
		扩大自动测报系统功能，增加水质、地下水等实时信息采集站点，建立完善水环境信息服务系统	2018年12月	水资源处	各县（市）、铜山区、贾汪区水务局
	水文技术服务	组织县级开展《水功能区监测年报》《水资源公报》《地下水监测年报》《水土保持监测年报》编制工作，并将专题监测报告列入县级最严格水资源管理考核内容	2018年6月	水资源处	各县（市）、铜山区、贾汪区水务局
		在汉王试验站共建"河湖库"监测研究基地，开展河湖库主要污染源分布规律、重点河湖库健康评价体系等研究工作	2018年6月	水资源处	科技安全处、工管处
		开展水利水务工程规划、建设、管理方面测量服务工作	2018年12月	规计处	基建处、工管处、建设中心、设计院
		组织申报测绘甲级资质	2018年12月	基建处	
	水文监测	试点开展重要河道（功能区）特殊水情（行洪或干旱）时期的质量同步监测	2018年6月	水资源处	防办、河长办
		开展监测数据的开发利用。对水文水资源监测数据实时整编处理，为河长制管理、防汛防旱、水资源管理、水源地保护提供支撑	2018年6月	信息化建设处	防办、各县（市）、铜山区、贾汪区水务局
五、召开一个会议	召开会议	召开县（市）、区政府、水务局负责人参加的徐州市水文工作会议	每年11月份	办公室	政研室

序号	项目	目标任务	实施时间	牵头单位	责任处室、单位
六、印发一个文件	出台文件	出台《徐州市人民政府办公室印发关于进一步加强水文工作的意见》或《徐州市水文管理办法》	2018年6月	政法处	防办、水资源处
七、对接一项资金	争取财政支持	将相关处室所列水务水文融合工作任务，相应列入年度投资计划，同时争取将经费投资渠道纳入地方财政预算	2018年12月	财审处	水资源处、防办、河长
八、组织一批活动	调研类	市水务局领导每年开展两次水文工作情况调研	2018年12月	办公室	水资源处、防办、河长办、工管处
	党建类	水利局机关党委与水文局总支建立党建、文明创建正常交流机制；水利局、水文局所属党支部结对共建	2017年12月	机关党委	组织人事处
	科研类	由科技安全处牵头，水文局、水利学会、水资源研究会、汉王试验站等单位召开一次以水文应用为主题的学术研讨会，并研究联合申报省市水利水文方面的科研课题	2017年12	科技安全处	水利学会、水资源研究会
	文体类	发挥工青妇组织纽带作用，每年春节、三八妇女节、五四青年节开展文娱联欢、登山健身、球类竞技等一系列活动	2018年12月	工会	机关党委、团委

三　内部管理文件与技术规程

水文测报应知应会技术汇编

（徐州水文局，2004年2月）

·职工必读·

一、水文测验记载图、表填制要求

本部分包括水位、降水量、水准、大断面、流量、地下水、蒸发量的记载图、表要求。

（一）为贯彻执行水文新规范，提高水文资料成果的质量，特编制此要求。

（二）水文各种测验记载表是永久性的保管资料。记载时必须做到：字体工整、字迹清晰、规格统一、方法正确。

（三）水文测验的原始记载及计算，均用 3H 黑色铅笔填记，原始记载数字如果记错，将原错误数据用斜线划去，在其右上角写上正确数字，严禁用橡皮擦拭和涂改，每页涂改或擦拭超过 2 处就应复制，并将原始记录附后。

（四）各种记载表在月统计中需要挑选极值者，所挑选的极值分别用红、蓝铅笔标记，不得漏记。

（五）各种记载表的封面、封里、表首栏上的说明应据实填全，不用的栏可任其空白，不用的指标划去。

（六）各种记载表记载时应注意装订线的位置，不要记颠倒，影响装订。

（七）各种记载表同一栏的代号或文字相同时，如水尺编号、堰闸站的开启孔数、编号、流态等可只在第一行填写，以下连续各行可记省略符号"〃〃"。当表内同一栏日期（月或日）连续各纵行相同时，除在第一格必须填记外，以下各格均空白不填。

（八）各种记载表的测记，有效数字严格按照水文新规范进行取舍。在站计算、校核、复核等一律使用 2H 或 3H 铅笔签名。严格执行"四随"制度，签名者在名字后要如实写上算、校日期。

（九）要按照规定图幅和比例制作各种图，重要图如水位～流量关系图中心站负责人必须亲自签字。

二、水文测验质量检查条目

（一）水准与断面测量

1	基本水准点是测站永久性的高程控制点，要设在最高洪水位以上，每站至少 1 个。要求牢固耐久、便于引测、妥善养护、长期稳定。
2	基本水准点的高程一般从国家二、三等水准点用不低于三等的水准接测。
3	校核水准点是用来引测断面、水尺、和其他设备高程的，应设置在便于引测的地点。
4	校核水准点从基本水准点用水文三等接测，条件不具备时，也可用水文四等水准接测。
5	基本点、校核点的校测次数，应按"规范"要求进行。
6	各种断面均应在两岸分别设立永久性的断面桩，断面桩应设在历年最高洪水位以上。
7	水文三、四等水准点测量。要按照《水文普通测量规范》（SL 58 - 93）中有关要求进行。
8	水尺零点高程的测量方法和仪器要求基本同水文四等水准，测量要求和操作方法，按《水位观测标准》（GBJ138 - 90）第 11 页中第 3.1.9 条～第 3.1.12 条规定进行。
9	大断面测量包括水下部分的水道断面测量和岸上部分的水准测量。岸上部分应测至历年最高洪水位以上 0.5～1.0 米，或测至堤防背河侧的地面为止。

10	大断面测量最好能在岸上地形转折处打入编号的木桩,以便每次在固定点位置测量。
11	大断面的起点距,均以高水时的断面桩(一般为左岸)作为起算的零点。两岸断面桩之间的总距离两次测量不符值应不超过 1/500。
12	大断面测量要求及方法:按《河道流量测验规范》第 13 页中第 3.1.1 条~3.2.2 条规定执行。
13	大断面的岸上高程测量,用水文四等水准,往返高差不符值不大于±30 毫米,前后视距不等差应不大于 5 米,累积差不应大于 10 米。大断面水准测量,转点记至小数三位,间视点记至厘米。
14	复测大断面时,如能闭合与已知高程的固定点,可只进行单程测量,闭合差≤0.02 米仍用原桩顶高程。

（二）降水量

15	场地位置应能满足设站目的要求。
16	尽可能选择在四周空旷、平坦、避开局部地形地物影响的地点,保证在降水成倾斜下降时,四周物体不致影响降水落入雨量器内。一般情况下,四周障碍物与仪器的距离不得少于障碍物顶部与仪器器口高差的两倍。
17	观测场四周应围以栅栏、高约 1.2 米,场地面积应不小于 4 米×4 米,(无自记雨量器)有两种仪器时,一般不小于 4 米×6 米,两仪器间距不应少于 1.5~2.0 米。
18	观测场应保持环境清洁,围栅完好,地面平整,不应种植对降水观测有影响的作物,避免场内积水,需要时场内可铺小路,场外周围可挖排水沟。
19	雨量器的漏斗口内径为 20 厘米,器口一般离地面高度为 0.7 米,仪器应设置牢固,器口要水平。自记雨量计应按照说明书安设,小门应朝北。
20	仪器应经常注意保持正常的工作状态,发生故障时及时排除或设法不久,保证观测到准确可靠的资料。
21	雨量器读数时,杯身应保持垂直。读数应以凹下水面的最低点为准,视线应与水面齐平。
22	降水量的观测次数应按任务书的规定进行,在气温高或风力大的情况下,为避免蒸发影响精度,可在降水停止后观测。
23	固体降水量可放在温暖的室内或注入温热水溶化,不应直接用火烘烤。
24	使用自记雨量计时,每日 8 时观测一次。降水之日应在 20 时检查一次;暴雨时适当增加检查次数。检查应作记号。自记纸应定时更换。如换纸时适逢大雨,可适当推迟或提前。如记录纸已到末端还不能换纸。则应迅速转动钟筒(先顺转后逆转),将笔尖越过压纸条,对准时间坐标记录。
25	自记纸遇降雨之日每天更换,无雨时五天更换一次。不需换纸之日,可在做虹吸检查后,再注入 1 毫米左右水量,使笔尖另换一条线记录。
26	自记雨量计的观测操作程序和方法按照《降水量观测规范》第 23 页和第 88 页中有关规定进行。
27	自记雨量计发生故障应迅速排除,排除方法可参考《降水量观测规范》第 88 页第 5.1.5 条要求进行。

（三）蒸发量

28	水面蒸发量观测的标准仪器是改进后的 E－601 型蒸发器，按规范要求进行安设。
29	蒸发器必须经常保持完好整洁，盛水的设备不应锈蚀漏水，为了保持水内清洁，要经常换水。
30	蒸发器放入坑内必须使器口水平，其最大误差应不超过 0.2 厘米，器壁与坑壁的空隙用土回填捣实。水圈与蒸发桶必须密合，取与土坑中土壤相接近的土料来填筑土圈。土圈的土面应低于蒸发桶的口缘 7.5 厘米。
31	蒸发器口高于周围地面 30 厘米，外围以 50 厘米宽，22.5 厘米高的土层，并留一个 40 厘米宽的缺口，以便观测。
32	蒸发场应经常注意养护，场内最好栽植爬根草，并经常剪短，不使它们高度长过蒸发器口，场内杂草应经常清除。
33	每日 8 时观测蒸发量和降水量，观测人员应于定时观测前到达观测现场，检查各项仪器设备是否完好，尤其当大雨过后，应检查蒸发器内的水有无泼出。
34	在规定的观测时间以前，预计大雨即将来临，影响正点观测时，可以提前观测，如正点观测正值大雨，观测时间也可推迟，但提前和推迟的时间不得超过两小时，观测的蒸发量仍视为该日蒸发量，并将情况在记载薄中注明，若推迟时间超过两小时，可不测，而合并在次日定时观测中，但对降水量的定时观测，应按降水量部分规定处理。
35	观测时应用测针测量水面高度，两次插针的方向应旋转 180°。两读数之差不应大于 0.2 毫米。
36	每次观测应用目估指示针针尖的距离，如针尖露出或没入水面 1 厘米以上，则必须加入或汲出水，并在加入水（或汲出水）后观读水面高度两次。在遇器内有污物或小动物时，应于测记蒸发量后在加水或汲水前将它捞出。
37	蒸发器中的水应经常保持清洁，以水面上无漂浮物，水中无悬浮的污物，器内无严重的锈迹、青苔，水色无显著改变为宜，不合上述要求时应及时换水。
38	如蒸发器内结冰，则在这个时期内停止每天的观测，至冰盖全部溶解后观测冰期内的总蒸发量，在观测值上加接冰符号"B"。但遇月初月末应破冰观测。
39	在规定观测时刻内蒸发器水面覆有薄冰，而在白天全部融尽者，可放在解冰时刻（每日 14 时）进行观测，并在观测值右旁应加结冰符号"B"。
40	观测人员于观测完毕后，应立即完成观测资料的整理计算。

（四）水位

41	水尺断面不准随意迁移，如需变动位置，要报上级批准。
42	新断面应尽量能设在旧断面附近，大中河流的测站，有条件时，应进行新旧断面水位比测，比测的时间一般以能掌握到平均年水位变幅的 75% 左右为宜，以便较准确地绘制水位关系曲线。无条件或不必要比测的作为新设站处理。
43	水尺的观读范围一般应高于和低于测站历年最高、最低水位 0.5 米。

44	设置两支以上水尺时,各相邻水尺的观读范围应有 0.1~0.2 米的重合,风浪经常较大时,重合部分可适当放大至 0.4 米。
45	同一组的各支水尺应尽量设在同一断面线上,如受地形限制或其他原因不能在同一断面线设置时,其最上游与最下游两支水尺之间的水位差应不超过 1 厘米。
46	水尺的布置和编号按《水位观测规范》第 3.1.4 条规定执行。
47	水尺应力求坚固耐用,利于观测、便于养护、保证精度。
48	水尺零点的校测次数,以能完全掌握水尺的变动情况,取得准确连续的水位资料为原则。一般应在汛前将所有水尺校测一次,汛后校测使用过的水尺,平时发现水尺零点高程有变动迹象时,应随时校测,遇水尺严重被撞,应立即校测被撞水尺的零点高程。
49	推算水尺零点高程时,往返两次水准测量,都由校核水准点开始推算各点高程,各支水尺的允许不符值应分别计算。校测水尺零点高程时,当校测前后高程相差不超过本次测量的往返不符值,且对一般水尺小于 10 毫米或对比降水尺小于 5 毫米时,可采用校测前的高程,否则,采用校测后的高程。
50	水尺应经常检查,保持水尺的清洁,刻画清晰。
51	自记水位仪器及自记水位计台应按水文测验手册第一册 1~23 条的规定,注意保养。
52	水位观测及加测时间和次数以及附属项目的观测,应按测站任务书规定的要求测记。
53	水位观测的内容和精度应按《水位观测规范》第 23 页第 4.2.1 条~第 4.7.3 条中有关规定执行。
54	由于水位涨落,需要换用水尺时,可选择适当时机同时比测相邻两支水尺的水位,以便检查观测的水位是否衔接和水尺零点高程有无变动,若水位基本相符,则取其平均值,否则应查明原因及时处理,比测次数由测站自行解决。
55	只有一个人的测站同时要观测 2~3 个测验项目,工作次序按照测站任务书要求执行。
56	自记水位计记录的水位应按"任务书"规定进行检查和校测。自记水位校测时,时间及水位的落笔点应放在相应的坐标上,一般粗线应为正米或整分米。不得随便乱放。
57	自记水位记录的订正和摘录应按《水位观测规范》第 35 页中第 5.3.1 条规定进行。
58	日平均水位的计算应一律采用面积包围法进行。水尺断面不准随意迁移,如需变动位置,要报上级批准。

（五）流量

59	选用的测流方法应按《流量测验规范》规定进行。
60	流量测验的次数应符合测站任务书的规定进行。河道站按《河流流量测验规范》第四章有关各条规定进行,埝闸、水库站按《水工建筑物测流规范》有关章节规定进行,潮流站按水文测验手册第一册 3~6 条的规定进行。

61	河道站的流速仪测流断面,浮标测流中断面尽可能与基本水尺断面重合,有困难时可分别设置,但两断面间不应有水量加入及起点距的比测率定。
62	凡用缆道测流的站,应按《水文缆道测验规范》第五条各条要求进行,应定期用交汇法检查垂线定位的误差。每年应进行水深及起点距的比测率定。
63	测流断面应垂直于流向,偏角一般不能超过10°。
64	埝闸站的上游基本水尺断面,一般设于埝闸站上游跌水线以上水流平稳处与埝闸的距离不小于最大水头的3倍,下游基本水尺断面应设在闸下游水流平稳的地方,距消能设备末端的距离应不小于效能设备总长的3～5倍。
65	水库站的基本水尺,一般设于坝前跌水线以上水流平稳处,有淹没流情况时,需用闸下游水位推流的埝闸水库站,可在闸下收缩断面附近设置闸下(辅助)水尺断面。
66	测流断面布设除符合以上5～7条外,应按《河流流量测验规范》第二章有关各条规定进行。
67	流速仪测流,不论用哪一种测法,都应尽量缩短测流时间,在一次侧流过程中的水位涨落差,不应大于平均水深的10%,水深较小而涨落急剧的河流不应大于平均水深的20%,如按此规定进行有困难时,即应改变测流方法。流速仪法测流应符合《河流流量测验规范》中第4.1.3、第4.1.4中各项规定要求进行。
68	没有条件进行精测法测流的时期或测站,允许不经过精简分析,直接用较少的垂线、测点作为经常性的测流方法(常测法)。
69	用常测法资料进行分析,精度符合试行规范表4-2规定时,也可作简测法使用,简测法只在出现特殊水情,需要最大限度缩短一次侧流历时或需要大量增加测流次数时使用。
70	测速垂线的数目按高、中、低测洪方案拟定数设置,减少垂线须经精简分析决定
71	简测法测速垂线的数目应通过精简分析确定。
72	测速垂线的位置,一般应尽可能固定,当发现下列情况时,应随时调整或补充测速垂线:(1)由于水位涨落或河岸冲刷淤积使靠岸边的一条垂线离水边太远或太近时;(2)断面上出现死水、回流需确定死水、回流边界或回流量时;(3)发现两固定测速垂线间河床地形或流速分布有较明显的变化时。
73	测深垂线的数目,在高、中、低水位下,只要精简前后的水道断面面积差均不超过±3%。且保留的测深垂线分布均匀,能控制河床变化的转折点,部分面积无大割大补。
74	大断面测量应按《河流流量测验规范》中第13页第3.1.1～3.1.7各条规定执行。水道断面部分应采用精密测深法,以能控制河床变化的转折点,其水下部分最少测深垂线数目应按规范要求布设,水边上部分应进行断面水准测量。
75	水道断面测量次数按测站任务书的规定进行,水道断面的测深应在水位平稳时进行。否则,应记载每条垂线测深时的水位,如采用悬吊铅鱼测深有偏角时,水深应进行偏角改正。
76	采用开口游轮或缆道测深法,铅鱼入水法漂时,可减轻平衡锤的重量或加重铅鱼的重量,才能测得较正确的水深。

77	作水深测量时,每垂线上应连测两次,取其平均值,两次的不符值,一般应不超过 1～3％,河底不平或有波浪时,不超过 3％～5％。
78	流速测点的分布应按测洪方案的要求进行,如垂线流速非常贵分布,特别是堰闸站小开启或少孔开启时,应增加测点以准确测到垂线平均流速为宜。
79	简测法的流速测点分析,通过精简分析确定,一般需要注意以下几个问题:(1)全断面内的流速测点不少于 2 个;(2)当用一点法测速时,测点位置应尽先布设在 0.6 或 0.2 水深处,在 0.6 或 0.2 水深处测速有困难时,才布设在水面处测速。
80	测速历史一般应不短于 100 秒,除为了研究流速脉动变化规律时,需要分组记录流速仪讯号转数及其相应的历时外,一般只记录总转数及总历时。汛期水位涨落较快时,为避免测流过程的水位落差太大,测速力时可缩短到 60 秒。洪水暴涨暴落或水草、漂浮物严重时,可适当缩短,但不应短于 30 秒。
81	河道站、埝闸站如果测点上流速脉动现象严重,而又没有用分组记录的办法时,为了尽可能消除脉动的影响,提高测速成果精度,除水情特殊时期外,在脉动强度较大的测点上,测速历时应适当延长至 120 秒。
82	测流同时的其他项目观测应按《河流流量测验规范》第 26 页第 4.4.1～4.4.3 条规定执行。
83	停表产生误差,直接影响测流成果的精度,因此,对停表的误差情况应定期进行检查,如发现停表受过雨淋、碰撞或剧烈振动等情况时,该工作应随即进行,检查的方法是用每日误差小于 5 分钟的带秒钟的钟或表,和停表同时开动 10 分钟,如杜数不超过±3 秒,则不需进行停表的快慢校正,否则需校正后方可使用。
84	浮标测流应按《河流流量测验规范》第五章中有关各种规定进行。
85	岸边的流速系数及死水边的流速系数按《河流流量测验规范》第 33 页中表 4.8.1 执行。
86	流量系数按 P36 第 8.8.6 各条执行。

（六）地下水

87	观测井的位置一定要有代表性,避开河流渠道与较大水体及污水排放的影响;观测井要选在能代表与当地地形、地貌特征的大田内,避开村庄、孤立的土丘和洼地,使观测资料具有代表性。
88	观测井必须具有一定井深,无严重淤积,水位反应灵敏,能代表当地正常水位。选用观测井,必须注意收集到该井的土层记录和井管结构等项资料。
89	观测井附近一般应设置水准点,用三等水准测量水准点高程。井口固定点高程用四等水准点测量。
90	水准测量的次数以及地下水观测次数均按"任务书"规定执行。

（七）泥沙

91	单纱和断沙的测次要求应按"任务书"规定执行。
92	测验仪器的选择和操作应符合《河流悬移质泥沙测验规范》第二章有关各项要求。
93	输沙率测验工作内容应按规范要求进行。测验方法见规范第 3.3.2～3.3.7 各条。测次分布应按规范第 6 页中第二节有关规定进行。
94	输沙率取样垂线数目应由试验分析确定。为经试验分析前可采用单宽输沙率转折点布线法,测沙垂线数目一类站不应少于 10 条,二类站不应少于 7 条,三类站不应少于 3 条。
95	河床稳定的测站,输沙率取样垂线最好随测速垂线固定。
96	靠近水边取样时,应避开坍岸或其他类似的影响。
97	相应单位水样取样次数,一般在输沙率测验开始、终了各取单位水样一次。含沙量变化复杂剧烈时,应再适当增加取样次数。
98	单沙取样时,应实测取样垂线的起点距,实测或推算水深,并观测基本水尺水位。
99	单沙的取样位置与取样方法按规范要求进行。取样次数应能掌握控制泥沙的真正变化过程。洪水期,每次较大洪水一类站不少于 8 次,二类站不少于 5 次,三类站不少于 3 次。洪峰冲迭,水、沙峰不一致或含沙量变化剧烈时,应增加测次,在含沙量变化转折处应分布测次。平水期,在水位定时观测时取样一次,含沙量为零时应记"目测水清"。

（八）水文调查

100	当出现大暴雨洪水后应进行暴雨洪水调查。
101	上游流域内水利工程(河、库、闸、涵、坝、站)等发生变化时,应及时进行调查。测站职工应对上下游水系及工程情况都要熟悉。
102	区域代表站要做好集水区各进、出口门水量及河网蓄水量的观测计算,认真调查计算农灌、工业、生活等用水量,按审刊规范有关要求整编附录资料。当集水区范围发生变化时,要及时调查。
103	中心站每年 3 月份前应完成上年度本县(市)的水文水资源勘测报告(各项表式仍采用往年格式)及本县(市)的年度水资源公报。

三、水文情报拍报办法

（一）各水情报汛站在测报工作中应当力争做到："四随（随测算、随发报、随整理、随分析）"和"四不（不错报、不迟报、不缺报、不漏报）"。注意消灭差错,保证拍报质量。各水情报汛站主管机关应建立制度,加强水情工作的管理,经常督促检查,保证在观测后 10 分钟内报出,最迟不超过 20 分钟。

（二）水情报汛站测报时间均以北京时,即东经 120°标准时为准,并以 24 小时法计，午夜 12 时一律记为当日 24 时，不记为次日 0 时。分钟应按十进位法换算为小时的小数列报，即每 6 分钟作 0.1 小时计，不足 6 分钟者，以 2 舍 3 入计，2 分钟以下舍去，3 分钟以上进入为 0.1 小时。

（三）数字的进位规定采用"4 舍 6 入、奇进偶舍法"。即，有效数字后第一位数在 4 以下舍去，6 以上进位。如有效数字后第一位数为 5，而其后仍有数字（不为零），则仍进位；其后为零时，则视前一位数字为奇数或偶数而定，为奇数者于前一位进一，为偶数者舍去不计（零视作偶数）。

（四）水文电报电码中规定有指示组、标志组、标志三种固定符号和字码，各站必须按照规定使用，不得任意变动。

（五）每张水情电报均需列出站号组，不得省略。除指示组列在站号组之前外，一般情况下站号组列在电报的首位。凡一个站需要同时列报几种水情时，应按降水量、水情的顺序在一张电报内依次列报，不得颠倒。

（六）每日 8 时为统一规定的定时测报时间，按"报汛任务书"的要求，及时发报。

四、徐州市水情传输语音报汛系统使用方法

（一）报汛步骤

（1）当电话或手机接通后，会听到"您好，请输入报文"语音提示，这时开始键入报文，报文输完后键入"♯"号会听到输入报文的语音复述，最后提示"复述完毕，错误请按 0，结束请按 1，再输新报请按 2"。

（2）报汛者进行确认，如果报文正确，输"1"，输"1"后接收方挂机，报汛者也挂机。报汛过程结束，刚输入的报文存盘。

（3）如果报文有错，输"0"，输"0"后会听到"请重新输入报文"的提示音，刚输入的报文不存盘，这时应重新输入报文，重复前面的操作（键入、复述、确认），直到报汛过程结束。如果要再输新报，输"2"。

（4）输"2"后会听到"请输入报文"的提示音，刚输入的报文存盘，这时输入新报文，同前面的操作（键入、复述、确认），直到报汛过程结束。

（二）手机短信息报汛

每条短信息最多可发送 140 字符，在同一条短信息中可以发送多条报文，手机输入多份报文时用"＋"为间隔符。

如格式正确，向该测站手机发回报文正确的短信息（TELOK），解决了短信息发送后不知道分中心是否收到的问题。

测站发送短消息后，需要等待几分钟（一般不超过 5 分钟），才能收到分中心的确认短消息。5 分钟后如没有得到确认短消息，请重发报文。

五、整编要求

（一）一般规定

（1）各项水文资料计算机整编软件、数据处理系统的研制应遵循《水文资料整编规范》（SL247 - 1999）及本补充规定的有关规定，经过程序编制、软件调试、各种典型测站试算检验，并报经省水文局组织审查后方可投产。

（2）新技术、新方法应用于水文资料整编生产，应与目前使用方法并行一年，经综合检验符合规范要求，提交报告并经省水文局批准后，方可正式使用。

（3）新建、改建、扩建水文测验设施，应按水文测验有关规范规定，通过鉴定或提交报告批复后，其测验成果方可作为水文资料正式记录。

（二）整编内容

（1）各项目原始测验资料、考证、定线、数据加工表及综合图表等必须作齐三道工序。

（2）为保证电算整编成果质量，数据应做到平时分散录入，可按月或季度进行。

（3）当流量测验断面迁移时，区间集水面积或水沙量变化不明显时，可作为同一断面处理。

（三）审查工作要求

各审查单位在进行站区资料整编成果审查时，除按规范规定的要求、步骤进行各项工作外，还应事先做好各项原始资料（包括自记记录）的抽查工作，要求如下：

（1）对测站的水位、流量、泥沙、降蒸等原始资料，在测站一算二校的基础上，每站再抽核不少于30%的原始资料，检查测验方法、填表格式、计算方法和数字是否准确无误。

（2）对电算数据加工表，要做到一制二校（一律与原始数据进行校对），特别要注意数据正确，各种符号（或代号）填写无误。

（3）电算整编成果表，应做好合理性检查。

（4）经过审查的资料，必须达到规定的质量标准。

六、地下水位、水温原始记载簿记载暂行规定

（一）要求现场测量和用铅笔（2H）记载，不得用圆珠笔或其他笔记载，字体工整、清晰，严禁涂抹和擦拭。

（二）每次测量要准时（8：00）。遇有特殊情况，应在备注栏说明原因。

（三）做到随测量随计算随记载随分析，若发现数据异常需要重新复测。如果测量发现异常，应在备注栏注明分析原因。

（四）水位、埋深监测数值以"m"为单位，测记至小数点后两位。

（五）当地下水位等于地面高程时（即埋深等于0），地下水位栏记为0.00，不记地面积水。

（六）月最高（低）水位、埋深及发生日期用红蓝铅笔分别标出。

徐州水文局测绘能力提升建设方案

（2017 年）

为适应单位制度化、规范化管理，使测绘业务更好地为单位经济建设工作服务。徐州水文局本着打造一支专业测绘队伍，立志为社会各界提供专业、优质、高效的测绘服务，努力成为在本区域享有较高知名度的测绘服务团体，提升市场核心竞争力。结合本单位实际情况，对现状进行全面分析，提出本单位测绘能力提升方案。

一、单位测绘业务

1. 资质等级情况：乙级。

2. 人才和设备情况：测绘类高级工程师 1 名、注册测绘师 1 名、测绘类工程师 12 名。双频 GPS 12 台、全站仪 15 台、水准仪 20 台、测深仪 8 台。

3. 测绘管理情况：测绘业务管理归属水资源科，水资源科从事测绘业务人员现有 3 人（其中 1 名为女性），主要负责测绘质量管理体系建设与管理、测绘资质管理、测绘项目质量管理、测绘技术管理、局机关测绘项目生产等。

4. 测绘项目生产情况：局机关承接的测绘项目由测绘中心组织完成，各监测中心承接的项目由各监测中心组织完成。

二、测绘管理现存在的主要问题

1. 测绘质量管理体系不健全，有待进一步完善。

2. 测绘项目管理不规范，只重生产不重管理。项目完成不少而成果几乎没有。

3. 各单位各自为战，技术和质量标准不统一。

4. 水资源科测绘作业能力严重不足。最基本的小项目都需要从其他部门借用人员帮助完成，不利于人员的专业化管理。

5. 测绘质量管理人员配置现状不符合国家对测绘质量管理的强制要求。如"两级检查"的质检人员、设计人员和作业人员不能重复等。

6. 测绘仪器设备管理不到位。部分测绘设备因长期无维护、不保养导致仪器部分功能丧失。

三、提升方案

1. 在单位加强测绘技术人才培养。通过各种测绘培训、测绘生产、测绘技能竞赛、测绘职称申报和测绘类职业资格考试等渠道多措并举的培养测绘专业技术人才。

2. 建立健全测绘质量管理组织体系。根据国家有关测绘质量管理的强制性规定和 ISO9001 质量管理体系要求，建立适合本单位的测绘质量管理组织体系。经常性开展测绘质量管理系统培训，通过对测绘质量管理体系、测绘成果管理和测绘生产管理等制度的培训和学习，逐步完善测绘管理，使测绘管理规范化，使将来的测绘生产满足体系运行要求为目标。

3. 规范测绘项目管理。各种测绘项目生产严格按照设计、生产、二级质检和总结的流程进行。测绘的技术设计、质量检查和测绘技术总结统一由测绘中心按规范要求统一实施。大的测绘项目由局成立项目经理部进行项目管理。

4. 提升测绘中心测绘能力。增配技术人员2～3名，通过增加的技术人员形成基本的测绘外业作业组，独立完成常规性的测绘作业；部门员工加强测绘专业技术知识和测绘质量管理学习，并根据生产情况实时安排内部进行测绘技术业务学习和交流。营造一个"忙时生产、闲时学习"的练兵氛围，让科室人员逐步提高整体素质和业务能力；根据科室人员的配备情况，按照体系要求厘清科室人员职责。达到按制度各司其职的目的。

5. 专业各监测中心测绘作业水平。各中心根据自身情况，组建一支能按技术设计或者作业指导书完成常规测绘作业的小组，并设专职的质量自检人员。

6. 完善和落实资料与设备管理。根据测绘生产流程做好测绘生产设计资料、过程资料、质检资料和成果资料的收集与归档工作。落实专人负责指导和督查各单位做好仪器设备的保管和保养工作。

四、提升目标

通过2～3年的时间，多措并举的对单位测绘业务进行建设，争取达到以下目标。

1. 测绘技术人才培养目标：注册测绘师5人，测绘高级工程师4人，测绘工程师20人。

2. 质量管理体系建设目标：通过ISO9000质量管理体系认证。

3. 资质升级目标：甲级。

江苏省水文水资源勘测局徐州分局精细化管理方案

（2018 年）

2017年11月底，省水文局为推进水文标准化工作，决定在全省范围内选取一批试点测站进行测站环境标准化改造，徐州水文局新安水文站、林子水文站被选做试点测站。徐州水文局党委，迅速做出工作部署，由第五党支部协助站网科编制《徐州林子、新安站测验环境标准化改造项目实施方案》，方案经局长办公会多次讨论研究，报省局批复后实施。2018年初，徐州分局在标准化工作试点的基础上，第五党支部牵头，联合各部门主要负责同志成立工作小组，围绕工作目标，编制《徐州水文测站测验环境标准化建设项目实施方案》。8月，局党委结合《徐州水文局标准化建设实施方案》的开展情况以及原徐州水文局积分考核方案具体情况，提出徐州水文精细化管理具体概念，制定了纲要，由第五党支部负责编制完成《江苏省水文水资源勘测局徐州分局精细化管理方案》。该方案共包含站网组织、测站标准、水文技术、业务流程、岗位职责、量化考核、附录共7个部分。

1　站网组织精细化管理

1.1　组织结构概况

徐州分局机关情况介绍了江苏省水文水资源勘测局徐州分局机关单位的位置、管理站点、隶属关系、人员情况等。

职能介绍说明了徐州水文分局负责全市水文监测和管理，负责全市水文站网规划与建设，全市水文信息采集、处理、监测以及水雨情分析和水文预报，全市主要江河湖库及地下水水量与水质的监测、分析和评价，承担着全市水文监测资料整编与管理，科技研究与成果推广等职能，为防汛防旱和水资源管理提供决策支持，为经济社会发展提供水文服务。

1.2　监测中心简介

监测中心简介包括中心基本情况、中心站网管理基本情况、国家基本水文站。城区、丰县、沛县、睢宁、邳州、新沂共6个中心。

中心基本情况包括各监测中心的历史沿革、人员编制、主要业务职责。中心站网管理基本情况说明了在各中心辖区内的各类水文站网的划分和具体情况，包括基本站、中小河流站、专用站、地方服务站网等。

国家基本水文站的详细情况，开展的相关水文业务，测验河段控制情况，测验方法及测站任务，并附有测站任务书，以文字结合图表的方式呈现。

例如，水文测站说明表，如表1所示。

表 1　新安水文站测站说明表

	设立或变动	发生年月	站名	站别	领导机关	说明
测站沿革	设立	1918 年 6 月	新安	水文	江淮水利测量局	常年站
	停测	1925 年 1 月	新安	水文	江淮水利测量局	
	恢复	1931 年 7 月	新安	水文	导淮委员会	常年站
	停测	1938 年 1 月	新安	水文	导淮委员会	
	恢复	1947 年 9 月	新安	水文	淮河水利工程总局	常年站
	停测	1948 年 10 月	新安	水文	淮河水利工程总局	
	恢复	1950 年 6 月	新安	水文	淮河水利工程总局	常年站
	领导机关变动	1958 年 1 月	新安	水文	江苏省水文总站	
	上迁 60 米	2015 年 6 月	新安	水文	江苏省水文水资源勘测局	

	名　称	位　置	布设年月	使用情况
断面及主要测验设施布设情况	基本水尺断面兼流速仪测流断面	本站北办公楼南 3 米	2015 年 6 月	各级水位使用
	水文缆道	基本水尺断面	2015 年 6 月	各级水位使用

	名称和型式	水尺质料或水位观测平台类型	位　置
基本水尺水位观测设备	直立式水尺	搪瓷	右岸基本水尺断面
	自记水位计	岛式	右岸基本水尺断面

表 1（续）

编号	测量或变动日期	冻结基面以上高程（米）	绝对或假定基面以上		型式及位置	引据水准点	变动原因
			高程（米）	基面			
Ⅱ新宿5	1995		27.035	85基准	暗标、混凝土铜头，新安镇新南村小洪庄组王明昭院内		
Ⅱ新宿3暗	2015		27.018	85基准	暗标、混凝土铜头，新安镇新南村小洪庄组王明昭院内		
Ⅱ新沙1	2015		27.662	85基准	铜头，新安镇委党校院内，点距西北门碔东南角5.7米，距东南廊柱22.6米，距3层楼房西北角24.0米		
主BM3	2005年4月29日	32.792	32.558	85基准	明标、混凝土铜头，本站院内缆道室西6米	Ⅱ新宿5	
主BM3	2010年4月20日	32.792	32.558	85基准	明标、混凝土铜头，本站院内缆道室西6米		2011年被毁
主BM4	2015年4月22日	31.096	30.845	85基准	明标、混凝土不锈钢头，新缆道房西南角正西5.5米	Ⅱ新沙1	设立
参3	2009年4月5日	30.924	30.690	85基准	明标、混凝土不锈钢头，新建水尺踏步第一台阶东南角上	主BM3	设立
参3	2015年4月23日	30.924	30.673	85基准	明标、混凝土不锈钢头，新建水尺踏步第一台阶东南角上	主BM4	复测平差
参4	2015年4月23日	31.052	30.801	85基准	明标、混凝土不锈钢头，新观测场内西北角	主BM4	设立

注（水准点为第一列，附注为最后一行）：

附注　1."Ⅱ新宿3暗""Ⅱ新沙1"水准点抄自省测局2015年成果，"Ⅱ新宿5"水准点抄自1995年省测总成果，"Ⅱ新宿3暗"原编号为"Ⅱ新宿5"；2.本站冻结基面以上高程－0.251米＝85基准基面以上高程。

2　测站标准精细化管理

2.1　测站标准化管理概况

水文测站是防汛防旱、水资源开发利用管理、水工程规划设计运行、水环境监测保护等国民经济和社会发展服务的载体。水文测站运行管理任务艰巨而繁重，全面推进水文测站标准化管理有利于提高水文测站专业化管理水平，加强水文对实施河湖长制的服务水平，是依法推进徐州水文现代化的迫切要求。

为进一步加强指导、监督全市水文测站运行管理工作，对全市范围内的水文测站（包括水文站、水位站、雨量站）开展标准化管理工作，内容主要包括水文测站运行管理中设施设备管理、测验环境管理、制度宣传管理等。

徐州水文测站测验环境标准化管理遵循统一性、可行性、相似性、包容性、广泛性原则。

2.2　观测设施标准化

观测设施标准化包括：水准点、观测场、水尺及布设、雨量站点等。例如水准点标准化包括，基本水准点、校核水准点，并对水准点的埋设进行了详细说明。

例如水准点相关内容：

水文（位）站应在不同位置设置 3 个基本水准点构成高程自校系统，水文测站应每年对基本水准点系统进行 1 次自校测量考证。基本水准点之间距离宜为 300～500 米，不应超过 700 米。5 千米以内设有国家水准点时，可只设 1 个基本水准点，国家水准点可作为基本点使用。基本水准点应设置在土质坚实、地形稳定、安全僻静、便于引测和利于长期保存及保护的地点。

基本水准点应设置在测站附近历年最高水位以上或堤防背河侧高处，距离铁路 50 米、公路 30 米以外，远离其他剧烈震动影响的地点。

校核水准点应设置在地形稳定、便于引测和保护的地点。校核水准点的位置和数量设置应满足水尺零点高程测量及断面测量的相关使用要求。

水准点标石的埋设统一按照 GB/T 50138 规定执行如图 1，水准点标志采用不锈钢材质并加盖石板顶盖，盖板刻字内容为"国家水准点、严禁移动、××（水准点名）、20××－××（设立时间）"。边石材质为光面青石，盖板为边长 60 厘米，厚度 5 厘米的正方形光面黑石材质，尺寸等相关要求如图 2，外观示意见图 3 所示。

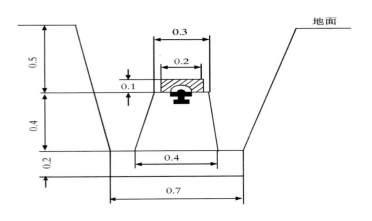

图 1　混凝土普通水准标石　（单位：米）

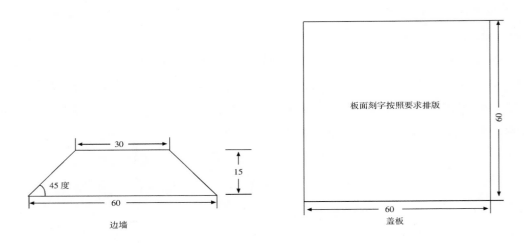

图 2　水准点边墙顶板尺寸标识　（单位：厘米）

图 3　水准点外观示意

2.3　外观标识标准化

外观标识标准化包括：标识标牌和站容站貌两部分。对水文测站用的所有标识进行了统一，制定详细标准。对测站卷扬机保护罩、铅鱼支撑架、平衡锤保护栏、水位测井井台、货架、信息展示屏、水文宣传 LED 屏等站容站貌内容统一说明了材料、型号、颜色、使用要求等。

例如标识标牌中的水文站测站标牌。

测站标牌按照国家基本水文测站标牌制作要求制作，标牌材质采用平面拉丝 304 不锈钢，尺寸为 600 毫米×400 毫米，正面左上方为"水文行业标志"，上方文字为"国家基本水文（水位）站"，中间为测站名称"××水文（水位）站"，右下方文字为"中华人民共和国水利部"。标牌悬挂于测站进院大门或管理房大门显著位置，没有测站管理房的测站应悬挂于水位观测平台上，见图 4。

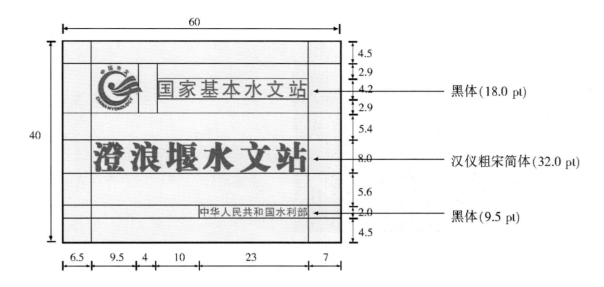

图 4　水文站站名牌设计图及成品图

　　例如站容站貌中的水文宣传 LED 屏。

　　徐州水文局部分测站配合地方景区改造，基层测站基建工作显著，花园式水文测站成为一大特色，利用好景区游客观赏的契机，进一步加大水文宣传工作，扩大水文在地方的宣传，提高水文社会关注度，宣传好水文在地方的服务工作。可以在一部分景区内的测站设置水文宣传 LED 屏。

　　水文宣传 LED 屏设置站点应选择在景区中的测站，以便于充分在游客市民中宣传，偏僻站点暂不设置。

　　通过高清彩色 LED 屏，循环播放向市民介绍水文，让更多的人了解水文，关注水文。包括水文精神、水文宣传片、水文气象要素（非涉密内容）、日期时间、祝福语等均可通过 LED 屏展示，展示的形式可以是图片、文字、声音、视频等格式。

　　水文宣传 LED 屏尺寸约 300 厘米×200 厘米（具体尺寸应按照各站具体情况而定，既要起到宣传作用，也不易过大），宜面向正对观测位置，高度约 1.8 米。外观示意如图 5。

图 5　水文宣传 LED 外观示意图

2.4　管理制度标准化

　　各类规章制度、测站简介、人员分工、仪器设备操作、各项水文要素观测以及属站管理等规定，按统一要求设计制作并在规定位置悬挂。水文测站各类常用水文专业技术资料，如：水系站网图（标明测站位置、上下游站、邻站等）、测站任务书、大断面图、水位流量关系曲线图、水库及堰闸率定曲线图、水文特征值汇总表等汇编成册，并在测验房、办公室、会议室等合适位置悬挂明示。上墙制度材质为无色透明有机玻璃板（亚克力），尺寸高宽比为 3∶2，建议尺寸为 90 厘米×60 厘米，左上角为"水文行业标识"，文字部分为白底、标题黑体，正文仿宋体。见图 6。由于环境所限，各站可以针对性地选择重要的制度、资料上墙，其余的与测站相关内容可以装订成册，放在易于存取的显著位置。

图 6　制度悬挂示意图

　　管理制度由测站管理单位制定，主要包括：岗位责任制度、各类水文测验操作规程、水文应急监测制度、安全生产制度、档案管理制度、管理考核制度（考勤、考核）等。制度原则上 5 年修订一次，如遇特殊情况时，应及时修订完善。各站现有针对性较强的规章、制度，按新的模板制作上墙，继续使用，其余的规章、制度针对各站情况修改采用。

3　水文技术精细化管理

3.1　监测任务管理

按照测站任务书要求细化全局站网监测任务，如表2所示。

表2　解台闸水文站监测项目

测站编码	测站名称	水位	降水量	蒸发量	流量	泥沙	水质	水温	地下水	墒情	气象
51204701	解台闸（闸上游）	1			1		1				
51204702	解台闸（闸下游）	1									
51226450	解台闸		1								

对水位观测、降雨量观测、水准测量、断面测量、流量测验、泥沙测验、蒸发测验、水质采样、地下水监测、墒情监测等，分别提出测报要求。例如水位观测分为遥测水位、人工水位。

遥测水位用于整编，自记水位作为备用，在遥测水位缺测或中断时采用自记水位进行整编。为保证水位的准确性、连续性，国家基本水文站要求遥测水位、人工观测水位每日校核1次，水位站及中小河流站每个月校核1次。当水情拍报要求加测、加报时应增加校测次数。当遥测仪器发生故障、测井淤塞、超出自记台设计标准等，应及时处理并按人工观测要求进行观测：

人工观测要求，水位观测的段次应根据河流特性及水位涨落变化情况合理分布，以能测得完整的水位变化过程，满足日平均水位计算、各项特征值统计、水文资料整编及水情拍报要求为原则。有上、下游基本水尺水位应同时观测。

3.2　水文测验管理

水文测验管理在一般要求、水准测量、断面测量、水位观测、降雨量观测、流量测验等方面分别阐述了水文测验过程中一些常规要求和规范细节要求，包括测验、记载、成果等。例如一般要求中说道：

水文观测人员应遵守国家政策、法令和法规，加强团结，搞好协作，遵守规范及规章制度；对工作认真负责，做到测报准确及时，资料完整可靠刻苦钻研业务，苦练基本功，对技术精益求精；提高警惕，保守机密，爱护仪器设备，遵守安全操作制度，确保安全生产。

水文观测人员要有高度的责任感，有良好的职业道德，忠于职守，热爱本职工作；不迟测、不早测、不误测和漏测；严格操作，谨慎从事，严禁丢失、损坏、涂改和伪造水文资料；实事求是，提供客观数据资料。

保持测验工作的系统性和连续性，做到"四随"（随测算、随发报、随整理、随分析）、四不"(不错报、不迟报、不缺报、不漏报),以提高测验精度和效率。

3.3 水情传输管理

水情信息指江河、水库(湖泊)、地下水和其他水体的水文及有关要素实时及预报信息,分为降水量、蒸发量、河道水情、水库水情、闸坝水情、泵站水情、潮汐水情、沙情、冰情、土壤墒情、地下水情、水文预报 12 类。水情传输就是及时、准确、有效地将测站搜集的实时水情信息传输给各级防汛部门和工程管理单位,为防汛抗旱、工程调度、水资源调配等提供科学依据。水情传输管理分为一般要求、自动测报、人工测报、测报故障应急处理等。

其中水文自动测报系统是应用遥测、通信、计算机和网络等技术,完成流域内固定及移动站点的降水量、蒸发量、水位、流量、含沙量、潮位、风向、风速和水质等水文气象要素以及闸门开度等数据的采集、传输和处理的信息系统,目前我局国家基本站以及中小河流一期二期站点均配备了水文自动测报系统,负责水文信息的自动测报。该章节从自动测报系统组成、遥测采集系统、计算机系统、以及自动测报流程对水文自动测报系统的管理进行了详细的说明。

故障应急处理管理中对水文测报各监测项目设施设备发生常见故障,并分析故障原因,给出处理措施,例如表 3 所示。

表 3 水位观测设施设备故障应急处理

序号	故障现象	故障原因	处理措施
1	水尺倾斜	水尺受到船只撞击或水草、杂物冲击	清除水草、杂物,加固水尺
2	水尺刻度不清晰	水尺长时间未清洗,有污渍、青苔等	及时清洗或更换水尺
3	水位滞后,异常突变	测井淤积 浮子搁置或缠绕 滚筒固定太紧	测井清淤 检修浮子、平衡锤、悬索 固定滚筒时适度用力
4	水位中断	钢丝绳断裂 墨水干涸 水位轮打滑	更换钢丝绳 适时补足墨水 固定好水位轮
5	时间误差	自记钟存在走时误差 导杆不光滑 笔架拧太紧	定期校准自记钟 清洗导杆 笔架拧紧时适度用力

3.4 资料整编

水文资料整编是对原始水文资料按科学方法和统一规格进行整理、分析、统计、审查、汇编、刊印或存储的全部技术工作。从原始观测资料到整编成果应经过整编、审查、复审 3 个工作阶段每个阶段都关系着最终成果的质量，因此，每个环节都要严格按照《水文资料整编规范》（SL 247 - 2012）的要求进行。提出了资料整编、在线整编、资料审查、资料管理等。

其中在线整编明确写出了为提高水文资料整汇编效率，满足最严格水资源、水生态文明建设、河（湖）长制管理考核等工作对水文整编资料时效性的要求，着力推进地表水水文资料在线整编系统建设，要求全国水文资料整汇编工作于次年一月前完成。

3.5 水文设施设备检查及维修养护

水文设施设备检查分为经常检查、定期检查和特别检查。

水文设施设备检查主要任务：检查水文设施设备、水文自动测报系统的运行情况，掌握设施设备运行维护方法，为正确管理提供科学依据；及时发现设施设备异常现象，分析原因，及时处理；检查各项规章制度、安全生产等重视程度及执行情况，防止发生事故。

维护内容主要有水位自记台自记水位计、水尺、降水量观测场、自记雨量计、水文缆道以水文测验设施设备的维护指水位、流量、降水量观测等水文设施设备的检查与维护。及水文自动测报系统的维护。

水文设施设备检查工作提出了具体要求，以及检查的资料记录、归档等要求。

维修养护则为了保证水文测验顺利进行和水文自动测报系统无故障运行，建立健全各种岗位责任制，明确责任，切实做好维修养护工作。

提出来维修养护的总体要求，和相关规定。分别从水位观测、降雨量观测、流量测验、水准测量、断面测量、自动测报等方面对维修养护进行了进一步细化要求，确保全年安全测报。

4 业务流程精细化管理

业务流程精细化管理应根据我局主要业务工作内容，分类划分业务，分为党建人事流程管理，水文业务流程管理，财务财产流程管理等，并结合省局风险防控要求规范我局财务工作、人事管理、工程建设管理、综合行政管理等，将全局工作流程精细化管理要求逐步完善。

业务流程精细化管理坚持以下原则：全面性原则；全过程原则；持久性原则；连续性原则；竞争性原则；创新性原则；超越性原则；相对性原则；传导性原则；选择性原则。以此把握我局业务流程精细化管理总基调。

例如党建人事流程精细化管理中的党支部管理工作流程，如图 7 所示，明确了"三会一课支委会"的标准流程要求：

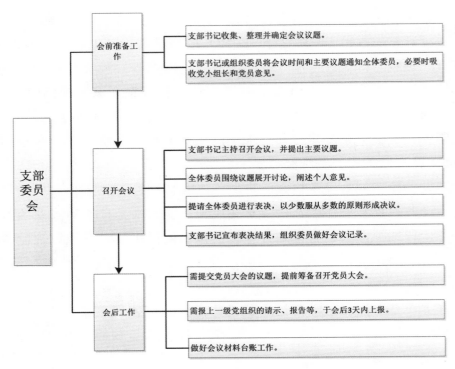

图 7　支部委员会流程图

再例如遥测系统维护，按照业务工作的规定，制定标准流程，如图 8 所示：

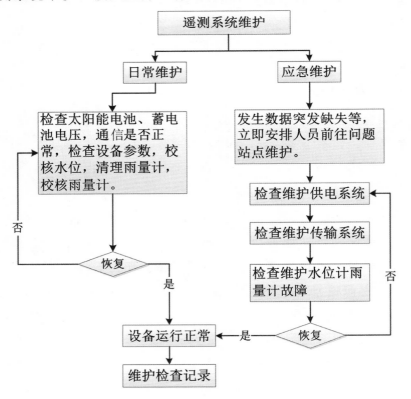

图 8　遥测系统维护流程图

5　岗位职责精细化管理

岗位职责精细化为了科学配置单位各科室工作职责；加强责任传导、工作落实；有效地防止各种工作扯皮现象；量化积分精细化管理考核的依据；依工作流程精细化管理规范操作行为；减少违章行为和违章事故的发生；提高工作效率和工作质量，更好地发现和招聘、使用人才。

各部门应结合部门业务职责、人员配置，省局、市局工作安排、年度考核等要求将岗位职责科学划分，重点体现标准化、规范化、专业化、程序化和系统化。

分别从管理岗、专业技术岗、工勤技能岗提出了岗位职责标准，分条细化，并在岗位职责标准的基础上，进一步说明了工作标准、管理标准。

归纳了总体要求，全局各监测中心（科室）应结合精细化管理中的量化考核要求，对各岗位工作进行量化考核，把各项工作落实到具体的岗位和个人，确保单位职工对待工作积极向上，人人有追求。

6　量化考核精细化管理

本着以人为本的宗旨，强化工作执行，提高职工工作主动性和能动性，准确评价职工工作业绩和工作效能，在全局范围内营造干事创业的浓厚氛围，局领导班子经过长期酝酿和充分研究，制定量化考核精细化管理体系。

量化考核精细化管理体系采用积分制管理，结合岗位职责精细化管理情况，参照业务流程精细化管理完成情况，对每个职工的能力和综合表现通过奖分和扣分进行量化考核形成积分，实现量化积分考核。

量化考核精细化管理设为：基础固定分、岗位职责分、专项任务分、贡献奖励分四个方面进行量化考核。并在实施的过程中提出必须与时俱进，要利用先进的管理和技术，兼顾传承与创新、步步为营；同时在推进精细化管理时还需要平衡各部门之间、各岗位之间的关系，平衡和谐、共同成长。提出了三方面要求：循序渐进、由浅入深；传承创新、步步为营；平衡和谐、统筹兼顾。

7　附录

附录根据精细化管理全书的要求，对全局开展水文业务的相关表格进行了标准统一，书中给出了各基本站测站任务书、各类水文测验记载表，水文检查记载表、各种安全生产自查登记表等。

徐州水文精细化管理的目的是，要让单位职工自己真正明白工作压力不是来自他人的压力，而是其内心自觉自愿的产生，要把压力转变为主动工作的动力，并努力激励他们实现这个目标，精细化管理是为个人展现能力和人生价值的舞台。让职工面对各阶段工作的执行，主动发挥创造力，靠自我努力和自我协调的能力去完成。释放职工工作中主动发挥自我解决、自我判断、独立解决问题的能力，以求工作成果的绩效实现最大化。

实施精细化管理，为绩效分配、奖励激励、评优评先、干部选拔、人才培养等提供科学依据和支撑，有利于实现单位管理的公开透明、公正公平，有利于社会主义核心价值观的践行，必将在单位起到多方面激励员工主动积极工作的意愿效果，积极营造出全局范围内和谐融洽、争先创优的水文文化氛围。

徐州分局水文应急监测队管理暂行办法

（苏徐水文〔2019〕16 号）

第一条　为加强我局水文应急监测队建设，建立应急监测队管理长效机制，规范水文应急监测行动，提高涉水突发事件的水文监测处置能力，制定本办法。

第二条　成立水文应急监测指挥中心，由局主要领导任指挥长，分管领导担任副指挥长，涉及部门负责人为成员。下设由专家组、水文应急监测队、后勤保障组（办公室）。

主要职责：

（一）健全组织体系；

（二）建立健全应急监测工作运行机制；

（三）根据水情、工情、灾情、涉水事件性质及时调度、指挥监测力量进行水文监测；

（四）组织专家做好监测数据的审核，水旱灾害预报，会商分析评价及技术咨询；

（五）建立健全应急保障机制，负责监测仪器设备检测、维护、更新，应急启动后的后勤保障；

（六）指导开展应急监测演练和培训等；

（七）制定水文应急监测预案，重大工作任务实施方案；

（八）组织召开水务、生态环境等部门参加的联席会议。

第三条　成立水文应急监测队（挂靠水资源科），由具备较高的政治素质、良好的身体素质和过硬的业务素质的专业技术人员组成（专业涵盖水文、测绘、水环境、地质、水保等），具备准确判断、果断处理水文测报、突发性水污染等涉水应急监测的能力，具备承担大型工程测绘等重大任务的能力。

水文应急监测队由水文应急监测指挥中心统一领导、综合协调、分级负责，应急监测队执行应急监测任务坚持"安全第一，科学监测"的原则。

主要职责：

（一）加强队伍建设，时刻准备应对水文应急监测工作；

（二）按照水文应急监测预案组织开展训练、演练；按照重大工作任务实施方案组织开展工作；

（三）不断提高测绘技术能力，特别是应对重大紧急测绘任务的能力；

（四）承担水文应急监测指挥中心交办的应急监测或其他重大任务。

第四条　水文应急监测队由水文应急监测指挥中心统一指挥调度，履行水文应急监测职责。水资源科负责日常调度协调工作。

第五条 应急监测队队员守则：

（一）认真贯彻执行党的路线、方针、政策，遵守国家法律、法规和规章。

（二）忠于人民，恪尽职守，听从命令、服从指挥。

（三）密切配合，科学监测，充分发挥水文监测信息的支撑作用。

（四）自觉参加学习、培训和演练，不断提高应急水文监测的能力。

（五）积极做好应急监测准备，加强应急监测设备、器材的维护、保养，确保应急监测设备、器材性能良好。

（六）坚决完成各项应急监测任务。

第六条 水文应急监测队要有计划、有重点地组织开展培训、演练，培养实际应对能力。按照"常备不懈、准确及时"的要求，建立 24 小时值班制度。

第七条 水文应急指挥中心按照水文测报应急响应要求或接报的突发事件具体情况，根据其性质、特点和紧急程度，按照相关预案启动应急监测。水文应急监测队伍根据水文应急监测指挥中心的统一调度，迅速集合队伍赶赴现场开展应急监测工作。

第八条 水文应急监测队开展应急监测任务或其他重大任务时，应严格按照遵守相关安全规程，指定安全员或专门人员负责安全工作，确保安全无事故。

第九条 参加跨区域、跨行业开展水文监测工作时，应严格听从相应指挥机构的调度指挥，注重与其他不同工作队的配合，并将监测信息第一时间报水文应急监测指挥中心。

第十条 局办公室应为水文应急监测队配备和及时补充应急监测必需的设备和物资。应急监测物资和器材应当做到专人保管、专账登记、定期保养维护、适时更新、确保完好，做到有备无患。

第十一条 经费保障，水文应急监测队所需费用经局长办公室审批后予以优先保障。

第十二条 本规定自颁发之日起实施。

四 工 作 交 流

县级水文机构管理模式探讨

（徐州水文局，2018 年 10 月）

一、县级水文机构历史沿革

1980 年 10 月，水文体制恢复省水利厅统一领导，徐州地区水文站采取以县为单位成立县水文中心站，即丰县、沛县、铜山县、睢宁县、邳县、新沂县、东海县、赣榆县等8个水文中心站。1983年实行市管县后，徐州水文管辖丰县、沛县、铜山县、睢宁县、邳县、新沂县等6个水文中心站，东海县、赣榆县等2个水文中心站划归连云港水文管辖。

徐州水文自1980年县级水文中心站成立以来，虽然行政区划有所调整，也出现撤县设市、撤县设区情况，但徐州水文6个县级水文中心站管理模式一直延续至今。

目前，徐州水文6个监测中心分别是徐州城区、丰县、沛县、邳州、新沂、睢宁水文水资源监测中心，其中徐州城区水文水资源监测中心是因铜山撤县设区后，为适应城市水文发展需求，依托铜山水文水资源监测中心，经省局批准成立的正科级单位，其他5个水文水资源监测中心仍为副科级单位。

二、县级水文机构工作职责

各水文水资源监测中心负责本行政区域内的水文管理工作。包括行政区域内各类水文站点的运行管理、防汛水文测报、水资源监测评价、水环境监测、水情水资源水环境服务、对外技术咨询服务等。随着河长制、湖长制的逐步实施和强力推进，全面服务河长制、湖长制将是各水文水资源监测中心一项艰巨的任务。

三、县级水文机构管理工作现状

（一）基本情况

1. 单位级别

徐州城区水文水资源监测中心为正科级，丰县、沛县、邳州、新沂、睢宁水文水资源监测中心为副科级。

2. 干部配备

干部配备，在省局核定职数内，全局统一配备，科级干部由省局考察、任命，股级干部由分局考察任用，省局备案。省局核定干部职数是，徐州城区、邳州水文水资源监测中心一正两副，其他水文水资源监测中心一正一副。目前，六个中心主管均已配齐，除城区中心副职没有配齐外，其余中心均已配备到位。

3. 人员、编制

各水文水资源监测中心人员没有固定编制，根据各水文水资源监测中心工作任务和需求全局统一调配。目前人员最多的是邳州中心，在职14人，劳务派遣1人；人员最少的是丰县中心，在职4人，劳务派遣1人。

4. 巡测基地

目前，我局6个中心都有相对独立、满足当前功能需求的勘测基地。生产用房最小的是丰县基地300平方米，最大的是徐州城区550平方米，另外，我局在丰县大沙河景区有830平方米的湖西巡测基地，计划作为徐州水文党建活动基地待开发利用。

5. 财务财产

中心财务不独立，设报账员，实行报账制度，分局统一管理。各类仪器设备分局统一调度调配使用，资产由分局统一管理。目前我局 6 个中心，每个中心配水文巡测车一辆。

各中心基本情况详见表 1。

表 1　徐州分局各水文水资源监测中心基本情况统计表

中心名称	级别	干部配备(人)		职工人数(人)			生产用房(平方米)		巡测车辆(台)
		正职	副职	在编	派遣	总计	巡测基地	测站用房	
城区	正科	1		7	1	8	550	600	1
丰县	副科	1	1	4	1	5	300	830	1
沛县	副科	1	1	5	1	6	400	200	1
邳州	副科	1	2	14	1	15	400	1000	1
新沂	副科	1	1	6	1	7	400	300	1
睢宁	副科	1	1	5	1	6	440	230	1

（二）工作任务

各水文水资源监测中心的工作任务都很繁重。除防汛水文测报，由于各中心所处流域水系不同，测验任务相差较大外，在水资源监测评价、水环境监测评价、服务社会、服务河长制、对外技术咨询服务等方面差别不大。

1. 防汛水文测报

徐州市地处沂沭泗流域下游，素有"洪水走廊"之称，防汛水文测报工作十分重要，水文数据十分关键，测验任务十分繁重，尤其是邳州水文水资源监测中心。几十年来，各监测中心为地方政府防汛防旱提供大量科学决策数据，为地方政府、社会做出了巨大贡献，也受到地方各级政府的表彰和重视。

2. 水资源监测评价

在做好防汛水文测报工作的同时，随着水资源管理工作的加强，各监测中心又把本区域水资源监测评价工作主动扛在肩上，发挥专业优势，为地方政府水资源开发利用提供技术支撑。目前，水资源监测分析评价工作地方政府完全依靠各地水文监测中心。

3. 水环境监测评价

随着社会经济不断发展进步、水资源供需矛盾的凸显和人民对水环境水生态要求的逐步提高，各水文水资源监测中心紧跟时代步伐，围绕各地政府重点任务开展工作，及时开展水环境水生态监测评价工作、水源地监测评价工作等，为地方社会经济发展、群众安居乐业做出了应有贡献。

4. 其他

各水文水资源监测中心，在做好防汛水文测报、水资源监测评价、水环境监测评价和上级机关下达的工作任务外，还积极主动为地方城建、交通、水利、国土、环保等提供技术咨询服务工作，既为地方社会经济发展做出了自己的贡献，同时也为水文事业发展增添了动力和活力，极大地维护了广大水文干部职工的切身利益。近几年，各中心创收能力保持在每年 200 万元以上。各水文水资源监测中心监测站点及任务详见表 2。

表 2　各水文水资源监测中心监测站点及任务一览表

中心名称	国家水文站	中小河流水文站	水位站	雨量站	蒸发站	商情站	水土保持站	水文水资源实验站	地下水站	水源地	水质监测断面
城区	2	7	11	15	1	2	1	1	44	1	27
丰县	1	2	4	11	1	2	1		25	1	10
沛县	1	2	4	9	1	2			20	1	11
邳州	4	4	8	27	1	2	4		21	1	45
新沂	1	4	10	21	1	2	2		11	2	32
睢宁		4	8	10	1	2			16	1	16
合计	9	23	45	93	6	12	8	1	137	6	141

四、对县级水文机构管理工作的有关认识

经过近四十年的实践和探索，我们认为，以县设水文水资源监测中心，符合徐州地区水文工作实际，一直以来徐州地区水文队伍发展稳定健康，有效推动了水文事业的可持续发展。随着厅党组"六大水利""四大水文"新时代治水思路的全面实施与稳步推进，水文面临新的发展机遇与挑战，县级水文机构在助推防汛防旱、水生态文明建设、河长制、湖长制实施等方面的支撑保障作用尤为凸显，亟须建好建强县级水文机构。

（一）县级水文机构发挥的重要作用

1. 助推水文融入地方经济建设，拓展事业发展空间

目前，各监测中心都是县市区防汛防旱指挥部、河长办成员单位，监测中心主任都是防办、河长办组成人员。这种架构，巩固了水文与政府、水利的关系，助推水文与地方的融合，给水文工作开展带来很多便利，为水文事业发展拓展了许多空间，为水文技术咨询服务创造了很好的机遇。新形势下，随着河长制、湖长制的全面推进，建好建强县级水文机构，有利于水文向基层、农村延伸、发展，更好服务水生态文明

建设。

2. 服务地方经济建设更快捷高效，扩大了水文的社会影响

徐州市地域面积广，东西长 200 多千米。以县为中心，人力、物力、资源相对集中，便于防汛测报、资料整编、水文测量、对外技术咨询服务工作的开展。县城到测站与市区到测站，距离上、时间上优势明显，不仅可以节省大量的交通、差旅费，避免许多车辆长途奔波的安全隐患，关键在抢测洪水、处理水污染事件、地方政府召开紧急会议等，时间上有保障。县级水文机构与地方政府部门对应，服务地方防汛防旱、经济建设等更快捷、更高效，扩大了水文的影响，便于宣传水文，提高水文的社会知名度。

3. 实现党建工作有抓手有落脚点，稳定职工队伍凝聚发展合力

县级水文机构的设立，让党建工作有抓手、有落脚点，实现党建、党风廉政建设、意识形态工作全覆盖、无死角。2017 年通过创新机关科室与监测中心两两结合的组织架构设立模式，使党支部工作更加紧贴中心工作、紧贴基层实际，实现党建与业务深度融合，党建成为推进基层难点重点工作的强大动力。测站人员在县城安家，为子女上学就业创造了有利条件，为测站职工解决了后顾之忧，让测站职工能够安心干事创业，稳定了广大水文党员干部职工队伍，同时对水文人才的引进提供了有利条件，提升了职工的归属感、成就感，凝聚了广大党员干部职工干事创业的热情与力量。

（二）县级水文机构待加强提高之处

1. 建议监测中心升格正科级单位

从服务河长制、湖长制的需要，支撑"六大水利"的职责需要，应高度重视县级监测中心体制、机制建设。经过 2017—2018 年的努力，徐州局已经实现了原中心站管理方式的转变，中心机关均已搬离测站独立办公，从形式上实现了县级水文机构的实质建设，真正意义的县级水文管理机构。

2. 增设一个城区水文监测中心机构

徐州市为国家确定的淮海地区中心城市，城市发展十分迅速。目前城区水文监测中心除担负汉王水文试验站科技研究工作任务外，还负责 2 个国家水文站、7 个中小河流水文站等防汛水文测验任务，工作面广量大，面临人员紧张、技术力量不足等问题，建议增设徐州经济技术开发区水文监测中心，更好地为地方经济建设提供完善良好的水文技术服务。

3. 科学配置中心人员

随着各类水文监测站点的不断增加，尤其是中小河流水文站点以及今后河长制站点的增加，工作任务越来越重，科学配置中心人员十分必要和重要。2017 年徐州分局组织进行研究和实践，在全局编制总数内研究制定了岗位编制配置方案，各中心人员配置的原则是，按照每个水文站 1 人，外加 2 名管理人员配置。为保障县级中心队伍的稳定，一般人员招录专科学历技工人员，技术及管理人员由机关有培养前途的技术

干部基层锻炼解决，计划借机关干部配备调整之际推动实现机关—中心—机关的干部人才良性循环机制。

4. 党建引领，建大建强监测中心

给中心以更大空间、提供更优良的发展环境，让中心强大起来。分局党委比作大脑、中枢神经，中心就是健壮的躯体，做到踏石留印，抓铁有痕。2018年徐州分局借丰县、沛县、邳州水利工程测量之机，积极探索实践做大做强中心的新途径，且十分成功。按照支部抓重大、服务中心的要求，在对应中心在防汛测报、水资源调查评价、水环境监测、遥测系统维护、资料整编、测绘、技术咨询服务等任务的时候，以支部为单位独立、合力开展工作，力量仍不足时由党委组织其他支部人员轮流支援。有效解决了中心面对复杂、繁重任务时的人员不足问题，有效发挥了党组织的政治核心、战斗堡垒作用，党旗在徐州水文各重大任务中高高飘扬。

新形势下水文双重管理的新实践

——徐州水利水文融合发展新模式

（徐州水文局）

水文管理体制机制一直是水文行业发展的桎梏，也不同程度制约着水文行业的快速良性发展。多年来，全国水文同行围绕水利中心工作和经济社会发展需求，牢固树立"大水文"发展战略，百花齐放，不断探索体制机制改革创新，实现自我突破，如出台地方"水文条例"或"水文管理办法"和"实施办法"、省级水文机构升格或高配干部、地市级实行双重管理等。徐州水文分局在不同的历史时期作为市级水文机构也同样进行了有益的探索，积极寻求新形势下融入地方经济社会发展的新途径，探索水利水文融合发展新模式。

一、水利水文融合发展新模式提出背景

水利水文融合发展是进入新时代徐州水利和水文共同提出的新课题，是徐州水利水文基于工作需要的新实践、新模式，是新形势下双重管理体制灵活实践的一种新探索。

徐州水利水文融合发展的雏形可追溯到1980年，在市、县水文上收省水利厅管理时，党的组织管理方面，党团关系仍接受市水利局党委的领导，业务工作方面，为继续更好地服务防汛抗旱工作，徐州水文市级水情人员继续保留和市防办合署办公，县级按照行政区划以县城水文站为依托设立县级水文中心站，后来虽然经历党组织关系变更和办公地址搬迁，市县两级服务的体制机制始终没变，至今38年。

党的十九大对新时代水利改革发展做出重要论断和重大部署，为新时期水利发展指明了方向。厅党组据此提出强化"三大思维"，加快"四大转变"，打造"六大水利"，为江苏水利发展确立了新坐标、赋予了新使命。这就要求我们主动顺应新时代治水新路径变化，做好水文服务供给侧改革，全面提升水文技术支撑能力，积极融入防汛减灾、最严格水资源管理制度实施、水生态文明建设、全面推行河湖长制管理工作等，充分发挥水文"智库"作用。水文是水利工作的基础，水利工作离不开水文，水文的发展也离不开水利这个平台，水利水文只有全面相融发展，水利水文工作才能更好地适应新形势，焕发新动力，新形势下的徐州水利水文融合创新发展新模式就此提出。

二、水利水文融合发展新模式内容

水利水文融合发展新模式内容源于 2017 年年初，由徐州市水利局、水文局共同提出，一经提出就引起水文主管单位的重视、关心、支持，经过双方共同努力得到快速推进。徐州水利水文融合发展的内容，归纳主要体现在八个方面的工作，即构建一家人关系，确定一个高水平服务目标，编制一个发展规划，合作一批项目，召开一个会议、印发一个文件，对接一项资金，组织一批活动，上述工作得到厅领导、厅相关处室和省水文局党委的大力支持、帮助。经过近一年的实践发展，融合发展的八个方面内容都得到行之有效的推进和落实。

三、水利水文融合发展新模式运行机制

在省厅、省局党委正确领导下，徐州市政府的大力支持下，水利水文双方严格遵循融合发展基本原则和相关职责，积极贯彻落实市政府办公室印发的《关于进一步加强水文工作的意见》，以《徐州市水文事业发展规划》为蓝图全面提升水文技术服务能力，扎实做好水文服务供给侧改革，在市、县、镇三级层面，以驻水利部门水文服务机构为纽带，把水文工作技术支撑融入水利工作方方面面，同时辅以在党建、精神文明建设、科技研究等方面的融合，从而实现在思想、体制、人员、工作、投资五方面融合发展模式。

四、水利水文融合发展新模式取得成效

（一）获得政府支持，共描水文发展蓝图

今年 4 月份市政府办公室印发《关于进一步加强水文工作的意见》，从提高对水文工作重要性的认识、全面提升水文管理与服务水平、切实加强水文设施和监测环境保护、着力强化对水文工作的组织领导四个方面提出具体要求，要求各地和市有关部门进一步加强对水文工作的领导，把水文事业纳入水利发展规划和经济社会发展规划，从政府规章形式确立了水文的社会的作用和地位，为水文工作提供了法规依据。

同时，水利水文共同编制完成的《徐州市"十三五"水文事业发展规划》已通过市发改委审查，市政府即将批复，《规划》描绘了徐州水文"十三五"发展蓝图，以现有骨干水文站网为核心辐射、拓展完善水文监测站类别和监测项目，立足河湖长制推

行，服务最严格水资源管理、饮用水源地、生态保护等水利工作需求，全面提高水文监测工作的空间、项目、类别的全覆盖，确立了水文服务地方的高水平目标。相信通过《规划》实施必将为徐州水利水文事业注入新动力，更好地适应国民经济建设和社会发展的需要。

（二）创新"水文双重管理体制"的新方式

2017年以来，徐州水利水文积极实施市级、县级、镇级三级水利水文业务的融合开展，可以说是以往我们所说的"双重管理"的灵活版。在市级层面，设立了"徐州水文分局驻市水务局水文服务处"，参与市水利局工作例会，业务实行双重管理；在县级层面，各县水文监测中心成为防汛防旱指挥部办公室、河长制成员单位，实现在防汛防旱、河湖长制等方面精准配合；在镇级层面，各县水文水资源中心与第一批镇28个水利站签订了《基层水文服务体系合作框架协议》。基本构建起巡测式管理、交互式会商、集中式服务的基层水文工作新机制，逐步实现行业点的传统管理向面的现代管理转变，由基层水文由"技术生产"向"管理服务"转型升级，由低端"简单生产"向中高端"技术服务"转型。

如自2017年5月徐州市全面推行河长制以来，徐州水文分局按照融合管理体制，各水文监测中心主动作为，积极参与水环境保护、水安全保障等工作，特别针对黑臭河道整治，县级以上集中式饮用水源、重点水功能区、省级以上地表水考核断面等水质监测，严格依据相关监测规范，增加人员投入、增加监测频次、增加监测范围，开展量质同步监测，研究分析水文规律，提出治水保水"水文方案"，共同打造徐州"河长制"升级版。

（三）建立融合机制，实现水利水文无缝联动

谋划好水利水文一盘棋，关键要有抓手、有措施、有机制。首先，通过双方融合，徐州水文分局首次作为市政府最严格水资源管理制度考核领导小组成员对各县（市）、区2017年度实行最严格水资源管理制度目标任务完成情况进行了考核，水文分局从自身行业角度针对地下水超采区、水功能区监测、水资源论证等方面提出建议和意见，提出《水资源公报》《地下水监测年报》《水质通报》等是最严格水资源管理必需的技术报告，是提高水资源管理水平和政府决策的重要依据。上述问题在2017年最严格水资源管理制度考核技术核查和现场检查存在问题中列报，通报各县（市）政府进行整改。

其次，针对水功能区达标率考核是落实科学发展观考核和省政府考核市政府八项工程的重要指标之一，为切实改善水体水质，提升水环境质量，让人民真正感受到水生态文明带来的幸福感，我局与市水利局水资源处、防办、市区河道管理处等相关部门在多次实地调查的基础上，充分研商，从水质演变规律、面污染源传播规律、水资源管理、水利调度等方面深入分析，制定科学合理的防治措施、水质监测、水利调度方案，实现了水环境质量逐步改善，水功能区达标率稳步提高。

最后，融合联动机制经受住历史罕见雨水情考验。2018 年 8 月 18 日，徐州丰县、沛县、铜山及市区遭遇超历史降雨，暴雨历史短、强度大，致使大面积积水，丰沛灾情严重，给防汛安全带来空前压力。徐州水利水文应急启动联动机制，我局水情人员与防办密切配合，实时会商，合力做好防汛调度与决策同时，紧急启动水质水量应急监测车，第一时间赶李庄闸等国控水质断面现场取样、现场分析，形成《水质快报》报市政府。可以说本次丰沛地区超历史降雨和洪水是对水利水文融合的一次毫无征兆的巨大考验，高灵敏的应急机制、完善科学的水文监测预案，无疑是从容应对考验的"核心武器"，双方无缝协作，合力筑牢了徐州防汛安全屏障。

（四）共同助推"强富美高"新徐州建设水平再上新高度

水利部新的三定方案中，全面实施河湖长制、水生态文明建设、水资源的开发利用与保护、实施最严格水资源管理制度、节约用水、水利工程建设与运行、洪水干旱灾害防治等仍是水利部门的主要职责，履行好上述职责需要庞大的涉水数据和技术作为支撑，作为数据"挖掘师"和"分析师"的水文，我们的"基础性、公益性、专业性"是先天优势，也是水利所需要的。所以要通过融合发展，更充分发挥水文的价值，更全面的满足水利的需要，实现工作互补、应急联动、精准治水、高效运作等新模式，相信通过我们的大胆探索，势必助推水利水文共同服务经济社会发展、服务"强富美高"新徐州建设的水平达到一个新高度。

五、希望和展望

（一）自融合发展起初，融合发展工作得到了厅领导、厅相关处室和省局党委的肯定和鼓励，也给予了大力的支持和帮助，下一步工作将逐步按照发展内容从思想、体制、人员、工作、投资五方面进行融合，还需要省厅、省局继续关心、支持和帮助。

（二）目前融合发展还处于探索发展阶段，无现成经验可借鉴，融合内容还需进一步丰富和延伸，相关工作职责尚需在实践中使其科学化、合理化、精细化。

（三）按照《徐州市水文事业"十三五"规划》内容，除了巩固原有监测站网外，还需要在河湖长制、水资源管理、水生态文明等方面建设专用站网，积极开展水利水文相结合的科学研究，积极探索为河湖长制、水资源管理、水生态文明等服务站网共建共管共享新模式。

（四）强力推进测报方式改革。测报方式改革是融合发展的物质、技术基础，充分发挥监测站网的功能，拓展实现"监测全面、数据可信、成果运用"，进一步提高水文数据的高效性、精确性、综合性。

（五）根据国家、省级机关机构调整方案，其中与水文工作较为密切的水资源调查和水旱灾害防治相关职责分别被调整至自然资源和应急管理部门，我们应在做好水利水文融合发展工作经验的基础上，积极做好机构调整到位后建立融合工作机制的探索准备。

2018 年 11 月

徐州水文测报方式改革的实践与思考

（徐州水文局）

　　我区水文自动测报起步于2000年国家第一期防汛指挥系统示范区建设，全省启动最早，实现了17处中央报汛站和4处省级报汛站的水位和雨量信息自动测报，从2007年开始实现了遥测资料用于报汛，2008年用于资料整编。2014年省局正式在全省提出水文测报方式改革，从省局到市局，到各监测中心都较为重视，但由于水文要素（流量）的随机性、不确定性，步履艰难，进展缓慢。通过数年的积累我局取得了一定的成绩，特别是近两年省局的高度重视，我局推进力度的加大，积极探索和实践，认识上有新提高，推进上有新举措，成果上有新突破。

　　一、测报方式改革的目的、意义

　　1. 提高劳动生产率。提高水文服务的及时性、代表性、可信度。

　　2. 解放生产力。时间、精力解放出来后，可以扩大监测覆盖面、服务面，支撑水利事业、经济社会的发展，有利于构建大水文。

　　3. 促进水利现代化、信息化建设。没有水文的现代化、信息化就没有水利的现代化、信息化。

　　4. 服务民生。减轻劳动强度，服务职工；支撑"六大水利"提供全面优质水文服务社会、服务民生、服务大众。

　　5. 有利于带动管理方式改革。实现在线监测后，分散在测站的人员可以集中到监测中心，统一管理，形成合力，利于实现传统"点管理"到"面管理""行业管理"升级转型。

　　二、测报方式改革的内容

　　测报方式改革的内容，实践认为应该包括预测预警、监测、管理三方面。

　　1. 预测预警。预测预警是现代社会对水文的时代要求、现实需求，传统的测报手段远远达不到社会要求，报汛、数据传输、预报及发布必须现代化。

　　2. 水文要素监测。传统的水文要素水位、雨量、蒸发、流量，传统监测手段空间监测的局限性，制约全覆盖监测目标的实现；新时期对水环境要求达到空前高度，水质的监测被各级政府列为较高的目标，成为水利治水、兴水、保水的头等大事。

　　3. 管理方式。什么样的测报方式决定什么样的管理方式，传统的测报方式不可能有现代的管理方式，现代社会不可能长期存在落后的、拖后腿的生产方式和管理方式，因此管理方式也是测报方式的改革内容。

三、测报方式改革进展情况

水文测报方式改革工作，关乎水文发展的大事，我局领导班子历来高度重视，特别近两年按照省局的部署要求，将此项工作列为头等大事来抓，成立以主要领导任组长的工作领导小组，形成主要领导亲自抓，分管领导协助抓，职能科室具体抓，攻关小组重点抓的新格局。汛前认真分析总结历年成果，找差距、排短板、寻突破，根据各水文站实际情况修订年度比测工作方案。主要以市局站网科为主导，汛中及时监督检查，现场指导，各中心、测站按工作方案开展工作，抓好落实，逐月及时分析整理，汛后分工负责认真进行分析研究，总结经验，编制技术报告。由于领导重视，组织有力，措施到位，实现了"三突破"，即比测思想认识突破、比测技术突破、比测范围的突破，取得了很大的成绩。

（一）预测预警

我局在 2018 年年初制定年度计划中，要求在汛前准备中完成国家站点及中小河流水文站点的预测预警系统建设，实现遥测直接代替报讯，在省局的关心重视和有关部门的大力支持下，全省第一家完成了自动推流软件部署和实现了流量实时自动报讯工作，在应对今年"温比亚"强台风带来的超历史特大暴雨中经受了考验和验证，发挥了很大的作用，受到当地防汛部门的充分肯定和高度评价。

（二）测验情况

2018 年在做好 9 处基本水文站测验工作及完善比测关系的同时，抓住 2018 年大水时机，积极和当地闸坝主管部门或管理单位联系协调，按照"同标准、同要求、同方法"同时推动中小河流水文站比测定线工作。按照率定堰闸流量关系的要求，在不影响泄洪的前提下，适当调整闸门开高、开宽，率定完成闸坝站的流量关系曲线，初步完成华山闸、苗洼闸、浮体闸、李庄闸、二堡、东王庄闸、薛桥、邳城闸、朝阳、四户、姚庄闸、沙集西闸、白塘河地涵、小滩河地涵等 14 处中小河流水文站（共计 23 处）堰闸流量关系曲线率定工作，配合人工补报闸门启闭信息，可以实现流量自动报讯，这项工作得到闸坝主管部门或管理单位大力配合。

经过历年及今年努力，测验方式改革进展情况：

1. 水位、雨量已经实现 100% 在线监测。

2. 流量。

我区现有国家基本水文站 9 处、测流断面 10 处，中小河流水文站 23 处。全区 10 处基本站测流断面，根据水文测站类型可分为堰闸站（可利用水工建筑物法推流）和河道站两类。堰闸站 5 处，即丰县闸、沛城闸、蔺家坝闸、解台闸和林子（东），河道站 5 处，即林子（西泓）、运河、刘集、埝上、新安。根据各测流断面的特性，影响因素的不同，分别使用水工建筑物法推流、落差指数法推流和 H－ADCP 测流实现水文测站流量自动测报。

（1）闸坝（堰闸）站：对闸坝站来说，实现较为简单，率定关系工作已完成，现状有比较完善的闸上下游遥测水位，只要采集闸门开高、开宽就可利用率定的堰闸流量系数实现流量的自动测报，实现流量入库，用于资料整编。对于安装闸门开高信息的站，直接利用其开高信息，适用于丰县闸、解台闸等 2 站。未安装闸门开高信息的站，2018 年通过人工置数的方法，采用省局《手机报汛系统》报送闸门开高、开宽信息，利用《江苏省流量自动计算报汛系统》实现流量的自动推流和报汛工作，进一步用于资料整编，适用于沛城闸、蔺家坝闸等 2 站。沛城闸为新建，建成后今年第一次开闸，我局抓住今年百年不遇的洪水泄洪机遇，经过与闸管所协调，在行洪期间，根据定线要求，及时调节闸门开高，已初步率定出一条推流曲线，由于未安装闸位采集系统，闸门启闭数据采集不到。

（2）量水堰（堰闸）法：对于量水堰，其实就是水工建筑物推流方法的一种，上游水位和流量为单一的水位流量关系，利用上游水位就可推算出流量。适用于林子（东泓）。

（3）H-ADCP 测流系统：运河水文站，为中运河上骆马湖重要入湖控制站，断面过水面积较大，枯期流量较小，且受上游刘山、台儿庄等翻水站频繁调水影响，有时流向顺逆不定，流速较小，同时受频繁来往船只影响，流量测验工作十分困难。2015 年恢复 H-ADCP 测流系统，受船行波影响，流量变化幅度较大，测验效果不佳。

（4）落差法：适用于林子（西泓）、堰上、新安水文站，三站均安装上、下游比降水尺，根据实测流量资料，率定了不同的相关曲线。各站由于受到的影响因素不同，成果精度也不一样。新安站相关关系较好，可以用于报汛，待进一步试验后再考虑用于资料整编；林子（西泓）、堰上均受下游橡胶坝开关不定影响，关系较散乱，暂无法使用。

各类站点成果应用情况见表 1。

表 1　改革站点及成果应用情况一览表

类别	测站名称	改革方式	成果及应用
水工建筑物	丰县闸	闸位仪	从本地闸控仪器 PLC 设备地址获取信息,2015 年开始进行人工闸门启闭高度比测,最大误差 2 厘米。2016 年有一个闸位仪损坏,2018 年通过人工补报闸位及《江苏省流量自动计算及报汛系统》,实现流量实时在线。
	沛城闸	闸位仪	新建节制闸,未安装闸位采集系统,本年已初步率定出一条推流曲线,通过人工报闸位及《江苏省流量自动计算及报汛系统》,实现流量实时在线。
	蔺家坝闸站	闸位仪	未安装闸位采集系统,通过人工报闸位及《江苏省流量自动计算及报汛系统》,实现流量实时在线。
	解台闸	闸位仪	闸位信息从 485 接口获取数字信号,2015 年开始进行人工闸门启闭高度比测,最大误差 2 厘米,2018 年通过《江苏省流量自动计算及报汛系统》实现流量实时在线。
	林子(东泓)	量水堰	2016 年建成量水堰,在 2017 年已经初步率定出推流曲线,经过 2018 年校测后,校定推流曲线比较稳定,可以用于自动报讯及资料整编。
河道站	运河	H - ADCP	2016 年开始利用缆道流量与 H - ADCP 时段平均流量相关分析,如剔除行船影响较大的测点,H - ADCP 入库流量和实测流量关系较好,通过本年夜间验证,对流量进行滤波的情况下可以对 50~1500 立方米之间的流量实现自动报汛。
	新安	落差指数法	对 2017—2018 年几场洪水进行综合定线,对落差在 0.03 以上时,可以用于报讯,但标准差不能满足整编要求。
	堰上	落差指数法	2016 年对实测流量和断面落差的关系进行分析,当年关系较好,去年和今年的点子散乱,关系较差,无法定线,需重新率定。
	林子(西泓)	落差指数法	2016 年对实测流量和断面落差的关系进行分析,在上、下游落差在 0.03 米以上,且流量在 70 立方米每秒以上的流量时关系较好,也适用于 2017 年的成果,但今年实测流量与前年不在一条线上,需重新率定。

3. 水质：全站区仅有新安自动水质监测站 1 处，自动监测技术没有问题，但存在规模大、投资高、运行难；实验室在厅、省局的重视关心下现已完成变更申请，进入程序上报；移动实验室建设是我局应对今年大水期间的实践探索，弥补了自动监测站点不足，传统监测方法缓慢、信息不及时问题，为收集资料、提供科学调度依据等发挥了积极作用，应该进一步完善移动监测能力。

（三）管理方式

经过近 2 年的努力，我局 6 个监测中心机关至今年底均可实现中心搬离测站，形式上形成县级机构独立对外开展工作的局面，为测站人员逐步向中心过度转移，实行巡测管理打下基础。

四、测报方式改革的前景

（一）愿景

1. 测验：水位、雨量经过长时期的比对，技术过关，投资也较小，可以稳定实现长时期的自动遥测遥报。流量受河道特性影响较大，实现直接应用困难重重，受水情、人类活动、技术、标准规范等因素影响较大，但此问题又必须解决，我们认为，解决此问题必须进一步解放思想、分类管理（不同标准、不同方法）。流量分类实现目标是：水工建筑物、地方及防汛预测预警站点优先实现在线监测，大站、要站在线、驻测结合，稳步推进在线监测。

根据已取得的比测成果，结合《江苏省流量自动计算报汛系统》人工置数的方法，可以实现我局 2019 年部分水文站流量自动报汛和资料整编工作。

（1）所有闸坝站均已经具备自动测报条件，遥测资料可以用于资料整编，但闸门开高仍然需要人工补报。这些站包括丰县闸水文站、沛城闸水文站、蔺家坝闸水文站、解台闸水文站、林子（东）水文站等 5 处测流断面。2019 年拟正式用于报汛，入库数据用于资料整编，但需要省局支持进一步优化完善软件。

（2）运河站 H - ADCP 流量，经滤波后及人工处理后先期可以用于报汛。

（3）新安站水文站在上下游落差大于 0.03 米时可以利用落差指数法进行报汛。待积累资料进一步分析后再有选择的用于资料整编。

（4）林子（西）、堤上水文站受下游橡胶坝坍坝影响，仍需积累资料做进一步分析。

（5）刘集闸水文站由于影响因素较多，流向顺逆不定，且河道为窄深河道，基本没有船只通过，建议借助上游交通桥安装 H - ADCP 做试验。

2. 报汛：2019 年在分析的基础上，将比测成果更换系统理论线实现更可靠的遥测直接代替报讯，比测成果现不成熟的继续使用理论线边用边修正。

（1）所有闸坝站，均没有安装水文系统的闸门启闭信息遥测设施，闸门启闭信息无法及时获取，现仅有丰县闸、解台闸借助闸坝主管部门或管理单位开关闸信息，但丰县闸其中一孔开关闸信息已坏，一直未恢复。建议安装闸位采集系统，主动权掌握在自己手中。未到位前暂采取人工置数方法解决。

（2）落差法辅助水位信息在测站无法及时显示，需增加配套设施。

（3）建议在林子（西）、堽上水文站下游橡胶坝上游安装遥测水位，以监测橡胶坝开关情况。在授贤橡胶坝节制闸下游安装摄像头，以监控闸门开启情况。

3．管理：建议尽快制定分类技术标准、管理标准，用于指导测报方式改革工作；构建省、市、县、镇监测管理现代化体系，实现水利水文融合发展体制机制，支撑"六大水利"落地，助推"大水文战略"实现。

（二）瓶颈

测报方式改革历经十余年，尤其流量问题至今未能真正解决，造成这一局面的瓶颈问题主要是思想问题、技术问题。测报方式改革必须进一步解放思想，提高水文自信，突破瓶颈制约。

（三）方向

1．要以更高的政治站位，充分认识测报方式改革的重大意义。

2．要以更实的行动举措，蹄急步稳做好测报方式改革"后半篇文章"。

3．要以更强的责任担当，努力开创水文测报工作新局面。

4．要以更严的标准要求，着力打造担当的高素质干部队伍。

测报方式改革必须设定时间表，纳入考核，作为评先评优、晋升、奖励激励的重要内容、依据。出重拳是可以近期出成果的，不然短时间仍然是无法解决，制约服务水利、社会大局，刻不容缓。

2018 年 11 月

五　水　文　规　划

徐州市水文事业发展规划

（2019—2020）

前　言

水，与人类生存息息相关，与社会经济发展紧密相连。

水文是对水资源的量、质在时间和空间上的分布情况及变化规律进行勘测、研究的一门科学，是国民经济和社会发展中一项重要的基础工作，水文信息及资料成果具有基础性、公益性的特点。一切与水资源有关的社会事业和国民经济建设都有赖于它提供科学依据，特别是在防洪抗旱减灾、水资源开发利用、生态环境保护、水工程规划设计与运行管理等方面发挥重要基础作用，是其他部门不可替代的。

新中国成立以来，在省、市各级领导关怀下，通过几代水文工作者的艰苦努力，我市水文事业取得了长足的发展，逐步形成了以防洪减灾预测预报为中心、以水资源水环境监测为重点、以水文信息采集为基础的水文测报和服务体系，在历年的防汛抗旱、防灾减灾、水资源开发利用、水环境保护、水工程规划设计和运行管理等经济社会发展中发挥了重要作用，取得了巨大的社会效益和经济效益。

"十三五"时期，是徐州全面建成小康社会的决胜阶段，是努力建设经济强、百姓富、环境美和社会文明程度高的新徐州的关键时期，也是全力推进水利现代化建设的重要时期，水利现代化建设水文现代化先行，谋划好这个阶段的水文发展思路，全面提升徐州市水文综合服务能力，对支撑水利信息化和经济社会可持续发展具有十分重要的意义。根据《江苏省水文条例》第六条"……设区的市水行政主管部门应当根据全省水文事业发展规划和本地经济社会发展需要，组织编制本行政区域的水文事业发展规划，经征求省水行政主管部门意见后，报本级人民政府批准实施"。

为贯彻落实《江苏省水文条例》和《关于进一步加强水文工作的意见》等文件精神，进一步支撑"六大水利"和服务"河长制"等水利中心工作，建设现代化的服务型徐州水文，依据《江苏省水文事业发展规划》和《徐州市"十三五"水利发展规划》，结合徐州地区实际情况，本着因地制宜、统筹兼顾、突出重点、先进实用、适度超前的原则，2018年1月市水利局对《徐州市水文事业发展规划（2019—2020）》（以下简称《规划》）进行立项组织编制。6月22日，市水利局"十三五"规划编制领导小组对《规划》编制大纲进行审查，9月22日完成《规划》（初稿）审查，10月17日，《规划》完成征求意见修改，于12月19日《规划》报市人民政府批准。

《规划》按照我市水利发展布局，围绕防汛抗旱、水资源管理、水环境保护、生态河湖治理等任务，从水文站网布局、水文基础设施建设、水文信息服务体系建设、水文科技创新、水文管理体制改革等方面，全面推进水文公益职能建设。《规划》主要内容是：完善水文专用站网建设、加强监测能力建设、提升信息化服务水平，稳步推进水文测报方式改革、构建水文信息服务平台。

《规划》在分析了水文发展基础和面临的问题的基础上，明确了2019年至2020年水文发展目标、规划重点和改革保障措施，是今后两年徐州水文发展的重要指导性文件。

第一章　发展现状及需求分析

1.1　发展现状

1.1.1　水文站网现状

截至2017年底，徐州市共有各类由水文部门管理的水文站点共10大门类567处，其中水文站33处（国家基本水文站9处）、水位站56处（国家基本水位站7处）、雨量站103处（国家基本雨量站65处）、蒸发站3处、泥沙站6处、墒情站12处、地下水站 123 处、水土保持站 2 处、苏北供水监测站 5 处，水质监测站 224 个（其中，国家基本站 39 处，省级水功能区 53 处）。地表水监测站网已基本控制了全市大河流的水文基本特性，满足世界气象组织编写的水文实践指南第一卷中有关容许最稀站网的要求（温带、内陆和热带山区（湿润山区），每站面积为 300—1000 平方千米）的要求。各类站点统计见表 1。

表 1　现状年徐州市水文监测站点统计表

类别	水文站	水位站	雨量站	蒸发站	水质站	泥沙站	墒情站	地下水站	水保站	供水站
国家基本站	9	7	65	3	39	6		46	2	
中小河流	23	44	28							
国家地下水监测工程					72			77		
省级报汛站							11			
省级水功能区					53					
其他	1	5	10		60		1			5
合　计	33	56	103	3	224	6	12	123	2	5

1. 国家基本水文（位）站 16 站，其中水文站有 9 处，港上、运河、新安、林子、蔺家坝、解台闸为大河、湖控制站，丰县闸、沛城闸和刘集闸为区域代表站；阿湖、口头、华沂、苗圩、刘山闸、窑湾和滩上等 7 站为水位站，其中阿湖为水库水位站，其余为河道水位站。

2. 纳入国家基本站点管理的雨量站 65 处，均为遥测站点，包括国家基本水文（位）站附带雨量站 15 处。

3. 蒸发观测站：有新安、运河和沛城等 3 个站点。

4. 泥沙站：有港上、运河、新安、丰县闸、沛城闸和刘集闸等 6 处站点。

5. 水质监测站：常规监测断面共有 152 处，覆盖全市现有 63 个水功能区和流域性河道，其中微山湖小沿河、睢宁庆安水库、丰县大沙河、沛县徐庄、骆马湖徐州、骆马湖新沂等取水口监测点为饮用水源地监测断面。

6. 地下水监测站：地下水基本站网 46 眼，其中逐日井监测井数 33 眼，五日井监测井数 13 眼，具有水温监测项目的井数为 13 眼，均为浅层地下水监测井。

7. 土壤墒情站：丰县王沟、宋楼，沛县鹿楼、敬安，铜山单集、汉王，邳州四户，睢宁双沟、梁集，新沂棋盘、新安，贾汪小小竹园等 12 站。

8．水土保持站：华山和汉王 2 站，其中华山为坡面径流场，汉王为卡口实验站。

9．供水站：刘山站、刘山南站、运河站、马桥站和小王庄站 5 处，其中小王庄站位于徐洪河上、刘山两站位于京杭运河不牢河段上、运河站位于中运河上、马桥站位于邳洪河上。

1.1.2　水文测报及服务支撑能力

通过解放思想，更新观念，积极探索"大水文"发展思路，近年来，徐州水文水资源信息服务体系建设得到了比较大的发展。国家基本水文监测站网已全部进行防汛报汛，辖区内所有水文、水位和雨量站均纳入了中小河流洪水预警预报系统，水文测报设施得到了一定改善。截至 2017 年底，水文测验设备仪器有共有水文缆道 10 座，测船 2 艘，流速仪 72 台，ADCP 多普勒剖面流速仪 9 台，超声波测深仪 10 台，水准仪 36 台，全站仪 10 台，GPS14 台，水文巡测车 7 辆。流域性河道站缆道测洪标准达到 50 年一遇标准，区域性河道缆道的测洪标准在 20 年一遇左右。水位和雨量监测项目 100% 实现了自动测报，建成了徐州水情分中心，依托省水文信息公共服务网站，全面加强了为各级党委政府提供决策支持的水文水资源信息服务工作，为防办编制和报送各种水文水资源信息专报、简报、月报、年报。2015 年起恢复了水文年鉴刊印，并按有关规定公开了部分基础水文资料。徐州市水文信息自动采集和信息服务，为有关部门提供了相应的决策支持。

1.1.3　水文巡测及监测工作管理

徐州水文巡测基地（县级监测中心）建于 20 世纪 80 年代，负责各县（市、区）行政区内水文监测及管理工作。水文站以驻测管理为主，水位、雨量、水质、地下水、土壤墒情等站全部为巡测管理。建立了突发公共水事件水文应急监测体系，组建了水文应急监测队，为暴雨洪水、水库抢险、突发性水污染事件及农村饮水安全开展了决策支持应急监测服务。

目前，徐州区域内河湖水质监测主要以实验室检测为主，采样人员采集水质样品并现场测定部分项目后，水样送至徐州水环境监测中心实验室进行检测。现有水质自动监测站 1 处，位于新沂市新安水文站内，检测项目为常规 5 参数、氨氮和高锰酸盐指数。徐州水环境监测中心实验室正在进行达标建设，已报批待建阶段。

专用水文测站的管理一般是谁设立谁投资谁使用，水文部门根据建设主管部门的需要提供技术指导或代为管理。

1.1.4　投入机制

我市水文监测工作及行业管理由江苏省水文水资源勘测局徐州分局开展，系省水利厅直属全额预算事业单位。目前，我市水文投入渠道主要包括中央补助、省级财政投入，以省级财政按财政预算拨款为主，目前无市、县级财政投入，按照《中华人民

《共和国水文条例》市县级财政应将水文事业经费纳入预算。

我市市县两级水文机构为省属垂直管理体制，与各级地方政府及水利部门联系不够密切，开展水文活动经费主要来源为省财政资金，无地方财政资金来源，存在资金来源渠道较少，日常工作和运行维护管理资金缺口较大等问题。受省财政不充分保证制约，单位需从事有偿科技服务弥补财政资金不足，从而造成水文公益性职能受到一定制约。

积极推进我市水利、水文"融合"发展，确立地方财政保障机制，更好地发挥水文部门在地方经济社会建设中的职责和作用，为各级政府提供水文服务。

1.1.5　水文科技及学术交流

2011年以来，徐州水文基础研究取得了丰硕成果。2012—2013年开展了骆马湖洪水资源化调度研究；2014—2015年开展了"农业面源对水功能区水质安全影响研究"专项课题研究，建立适用于徐州区域乃至黄淮海平原地区水功能区的面源污染负荷计算模型，分析提出农业面源污染对水功能区水质安全的影响因素及控制措施，提出了污染控制的工程措施和管理措施；2014—2015年在中小河流工程建设期间对传统水文缆道进行升级改造，取得了"一种美观耐用的水文缆道"实用新型和"水文缆道支架"外观设计两项专利。"十二五"以来开展了水土保持小流域实验小区监测、土壤墒情自动化监测、《江苏省水文手册》水文实验小流域、水文测报方式改革落差法自动推流率定等基础研究，累计发表相关论文90余篇。

通过"走出去、引进来"的方式加大同高校、科研院所开展水文学术交流活动，同中国矿业大学、河海大学、扬州大学签署共建协议，鼓励职工参加各类专业技术培训、学术交流会议；邀请行业专家讲座、授课。

1.2　发展成效

在水利部、江苏省各级党委和政府的大力支持下，在流域机构和各级水行政主管部门的关怀下，在省水文水资源勘测局的直接领导下，徐州水文事业发展至今，取得了较大成效，建成了一批功能基本齐全的水文站网（含雨量站网、墒情站网、地下水、水质监测站网等），建成了中小河流预警预报系统，积累了大量宝贵的水文资料，为徐州市的防汛抗旱工作、水利基本建设、水资源的开发利用及保护和生态河湖建设等方面提供了科学的依据。

1.3　存在问题

随着社会经济和水利行业的发展，近年来水文事业面临着良好的发展机遇，也承受着巨大的挑战。水文工作取得了一定的成绩但也还存在着水文站网功能不全、水文测报及支撑能力相对薄弱、水文现代化程度不高、水文基础实验科研薄弱、应急监测能力需进一步提高、体制机制需要进一步完善和加强、保障措施需要进一步加强等问题，水文工作承担的任务与其管理体制及投入机制不相适应，徐州水文事业的发展明显滞后于当地社会经济及水利行业的发展。

1.4 规划需求

经济社会的可持续发展面临着日趋严重的水资源短缺、旱涝灾害和水环境恶化等问题，"河长制"工作、水利现代化建设、水生态文明城市建设和社会经济体系建设等诸多方面对水文发展提出了新要求，解决好这些问题，要求水文工作以科学发展观为指导，谋划长远、通过站网规划建设和服务能力提升，为生态环境和经济建设提供全面优质服务。

第二章　指 导 思 想

2.1 指导思想

围绕建设"强富美高"新江苏及淮海经济区中心城市的要求，积极践行"节水优先、空间均衡、系统治理、两手发力"新时期治水方针，以生态河湖行动为抓手，以改革创新为动力，积极践行可持续发展的治水思路，服务好"水灾害防治、水资源节约、水生态保护修复、水环境治理"。

紧紧围绕"六大水利"、"四大水文"水利水文中心工作和经济社会发展需求，按照"加快节奏，稳步推进"的工作要求，坚持立足水利、面向社会的水文发展方向，以加快水文现代化建设为主题，以转变水文发展方式为主线，以加强水文监测体系建设为基础，以提高预测预报能力为重点，以推进体制机制改革为动力，以提供全面优质服务为目标，以强化科技创新和队伍建设为保障，统筹规划、突出重点、适度超前、全面发展，加快推进水文从侧重局部建设向注重整体发展转变，从技术导向型向服务导向型转变，从数据服务型向成果服务型转变，从行业水文向社会水文转变，从战略高度实现从传统水文向现代水文转变，努力提高水文现代化水平，实现徐州水文事业的"高质量"发展，为社会经济发展提供有力支撑。

2.2 规划原则

（一）立足水利，服务社会。服务水利和经济社会发展，是水文工作的出发点和立足点，始终是水文工作的中心任务，同时也是水文发展的核心理念。要在服务好防汛防旱、水利建设、水资源管理、水环境评价等水利中心工作的同时，围绕经济社会发展各项涉水事务和社会公众需求，大力拓展水文服务领域，努力增强水文社会服务的功能。

（二）统筹兼顾，协调发展。坚持地表水与地下水监测分析并重、量质监测同步、防汛与防旱服务并举、流域与区域兼顾，统筹建设平原与山区、城市与农村的各类水文站网，不断拓展水文测站的功能，促进水文事业全面协调发展。

（三）统一标准，强化管理。把加强水文行业管理放在更加突出的位置，统一站网规划，统一技术标准，统一信息发布，统一资料管理，全面提高管理水平。

（四）完善体制，创新机制。建立与现代水文工作的性质、特点和任务相适应的体制和机制，是推动水文事业可持续发展的重要保障。积极推行徐州水文机构市、县、镇三级"融合"发展；加大与各级政府与水利部门的联系力度，建立和完善各级政府对水文行业建设与运行的稳定投入机制。在内部运行机制上，引进和培养人才，为徐州水文的可持续发展提供政策和制度保障。

（五）注重科技，提高水平。把水文现代化建设放在突出位置，大力提升水文自动监测、应急机动监测能力，加快通讯计算机网络系统、数据库、信息共享平台、业务应用系统建设。充分运用现代科学技术，深入研发和广泛利用水文水资源信息资源，加强水文数据的深加工，实现各类水文水资源信息及其处理的数字化、网络化、集成化、智能化、可视化，促进信息交流和资源共享，提高水文工作的自动化、信息化和现代化水平。

第三章　规划目标和重点

3.1　规划目标

本规划基准年为 2017 年，近期水平年为 2020 年，远期水平年 2025 年。

根据社会经济可持续发展的要求，按照全省"十三五"水利、水文发展总体布局，加快节奏、稳步推进"四大水文"建设，重点围绕服务"河长制"、"生态河湖行动"建成布局合理、功能齐全的水文专用站网体系；机动灵活、现代化的水文信息采集体系；实现信息实时发布、主动推送的水文信息服务体系；综合配套、保障有力的水文运行管理体系。到 2020 年基本实现"站网完备、技术先进、服务高效、管理科学"的、与水利建设及社会经济发展相协调的保障型、技术型、服务型的现代化徐州水文。为"十四五"建立与我市经济社会发展相适应的现代化水文水资源监测、服务和管理体系打下基础。

3.2　规划重点

（一）建成现代化水文监测网络。立足现有站网功能的延伸和拓展，重点增加有应用需求的专用站。在国家基本站网为骨干的基础上，基本建成水情、水资源、水质、水生态环境、城市水文等五大监测网络。形成站网布局合理、功能完善、密度适当、项目齐全、点面结合的现代水文监测站网体系。

（二）全面提升水文要素自动监测和应急监测能力。全面实现雨量、水位（含地下水站水位）自动测报，逐步实现重要测站流量实时在线自动监测，提高泥沙、蒸发测验仪器与分析设备的自动化水平，建立旱情自动测报系统；建成标准较高、反应快速、机动灵活的实验室监测和移动监测、自动监测相结合的水质监测系统。

（三）完善监测断面，加强基础研究，服务河长制。完善市县交界监测断面，全面覆盖市县河湖水体监测建设，实现量质同步监测，服务生态河湖行动。充分利用汉王实验基地，为新时期治水新思路提供技术支撑。

（四）构建信息服务平台，支撑"智慧水利"。运用现代信息技术，建成整体性能接近或达到国内先进水平的水文信息服务系统。建设安全、高效的通信计算机网络系统，建成各类水文基础数据库和水文基础信息空间数据库，开发满足不同需求的水文业务应用系统，建成水文信息交换管理系统，构建水文信息共享平台，支撑我市"智慧水利"。

（五）推进水利水文"融合"发展。加强水利水文"融合"工作，推进并探索市、县、镇三级"融合"发展新途径、新内容，促进水文共建共管，提升水文服务水利工程建设、调度管理、水资源优化配置的水平。

（六）加强保障体系建设，推动水文可持续发展。加强法规建设，建立多渠道的水文投资体系；创新人才机制，建设多层次人才队伍；推进科技创新，提升水文系统整体技术水平；加强党建和文化建设，凝心聚力，同心同德，开创徐州水文工作的新局面。

第四章　水文站网规划

根据《水文站网规划技术导则》和实用的精度标准，在综合分析的基础上，结合经济社会发展要求，全面合理地对水文站网进行布局。

水文站网布局原则和思路：

一是立足于现有水文站网功能的延伸和拓展，适当进行补充优化调整；

二是着力于满足"河长制"工作的需求，明确河湖水文监测断面设置、监测内容、频次等要求；

三是增加易旱地区墒情站点规划和地下水超采区的监测站点建设，为防旱决策调度提供服务。

四是加强市县城市建成区雨量站点建设，服务城市防汛。

五是加强水文实验站建设，结合"河长制"工作开展相关研究。

本次规划按照水文基本站网、专用站网和实验站等进行布设。现状及规划情况详见国家基本站网现状统计见表 2、现有专用站网见表 3、服务河长制站网见 4、城市水文站网现状及规划情况见表 5、水资源配置站网规划见表 6、水生态与水环境保护站网规划见表 7。

表 2　国家基本站网汇总表

序号	站别	单位	现状数量	规划增减	规划后数量
1	水文站	处	9	0	9
2	水位站	处	7	0	7
3	雨量站	处	65	0	65
4	蒸发站	处	3	0	3
5	泥沙站	处	6	0	6
6	地下水站	眼	123	0	123
7	水质站	个	111	0	111

表 3　现有专用站网现状情况汇总统计表

序号	站类	站别	单位	现状数量	说　明
1	水资源配置站网	南水北调	处	5	
2	水资源保护站网	水功能区	个	92	
3		饮用水源地	个	12	
4		入河排污口	个	39	
5		地下水（深层）	眼	88	
6	水生态监测站网	湖库监测	处	2	
7	城市水文监测站网	水文站	处	4	含雨量监测项目
8		水位站	站	44	含雨量监测项目
9		雨量站	站	7	
10		水质站	个	29	

表 4　服务河长制新增站网统计表

序号	河道情况	行政区	规划新增监测项目		
			水位	流量	水质
1	骨干河道	市级	0	28	25
		县级	5	75	71
	小计		5	103	96
2	非骨干河道	市级	27	11	63
		县级	27	110	115
	小计		54	121	178
合　计			59	224	274

表 5　城市水文站网现状及规划统计表

序号	站别	单位	现状数量	规划增减	规划后数量	说　明
1	水文站	处	4	1	5	
2	水位站	站	43	5	48	新增站监测易涝点淹没水深
3	雨量站	站	2	48	50	贾汪区增设 8 处，其余县（市、区）增设 5 处、市区 15 处
4	水质站	个	29	0	29	

表6 水资源配置站网规划表

序号	站别	单位	现状数量	规划增减	规划后数量	说 明
1	南水北调	处	5	6	11	
2	丰沛送水工程	处	0	2	2	纳入郑集河输水扩大工程主体工程建设

表7 水生态与水环境保护站规划表

序号	站别	单位	现状数量	规划增减	规划后数量	说 明
1	水功能区	个	92	0	92	
2	饮用水源地	个	12	1	13	
3	入河排污口	个	54	94	148	规划增加规模以下94个
4	地下水(深层)	眼	88	0	88	深浅层
5	湖库监测	处	2	3	5	
小计			233	4	237	

地下水站网、中小河流站网、小水库站网无新增规划内容,墒情(旱情)站网根据全省墒情站网规划情况不再新增。将各类站网全部列为水情报汛站,不再规划增加单一水情报汛站网。

科学实验规划实施汉王水文水资源实验站恢复、升级、改造建设,开展小流域产汇流、水功能区污染成因、面源污染特征与机理、墒情变化规律及水土保持等实验研究,为"河长制"及最严格水资源管理制度服务提供科学技术支撑。

第五章 水文监测能力建设

根据《水文巡测规范》《水文调查规范》等有关技术规定和要求,完善现有巡测基地功能;为扩大资料收集和服务范围,推动水文测验方式改革,根据突发事件机动监测及信息传输和发布,根据洪水、水量、抗旱等监测及调查等需要,时效性要求一至两小时到达巡测地点。

根据《水环境监测规范》、水污染事件应急监测、水生态监测需要,完善已有水质监测中心功能,以提高水质信息时效性、扩大资料收集面、服务范围和满足应急监测需要。

5.1 应急监测能力建设

根据《江苏省人民政府关于实施江苏省突发公共事件总体应急预案的决定》(苏政

发〔2005〕92 号）、江苏省水利厅《关于进一步提高饮用水源地突发性水污染事故应对能力的通知》及有关法律、法规，结合徐州市实际，建立和完善多渠道突发性事件信息获取途径，完善和修订应急监测预案、健全应急监测队伍、提高物资装备保障、装备先进监测仪器设备。

5.2　水质监测中心应急监测能力

5.2.1　水环境监测能力

主要内容：实验室 1500 平方米达标建设，实验室信息管理系统（LIMS）业务及管理一体化建设，检测能力扩项。

5.2.2　应急反应能力

主要内容：市界断面水质自动监测系统、水质安全应急监测系统和集中式饮用水源地水质安全自动监测及预警系统。加大对现有实验室应急监测能力的建设，加大对水源地水质的常规监测、动态监测和应急监测力度的建设，确保饮用水源地水质的安全。

5.3　服务水利工程能力建设

徐州水文局具有测绘乙级资质单位，水文业务测量主要开展水准测量、测流断面测量、水深测量、水位监测、水下地形以及河道确权划界等，同时可进行工程测量。规划主要内容如下：

（一）测绘资质提升：打造全省水文系统唯一一个甲级测绘资质队伍，以更高质量的测绘成果为水利建设提供全方位、高水平的测绘服务。

（二）健全质量管理体系：建立健全符合 ISO9000 系列标准的、覆盖所有测绘业务的测绘质量管理体系，促进和稳定测绘产品质量，提高单位测绘业务管理水平。

（三）通过完善测量管理制度建设，实现测绘生产由项目承接—项目备案—项目设计—项目施工—项目质检—项目总结—成果归档的流程化管理。

（四）应用新技术新方法研究实现水情监测、洪灾区域调查与应急测绘和水土流失面积调查等自动化、信息化、一体化。

第六章　水文信息服务系统建设

徐州水文服务能力建设的目标是：整合水利水文已建的监测系统，结合"河长制"自动监测站网建设，实现水文信息全要素自动化采集；建设完善的业务应用系统，满足防汛防旱、水资源管理、河长制等对水文水资源监测预测预报需求和自身管理的要求；完善水文数据库，建成高效实用集传输、处理、存储、查询、发布于一体的水文信息共享服务平台，服务"六大水利"建设。

6.1　水文信息网络建设

依托江苏省水利信息网络进行建设，为数据管理和共享平台、业务应用系统等提供通道保障。建设目标是：根据通信网络技术的发展和实际需求，优化结构，增加带宽，扩充节点，满足水文信息服务体系的发展需要。主要内容是：建立健全防御体系，达成强效安全网络；

调整架构补充节点，构建高效网络结构；持续优化完善网络，提升网络服务能力。

6.2 水文业务应用系统建设

建立完善的水文数据库及实时雨水情分析评价系统、水情预测预警系统、水质综合评价系统等，对水文业务的预测预报预警及分析评价手段不断研究创新、优化完善，整体提高水文业务效率和综合服务水平，满足防汛防旱、水资源管理、"河长制"及社会各方面对水文信息服务的要求。主要内容是：建设完善业务处理系统，满足自动测报的相关需求；建设水情预测预警系统，服务防汛防旱；建设水质综合评价系统，服务水资源及"河长制"管理。

6.3 数据管理和共享平台

数据管理和共享平台是实现水文信息资源共享存储、集中交换和综合服务的重要基础，是提高水文信息化整体水平和发挥水文业务应用效益的重要保障。建设目标：根据信息技术发展方向，将徐州水情分中心提升为徐州水文数据中心，建设完善水文基础数据库，汇集水文基础数据、历史数据、分析评价数据、成果报告、科研成果等，将数据中心建设成现代化的数据平台、网络平台、应用平台和信息安全平台，成为防汛防旱决策、水资源管理、水生态保护、"河长制"建设和社会经济发展的信息共享服务平台。主要内容是：建设完善基础水文数据库，提供高效完备数据支撑；完善运行环境，具备安全稳定运行能力；建成门户网站、拓展信息服务，形成友好高效交流平台。

第七章　投资匡算

本规划投资由专用水文站网建设投资、水文监测能力建设投资、水文信息服务系统建设投资和保障措施投资组成，共计约 22677.24 万元，其中 2020 年前总计投入 16834.7 万元，分别由省级财政 10990 万元、市级财政 3014.36 万元和县级财政配套投资 2830.3 万元组成。

按年度计划投资分别为 2019 年度计划投资 9495.5 万元，2020 年度计划投资 7339.2 万元；2020 年以后投资 5852.54 万元。

徐州市水利局

江苏省水文水资源勘测局徐州分局

2018 年 10 月

六 其 他

表 1 2018 年末徐州水文局在职在编职工名录

序号	姓名	所在部门	职务	职称或职业资格	参加工作时间	最高学历
1	李 沛	局长室	局长　书记	专技六级	1983 年 7 月 1 日	大学本科
2	尚化庄		副局长	专技五级	1981 年 7 月 1 日	大学专科
3	吴成耕		副局长　副书记	专技五级	1983 年 7 月 1 日	大学本科
4	刘沂轩		副局长	专技六级	2000 年 7 月 1 日	硕士研究生
5	万正成	总工办	副总工	专技六级	1985 年 7 月 1 日	大学本科
6	盛建华		副总工	专技六级	1983 年 7 月 1 日	大学本科
7	李 波	办公室	主任	专技十一级	2004 年 7 月 1 日	大学本科
8	查 茜		副主任	管理岗九级	1993 年 12 月 1 日	大学专科
9	刘俊生		副主任	技术工二级	1984 年 10 月 1 日	大学专科
10	郭伯祥		副主任	专技十一级	1988 年 8 月 1 日	大学本科
11	徐 委		团支部书记	专技十级	2007 年 7 月 12 日	大学本科
12	倪 辉			技术工三级	1990 年 12 月 1 日	初中
13	章 宁			专技八级	1978 年 1 月 1 日	大学专科
14	陆琳琳			专技十一级	2005 年 7 月 1 日	大学本科
15	孙苏芳			专技十级	1992 年 12 月 1 日	大学本科
16	李思贤			技术工五级	2008 年 12 月 1 日	高中
17	万永智			专技十二级	2014 年 7 月 9 日	大学本科
18	李 铭			试用期	2018 年 8 月 1 日	大学本科
19	吉文平	规划建设科	科长	专技七级	1982 年 7 月 1 日	大学本科
20	马 进		副科长	专技七级	2005 年 7 月 1 日	大学本科
21	高正新			专技六级	1979 年 12 月 1 日	大学本科
22	赵 强			技术工四级	2002 年 1 月 1 日	大学专科
23	邢 亚			专技十二级	2013 年 7 月 29 日	大学本科
24	尚 昆			技术工四级	2006 年 12 月 1 日	高中

表1(续)

序号	姓名	所在部门	职务	职称或职业资格	参加工作时间	最高学历
25	刘远征	水情科	科长	专技六级	1995 年 7 月 1 日	大学本科
26	孙瑞		副科长	专技七级	2004 年 7 月 1 日	大学本科
27	杨明非		副科长	专技七级	1998 年 8 月 1 日	大学本科
28	陈颖(大)			技术工三级	1988 年 7 月 1 日	大学专科
29	刘田田			专技十二级	2012 年 8 月 9 日	大学本科
30	左光祥			专技十二级	2016 年 7 月 21 日	大学本科
31	王文海	水质科	科长	专技七级	1996 年 7 月 1 日	大学本科
32	宋银燕		副科长	专技七级	2000 年 8 月 1 日	硕士研究生
33	李超		副科长	专技七级	2007 年 7 月 1 日	硕士研究生
34	范传辉			专技七级	2002 年 8 月 1 日	大学本科
35	仝倩			技术工三级	1993 年 12 月 1 日	大学专科
36	张小明			专技十级	2010 年 10 月 21 日	硕士研究生
37	李玉前	水资源科	科长	专技六级	1985 年 7 月 1 日	大学本科
38	杜珍应		副科长	专技七级	2001 年 8 月 1 日	大学本科
39	曹久立		副科长	专技七级	2008 年 7 月 31 日	硕士研究生
40	张婷婷			技术工四级	2002 年 1 月 1 日	大学本科
41	史桂菊			专技七级	1981 年 7 月 1 日	大学专科
42	蔡文生			专技十级	2008 年 7 月 29 日	大学本科
43	李倩			专技九级	2006 年 7 月 1 日	大学本科
44	徐庆军	站网科	科长	专技六级	1991 年 8 月 1 日	大学本科
45	钱学智		副科长	专技七级	2003 年 7 月 1 日	大学本科
46	李传书			专技七级	1982 年 7 月 1 日	大学专科
47	邓科			专技十二级	2012 年 8 月 1 日	大学本科
48	杨春			专技十一级	2010 年 9 月 16 日	大学本科
49	俞琳琳			专技十二级	2015 年 7 月 27 日	硕士研究生
50	李涌	徐州城区水文水资源监测中心	主任	专技七级	1988 年 7 月 1 日	大学本科
51	陈颖(小)			专技九级	2005 年 7 月 1 日	大学本科
52	周倩			专技十级	2011 年 8 月 30 日	大学本科
53	周连水			技术工二级	1983 年 12 月 1 日	中专
54	吴成秋		解台闸水文站站长	专技十级	2011 年 8 月 15 日	大学本科
55	陈永			技术工三级	1983 年 9 月 1 日	中专
56	贺红			技术工三级	1983 年 12 月 1 日	高中

表1(续)

序号	姓名	所在部门	职务	职称或职业资格	参加工作时间	最高学历
57	张　警	丰县水文水资源监测中心	主任	专技七级	1984 年 6 月 1 日	大学本科
58	房　磊		副主任	专技十级	2007 年 7 月 12 日	大学本科
59	李　勇			专技十一级	1980 年 12 月 1 日	大学专科
60	祝因强			技术工一级	1995 年 12 月 1 日	大学本科
61	董立丰			技术工二级	1979 年 10 月 28 日	中专
62	唐文学	邳州水文水资源监测中心	主任	专技七级	1994 年 8 月 1 日	大学本科
63	周沛勇		副主任	专技七级	1985 年 7 月 1 日	大学专科
64	王勇成		副主任	专技九级	2005 年 7 月 1 日	大学本科
65	周德胜			技术工三级	1980 年 10 月 13 日	中专
66	秦万利			专技十二级	2017 年 8 月 1 日	大学本科
67	李文启			试用期	2018 年 8 月 1 日	大学专科
68	倪茂洪		运河水文站站长	技术工三级	1979 年 11 月 1 日	初中
69	朱承勇			技术工三级	1980 年 11 月 1 日	中专
70	邢益成		港上水文站站长	技术工二级	1989 年 2 月 1 日	大学专科
71	马庆楼			技术工三级	1990 年 12 月 1 日	大学专科
72	李现成			技术工二级	1980 年 12 月 1 日	中专
73	张　勇			技术工二级	1979 年 1 月 1 日	中专
74	金　辉			技术工三级	1984 年 11 月 1 日	中专
75	李修奎			技术工二级	1986 年 12 月 1 日	大学专科
76	董鑫隆	沛县水文水资源监测中心	主任	管理岗八级	1992 年 12 月 1 日	大学专科
77	董　建		副主任	技术工四级	2008 年 7 月 1 日	大学专科
78	杜金龙			试用期	2018 年 8 月 1 日	大学专科
79	周脉勤			技术工三级	1993 年 12 月 1 日	大学专科
80	陈玉良			技术工三级	1983 年 11 月 1 日	大学专科
81	周保太	睢宁水文水资源监测中心	主任	专技七级	1983 年 8 月 1 日	大学本科
82	文　武		副主任	专技九级	2002 年 8 月 1 日	大学本科
83	李新民			技术工三级	1980 年 1 月 1 日	初中
84	王　伟			专技十二级	2017 年 8 月 1 日	硕士研究生
85	葛　武			试用期	2018 年 8 月 1 日	大学本科
86	郑长陵	新沂水文水资源监测中心	主任	专技七级	1984 年 7 月 1 日	大学本科
87	陈　磊		副主任	技术工一级	2009 年 9 月 14 日	大学本科
88	孔海波			技术工三级	1980 年 12 月 1 日	大学专科
89	刘志光			技术工三级	1978 年 3 月 1 日	初中
90	祝　旭			专技十二级	2017 年 8 月 1 日	大学本科
91	王继龙			试用期	2018 年 8 月 1 日	大学本科

编　后　记

　　《徐州市水文志》终于付梓面世了，这是徐州水文事业和文化事业的一个硕果，是水文建设实力、魅力的重要体现。2019年初，徐州水文局党委根据水文事业发展的需要，做出编纂《徐州水文志》的决定，下发有关文件，并成立编纂工作领导小组。之后，召开专题会议，研究部署有关工作，使得志书编纂有条不紊、紧锣密鼓地开展起来。

　　《徐州市水文志》的编纂，经历了组织发动、拟定框架、征集资料、分章试写、总撰合成、征求意见和修订完善等几个阶段。从2019年5月开始，所有编撰人员一边工作，一边收集资料。在完成资料征集、整理、核实、考订的基础上，10月14日至18日在城区中心集中撰写，11月18日至22日再集中于丰县夹河闸水文基地总纂合成，形成初稿。报送局领导审阅后，又进一步补充、修改、完善。2020年2月，完成征求意见稿并在全局职工范围内征求意见，再次修订成稿。在征集资料的过程中，得到江苏省水文水资源勘测局的关心指导，得到徐州市水利局、盐城水文局及老一辈水文工作者的大力支持，在此深表谢意！

　　由于时间紧迫、人手不足、资料缺失、水平有限，书中不当之处难免，敬请读者批评指正。

编　者
2020 年 10 月